并行单像素成像原理、方法及应用

赵慧洁　姜宏志　李宇曦　著

科 学 出 版 社

北　京

内 容 简 介

本书介绍并行单像素成像的理论、方法、关键技术和应用案例，重点围绕复杂光照下的三维视觉成像和全场全景深光传输系数建模等组织了若干专题。主要内容包括并行单像素成像方法、高效投影重构单像素成像方法、复杂光照下的三维测量技术及应用、全场全景深光传输系数建模及应用、复杂高光金属结构件高效自动化测量和发动机叶片自动化测量两个具体应用案例。

本书适合计算成像、智能制造、计算机视觉、三维测量、计算机图形学等学科领域的科研人员参考，也可作为高等院校相关专业的本科生或研究生的参考书。本书内容翔实，涵盖了并行单像素成像技术的原理、方法和应用，可以帮助读者提高技术水平和解决实际问题的能力。

图书在版编目(CIP)数据

并行单像素成像原理、方法及应用/赵慧洁，姜宏志，李宇曦著. —北京：科学出版社，2025.3

ISBN 978-7-03-076010-4

Ⅰ. ①并… Ⅱ. ①赵… ②姜… ③李… Ⅲ. ①图象处理–研究 Ⅳ. ①TP391.413

中国国家版本馆 CIP 数据核字(2023)第 130546 号

责任编辑：陈 静 霍明亮/责任校对：胡小洁

责任印制：师艳茹/封面设计：迷底书装

科学出版社 出版

北京东黄城根北街 16 号

邮政编码：100717

http://www.sciencep.com

北京九州迅驰传媒文化有限公司印刷

科学出版社发行 各地新华书店经销

*

2025 年 3 月第 一 版 开本：720×1000 1/16

2025 年 3 月第一次印刷 印张：15 3/4 插页：4

字数：318 000

定价：148.00 元

(如有印装质量问题，我社负责调换)

前　言

视觉三维重构是一种利用视觉成像原理获取被测目标的三维尺寸、形状、颜色和表面特征等更完整信息的方法，能够更加准确地还原被测零件的实际三维特征，具有非接触、全视场、高精度和自动化程度高的特点，可为高端精密制造、智能设备、生产工艺、文物数字重构和医学诊疗等提供不可或缺的数据来源，被广泛地应用于工业制造、文物保护、医疗卫生等众多领域。

面结构光三维测量技术是一种高效的主动视觉三维重构方法，一次可以获取全场三维数据，具有全场测量、速度快、精度高、数据密集等特点，在高精度、复杂零件测量中得到广泛的应用。

现代工业零件多采用“金属+复材”的新型材料结构，这种结构尺寸大、结构复杂、精度要求高，加工后的零部件兼有高光/多次反光和半透明的特点，如发动机叶片、航空结构件等复杂高光零件等。现有结构光主动视觉三维重构技术无法实现上述新材料零件表面形貌的直接精密三维测量，因此，亟须创新突破复杂高光型面免喷涂三维成像新理论和新方法，这已经成为高端装备智能制造的基础测量问题。

复杂型面视觉三维重构的关键在于复杂光照下视觉成像理论的创新与突破，这一直是国际研究的前沿和热点。本书把直接光照与全局光照(多次反光和半透明次表面散射光等)的混叠称为复杂光照。传统复杂光照下视觉成像方法将直接光照和全局光照的混叠定义为数量未知的、无序的一维光信号叠加问题。因此，亟须从复杂光照下三维视觉成像的数学模型和成像理论上开展根本性的变革与创新，才能有效地解决高光/多次反光、半透明散射光和阶跃边缘等复杂光照条件下的视觉三维重构问题。

以赵慧洁为牵头人的北京航空航天大学新型成像探测实验室，着眼国家装备制造业中的重大基础测量需求，紧跟国际前沿成像理论，在面结构光视觉三维重构相关理论与应用领域中开展了近二十年的研究。针对复杂型面的视觉测量难题，本书将复杂光照重新定义为有序二维结构光信号混叠问题，建立了基于单像素成像模型的复杂光照分离模型，创新地提出了并行单像素成像理论，突破了基于投影重构的高效并行单像素成像等技术，实现了高光/多次反光/半透明等复杂型面的免喷涂视觉三维重构，丰富了视觉感知的基础性理论，成功地应用于航空、发动机和汽车制造等领域。

赵慧洁、姜宏志和李宇曦共同参与了本书的组织和撰写。在本书成稿及修订过程中，李旭东、王璐、王淇、闫陈琛、王宇、何庄达和李逸涵等参与了多次讨论，对他们表示诚挚的谢意。同时感谢业内人士对本书提出了宝贵意见。

本书介绍的研究工作得到了国家自然科学基金(61735003，61875007，61475013)和国家重点研发计划(2020YFB2010700)等项目的资助与支持，在此表示衷心的感谢。希望本书能够为相关领域的研究者和工程师提供有价值的参考与指导，促进视觉三维重构技术的发展和应用。光学成像与视觉三维重构涉及多个学科领域，由于作者水平有限，书中难免存在疏漏之处，恳请读者批评指正。

作　者

2024年10月

目　　录

第1章 绪 论

1.1 面结构光三维视觉重构的重要意义

随着航空、航天、船舶、汽车和电子产品等先进制造业的发展，零部件加工制造趋向精密化、复杂化，对加工质量的检测与控制提出了越来越高的要求，急需有效的三维测量技术。

目前，三维测量技术主要包括接触式三维测量和非接触式三维测量。基于传统接触式三维测量技术的三坐标测量机可以对工业零部件的关键尺寸进行测量。但对于具有复杂型面的工业零部件，使用三坐标测量机难以获得密集三维数据，无法对加工质量进行全面的评价。

视觉测量技术由于其非接触、高效率等特点，被广泛地应用于工业制造和逆向工程等领域。按照测量过程中是否有光源主动投射到待测物表面，视觉测量可以分为两大类：被动视觉测量和主动视觉测量。被动视觉测量仅使用相机进行图像采集，不需要额外的照明装置进行投射，通过建立被测物与相机间的相对位置关系获取待测物表面的三维信息。根据使用相机的数量可以将被动视觉测量分为单目视觉测量、双目视觉测量和多目视觉测量。对于物体表面光滑、缺乏纹理特征或者无明显灰度、几何变化的情况，被动视觉测量面临失效。

结构光三维重构方法作为主动视觉测量的代表性技术，利用结构光在物体表面形成的明显特征，可以解决被动视觉测量失效难题，提升三维信息的获取精度，其具有量程大、非接触、速度快、精度高、系统柔性好等特点，已经广泛地应用于三维模型重构、物体表面的三维测量及工业环境中尺寸和形位参量检测等领域。结构光三维测量系统主要由光学投射器和相机组成，光学投射器将一定模式的结构光投射于物体表面，在物体表面形成由被测物体表面形状所调制的图形；相机采集由物体表面反射的反射光，根据成像几何关系建立的数学模型解算出被测物体的三维形貌信息。根据光学投射器所投射的结构光种类的不同，可以分为点结构光法、线结构光法和面结构光法。点结构光法测量速度过慢；线结构光法测量数据密度有限，但是可以实时测量，适合于手持式三维扫描系统。

面结构光法一次可以获取全场三维数据，测量效率最高，能够快速地获取全场三维数据，在高精度、复杂零件测量中得到广泛的应用。以条纹投射轮廓术为代表的面结构光法具有全场测量、速度快、精度高、数据密集等特点，因此，其被国内外重要三维扫描仪厂家所采用，广泛地应用于工业三维检测、数字孪生和工业优化等各个制造环节，已成为装备制造、生物医学、船舶交通、电子信息和文物保护等行业不可或缺的测量技术手段，赋能我国制造业的转型和升级。

1.2 面结构光三维视觉重构的基本原理

以条纹投影方法为代表的面结构光三维视觉重构具有非接触、测量效率高和数据点稠密等特点。条纹投影等面结构光三维视觉重构方法的基本原理是由投射器向被测表面投射正弦条纹等结构光，相机拍摄得到被测表面(条纹)图像，通过相位解算等数据处理方法计算出被测表面的(相位)匹配特征，再根据立体匹配和三维重构算法，获取高精度密集三维点云，如图 1.1 所示。

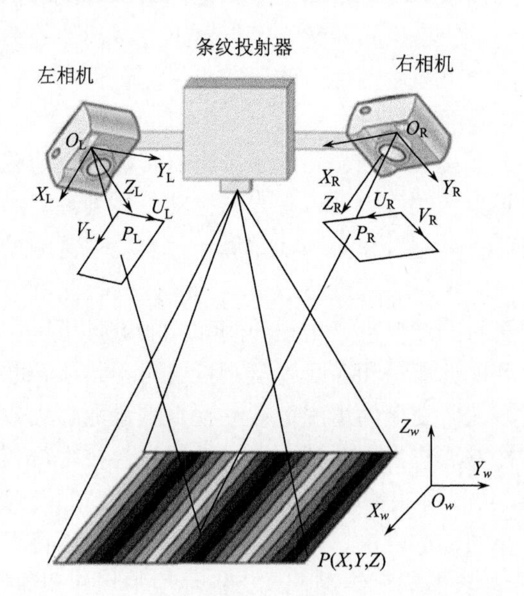

图 1.1 基于条纹投影法的三维视觉传感器示意图

条纹投影法按照相位解算原理可以分为傅里叶变换轮廓术和相移法。傅里叶变换轮廓术将光栅图像变换到频率域，通过滤波处理将图像中的高频分量和直流分量滤掉，只保留基频分量，将信号重新变换到时域并计算相位；该方法只需要一幅图像即可计算各点相位值，适合于平滑表面的快速测量，但在处理阶跃表面时，有用信号的频带和背景光信号的频带混叠加大，使用该方法效果变差，此外在处理强反射表面时也会出现频率失真的问题。相移法采集多次相移的光栅图像，通过不同图像的灰度值来计算相位，该方法虽然不能进行实时测量，但其相位解算只与不同条纹图像中同一点的灰度值有关，而与周围像素无关，因此，该方法可以最大限度地测量出阶跃表面边缘处的三维形貌。

在相移法中，向待成像场景投射如式(1.1)表示的N步相移正弦图案：

$$g_i(x,y)=A(x,y)+B(x,y)\cos\left[\phi(x,y)+i\cdot\frac{2\pi}{N}\right] \tag{1.1}$$

式中，$A(x,y)$为条纹平均亮度；$B(x,y)$为条纹调制度；$\phi(x,y)$为需要解算的相主值；i为相移次数。对应的解相公式为

$$\phi(x,y)=\arctan\frac{g_3(x,y)-g_1(x,y)}{g_0(x,y)-g_2(x,y)} \tag{1.2}$$

在实际应用中，常投射多组不同周期的条纹，通过多频外差法获取解包裹相位。以两级条纹周期为例，设零相位相同的两组条纹，周期为λ_1和λ_2（$\lambda_1<\lambda_2$），解相后的相主值分别为$\phi_1(x,y)$和$\phi_2(x,y)$，相位展开后相位值分布为$\Phi_1(x,y)$和$\Phi_2(x,y)$，则可以得到周期为

$$\lambda_b=\frac{\lambda_1\lambda_2}{\lambda_2-\lambda_1} \tag{1.3}$$

的条纹，在点(x,y)处的相主值为

$$\phi_b(x,y)=\phi_1(x,y)-\phi_2(x,y) \tag{1.4}$$

如果计算得到的条纹λ_b在一个周期内能够覆盖整个条纹的投射区域，那么其相位展开结果$\Phi_b(x,y)$与相主值$\phi_b(x,y)$是相等的，即

$$\Phi_b(x,y)=\phi_b(x,y) \tag{1.5}$$

那么，$\phi_1(x,y)$的相位展开结果为

$$\Phi_1(x,y)=\frac{\lambda_2}{\lambda_2-\lambda_1}\phi_1(x,y) \tag{1.6}$$

为了提高相位展开精度，抑制$\phi_b(x,y)$误差对相位展开的影响，采用改进方法计算：

$$\Phi_1(x,y)=\phi_1(x,y)+2\pi\cdot\mathrm{Round}\left\{\frac{1}{2\pi}\left[\frac{\lambda_2}{\lambda_2-\lambda_1}\phi_b(x,y)-\phi_1(x,y)\right]\right\} \tag{1.7}$$

式中，$\mathrm{Round}\left\{\frac{1}{2\pi}\left[\frac{\lambda_2}{\lambda_2-\lambda_1}\phi_b(x,y)-\phi_1(x,y)\right]\right\}$表示对$\left\{\frac{1}{2\pi}\left[\frac{\lambda_2}{\lambda_2-\lambda_1}\phi_b(x,y)-\phi_1(x,y)\right]\right\}$取整，其值为$\Phi_1(x,y)$相位展开所需的周期数。因此，$\phi_b(x,y)$的误差$\Delta\phi_b(x,y)$必须满足：

$$\frac{1}{2\pi}\cdot\Delta\phi_b(x,y)\cdot\frac{\lambda_2}{\lambda_2-\lambda_1}<0.5 \tag{1.8}$$

才能够满足相位展开所需的周期数。相移法投射的相移正弦图案、相机拍摄的光栅条纹图像、相位包裹在$[0,2\pi]$的相位图和相位展开后的连续相位图分别如图1.2所示。

(a) 相移正弦条纹图案　(b) 相机拍摄的光栅条纹图像

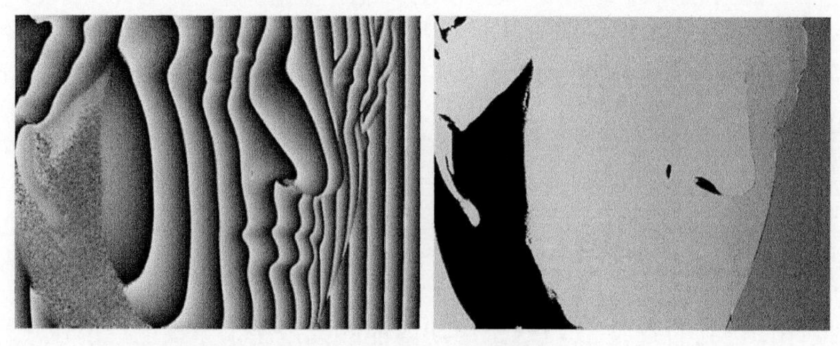

(c) 相位包裹在 $[0, 2\pi]$ 的相位图　(d) 相位展开后的连续相位图

图 1.2　相位解算过程

1.3　复杂光照条件下结构光(投影光栅)三维重构失效机理分析

现代工业零件，多采用金属+复材的新型材料结构。新型材料结构尺寸大、结构复杂、精度要求高，加工后的零部件，兼有高光/多次反光和半透明的特点，如发动机叶片等复杂高光零部件。这种零部件型面的复杂性与材料的多样性给光学三维测量带来了极大的挑战。物体表面或者场景的反射光可以分为直接光照(direct illumination)光和全局光照(global illumination，GI)光。直接光照是由照明光源直接照射并经过被测表面反射进入相机的，能够直接反映物体表面、相机、照明光源三者之间的几何关系；全局光照是场景中其他点对当前点的照明反射光，能够表现场景中不同物体、不同介质之间的复杂光学相互作用，其中就包括了多次反射、透明/半透明次表面散射、阶跃边缘处上下表面反射等。复杂零部件型面的反射光是直接光照和全局光照的混叠，称为复杂光照。三维结构光重构技术已日趋完善，但在全局光照的干扰下，难以进行有效测量，容易出现测量失效。

基于三角测量原理的结构光三维测量方法有一个重要的前提假设是光线在物体表面只发生一次反射。然而，全局光照的存在会破坏这个假设，从而导致测量误差或数据缺失。因此，在全局光照下，二值图案、相移条纹等传统结构光三维测量方法无法实现完整和高精度的测量。

目前在实际工业应用中，避免全局光照对测量产生影响的一般方法是向物体表面喷涂显影剂，使表面反射特性趋向漫反射，从而消除镜面相互反射与次表面散射的影响。然而在很多应用场景中，被测零件是不允许喷涂显影剂的，如数控加工中的在位测量，生产流水线上的在线测量等；还有些物体因为自身的属性不能喷涂显影剂，如文物、高温物体等；而且显影剂的厚度会导致额外的测量误差，在测量后清洗物体表面的显影剂还会引入额外的工序。因此，如何在不喷涂显影剂的情况下实现复杂型面完整高精度三维测量是工业应用过程中亟须突破的关键技术的瓶颈。

本书主要考虑如下三种不同的全局光照干扰下的三维重构问题。

1) 多次反射条件下的直接照明光和间接照明光混叠问题

对于具有强反光的金属材质，物体表面之间由于镜面相互反射(specular interreflection)和光泽相互反射(glossy interreflection)将产生强烈复杂光照。投射器发射的光线在照射到物体后，仅有一部分光被相机所捕获，另一部分光则根据物体表面的双向反射分布函数(bidirectional reflectance distribution function, BRDF)被反射到物体表面的其他区域，经历复杂的多次反光后被相机捕获。这种经历多次反光后才被相机捕获的光携带有与直接照明光完全不同的空间调制信息，从而严重地影响三维测量方法的准确性。

在复杂强反光表面成像与测量中，由于被测表面同时具有强反光特性和复杂的几何形状，易形成不同表面之间的多次反射，测量系统投射出的条纹与复杂表面多次反射形成的间接照明条纹叠加，造成条纹混叠，导致测量失效(图 1.3)。

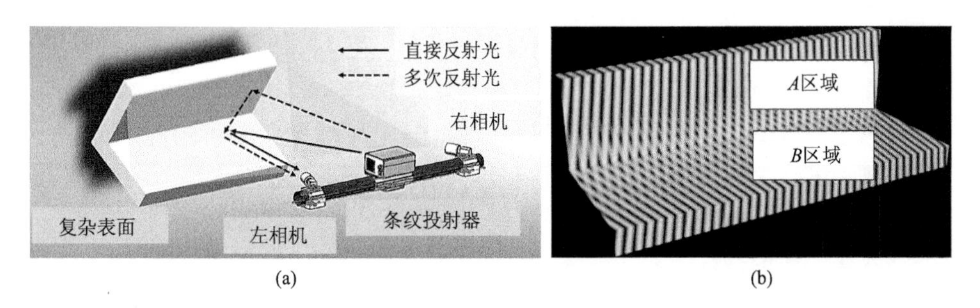

(a)　　(b)

图 1.3　基于双目视觉的结构光三维测量系统和多次反射仿真效果

在图 1.3(a)所示的结构光三维测量系统中，实线代表直接反射光，由投射器出射，照射到物体表面 B 区域，直接反射到相机中；虚线代表多次照明光，由投射器出射，照射到物体表面 A 区域，反射到 B 区域，经过二次反射到相机中，造成条纹混叠，参见图 1.3(b)。

不失一般性，假设相机像素 (x,y) 除了受到直接光照对应相位编码为 $\phi_1(x,y)$ 的条纹：

$$I_1(x,y) = I_{A_1}(x,y) + I_{B_1}(x,y)\cos[\phi_1(x,y)] \tag{1.9}$$

还受到另一个如式(1.10)所示的相位编码为 $\phi_2(x,y)$ 的条纹的二次反射光干扰

$$\begin{aligned} I_2(x,y) &= I_{A_2}(x,y) + I_{B_2}(x,y)\cos[\phi_2(x,y)] \\ &= I_{A_2}(x,y) + I_{B_2}(x,y)\cos[\phi_1(x,y) + \Delta\phi(x,y)] \end{aligned} \tag{1.10}$$

式中，$\Delta\phi(x,y)$ 表示二次反射光照的相位编码与直接光照的相位编码之间的差值。

此时，若投射由式(1.1)生成的正弦条纹图案，相机像素响应表示为直接光与二次反射光的混合：

$$\begin{aligned} I_m(x,y) &= I_1(x,y) + I_2(x,y) \\ &= I_{A_s}(x,y) + I_{B_s}(x,y)\cos[\phi_m(x,y)] \end{aligned} \tag{1.11}$$

式中，$I_{A_s}(x,y)$ 表示混合条纹的等效平均亮度；$I_{B_s}(x,y)$ 表示混合条纹的等效调制度；$\phi_m(x,y)$ 为受二次反光影响的相位值，其具有如下形式：

$$\phi_m(x,y) = \phi_1(x,y) + \Delta\phi_m(x,y) \tag{1.12}$$

式中，$\Delta\phi_m(x,y)$ 由式(1.13)定义：

$$\Delta\phi_m(x,y) = \arctan\frac{I_{B_2}(x,y)\sin[\Delta\phi(x,y)]}{I_{B_1}(x,y) + I_{B_2}(x,y)\cos[\Delta\phi(x,y)]} \tag{1.13}$$

在上述分析中，式(1.13)说明了二次反射光对相移法三维重构的影响。

2) 透明/半透明材料的直接照明光和次表面散射光混叠问题

半透明性质的复合材料、玻璃、玉石已经广泛地应用于装备制造、手机和高档珠宝等领域，加工后的产品质量分析急需光学成像和三维测量等技术。但由于次表面的间接照明光干扰，图像会出现信噪比过低、模糊等问题，如图 1.4(b)所示，无法满足高精度测量的要求。

在图 1.4(a)中，q_0 是从投射器照射到表面，直接反射入相机的直接照明光；q_1 和 q_2 是从投射器照射到表面，在次表面散射后，到达相机中的间接照明光；相机接收到的 c 是直接照明光和间接照明光的混叠结果。次表面散射现象类似于模糊核的效果，使得条纹的对比度大大降低，从而产生严重的测量失效。半透明散射光导致测量点云缺失严重，测量失效，参见图 1.4(b)。

当存在次表面散射时，相机像素 (x,y) 除受到形如式(1.9)所对应相位编码 $\phi_1(x,y)$ 的直接光照条纹的影响，还受到投射到表面内部，而在附近区域发射散射的条纹光照的影响，此时若仍然采用式(1.2)解相，得到的相位值有如下的形式：

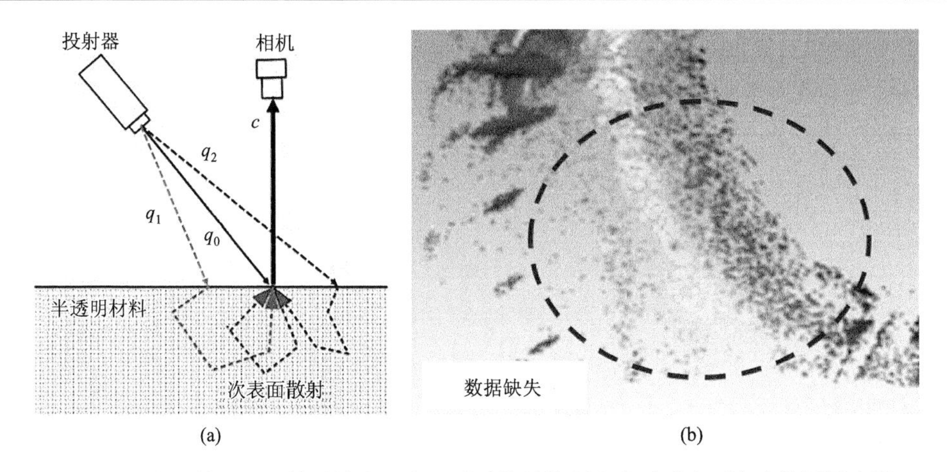

图 1.4　基于单目视觉的结构光三维测量系统结构图和半透明表面(玉)的测量失效

$$\phi_s(x,y)=\arctan\frac{Q(x,y)}{P(x,y)} \tag{1.14}$$

式中，$Q(x,y)$ 和 $P(x,y)$ 分别对应于式(1.14)中的分子项与分母项，此时，它们受到了次表面散射的影响：

$$Q(x,y)=\sum_{\eta}\sum_{\xi}h(x,y;\eta,\xi)\sin\phi(\eta,\xi) \tag{1.15}$$

$$P(x,y)=\sum_{\eta}\sum_{\xi}h(x,y;\eta,\xi)\cos\phi(\eta,\xi) \tag{1.16}$$

式中，$h(x,y;\eta,\xi)$ 为像素 (η,ξ) 到像素 (x,y) 的光传输系数(light transport coefficients, LTC)，其可以被理解为光线由像素 (η,ξ) 经过各次表面散射路径，最终可被像素 (x,y) 接收到的能量比例。第 2 章将对光传输系数进行更加详细的介绍。此处的关注点是次表面散射会对传统相移解相法的结果造成影响。

3) 阶跃边缘像素的照明光混叠问题

现代复杂金属结构件(如发动机叶片)存在筋、棱等阶跃边缘特征，在光学成像或三维测量中，当条纹等结构光照射到阶跃边缘时，边缘两侧高度差将导致边缘两侧上下表面的条纹产生非连续的相位差。另外，现代工业数字相机感光芯片采用离散化的空间采样，每个像素的感光过程可以视作空间区域积分过程。当阶跃边缘恰好穿过感光像素时，根据空间积分原理，像素灰度值同时受边缘两侧区域的条纹反射光的影响，在像素处形成上下表面条纹光的混叠，这两组条纹光的相位差将导致边缘处相位数据失真，出现错误的散乱点，三维测量失效。这已成为光学测量中久未解决的难点问题。

在图 1.5(a)中，从投射器出射两束不同照明光，分别照射到边缘上表面和下表面，但两束反射光被相机的同一个像素接收到，形成照明光的混叠，如图 1.5(b)所示，造成三维重构失败。

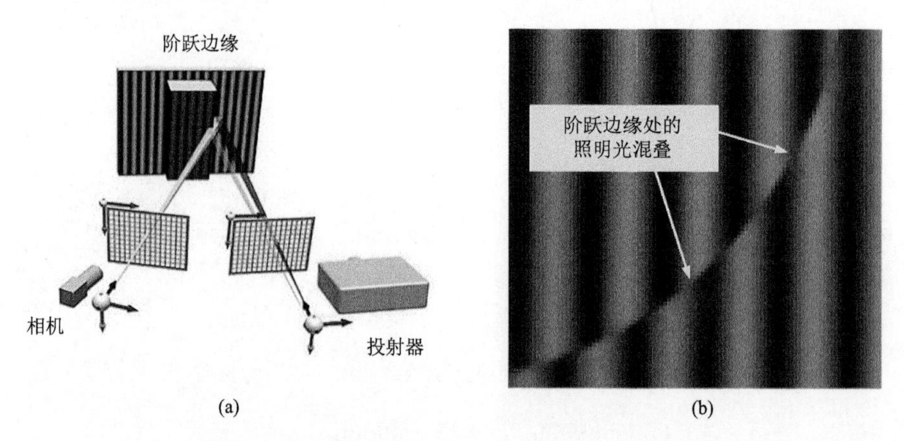

图 1.5　结构光三维测量阶跃边缘和阶跃边缘处的条纹照明光混叠

阶跃边缘对传统相移法解相的误差分析与式(1.9)～式(1.13)中二次反射光对传统相移法解相的误差分析类似。此时，仅需在阶跃边缘的背景下对公式进行重新解读即可：位于阶跃边缘处的相机像素 (x, y) 收到的两个来源的光不再是式(1.9)的直接光与式(1.10)的二次反射光，而是变成了上边缘光线与下边缘光线。下表面对上表面相位的影响方式与式(1.13)相同，故不再赘述。

经过上述分析，多次反射、透明/半透明次表面散射、阶跃边缘处上下表面反射等问题的本质是直接光照和全局光照混叠问题，因此，在光学成像和光学三维测量中如何在全局光照干扰下实现三维重构，一直是共性瓶颈问题，是国内外研究的热点和难点。

1.4　传统复杂光照下三维视觉重构方法概述

本书将由被测物体型面复杂性和材质多样性造成的全局光照，以及由光泽反射引起的强反光现象统称为复杂光照。其中，全局光照根据其形成原因，可以细分为以下几种：①由物体凹陷结构造成的相互反射现象所引起(图 1.6 中光线 2)；②由半透明物体的次表面散射现象所引起(图 1.6 中光线 3)；③由参与介质的体散射效应所引起(图 1.6 中光线 4)；④由被测物体透明表面的折射/反射现象所引起(图 1.6 中光线 5)。

首先，采用直接照明和复杂光照的分离方法进行讨论；然后，针对几种具有代表性的复杂光照条件下的三维重构问题进行深入调研，包括多次反光干扰下的三维重构和次表面散射干扰下的三维重构。

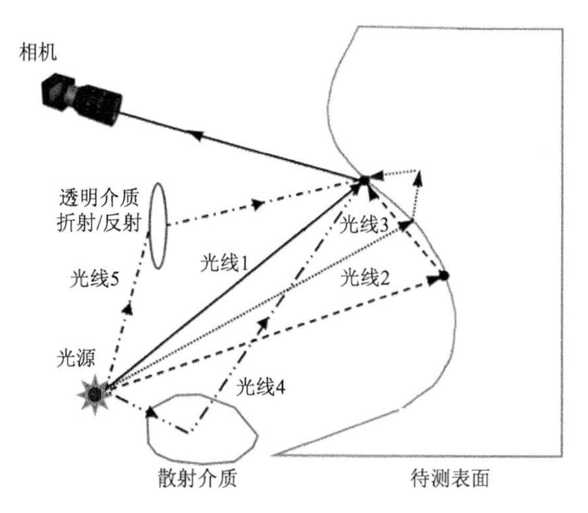

图 1.6 实际测量条件下被测物体表面的复杂光照

1.4.1 多次反光干扰下的三维重构

1)基于高频投射的分离方法

美国哥伦比亚大学的 Nayar 等[1]的先驱性研究开启了计算机图形学和计算机视觉领域对复杂光照分离关注的新篇章。他们研究了直接照明与复杂光照对投射图案在空间频率响应上的不同表现。基于该研究结果，他们提出利用高频图案分离直接光照和复杂光照的方法。该方法对复杂场景的适用性较强，且可以分离出直接光照和由相互反射、半透明散射、体散射、散射介质等多种全局效应产生的复杂光照，为真实感渲染和复杂光照下的三维测量提供了新方法。美国哥伦比亚大学的 Gupta 和 Nayar[2]提出微相移方法，将所投射的条纹限制在一个高频的窄带区间内，从而完成相互反射存在时的三维重构任务。Achar 和 Narasimhan[3]对一般姿态下的投射器-相机对的散焦核进行建模，提出多焦结构光(multi focus structured light)方法，解决了散焦和相互反射共同存在时的立体匹配问题。Gupta 等[4,5]对复杂光照中不同成分的分量所引起的三维重构误差进行分析，将复杂光照按照其空间影响范围分为近程效应(如半透明表面的次表面散射效应和散焦)和远程效应(如相互反射现象)。针对远程效应，他们提出逻辑编码(logical codes)，使用异或操作将传统格雷码方法中的每幅图案拆分为两幅高频格雷码，从而避免相互反射导致的解码错误。Gu 等[6]针对多个光源下相互反光的分离问题进行研究，提出多路复用投射方法，解决了多个光源下多次反光干扰时场景三维信息的重构问题。

2) 基于极线约束的直接照明匹配方法

O'Toole 等[7]提出结构光传输(structured light transport)方法，通过在相机前加装数字微镜器件(digital micromirror device, DMD)和采用投射器向场景投射结构光的方式，实现同时对信号接收端和光源发射端进行编码，从而达到了对光传输路径进行控制的目的。O'Toole 等[8]在后续的工作中对结构光传输的编码模式进行了更深入的研究，提出了基于齐次矩阵分解(homogeneous matrix factorization)的高能效编码方法，实现了更加清晰的对极和非对极成像。北京航空航天大学的 Zhao 等[9]提出极线成像(epipolar imaging)方法，该方法使用传统结构光中的投射器-相机对，降低了结构光传输方法对硬件的较高要求。Achar 等[10]提出了一种 ToF(time of flight，飞行时间)成像方法，通过每次对投射器与 ToF 相机上的一个极平面进行投射与成像，并对极平面的采样方式进行了精细设计，提出了锯齿状的采样策略，从而更好地抑制了相互反射光的影响。

3) 基于自适应型面分割的区域投射法

Hu 等[11]的研究是这类方法的早期代表性工作。他们在通过对被测零件的计算机辅助设计(computer aided design，CAD)模型或含有相互反射误差的粗测量结果进行分析的基础上，达到了对被测物型面进行分割的目的，从而生成投射器和相机所需要的掩码，对每个区域独立地进行了三维重构，实现了相互反射下的三维重构目标。

Xu 和 Aliaga[12,13]首先对这种自适应投射方式进行了研究。他们采用格雷码的投射方式，该方式需要在每次投射条纹时判断相机像素是否被投射器直接照明，从而解算得到每个相机像素在投射器平面的匹配位置。Gupta 等[4,5]受自适应结构光方法的启发，提出了误差检测与修正方法，他们使用四套不同条纹对场景进行多轮自适应三维重构，只有当其中的两套条纹重构结构一致时才认为对应像素得到了正确的结果。

1.4.2 次表面散射光干扰下的三维重构

当光线照射到半透明物体表面时，其中一部分光线会透射进入物体表面，并在物体内部经历复杂的散射和折射后，从不同于物体表面入射点的其他位置射出。这种光透过半透明物体表面并在其表面下方经历复杂散射作用后从其他位置射出的现象称为次表面散射，并可以使用一个 8 维表面分布函数 BSSRDF(bidirectional subsurface scattering reflection distribution function)来描述。一般可以认为 BSSRDF 由两部分所组成，即单次散射项(single scattering term)和多次散射项(multiple scattering term)。按照对 BSSRDF 的分解，次表面散射光对三维重构的影响主要体现在两方面：①由单次散射项造成的系统性误差；②由多次散射项导致条纹对比度下降从而产生的随机误差。本节对近年来关于次表面散射干扰下的三维重构问题的研究现状进行总结，主要从如下几方面展开：基于次表面散射光的空间频率响应法、基于次表面散射的偏振特性法和基于半透明材质误差建模的补偿法。

(1)基于次表面散射光的空间频率响应法。根据 Nayar 等[1]的开创性研究，次表面散射光对高频条纹同样具有模糊效应，即当不同的高频条纹投射到半透明物体表面上时，由次表面散射效应所造成的全局光影响趋近于直流分量。因此，高频条纹投射方法同样可以用于解决次表面散射下的三维重构问题。在 Lockerman 等[14]将传统格雷码作为基础条纹(primary pattern)的前提下，对其进一步细分，得到一系列二级条纹(secondary pattern)以克服使用传统格雷码去除次表面散射时产生的模糊影响。北京航空航天大学的 Xu 等[15]认为采用高频投射方案可以减少由半透明次表面散射造成的系统误差，但是另一方面由于所投射的条纹频率过高，造成条纹调制度下降，增加了测量的随机误差。Gupta 等[4,5]研究了次表面散射光对拍摄到的不同条纹频率信噪比的影响，并认为当次表面散射光占主导地位时，应投射低频条纹从而获得信噪比更高的拍摄图案。基于此，他们认为所投射的格雷码的最小周期应该被最大化，并基于组合数学理论提出了使用 Max Min-SW (maximum minimum stripe-width)格雷码进行测量的方法，该方法可以更好地抑制三维重构结果中可能出现的随机噪声。

(2)基于次表面散射的偏振特性法。Chen 等[16]根据表面反射和次表面散射对偏振光的不同响应特征，将偏振差别成像(polarization-difference imaging, PDI)应用于相移条纹投射法，抑制由物体半透明所造成的次表面散射光，从而可以减小半透明物体的测量误差。

(3)基于半透明材质误差建模的补偿法。Lutzke 等[17]针对半透明被测物体，提出使用误差补偿的方法对存在系统误差的数据进行误差补偿，从而获得更高质量的点云结果。Lutzke 等[18,19]使用蒙特卡罗方法对次表面散射光传输过程进行模拟，分析次表面散射对三维数据测量误差的影响因素，进而对测量数据进行误差补偿。Rao 和 Da[20]对包括次表面散射在内的局部模糊效应引起的相位误差进行了分析，提出了通过全局光传输系数进行相位误差校正的方法。Jenson 等[21]对包括皮肤、肌肉和脂肪在内的多种具有次表面散射效应的生物组织对三维测量系统引起的误差进行研究，提出使用基于扫描几何的线性统计模型对误差数据进行拟合，从而在测量时预测由生物组织的半透明特点可能引起的误差，并通过误差补偿技术得到精度更高的三维数据。Xu 等[15]对条纹周期与测量误差之间的关系进行研究，将一个二次函数作为经验公式并对其进行描述，通过测量多组不同条纹周期下的三维重构结果来计算误差，并对测量数据进行误差补偿，实现了半透明次表面散射干扰下的高精度三维重构。

1.5 本书内容组成

第 1 章介绍复杂光照条件下面结构光三维重构失效机理和现有测量技术，是并行单像素成像的测量需求背景。

第 2 章为基于单像素成像方法的复杂光分离原理，介绍并行单像素成像的理论基础和复杂光照分离方法。第 3 章为基于投影重构的高效并行单像素成像方法，通过将四维光传输系数转换为三维投影函数立方体来实现并行单像素成像效率的提升。第 4 章为基于并行单像素成像的复杂光照下三维测量技术及应用，主要介绍利用并行单像素成像方法对多次反光、次表面散射和阶跃边缘处产生的各种复杂光环境下的三维重构。

第 5 章为基于并行单像素成像的全场全景深光传输系数建模及应用，介绍采用并行单像素成像技术，实现全场全景深相机光传输系数建模和投射器点扩散函数建模，并应用于三维测量仿真与分析、离焦相机成像校正和图像超分辨重构等领域。

最后，第 6 章和第 7 章介绍了两个应用案例，分别为复杂高光金属结构件高效自动化测量和发动机叶片自动化测量。

参 考 文 献

[1] Nayar S K, Krishnan G, Grossberg M D, et al. Fast separation of direct and global components of a scene using high frequency illumination. ACM Transactions on Graphics, 2006, 25(3): 935-944.

[2] Gupta M, Nayar S K. Micro phase shifting. IEEE Conference on Computer Vision and Pattern Recognition, Rhode Island, 2012: 813-820.

[3] Achar S, Narasimhan S G. Multi focus structured light for recovering scene shape and global illumination. European Conference on Computer Vision, Zurich, 2014: 205-219.

[4] Gupta M, Agrawal A, Veeraraghavan A, et al. Structured light 3D scanning in the presence of global illumination. IEEE Conference on Computer Vision and Pattern Recognition, Colorado Springs, 2011: 713-720.

[5] Gupta M, Agrawal A, Veeraraghavan A, et al. A practical approach to 3D scanning in the presence of interreflections, subsurface scattering and defocus. International Journal of Computer Vision, 2013, 102(1-3): 33-55.

[6] Gu J, Kobayashi T, Gupta M, et al. Multiplexed illumination for scene recovery in the presence of global illumination. IEEE International Conference on Computer Vision, Barcelona, 2011: 691-698.

[7] O'Toole M, Mather J, Kutulakos K N. 3D shape and indirect appearance by structured light

transport. IEEE Transactions on Pattern Analysis and Machine Intelligence, 2016, 38(7): 1298-1312.

[8] O'Toole M, Achar S, Narasimhan S G, et al. Homogeneous codes for energy-efficient illumination and imaging. ACM Transactions on Graphics, 2015, 34(4): 35.1-35.13.

[9] Zhao H, Xu Y, Jiang H, et al. 3D shape measurement in the presence of strong interreflections by epipolar imaging and regional fringe projection. Optics Express, 2018, 26(6): 7117-7131.

[10] Achar S, Bartels J R, Whittaker W L, et al. Epipolar time-of-flight imaging. ACM Transactions on Graphics, 2017, 36(4): 37.

[11] Hu Q, Harding K G, Du X, et al. Shiny parts measurement using color separation. Conference on Dimensional Methods for Inspection and Metrology, Boston, 2005.

[12] Xu Y, Aliaga D G. Robust pixel classification for 3D modeling with structured light. Conference on Graphics Interface, New York, 2007: 233-240.

[13] Xu Y, Aliaga D G. An adaptive correspondence algorithm for modeling scenes with strong interreflections. IEEE Transactions on Visualization and Computer Graphics, 2009, 15(3): 465-480.

[14] Lockerman Y D, Brenner S, Lanzone J, et al. Testing spatial patterns for acquiring shape and subsurface scattering properties. International Symposium on Electronic Imaging Science and Technology, San Francisco, 2016: 1-7.

[15] Xu Y, Zhao H, Jiang H, et al. High-accuracy 3D shape measurement of translucent objects by fringe projection profilometry. Optics Express, 2019, 27(13): 18421.

[16] Chen T, Lensch H P A, Fuchs C, et al. Polarization and phase-shifting for 3D scanning of translucent objects. IEEE Conference on Computer Vision and Pattern Recognition, Minneapolis, 2007: 1-8.

[17] Lutzke P, Kühmstedt P, Notni G. Measuring error compensation on three-dimensional scans of translucent objects. Optical Engineering, 2011, 50(6): 063601.

[18] Lutzke P, Kühmstedt P, Notni G. Fast error simulation of optical 3D measurements at translucent objects. Proceedings of the International Society for Optical Engineering, San Diego, 2012.

[19] Lutzke P, Heist S, Kühmstedt P, et al. Monte Carlo simulation of three-dimensional measurements of translucent objects. Optical Engineering, 2015, 54(8): 084111.

[20] Rao L, Da F. Local blur analysis and phase error correction method for fringe projection profilometry systems. Applied Optics, 2018, 57(15): 4267-4276.

[21] Jensen S N, Wilm J, Aanæs H. An error analysis of structured light scanning of biological tissue. Scandinavian Conference on Image Analysis, Tromsø, 2017: 135-145.

第 2 章　基于单像素成像方法的复杂光照分离原理

2.1　单像素成像方法概述

单像素成像(single-pixel imaging, SI)方法，又称为鬼成像(ghost imaging, GI)方法，是指利用单个像素对观测目标进行成像的一种新型成像方式。与传统像素阵列成像方式不同，单像素成像方法使用可编程空间光调制器(spatial light modulator, SLM)对光场进行编码，再通过后端的重构算法计算得到成像目标。单像素成像技术使用一个探测器收集全场反射数据，因此收集到的能量信号较强，重构的图像具有较强的信噪比。同时，由于单像素成像仅需使用单个像素的特点，其特别适合用于探测现有阵列探测器较难实现高分辨率探测的光波段。

2.1.1　单像素成像方法的基本原理

现有实现单像素成像的方法主要包括基于压缩感知的单像素成像方法、阿达玛单像素成像(Hadamard SI)方法[1]和傅里叶单像素成像(Fourier single-pixel imaging，FSI)方法[2]，本节主要对这几种方法进行介绍。

1. *基于压缩感知的单像素成像方法*

压缩感知(compressed sensing, CS)理论[3-5]是近年信息处理领域的热门研究方向。按照传统香农采样定理，为了避免重构原始信号时出现频谱混叠，采样频率必须大于信号最高频率的两倍。而压缩感知理论则突破了这一限制，即使以低于奈奎斯特频率进行采样也可能完全重构原始信号。基于压缩感知的单像素成像应用压缩感知理论，对采集到的数据进行非线性优化即可重构得到原始图像。

单像素成像方法是压缩感知理论首次得到应用的案例，其理论解决的基本问题可以表示为对于 $\boldsymbol{x} \in \mathbb{R}^N$ 的待测目标，是否可仅通过 $M \ll N$ 的观测数量，完全恢复待测目标的全部信息？若可以进行恢复，则观测目标和观测方式需要满足何种条件？自 2005 年起，Candes 等[3-5]的系列研究对该问题进行了系统性的回答。他们认为，通过 $M(M \ll N)$ 项观测是可能对 $\boldsymbol{x} \in \mathbb{R}^N$ 的待成像目标进行精确成像。然而，为了实现信号的精确重构，必须对待测目标和观测模式进行一定限制。待测目标需具备稀疏信号或可压缩信号的特性，而观测模式则需满足受限等距性条件。在实际应用中，判定观测模式是否满足受限等距性条件极为困难。目前已有理论证明，如果观测矩阵由独立同分布的高斯随机变量构成，则它与任意正交基矩阵具有较强的不相关性，此时观测矩阵很可能满足受限等距性条件。因此，常用的观测矩阵类型包括随机矩阵、确定性矩阵和结构化随机矩阵，这些矩阵能有效满足相关特性。

莱斯大学的 Duarte 等[6]基于压缩感知理论提出了一种使用 DMD 的单像素成像系统。该系统由一个 DMD、两个透镜、一个光电探测器和一个 A/D 转换器组成，可以通过编程控制 DMD 上微小镜面的角度，进而测得随机矩阵变换域中的系数。英国格拉斯哥大学的 Welsh 等[7]在利用差分投射模式对信号进行归一化处理的基础上，搭建了具有 650Hz 投射速率的 DMD 芯片并将其作为硬件成像系统。英国格拉斯哥大学的 Edgar 等[8]采用 Hadamard 矩阵的投射方式收集数据，并据此构建了一个旨在最小化空间曲率的优化问题。通过这种方式，他们实现了低分辨率下可见光与短波红外波段图像最高帧率为 10Hz 的实时单像素采集和目标重构。

在单像素成像领域，当采用基于压缩感知的单像素成像技术时，空间光调制器使用的模式均由非正交基产生，而使用非正交基表征信息会产生大量冗余，需要使用的模式数量较多。对二维图像而言，上述两种单像素成像方式均需要获得大量数据，才可以重构得到一张较为清晰的图像，且图像质量难以保证。在图像处理领域中，正交变换通常用于对图像的压缩。由于正交变换中所涉及的任意基底都不能由其他基底线性表示，故若已知图像对应于每个基底的系数，则通过相应的逆变换即可重构得到待成像的场景，且从理论上讲，成像方法本身不会对图像的质量产生影响。因此，基于正交变换的单像素成像技术可以通过采集更少的数据来实现高质量图像的重构，因而得到学术界的广泛关注。Hadamard 单像素成像方法与傅里叶单像素成像方法是两种典型的基于正交变换的单像素成像技术。

2. Hadamard 单像素成像方法

北京航空航天大学的 Sun 等[9]提出基于数字微扫描的单像素成像方法，通过在投射器端进行像素合并操作，投射四张向不同方向平移(不平移、向横方向平移半像素、向纵方向平移半像素以及同时向横纵方向平移半像素)的低分辨率 Hadamard 基底图案，利用所提出的完全微扫描方法可以重构得到横纵方向像素均为投射条纹横纵方向像素两倍的图像。他们通过实验证明，采用完全微扫描方法获取的图像相比传统采用 Hadamard 基底投射模式的低分辨率条纹图像信噪比显著提高。中国科学院安徽光学精密机械研究所的 Shi 等[10]提出雷登(Radon)单像素成像方法，在通过投射一维 Hadamard 基底获得声谱图(Sonogram)的基础上，通过基于滤波反向投影的雷登逆变换重构得到原始的二维图像。他们通过实验证明，雷登单像素成像方法可以获得信噪比较高的图像。同时，他们还讨论了利用压缩感知方法对 Sonogram 进行处理的方法，其可在更低的采样率下重构原始图像，进而实现实时图像采集的目标。

3. 傅里叶单像素成像方法

伊朗沙希德·贝赫什提大学的 Khamoushi 等[11]提出正弦鬼成像方法。他们通过投射正交的正弦图案以获取待成像场景的傅里叶级数展开系数，从而提高成像质量。通过仿真实验，他们认为正弦鬼成像仅需要大约 40 个频率的采样即可重构得到高质量的 200 像素×200 像素的图像。他们通过实物实验将正弦鬼成像与差分鬼成像进行对比，并得出结论：正弦鬼成像方法不仅拥有更高的信噪比，同时还提高了投射效率。随后，暨南大学的 Zhang 等[2]提出基于傅里叶频谱采集的单像素成像方法，实现了高质量的单像素图像采集。他们通过向待成像场景投射具有四步相移模式的正弦条纹，并同时使用一个单像素探测器对场景的反射光进行采集，获得待成像场景在傅里叶频谱域中的一个系数。当对图像空间所对应的傅里叶频谱域中的系数全部采集完毕后，对所采集到的频谱系数进行二维傅里叶逆变换(inverse Fourier transform，IFT)即可得到待成像场景的二维灰度信息。同时，他们还通过实验展示了仅对低频频谱系数进行采集时，该成像方法的成像质量。这种低频频谱系数采集方式可以实现成像时间与成像质量之间的折中，即在对成像质量敏感而对成像时间不敏感的条件下可采集完整的频谱系数，在对成像时间敏感而对成像质量不敏感的条件下可以仅采集低频频谱系数。

2.1.2 单像素成像方法的发展历程

目前，可以认为单像素成像方法和鬼成像方法指同一种成像方式[1,12]。这两个名称分别代表其在发展初期的两个相互独立的研究分支。其中，单像素成像方法是数学家和计算机科学领域的专家从线性系统稀疏求解的观点出发而提出的，该方法主要通过采用对输出空间进行调制的被动成像方式而实现。鬼成像方法则是物理学家和光电科学领域的专家基于空间相关性原理而提出的，该方法往往通过采用对输入空间光场进行调制的主动成像方式而实现。在本书中将不再区分单像素成像方法与鬼成像方法。

基于空间光相关性原理的鬼成像方法是首先被量子物理领域的研究者提出的。从 1995 年的第一个鬼成像方法实验至今，鬼成像方法经历了从最初的量子纠缠鬼成像方法的初步探索，到赝热光源关联鬼成像方法，再到计算关联鬼成像方法的发展阶段。第一个鬼成像方法实验是由美国马里兰大学的 Pittman 等[13]完成的，他们使用两束量子纠缠的光路，一条光路包括待成像的物体和无分辨率的单像素探测器，即信号光路；另一条光路在分束后经自由传播直接被一个具有分辨率的阵列探测器接收，即参考光路。对两条光路的光强变化进行关联测量，就可以得到物体的像。他们认为这种成像方式需要通过量子纠缠现象来解释，因此这种成像方式又称为量子鬼成像方法。美国罗切斯特大学的 Bennink 等[14]首次利用经典光源实现了鬼成像方法实验。他们利用氦氖激光器发射的激光，通过随机旋转反射镜形成随机光模式。这种随机光模式通过分光镜分成两路：一路直接照射于物体表面，另一路则被电荷耦合器件(charge coupled device，CCD)设备捕获。经过计算机的关联处理分析，最终成功重构了物体的图像。随后，意大利英苏布里亚大学的 Ferri 等[15]通过理论和实验的方法证实了鬼成像方法不依赖于量子解释，并且对当探测光斑场参考平面与光源距离和被测物体摆放平面与光源距离不同时无法使用赝热光源实现鬼成像方法给出了合理的解释：此时鬼成像方法失败的原因在于两平面间强度-强度互相关系数的衰减。以色列魏茨曼科学研究所的 Bromberg 等[16]利用赝热光源与计算鬼成像(computational ghost imaging, CGI)方法实现了仅使用单像素探测器对参考光进行探测的目标，而无须参考臂上的 CCD 阵列。他们的研究同样证实鬼成像方法并不依赖于局部量子的相关性，即鬼成像方法可以通过经典的赝热光源实现。经过了早期十余年对鬼成像方法的初步探索，科研人员才对鬼成像方法的本质达成了共识，即鬼成像方法在本质上是使用空间相关性原理实现的，量子解释在鬼成像方法中不是必要的。基于这种共识，美国麻省理工学院的 Shapiro[17]认为参考臂的作用是获得被成像物体所接收到的光场信息，若可以通过理论计算的方法得到该信息，则参考臂同样不是必要的。他们提出计算鬼成像方法，通过使用空间光调制器对光场实现确定性的调控，同时，通过理论计算得到参考光路的信息，实现了仅使用一个单像素探测器的鬼成像方法实验。相较于基于空间相关性原理的传统鬼成像方法，计算鬼成像方法的实验装置仅需要信号臂，使实验设备得到了大大的改进。鬼成像方法发展到此时，就与单像素成像方法的实验设备非常相似了。

与鬼成像方法基于空间光相关性的系列研究相平行的还有另一个独立的研究分支，即从线性系统求解的视角出发继而发展出的单像素成像方法。该方向的代表性工作是基于压缩感知的被动单像素成像方法。美国莱斯大学的 Takhar 等[18]提出了第一个单像素相机，他们将发光二极管(light-emitting diode，LED)作为光源对待测场景进行照明，并使用 DMD 生成伪随机伯努利二进制编码模式对反射光进行空间调制，最后在 Haar 小波基稀疏的假设下，通过基追踪(basis pursuit, BP)优化算法实现了仅通过一个光电探测器对场景二维灰度信息采集的目标。近年来，深度学习作为一种更加高效的编码-解码方式，在计算机科学的各子领域中扮演着越来越重要的角色。因此，许多学者也开始尝试将深度学习的方法引入单像素成像方法中，期待对单像素成像方法的重构质量和效率进行提升。

2.1.3　单像素成像方法的特点

单像素成像方法通过一个探测器收集经过空间光调制器调制后的全场反射数

据，再通过后端的重构算法计算得到待成像目标。单像素成像方法具备在采集过程中对信号进行压缩的天然特性，是早期对压缩感知基本原理进行验证的典型例证。单像素成像方法具有如下特点。

(1)适合于弱光信号的探测。由于单像素成像方法接收全场反射光，相较于阵列探测器接受的能量信号更强，具有更高的信噪比，特别适合于弱光信号的探测。

(2)适合于像素阵列探测器不成熟波段光的探测。单像素成像的理论为仅利用一个像素对光场进行完整的采集提供了可能。这对于实现某些特殊波段光的高速探测具有特别的现实意义。例如，对于红外、太赫兹等波段的电磁波，由于生产技术的限制，像素阵列探测器不容易制造或是非常昂贵，有时甚至无法制造。另外，当绝大部分新型传感器的制作工艺不成熟时，单像素传感器则成为首选方案。对于这类新型探测器，单像素成像方法具有其天然的优势。

2.2 基于单像素成像的复杂光照分离模型与效率分析

三维结构光重构技术已日趋完善。然而，传统面结构光三维重构方法难以实现在多次反光/半透明等复杂光照环境下的高精度三维测量。特别是在工业制造领域，零部件型面的复杂性与材料的多样性使得传统面结构光三维重构方法面临不可测或精度严重降低的问题，给传统方法带来极大的挑战。这些传统方法均建立在一个假设的基础上，即相机每个像素接收到的光均为物体的直接反射光。对于复杂型面测量而言，由于表面材质的多样性和几何形状的复杂性，表面光照情况十分复杂，出现多次反光/半透明次表面散射光等复杂光照环境，与相机采集的直接反射光混叠，造成上述假设不成立，使得格雷码编码方法、光栅相位条纹法等传统结构光三维测量方法失效。

针对复杂光条件下的三维重构问题，国内外研究者提出基于高频投射的复杂光抑制法、基于极线约束的直接照明匹配法、基于偏差成像的方法、基于自适应型面分割的区域投射方法、基于光谱特性的方法和基于建模的误差补偿方法等。然而，现有方法大都基于对直接照明或复杂光照的光学特性假设，以此来抑制复杂光，但这一思路缺乏严格的理论基础。当实际测量环境不满足模型的要求时，这些测量方法仍然面临测量失效的问题。

因此，有必要提出统一的理论模型，将直接照明物点与其他复杂光照物点对像素响应的影响分离，产生一种更为普适的三维重构方法，使其能够解决在实际测量场合中可能出现的各种复杂光干扰下的三维重构问题。

本节主要考虑三种复杂光环境下的三维重构问题：高光表面的多次反光混叠下的三维重构问题、半透明表面的直接反射光与次表面散射光混叠问题和阶跃边缘处的相位混叠问题。

2.2.1　传统混叠模型

本节依据投射器-相机组成的单目三维视觉测量系统中的光传输过程，分析四步相移原理的投影光栅测量方法在复杂光环境下测量失效的原因。

三维结构光测量系统由投射器和相机组成。光线由投射器发出，经过场景的反射与散射后，被相机接收。由于全局光照的影响，相机中每个像素所接收到的光线并不都是直接反射光，还可能包含互反射光和次表面散射光，如图 2.1 所示。

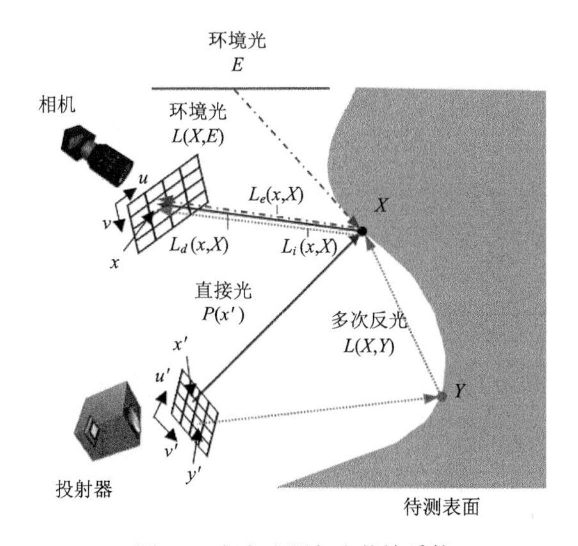

图 2.1　复杂光照与光传输系数

由图 2.1 可知，光线从投射器发出后，可能经历直接反射、互反射或次表面散射后被相机捕获。假设当投射器像平面某点 $\boldsymbol{x}'=(x', y')^{\mathrm{T}}$ 处发出光线的能量为 $P(\boldsymbol{x}')$ 时，相机像平面某点 $\boldsymbol{x}=(x, y)^{\mathrm{T}}$ 处接收到的全部光能量为 $I(\boldsymbol{x})$，此时可以定义无量纲的光传输系数 $h(\boldsymbol{x}';\boldsymbol{x})$：

$$h(\boldsymbol{x}';\boldsymbol{x})=\frac{I(\boldsymbol{x})}{P(\boldsymbol{x}')} \tag{2.1}$$

考虑到环境光的影响，相机像素的响应可以表示为

$$I_i(\boldsymbol{x})=O(\boldsymbol{x})+\int_{\Omega}h(\boldsymbol{x}';\boldsymbol{x})P_i(\boldsymbol{x}')\mathrm{d}\boldsymbol{x}' \tag{2.2}$$

式中，$O(\boldsymbol{x})$ 为 $\boldsymbol{x}$ 处接收到的环境光能量；Ω 为投射器的投射区域。式(2.2)表明相机某像素的响应受到投射器整个投射区域的影响。下角标 i 表示四步相移的系数，取值为 $i=0,1,2,3$。

在基于四步相移原理的投影光栅测量方法中，投射器投射的正弦条纹 $P_i(\boldsymbol{x}')$ 可以表示为

$$P_i\left(\boldsymbol{x}'\right)=A+B\cdot\cos\left[\phi\left(\boldsymbol{x}'\right)+\frac{\pi}{2}\cdot i\right] \tag{2.3}$$

式中，A为平均亮度或者直流分量；B为条纹调制度；$\phi\left(\boldsymbol{x}'\right)$为投射器像平面$\boldsymbol{x}'$处的相位。

当相机和投射器的对焦都处于理想状态时，在像平面上的一个点仅与物方的一个点相对应。设相机像素$\boldsymbol{x}$对应物体上的点$\boldsymbol{X}$，投射器像素$\boldsymbol{x}'$对应物体上的点$\boldsymbol{X}'$。在没有全局光照的情况下，$\boldsymbol{X}$与$\boldsymbol{X}'$是同一层(即$\boldsymbol{X}'=\boldsymbol{X}$)时，光传输系数$h(\boldsymbol{x}';\boldsymbol{x})$才不等于零。在这种情况下，光传输系数简化为反射率$R\left(\boldsymbol{x}\right)$。根据式(2.2)我们可以计算相机像素的响应值：

$$I_i\left(\boldsymbol{x}\right)=O\left(\boldsymbol{x}\right)+R\left(\boldsymbol{x}\right)P_i\left(\boldsymbol{x}'\right) \tag{2.4}$$

式中，对相机像素响应有影响的投射器坐标为一个特定的点$\boldsymbol{x}'$，其不再像式(2.2)中那样受到整个投射区域的影响。

式(2.4)中的$\boldsymbol{x}'$可先由式(2.5)获得其包裹相位，再根据多频外差法得到绝对相位：

$$\begin{aligned}\phi\left(\boldsymbol{x}'\right)&=\arctan\frac{I_3\left(\boldsymbol{x}\right)-I_1\left(\boldsymbol{x}\right)}{I_0\left(\boldsymbol{x}\right)-I_2\left(\boldsymbol{x}\right)}\\&=\arctan\frac{\sin\left(\phi\left(\boldsymbol{x}'\right)\right)}{\cos\left(\phi\left(\boldsymbol{x}'\right)\right)}\end{aligned} \tag{2.5}$$

由于全局光照的影响，相机像素的响应不再是仅取决于投射器上某一个像素的亮度，而将受到一个区域范围内的影响。此时，根据式(2.2)，若依然使用式(2.5)进行解相，则解相结果为

$$\begin{aligned}\phi_c\left(\boldsymbol{x}'\right)&=\arctan\frac{I_3\left(\boldsymbol{x}\right)-I_1\left(\boldsymbol{x}\right)}{I_0\left(\boldsymbol{x}\right)-I_2\left(\boldsymbol{x}\right)}\\&=\arctan\frac{R\left(\boldsymbol{x}\right)\sin\phi\left(\boldsymbol{x}'\right)+\int_{\Omega_{/\boldsymbol{x}'}}h\left(\boldsymbol{y}';\boldsymbol{x}\right)\sin\phi\left(\boldsymbol{y}'\right)\mathrm{d}\boldsymbol{y}'}{R\left(\boldsymbol{x}\right)\cos\phi\left(\boldsymbol{x}'\right)+\int_{\Omega_{/\boldsymbol{x}'}}h\left(\boldsymbol{y}';\boldsymbol{x}\right)\cos\phi\left(\boldsymbol{y}'\right)\mathrm{d}\boldsymbol{y}'}\end{aligned} \tag{2.6}$$

式中，$\Omega_{/\boldsymbol{x}'}$为投射区域中不包含$\boldsymbol{x}'$的区域；$\boldsymbol{x}'$为$\boldsymbol{x}$在投射器像平面对应的直接反光点；$\boldsymbol{y}'$为$\boldsymbol{x}$在投射器像平面对应的全局光照点。

相比于式(2.5)，式(2.6)中的分子和分母分别增加了表示全局光照影响的项。

将式(2.6)上下同除以$R\left(\boldsymbol{x}\right)\cos\phi\left(\boldsymbol{x}'\right)$，并使用三角函数的和差角公式进行化简，可以得到

$$\phi_c\left(\boldsymbol{x}'\right)=\phi\left(\boldsymbol{x}'\right)+\Delta\theta\left(\boldsymbol{x}\right) \tag{2.7}$$

式中

$$\Delta\theta(\boldsymbol{x})=\arctan\frac{\int_{\Omega_{/\boldsymbol{x}'}}h(\boldsymbol{y}';\boldsymbol{x})\sin\Delta\phi(\boldsymbol{y}')\mathrm{d}\boldsymbol{y}'}{R(\boldsymbol{x})+\int_{\Omega_{/\boldsymbol{x}'}}h(\boldsymbol{y}';\boldsymbol{x})\cos\Delta\phi(\boldsymbol{y}')\mathrm{d}\boldsymbol{y}'} \tag{2.8}$$

$$\Delta\phi(\boldsymbol{y}')=\phi(\boldsymbol{y}')-\phi(\boldsymbol{x}') \tag{2.9}$$

式(2.8)表明当全局光照不可忽略时，对于相机像素 $\boldsymbol{x}$，由式(2.6)解算得到的相位 $\phi_c(\boldsymbol{x}')$ 相较于真实相位 $\phi(\boldsymbol{x}')$ 有一个偏差 $\Delta\theta(\boldsymbol{x})$。该偏差是光线从光源的其他位置 $\boldsymbol{y}'$ 发出后，经光传输过程后综合作用的结果，由式(2.8)给出。由式(2.8)可知，全局光照的影响已经被混合于结果中，难以将它们分离开。这将造成三维形貌测量不完整或发生错误，解算得到的相位发生偏移，导致三维点远离实际位置。

另外，由式(2.8)可知，仅在特殊情况下，例如，当 $h(\boldsymbol{y}';\boldsymbol{x})$ 关于点 $\boldsymbol{x}'$ 为偶函数时，式(2.8)中分子积分号内的函数为奇函数。此时该积分项变为零，解算的结果才是正确的。而对于一般情况，尤其是存在互反射或阶跃边缘的情况下，$h(\boldsymbol{y}';\boldsymbol{x})$ 将不关于点 $\boldsymbol{x}'$ 具有对称性。下面详细分析式(2.2)成立的理论基础。

在复杂光条件下，相机像素接收到的光线为直接光照、全局光照和环境光照的混合成分，如图 2.1 所示。令 $L(x,y)$ 为相机像素 (x,y) 接收到的辐亮度，则其可以表示为

$$L(x,y)=L_d(x,y;\boldsymbol{X})+L_i(x,y;\boldsymbol{X})+L_e(x,y;\boldsymbol{X}) \tag{2.10}$$

式中

$$L_d(x,y;\boldsymbol{X})=R_{\boldsymbol{X}}^{(x',y';x,y)}P(x',y') \tag{2.11}$$

$$L_i(x,y;\boldsymbol{X})=\int_{\boldsymbol{Y}}R_{\boldsymbol{X}}^{\boldsymbol{Y},(x,y)}L(\boldsymbol{X};\boldsymbol{Y})V(\boldsymbol{X};\boldsymbol{Y})\cos\theta_{\boldsymbol{X}}\frac{\mathrm{d}\boldsymbol{Y}\cos\theta_{\boldsymbol{Y}}}{r^2(\boldsymbol{X},\boldsymbol{Y})} \tag{2.12}$$

$$L_e(x,y;\boldsymbol{X})=\int_{\boldsymbol{E}}R_{\boldsymbol{X}}^{\boldsymbol{E},(x,y)}L(\boldsymbol{X};\boldsymbol{E})V(\boldsymbol{X};\boldsymbol{E})\cos\theta_{\boldsymbol{X}}\frac{\mathrm{d}\boldsymbol{Y}\cos\theta_{\boldsymbol{E}}}{r^2(\boldsymbol{X},\boldsymbol{E})} \tag{2.13}$$

式(2.11)～式(2.13)中的 $L_d(x,y;\boldsymbol{X})$、$L_i(x,y;\boldsymbol{X})$ 和 $L_e(x,y;\boldsymbol{X})$ 分别对应于从物点 $\boldsymbol{X}$ 入射到像素 (x,y) 的直接光照、全局光照和环境光照的辐亮度，其中，物点 $\boldsymbol{X}$ 为像素 (x,y) 的对焦点。$L(\boldsymbol{X}_1,\boldsymbol{X}_2)$ 表示从点 $\boldsymbol{X}_2$ 到点 $\boldsymbol{X}_1$ 的辐亮度。(x',y') 表示相机像素 (x,y) 在投射器上通过直接照明而对应的位置。$P(x',y')$ 表示投射器像素 (x',y') 的投射辐亮度。$\boldsymbol{Y}$ 表示全部对 $\boldsymbol{X}$ 点有全局光贡献的场景点。$\boldsymbol{E}$ 表示对 $\boldsymbol{X}$ 点有环境光贡献的场景点。$R_{\boldsymbol{X}}^{\boldsymbol{X}_1,\boldsymbol{X}_2}$ 表示 $\boldsymbol{X}$ 点处的双向反射分布函数(BRDF)模型，其入射方向为 $\omega_i=\boldsymbol{X}_1-\boldsymbol{X}$，出射方向为 $\omega_o=\boldsymbol{X}_2-\boldsymbol{X}$。$\theta_{\boldsymbol{X}}$ 表示入射方向 ω_i 与 $\boldsymbol{X}$ 处法向方向的夹角。$V(\cdot;\cdot)$ 表示两点之间的可见性关系，若二者之间无遮挡，则值为 1，否则为 0。$r^2(\cdot;\cdot)$ 为两点之间的欧氏距离，在式(2.12)和式(2.13)中，该项位于分母，故全局光的影响随距离的平方有反比例衰减的关系。

通过对式(2.10)～式(2.13)进行化简，可以得到光传输方程。式(2.11)和式(2.13)无须进一步处理。式(2.12)中的$L(\boldsymbol{X};\boldsymbol{Y})$项中同样包含直接光照、全局光照和环境光照三项，因此应替换为与式(2.10)类似的表达式。通过将式(2.10)不断地代入式(2.12)，像素$\boldsymbol{x}$接收到的辐亮度可以最终表示为一个诺伊曼(Neumann)级数，可以证明[19]该级数在$R_{\boldsymbol{X}}^{x_1,x_2}<1$的条件下是收敛的。由于相机和投射器为离散数字化图像采集与结构光投射设备，最终可以得到离散化后的光传输方程：

$$L(x,y)=O(x,y)+\sum_{x'}\sum_{y'}h(x',y';x,y)\cdot P(x',y') \tag{2.14}$$

式中，$O(x,y)$为相机像素(x,y)接收到的环境光；$h(x',y';x,y)$为从投射器像素(x',y')到相机像素(x,y)的光传输系数，其中，包含场景的几何结构和表示材质属性的 BRDF 模型。对于每个相机像素(x,y)，光传输系数可以认为是一幅具有投射器分辨率的图像，每个像素的值代表从投射器像素(x',y')可以到达相机像素(x,y)处光能量的比例。

综上分析，光传输系数包含几何结构和材质模型的综合作用，表达了光在经历了复杂的光传输过程后，能够被像素探测到的能量比例。若能够对光传输系数进行准确地采集，则可对混叠在一起的直接照明和全局光照进行完全分离，进而实现复杂光环境下的三维重构。

2.2.2 基于单像素成像的混叠模型

虽然目前单像素成像方法主要应用于探测，如红外、紫外、太赫兹等探测器制作成本较高或制作工艺不成熟的波段，然而对于许多现代成像设备，阵列探测器已经成为主流发展趋势。尤其在可见光领域，CCD 和互补金属氧化物半导体(complementary metal oxide semiconductor，CMOS)等阵列探测器的制作工艺已经相当成熟，并且被广泛应用。另外，在单像素成像中，需要采用具有空间分辨能力的结构化照明光源，投射多种结构光模式照射场景，同时使用单像素探测器进行光信号采集，因此，单像素成像相对于传统拍照，时间很长，成像效率较低，这是限制其广泛应用的共性理论瓶颈问题。因此，将单像素成像方法从单像素探测器扩展到传统像素阵列探测器，进而探索新的成像基础理论，不仅可以提高传统单像素成像效率，而且能够拓展单像素成像在传统光学成像领域的应用，如图 2.2 所示，为创新传统光学成像机制奠定理论和方法基础。

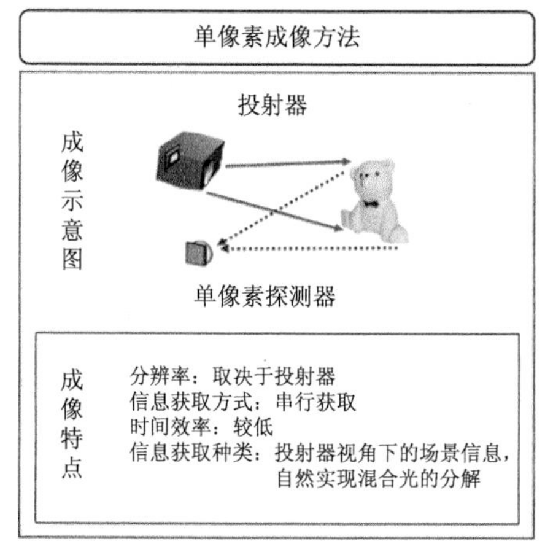

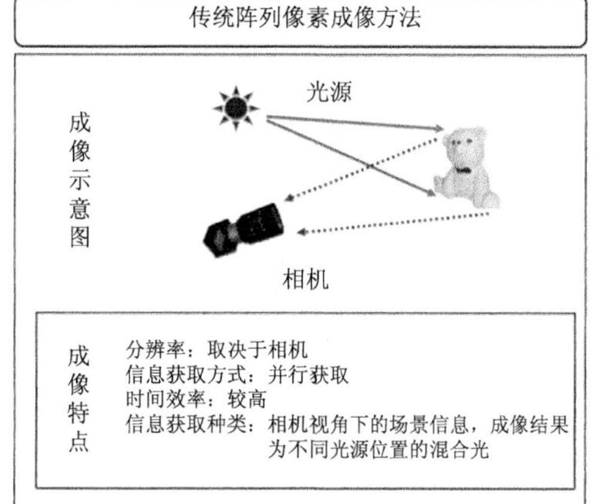

图 2.2　单像素成像法与传统像素阵列成像方法

若将阵列探测器中的各像素视为单像素探测器，并通过空间调制器(如投射器)对入射光场进行编码，即可得到入射光场视角下最终可被各像素接收到的光能量。因此，根据直接光照和全局光照的混合光特点，单像素成像原理可以作为直接光照和全局光照分解问题的理论模型。

当相机中的每个像素被考虑为一个独立的单像素探测器时，根据傅里叶单像素成像方法，通过投射器投射如下条纹：

$$P_{\phi}(x,y;k,l)=a+b\cos\left[2\pi\left(\frac{k\cdot x'}{M}+\frac{l\cdot y'}{N}\right)+\phi\right] \tag{2.15}$$

式中，(x',y')为投射器像素坐标；k和l分别为离散频率，取值为$k=0,1,\cdots,M-1$和$l=0,1,\cdots,N-1$；M与N分别为投射器的横向分辨率和纵向分辨率；ϕ为初始相位，取值为$\phi=0,\pi/2,\pi,3\pi/2$；a与b分别为条纹的平均亮度和对比度。

根据式(2.14)，相机某像素(x,y)处的响应可以表示为

$$L_{\phi}(x,y;k,l)=O(x,y)+\sum_{y'=0}^{N-1}\sum_{x'=0}^{M-1}h(x',y';x,y)P_{\phi}(x',y';k,l) \tag{2.16}$$

式中，$O(x,y)$为相机像素；(x,y)为接收到的环境光。

对采集到的相机响应做如下处理，可以得到傅里叶系数：

$$H(k,l;x,y)=\left[I_0(x,y;k,l)-I_{\pi}(x,y;k,l)\right]+\mathrm{j}\left[I_{\frac{\pi}{2}}(x,y;k,l)-I_{\frac{3\pi}{2}}(x,y;k,l)\right] \tag{2.17}$$

光传输系数可以通过傅里叶单像素成像的图像重构算法得到，即对得到的傅里叶系数进行离散傅里叶逆变换(inverse discrete Fourier transform，IDFT)：

$$F^{-1}\left[H(k,l;x,y)\right]=F^{-1}\left\{\sum_{y'=0}^{N-1}\sum_{x'=0}^{M-1}2b\cdot h(x',y';x,y)\exp\left[-\mathrm{j}\cdot 2\pi\left(\frac{k\cdot x'}{M}+\frac{l\cdot y'}{N}\right)\right]\right\} \\ =2b\cdot h(x',y';x,y) \tag{2.18}$$

式中，$F^{-1}[\cdot]$表示二维离散傅里叶逆变换。

式(2.18)的解算结果为增加了一个从投射器像平面任意点(x',y')到达相机像平面某点(x,y)的比例因子传输系数。若对每个相机像素重复该重构过程，则可以求解得到含有该比例系数的光传输系数。因此，原本来自于光源不同位置且混合在一起的光线，就可以被分解开来，也为全局光照干扰下的三维重构提供了前提和基础。本书称这种傅里叶单像素成像方法为朴素傅里叶单像素成像方法(naive Fourier single-pixel imaging method)。

2.3　并行单像素成像原理

传统的单像素成像对空间光投射器投射的整个视场进行成像，因此，单像素成像的成像时间与成像分辨率成正比。另外，当阵列探测器中的各像素均被视为一个单像素探测单元时，由于相机镜头的聚焦作用，每个像素仅能收到场景局部区域的反射光。当该局部区域占据成像场景区域的小部分时，对整个场景进行成像意味着最终成像图像的大部分是无效信息，成像效率低下。在成像质量相同的情况下，如果仅对局部区域进行单像素成像，那么成像区域的面积将会减少，在相同成像质量的情况下，成像分辨率将会降低，因而成像时间减少，成像效率将得到提升(图 2.3)。这就是并行单像素成像的基本思想，即通过将阵列探测器中各像素视为独立的单像素探测单元，缩小各探测单元的观测区域，通过向场景投射特定的条纹模式，从而使各像素并行地对场景进行探测。由于各像素的观测区域大幅度地减少，因此成像时间也大幅度地减少。然而，在进行并行单像素成像之前，各像素的可见区域的位置是未知的。同时，在投射模式的选择上，也需要保证可以使用同一套解算方法使各像素重构得到正确的光传输图像。

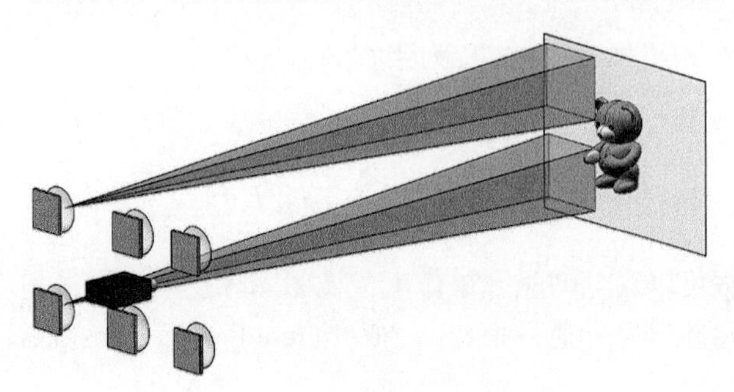

图 2.3　并行单像素成像示意图

在并行单像素成像方法中，傅里叶切片定理(Fourier slice theorem)解决了各像素可见区域的定位问题。通过投射周期延拓的正弦条纹，可以保证使用同一套解算方法并使各像素重构得到正确的光传输图像。本节首先介绍并行单像素成像光传输系数的局部能量集中特性；其次介绍基于局部区域延拓(local region extension，LRE)方法的光传输系数精确重构的理论分析；然后介绍区域自适应的高效傅里叶单像素成像方法；最后介绍局部区域延拓方法的具体实现。

2.3.1　并行单像素成像光传输系数的局部能量集中特性

当图像采集装置为相机，且其上的各像素均被视为单像素探测器时，由于相机镜头的聚焦作用，各像素的可见区域同样被限制在一个局部范围内，称这个可见区域为像素的接受域。一般而言，像素接受域对应为投射器视角下的直接光照位置，其表现为一个非常小的光斑，该光斑的大小取决于成像系统的散焦程度。然而，由于复杂光照的影响，像素接收到的光线中经常不仅含有直接光照分量，还包括如互反射光和次表面散射光等在内的间接光照分量。由于直接光照分量和间接分量是混合在一起被相机像素接收的，因此利用传统成像方式很难将二者分离。通过采用单像素成像方式，可以获得像素接收光线在投射器视角下不同像素位置来源的信息。该信息实际上是像素的光传输图像。此时，像素的接受域是投射器视角下的一个矩形区域，该矩形区域是由像素接收光线在投射器视角下不同位置来源像素的最小包围盒所确定的。接受域的含义为由投射器像素发出的光线，经过物体的反射/散射等作用后，仅有接受域中像素的光能量可以最终被所研究像素接收到。一般而言，接受域仅占据投射器视角下的小部分区域。由于直接反射光和间接反射光往往来源于投射器的不同位置，采用单像素成像方式可以实现直接光和复杂光的分离，见图 2.4。

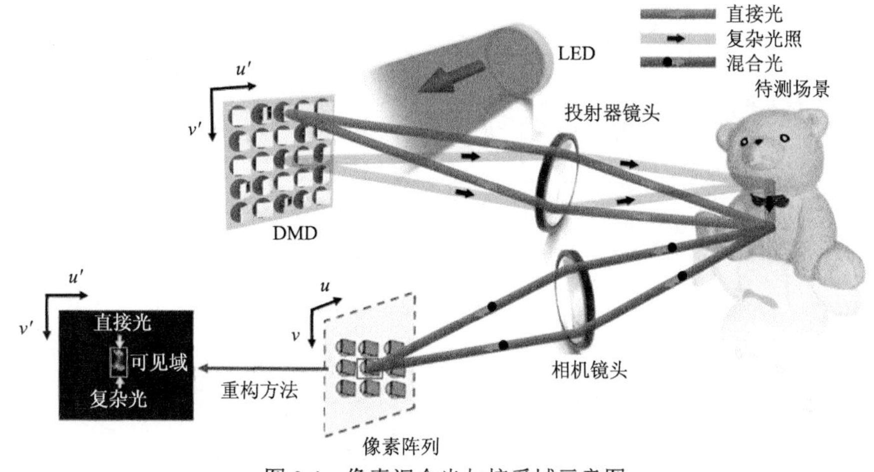

图 2.4　像素混合光与接受域示意图

通过上述分析可知，从理论上而言，可以通过对各像素接受域的集中成像，从而实现更高效率的数据采集目标。另外，像素的接受域取决于待测物体的三维形貌和材质属性，因此各像素接受域的位置具有很大的随机性。所以需要首先定位出各像素的接受域；然后根据接受域的尺寸确定待投射条纹的具体参数，使得各像素对接受域中的信息进行集中采集；最后通过图像重构方法获得投射器视角下的实际观测图像，从而实现面向阵列探测器单像素成像的高效成像。我们称这种利用了像素接受域局部特性的面向阵列探测器单像素成像的高效成像方法为并行单像素成像[20]。由于在其图像重构方法中，需要对解算得到的局部图像块进行周期延拓，并根据定位结果保留接受域内的数据，因此该方法又称为基于局部区域延拓(LRE)方法的并行单像素成像。

通过并行单像素成像方法实现高效光传输系数采集的依据是各像素的接受域仅占据投射器视角下的小部分区域，我们称其为光传输系数的局部能量集中特性。在本书所关注的全部实验条件下，该假设是成立的。本节将通过一组实验数据展示光传输系数的局部能量集中特性。

实验场景为由五个物体组成的混合场景。该混合场景包含几种具有不同材质和反光特点的被测物体，如图 2.5 所示。图 2.5(a)展示了组成混合场景的五个物品。其中，玩具熊为石膏材质，可以认为其反光特性接近于漫反射，因此不具有较强的复杂光特性，在实验中起到对照组的作用；洋葱和冬瓜代表生物组织，具有较强的半透明特点，因此光线照射到其表面将产生较强的次表面散射现象；金属叶轮和金属零件由铝合金制成，当光线照射到这两种物品上时，在不同表面将产生较强的光泽相互反射现象。图 2.5(b)展示了由这五个测量对象组成的混合场景。

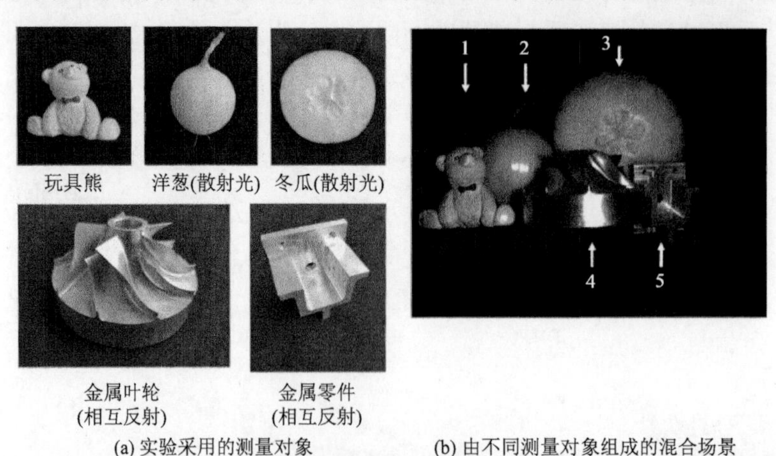

(a) 实验采用的测量对象　　(b) 由不同测量对象组成的混合场景

图 2.5　用于验证并行单像素成像方法的混合场景

1-玩具熊；2-洋葱；3-冬瓜；4-金属叶轮；5-金属零件

使用单目三维视觉测量系统对该复合场景进行拍摄，所使用的测量系统中的相机分辨率为 1920 像素×1200 像素，投射器分辨率为 1920 像素×1080 像素。向场景投射按照式(2.15)生成的横纵方向定位条纹(分别令公式中的 k 与 l 等于 0)，并根据式(2.18)计算各像素的投影函数(分别令公式中的 k 与 l 等于 0 并进行计算)。图 2.6 展示了光传输系数的局部能量集中特性实验结果。为了使结果更加清晰，图 2.6 中仅展示了像素纵方向投影函数的结果。图 2.6(a)展示了混合场景，其中的每个物品都由白色的箭头和数字标识组成，对应的名称示于右侧。图 2.6(a)

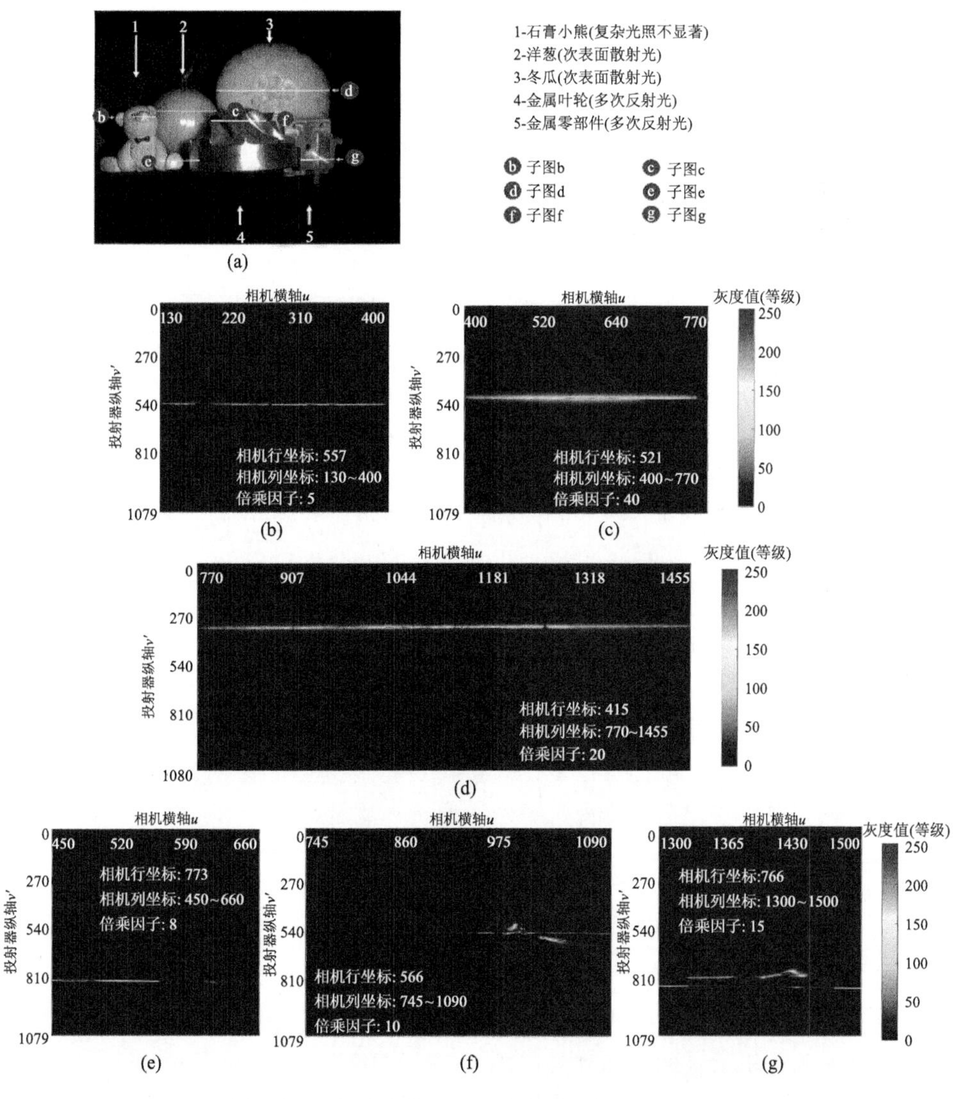

图 2.6　光传输系数的局部能量集中特性实验结果

中白线标明了用于展示投影函数的像素位置，每条白线由一个小写字母标识，分别对应于图 2.6(b)～(g)。对于图 2.6(b)～(g)，横坐标轴对应于相机横方向，纵坐标轴对应于投射器纵方向。对应的像素坐标范围被标记在图中。例如，图 2.6(b)对应于图 2.6(a)中标记有字母 b 的白线，该白线穿过石膏小熊面部区域。图 2.6(b)中的每一列为相机像素纵方向投影函数，并通过灰度图展示。图 2.6(b)中横向分辨率为 130～400 像素，该范围即为标记有字母 b 的白线在相机视角下的横向坐标范围。图 2.6(b)中纵向分辨率为 0～1079 像素，为投射器纵向分辨率范围。图 2.6(c)～(g)遵循同样的原则。

通过观察图 2.6(b)～(g)，可以发现高亮度值集中在一个很窄的带状区域内。现对各个子图进行说明。图 2.6(b)中仅存在一条非常窄的线条，该图对应于石膏小熊的面部区域，由于石膏小熊为石膏材质，其表面的反射特性为漫反射。同时，石膏小熊面部不存在明显的凹陷结构，无法形成多次反光。因此，这条细线是由直接反光形成的。图 2.6(c)和(d)依然只有一条贯穿于整幅图像的亮线。然而，与图 2.6(b)不同的是，图 2.6(c)和(d)的亮线宽度较大。这是由于图 2.6(c)和(d)对应的洋葱和冬瓜区域产生了较明显的次表面散射效应。图 2.6(e)中的总体趋势依然为一组贯穿于整个图像的亮线，该图对应于石膏小熊爪子和金属叶轮底部的反光区域。图 2.6(e)中的亮线为左右两部分。中间缺失的部分是由石膏小熊爪子与金属叶轮之间的间隙造成的。仔细观察左侧的区域，可以发现在较亮线条的下方还有一条与之平行的较暗线条。这条较暗线条是由金属叶轮的镜面反射造成的。通过观察图 2.6(a)中金属叶轮左侧的底部区域，可以发现一个石膏小熊的爪子镜像。这个镜像产生了上述较暗线条。图 2.6(f)和(g)分别对应于金属叶轮的叶片区域和金属零件的底面区域。由于其材质具有光泽反光特点，这两部分区域中产生了较强的相互反射现象。图 2.6(f)和(g)都对应了多条较明显的亮线，且线条不具有明显的规律特点。然而，这两幅图中的亮线依然集中在一个很窄的带状区域中。

上述实验证明了作为实验测量对象的混合场景的光传输系数具有局部能量集中的特性，即对于相机中的各像素，其接收到的光线仅来自于投射器上一个较小的局部区域。在本书随后的全部讨论中，都将视测量场景所形成的光传输系数具有局部能量集中特性。

2.3.2　基于局部区域延拓方法的光传输系数精确重构的理论分析

对于本书所考察的测量场景，光传输系数均具有局部能量集中特性。本节主要从理论层面分析当光传输系数具有局部能量集中特性时，对其进行精确重构的原理。本节的分析与证明为局部区域延拓方法提供了理论基础，该方法是实现光传输系数精确重构的具体实施方法，其具体流程将在 2.3.4 节进行介绍。本书中称通过局部区域延拓方法对光传输系数的采集进行加速的面向阵列探测器的单像素成像方法为并行单像素成像方法。

根据式(2.15)～式(2.18)，利用传统单像素重构方法可以对任意相机像素(x, y)解算光传输系数$h(x', y'; x, y)$。设$\Omega = \{(x', y') \mid x' \in (0, M-1), y' \in (0, N-1)\}$为$h(x', y'; x, y)$的定义域。其中，$(x', y')$为投射器像素，$M$与$N$分别为投射器横向分辨率和纵向分辨率。当固定相机像素(x, y)时，可以得到一幅二维图像，称该图像为像素传输图像。根据前面所述，像素传输图像的非零值应位于一个相对集中的区域。定义$h(x', y'; x, y)$中非零值集中区域的最小包围盒为像素(x, y)的接受域，并记为$\Omega_s(x, y)$。设$M_x(x, y)$与$N_s(x, y)$分别为该最小包围盒的宽度和高度，则可以利用$\Omega_s(x, y) = \{(x', y') \mid x' \in [x'_0, x'_0 + M_s(x, y) - 1]$，$y' \in [y'_0, y'_0 + N_s(x, y) - 1]\}$表示像素$(x, y)$的接受域。其中，$x'_0$和$y'_0$分别为接受域左上角点的横纵坐标。图 2.7 为并行单像素成像的理论基础。

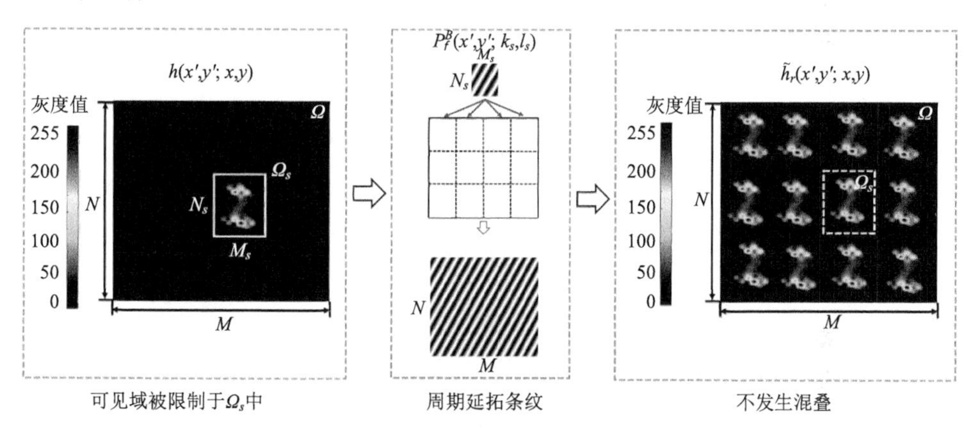

图 2.7　并行单像素成像的理论基础

由于传统单像素成像方法中未对场景观测区域进行假设，故需要对全部投射器分辨率中的区域进行成像。此时，需求解像素传输图像中投射器分辨率的全部像素值，故待求解的未知数个数等于投射器分辨率。根据线性方程组求解的基本理论，至少需要与投射器分辨率$M \times N$相等的观测次数。另外，若像素传输图像的非零值仅位于一个相对集中的区域，设M_s和N_s分别为遍历全部像素(x, y)后，$M_s(x, y)$和$N_s(x, y)$中的最大值，即

$$M_s = \max_{(x,y)} [M_s(x, y)] \tag{2.19}$$

$$N_s = \max_{(x,y)} [N_s(x, y)] \tag{2.20}$$

则像素(x, y)中待求解的未知数个数减少为最大-最小包围盒尺寸$M_s \times N_s$。一般而言，$M_s \ll M$且$N_s \ll N$。因此，在理论上具备实现高效精确采集光传输系数

的可能性。

1. 周期延拓条纹

为了避免信息丢失，精确地获得光传输系数的目标，投射条纹的自由度应大于相机像素的最大接受域尺寸 $M_s \times N_s$。为了实现这样的目标，可以采用周期延拓条纹(图 2.7)，生成公式如下：

$$\begin{aligned}\tilde{P}_\phi(x', y'; k_s, l_s) &= \sum_{r_1=0}^{\left\lceil \frac{M}{M_s} \right\rceil} \sum_{r_2=0}^{\left\lceil \frac{N}{N_s} \right\rceil} P_\phi^B(x' - r_1 M_s, y' - r_2 N_s; k_s, l_s) \\ &= a + b\cos\left[2\pi \cdot \left(\frac{k_s \cdot x'}{M_s} + \frac{l_s \cdot y'}{N_s}\right) + \phi\right]\end{aligned} \tag{2.21}$$

式中，ϕ 为相移；$P_\phi^B(x', y'; k_s, l_s)$ 为延拓基础块，其具体形式为

$$P_\phi^B(x', y'; k_s, l_s) = a + b\cos\left[2\pi \cdot \left(\frac{k_s \cdot x'}{M_s} + \frac{l_s \cdot y'}{N_s}\right) + \phi\right] \tag{2.22}$$

式中，k_s 和 l_s 为 $0 \leqslant k_s \leqslant M_s - 1$ 和 $0 \leqslant l_s \leqslant N_s - 1$ 中的整数；M_s 和 N_s 为延拓的周期。根据 k_s 和 l_s 的取值范围，可以计算由式(2.21)生成的周期延拓条纹的自由度为 $M_s \times N_s$。即通过改变 k_s 和 l_s 的数值，由式(2.21)总共可以生成 $M_s \times N_s$ 互不相同的条纹图像。根据式(2.21)的形式可知，周期延拓条纹本身依然是正弦条纹，故当 k_s 和 l_s 取不同数值时，条纹之间是相互独立的。该特点保证了理论上精确求解光传输系数的可能性。定义通过式(2.21)生成的周期延拓条纹的周期为 $M_s \otimes N_s$。

2. 光传输系数的精确重构

本节提供局部区域延拓方法精确重构的理论证明。首先，由引理 2.1 证明当投射条纹为周期延拓条纹时，通过傅里叶单像素重构方法得到的图像为像素传输图像 $h(x', y'; x, y)$ 周期延拓的结果，见图 2.7；其次，在此基础上证明局部区域延拓的重构定理(LRE 重构定理)，即当所投射周期延拓条纹的周期大于全部像素最大接受域时，光传输系数可被精确重构。在证明该定理的过程中，自然形成局部区域延拓方法的具体流程。该具体实现流程将在 2.3.4 节进行介绍。

引理 2.1 假设 $h(x', y'; x, y)$ 为相机像素 (x, y) 与投射器像素 (x', y') 之间的光传输系数。那么，若投射依据式(2.21)生成的全部周期延拓条纹，并使用傅里叶单像素图像重构方法对采集到的数据进行处理，则重构得到的图像为原始光传输系数进行周期延拓后的结果：

$$\tilde{h}_r(x'_r, y'_r; x, y) = 2b \cdot \sum_{r_1=-\infty}^{+\infty} \sum_{r_2=-\infty}^{+\infty} h(x'_r - r_1 M_s, y'_r - r_2 N_s; x, y) \tag{2.23}$$

式中，(x_r', y_r')为重构图像中的像素；r_1和r_2为任意整数。

证明　类似于式(2.17)和式(2.18)，当各频率通过四步相移投射模式获取时，傅里叶单像素的图像重构方法即为对采集到的频域数据进行离散傅里叶逆变换：

$$\begin{aligned}\tilde{h}_r(x_r', y_r'; x, y) &= F^{-1}[H(k_s, l_s; x, y)] \\ &= F^{-1}\left[\sum_{x'=0}^{N-1}\sum_{y'=0}^{M-1} 2b \cdot h(x', y'; x, y) \cdot W_{M_s, N_s}^{x'k_s, y'l_s}\right]\end{aligned} \tag{2.24}$$

式中，$W_{M_s,N_s}^{x'k_s,y'l_s} = \exp\{-\mathrm{j} \cdot 2\pi[(x' \cdot k_s)/M_s + (y' \cdot l_s)/N_s]\}$；$(x', y')$为投射器像素；$(x_r', y_r')$为重构图像像素；$F^{-1}[\cdot]$为二维离散傅里叶逆变换。

将式(2.24)中的二维离散傅里叶逆变换显示表达，有

$$\begin{aligned}\tilde{h}_r(x_r', y_r'; x, y) &= \frac{2b}{M_s \cdot N_s}\sum_{k_s=0}^{M_s-1}\sum_{l_s=0}^{N_s-1}\sum_{x'=0}^{N-1}\sum_{y'=0}^{M-1} h(x', y'; x, y) \cdot W_{M_s,N_s}^{x'k_s,y'l_s} \cdot \hat{W}_{M_s,N_s}^{x_r'k_s,y_r'l_s} \\ &= \frac{2b}{M_s \cdot N_s}\sum_{x'=0}^{M-1}\sum_{y'=0}^{N-1} h(x', y'; x, y) \cdot \sum_{k_s=0}^{M_s-1}\sum_{l_s=0}^{N_s-1} W_{M_s,N_s}^{x'k_s,y'l_s} \cdot \hat{W}_{M_s,N_s}^{x_r'k_s,y_r'l_s} \\ &= 2b\sum_{x'=0}^{M-1}\sum_{y'=0}^{N-1} h(x', y'; x, y) \cdot \frac{1}{M_s \cdot N_s}\sum_{k_s=0}^{M_s-1}\sum_{l_s=0}^{N_s-1} W_{M_s,N_s}^{x'k_s,y'l_s} \cdot \hat{W}_{M_s,N_s}^{x_r'k_s,y_r'l_s}\end{aligned} \tag{2.25}$$

式中，$\hat{W}_{M_s,N_s}^{x_r'k_s,y_r'l_s} = \exp\{\mathrm{j} \cdot 2\pi[(x_r' \cdot k_s)/M_s + (y_r' \cdot l_s)/N_s]\}$。

对式(2.25)进一步处理，等号最右侧项可以表示为

$$\begin{aligned}&\frac{1}{M_s \cdot N_s}\sum_{k_s=0}^{M_s-1}\sum_{l_s=0}^{N_s-1} W_{M_s,N_s}^{x'k_s,y'l_s} \cdot \hat{W}_{M_s,N_s}^{x_r'k_s,y_r'l_s} \\ &= \frac{1}{M_s \cdot N_s}\sum_{k_s=0}^{M_s-1}\sum_{l_s=0}^{N_s-1} \exp\left\{\mathrm{j} \cdot 2\pi\left[\frac{(x_r' - x') \cdot k_s}{M_s} + \frac{(y_r' - y') \cdot l_s}{N_s}\right]\right\} \\ &= \sum_{r_1=-\infty}^{+\infty}\sum_{r_2=-\infty}^{+\infty} \delta(x_r' - x' - r_1 M_s, y_r' - y' - r_2 N_s)\end{aligned} \tag{2.26}$$

式中，δ表示狄利克雷函数；r_1和r_2为整数。

通过化简，式(2.25)可以表示为如下形式：

$$\begin{aligned}\tilde{h}_r(x_r', y_r'; x, y) &= 2b \cdot \sum_{r_1=-\infty}^{+\infty}\sum_{r_2=-\infty}^{+\infty}\sum_{x'=0}^{N-1}\sum_{y'=0}^{M-1} h(x', y'; x, y) \cdot \delta(x_r' - r_1 M_s - x', y_r' - r_2 N_s - y') \\ &= 2b \cdot \sum_{r_1=-\infty}^{+\infty}\sum_{r_2=-\infty}^{+\infty} h(x_r', y_r'; x, y) * \delta(x_r' - r_1 M_s, y_r' - r_2 N_s) \\ &= 2b \cdot \sum_{r_1=-\infty}^{+\infty}\sum_{r_2=-\infty}^{+\infty} h(x_r' - r_1 M_s, y_r' - r_2 N_s; x, y)\end{aligned} \tag{2.27}$$

式中，$*$为卷积符号。式(2.25)中的第二个等式成立的原因在于当$h(x',y';x,y)$超出定义域区间$\Omega=\{(x',y')\,|\,x'\in(0,M-1),y'\in(0,N-1)\}$时，值被假设为零。 □

定理 2.1(LRE 重构定理) 若所投射周期延拓条纹的周期$M_s\otimes N_s$可覆盖像素接受域，则光传输系数可以通过傅里叶单像素图像重构方法精确重构，即重构得到的光传输系数等于通过 2.2 节中的朴素傅里叶单像素方法得到的光传输系数。

证明 若所投射周期延拓条纹的周期$M_s\otimes N_s$可覆盖像素接受域，则根据引理 2.1，重构得到的图像可视为接受域中图像在x'方向实施大小为M_s，在y'方向实施大小为N_s周期延拓后的图像。此时，不会出现混淆，因此光传输系数$h(u',v';u,v)$的全部信息均被保留于重构图像$\tilde{h}_r(x',y';x,y)$中，见图 2.7。所以通过采用傅里叶单像素图像重构方法，光传输系数可被精确重构，即重构得到的光传输系数等于通过 2.2 节中的朴素傅里叶单像素方法得到的光传输图像。 □

假设已知各像素的接受域信息$\Omega_s(x,y)$，光传输系数$h_r(x',y';x,y)$可以通过将$\tilde{h}_r(x',y';x,y)$中位于接受域$\Omega_s(x,y)$内的像素保留，将$h_r(x',y';x,y)$中位于接受域$\Omega_s(x,y)$外的像素置零得到，该过程由下述公式描述：

$$\begin{aligned}h_r(x',y';x,y)&=\tilde{h}_r(x',y';x,y)\bullet M_r(x',y';x,y)\\&=2b\cdot\sum_{r_1=-\infty}^{+\infty}\sum_{r_2=-\infty}^{+\infty}h(x'-r_1M_s,y'-r_2N_s;x,y)\bullet M_r(x',y';x,y)\\&=2b\cdot h(x',y';x,y)\end{aligned}\tag{2.28}$$

式中，$\bullet$为逐像素乘积。x'与y'分别取值为$x'=0,1,\cdots,M-1$和$y'=0,1,\cdots,N-1$。$M_r(x',y';x,y)$为掩码并具有如下形式：

$$M_r(x',y';x,y)=\begin{cases}1, & (x',y')\in\Omega_s\\0, & (x',y')\notin\Omega_s\end{cases}\tag{2.29}$$

在式(2.28)中，重构得到的光传输系数$h_r(x',y';x,y)$等于通过 2.2 节中的朴素傅里叶单像素方法得到的光传输图像，即式(2.18)中的$2b\cdot h(x',y';x,y)$。

LRE 重构定理给出了在频域上进行采样，而不产生信息丢失所需满足的充分条件，该定理与奈奎斯特-香农(Nyquist-Shannon)采样定理给出的时域采样不丢失信息的条件形成对偶关系。投射周期延拓条纹等价于频域上的降采样。对比式(2.15)和式(2.21)，当M与N可分别被M_s和N_s整除时，由式(2.21)生成的条纹刚好等于由式(2.15)在k和l两个频率方向上分别以M/M_s和N/N_s为采样间隔而生成的条纹。因此，可以认为周期延拓条纹刚好是朴素傅里叶单像素条纹在频域上进行降采样的结果。

通过上述推导，实现光传输系数精确重构的局部区域延拓方法已经变得清晰。在该方法中，有三个模块是必不可少的。首先，各像素的接受域$\Omega_s(x,y)$需要预先确定，从而保证获取不失真的最少信息；其次，与朴素傅里叶单像素成像方法

投射具有 $M \times N$ 自由度的条纹不同，局部区域延拓方法仅向场景投射具有 $M_s \times N_s$ 自由度的周期延拓条纹；最后，根据 LRE 重构定理的证明过程可知，需要一个重构方法通过周期延拓的光传输系数图像 $\tilde{h}_r(x',y';x,y)$ 获得正确的光传输图像 $h(x',y';x,y)$。

2.3.3　区域自适应的高效傅里叶单像素成像方法

实际成像的场景中常包含前景与背景，而仅有前景是待成像目标。如图 2.8 所示，石膏小熊为成像所关注的前景部分，而背景无须成像。另外，单像素成像所需投射的条纹数量正比于成像区域的投射器的分辨率，因此，若可以仅对前景部分进行成像，而忽略对背景区域的成像，则待成像区域的分辨率将大幅度地降低。与此同时，重构图像的质量不会发生变化。于是，便可以期待大幅度地提高单像素方法的成像效率。然而，当采用如上方法提高单像素成像效率时，所遇到的第一个问题就是如何获得前景所在的位置区域。本节采用的解决方案是通过傅里叶切片定理获取前景所在的位置区域。在图 2.8 中，FT 为傅里叶变换(Fourier transform)的缩写，IFT 为傅里叶逆变换的缩写。

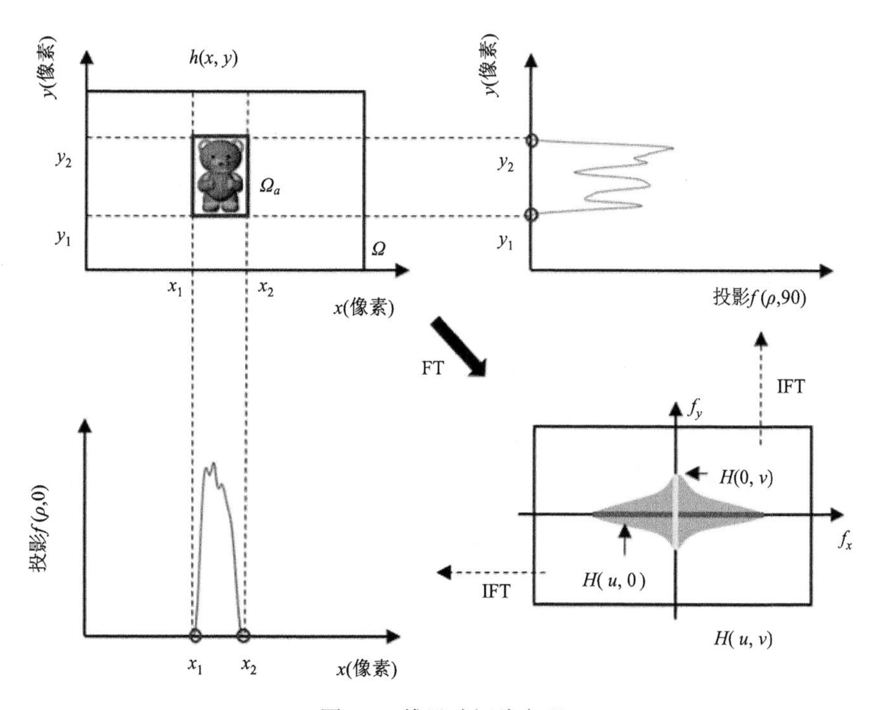

图 2.8　傅里叶切片定理

1. 傅里叶切片定理与雷登变换

傅里叶切片定理表述了二维图像沿某方向投影的一维傅里叶变换与图像二维傅里叶系数中沿相同方向系数的关系，即二维图像沿某方向投影的一维傅里叶变换等于图像二维傅里叶系数中沿相同方向的系数，如图 2.8 所示。通过数学表达式可以表述为如下形式：

$$F(\omega,\theta)=\int_{-\infty}^{\infty}f(\rho,\theta)\mathrm{e}^{-\mathrm{j}2\pi\omega\rho}\mathrm{d}\rho=H(\omega\cos\theta,\omega\sin\theta) \tag{2.30}$$

式中，$H(\omega\cos\theta,\omega\sin\theta)$ 为二维图像 $h(x,y)$ 的傅里叶变换 $H(u,v)$ 沿 θ 方向的采样，为一个一维函数；$F(\omega,\theta)$ 为一维投影函数 $f(\rho,\theta)$ 的傅里叶变换；$f(\rho,\theta)$ 为二维图像 $h(x,y)$ 沿如式(2.31)所示直线经过投影积分的结果。

$$x\cos\theta+y\sin\theta=\rho \tag{2.31}$$

该过程可以表示为

$$f(\rho,\theta)=\int_{-\infty}^{\infty}\int_{-\infty}^{\infty}h(x,y)\delta(x\cos\theta+y\sin\theta-\rho)\,\mathrm{d}x\mathrm{d}y \tag{2.32}$$

该投影积分又称为雷登变换。

2. 基于傅里叶切片定理的区域自适应高效傅里叶单像素成像方法

为了更深入地讨论傅里叶切片定理对于单像素成像效率提升的意义，本节暂时回归于传统基于单像素探测器的成像方法，研究基于傅里叶切片定理的区域自适应傅里叶单像素成像方法。

在基于傅里叶切片定理的区域自适应傅里叶单像素成像方法中，假设待成像物体仅占据投射器视角下的小部分区域，如图 2.9 所示。因此，仅对物体所在的小区域进行单像素成像，成像区域的面积将会减少，在相同成像质量的情况下，成像分辨率将会降低，因而成像时间减少，提升了成像效率。

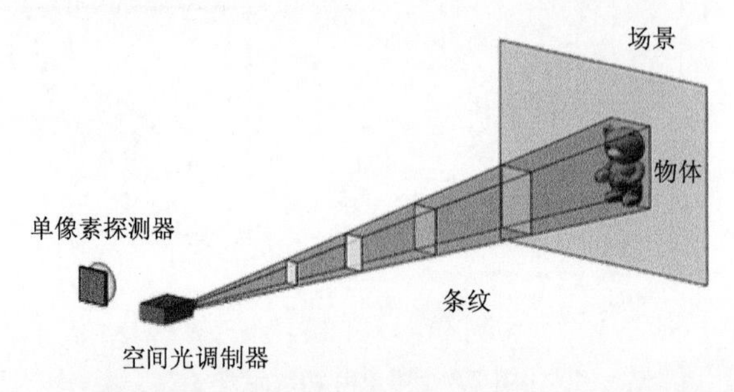

图 2.9　基于傅里叶切片定理的区域自适应傅里叶单像素成像方法

基于傅里叶切片定理的区域自适应高效傅里叶单像素成像方法包含以下三个

步骤。

步骤 1：自适应地定位物体区域位置。这里的物体区域位置指的是物体在重构图像中的位置，也是空间光调制器能够照射到物体的出射光的位置。为了确定物体区域位置，首先，投射横纵方向的二维傅里叶条纹，获得场景图像在横纵方向上的切片；然后，利用傅里叶切片定理和边缘定位算法确定物体区域所在位置。

步骤 2：对物体区域进行单像素成像，重构物体图像。当物体所在区域被确定后，对物体所在区域进行单像素成像，得到物体所在区域的图像。

步骤 3：重构完整的场景图像。根据得到的物体位置，将上一步重构得到的物体图像放置在完整的与场景图像大小相同的空白图像中，得到完整的场景图像。

1) 自适应地定位物体区域位置

通过基于傅里叶频谱的单像素成像方法可以获得场景图像相应的傅里叶系数。通过基于傅里叶频谱的单像素成像方法和傅里叶切片定理获得场景图像在横纵方向的投影后，利用边缘定位算法即可确定物体所在区域。

首先，向场景投射横方向与纵方向傅里叶定位图案模式。

横方向傅里叶定位图案模式生成公式为

$$P_{\phi}^{H}(x',y';l,N)=a+b\cdot\cos\left(2\pi\frac{l\cdot y'}{N}+\phi\right) \tag{2.33}$$

纵方向傅里叶定位图案模式生成公式为

$$P_{\phi}^{V}(x',y';k,M)=a+b\cdot\cos\left(2\pi\frac{k\cdot x'}{M}+\phi\right) \tag{2.34}$$

式中，(x',y') 为投射器平面坐标系上的一点，取值是 $0\leqslant x'\leqslant M-1$，$0\leqslant y'\leqslant N-1$；$k$、$l$ 为正弦基图案模式中条纹的空间频率，取值是 $0\leqslant k\leqslant M-1$，$0\leqslant l\leqslant N-1$ 中的任意整数；ϕ 代表正弦基图案模式中条纹的相位，取值分别为 0、π/2、π 和 3π/2，构成四步相移图像模式；a 为正弦基图案模式中条纹的平均亮度；b 为正弦基图案模式中条纹的幅值；M 为投射器沿横方向的有效显示像素个数；N 为投射器沿纵方向的有效显示像素个数。

然后，根据四步相移投射模式的复数转换规则，计算得到场景图像沿横纵方向投影函数的傅里叶系数：

$$F^{V}(k)=\left[I_{0}^{V}(k)-I_{\pi}^{V}(k)\right]+\mathrm{j}\cdot\left[I_{\frac{\pi}{2}}^{V}(k)-I_{\frac{3\pi}{2}}^{V}(k)\right] \tag{2.35}$$

$$F^{H}(l)=\left[I_{0}^{H}(l)-I_{\pi}^{H}(l)\right]+\mathrm{j}\cdot\left[I_{\frac{\pi}{2}}^{H}(l)-I_{\frac{3\pi}{2}}^{H}(l)\right] \tag{2.36}$$

式中，$I_{\phi}^{V}(k)\left(\phi=0、\frac{\pi}{2}、\pi、\frac{3}{2}\pi\right)$为当向场景投射条纹$P_{\phi}^{V}\left(x',y';k,M\right)$时，单像素探测器的响应值；$I_{\phi}^{H}(k)$为当向场景投射条纹$P_{\phi}^{H}\left(x',y';l,N\right)$时，单像素探测器的响应值。

最后，将$F^{V}(k)$与$F^{H}(l)$分别进行一维离散傅里叶逆变换，得到原始二维图像在横纵方向的投影函数$f^{V}(x)$和$f^{H}(y)$：

$$f^{V}(x)=\text{IDFT}[F^{V}(k)] \tag{2.37}$$

$$f^{H}(x)=\text{IDFT}[F^{H}(l)] \tag{2.38}$$

式中，$\text{IDFT}[\cdot]$表示一维离散傅里叶逆变换。

最后，利用傅里叶切片定理和边缘定位方法确定物体区域所在位置$\Omega_{p}(x',y')$。$\Omega_{p}(x',y')$表示了物体所在区域的最小包围盒，对于包围盒内的像素(x',y')，$\Omega_{p}(x',y')$值为1；对于其他像素，$\Omega_{p}(x',y')$值为0。

2) 对物体区域进行单像素成像

物体位置确定后，可以用任何一种单像素方法对物体区域进行成像。在实施单像素成像时，需要生成与物体区域分辨率相同的小分辨率条纹，投射到物体区域上，实现快速单像素成像。

空间光调制器仅可以投射全场的图像，无法单独投射小分辨率条纹。为了实现小分辨率条纹的投射，需要物体区域所在位置$\Omega_{p}(x',y')$的掩模信息。然后，将小分辨率条纹放置在掩模图像中物体区域的位置上，从而生成可投射的小分辨率条纹图像。条纹图像生成示意图如图2.10所示。

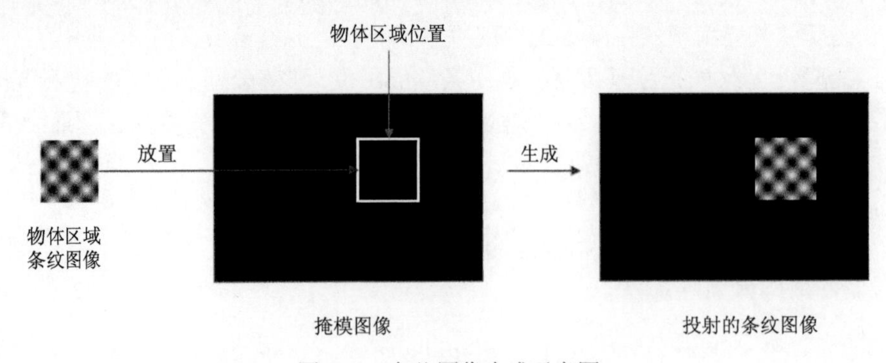

图2.10　条纹图像生成示意图

从理论上讲，使用任何一种单像素成像方法皆可完成对物体区域的单像素成像。成像的过程与传统单像元成素的过程类似，首先投射调制条纹，使用单像素探测器对反射光强进行探测；然后获得变换域内系数，完成测量后对系数进行逆变换即可重构得到物体区域图像。

3) 重构完整的场景图像

对物体区域进行自适应投射后重构的图像仅仅包含物体图像，丢失了物体区域的位置信息，如图 2.11 所示。

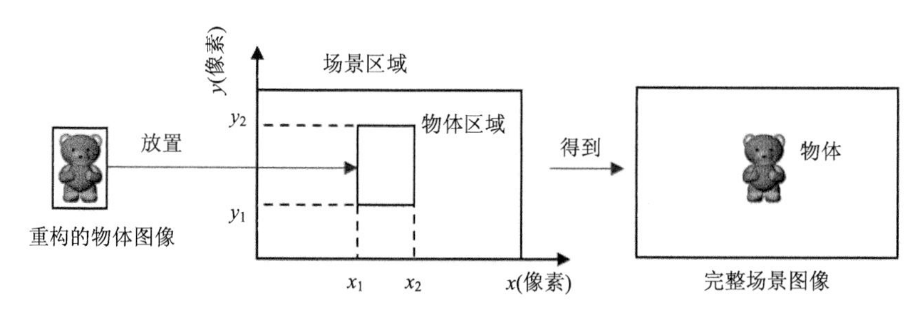

图 2.11　重构完整场景图像的示意图

设重构得到的物体图像为 $f_o(x,y)$。为了得到完整的场景图像，生成一张与完整场景图像大小相同的空白图像，设为 $f_r(x,y)$，即

$$f_r(x,y)=0,\quad \{(x,y)\in\Omega\} \tag{2.39}$$

则完整的场景图像可由如下公式得到

$$f_r(x_1+x,y_1+y)=f_o(x,y),\quad 0\leqslant x\leqslant M,0\leqslant y\leqslant N \tag{2.40}$$

式中，(M,N) 为物体区域的分辨率；(x_1,y_1) 为物体区域的位置。

4) 面向多测量对象的自适应物体区域位置定位方法

上述过程中假设待成像场景仅包含一个物体。当待成像场景中含有多个物体时，可以通过投射多方向的斜定位条纹对每个物体的位置进行定位。斜定位条纹的数学表达式为

$$P_\phi(x',y';k,\theta)=a+b\cdot\cos\left[\frac{2\pi k}{L_\theta}(x'\cos\theta+y'\sin\theta)+\phi\right] \tag{2.41}$$

式中，(x',y') 为投射器平面坐标系上的一点，取值范围是 $0\leqslant x'\leqslant M-1$，$0\leqslant y'\leqslant N-1$，$M$ 为投射器沿横方向的有效显示像素个数，N 为投射器沿纵方向的有效显示像素个数；k 为正弦基图案模式中条纹的空间频率，取值是 $0\leqslant k\leqslant M-1$ 中的任意整数；ϕ 为正弦基图案模式中条纹的相位，取值分别为 0、π/2、π 和 3π/2，构成四步相移图像模式；a 为正弦基图案模式中条纹的平均亮度；b 为正弦基图案模式中条纹的幅值；θ 为所计算方向切片与投射器横方向的夹角，取值为 $[0°,180°)$ 内的任意不同的 S 个值，并称该切片为夹角为 θ 的方向切片，L_θ

为夹角 θ 的方向切片在投射器范围内的等效像素数目，计算公式为

$$L_\theta = \begin{cases} \mathrm{ceil}\left[M \cdot \cos\left(\dfrac{\pi \cdot \theta}{180}\right) + N \cdot \sin\left(\dfrac{\pi \cdot \theta}{180}\right)\right], & 0° \leqslant \theta \leqslant 90° \\ \mathrm{ceil}\left[M \cdot \cos\left(\dfrac{\pi \cdot \theta}{180}\right) + N \cdot \sin\left(\dfrac{\pi \cdot \theta}{180}\right)\right], & 90° < \theta < 180° \end{cases} \tag{2.42}$$

式中，ceil 为向上取整函数。

类似横纵定位方法，根据四步相移计算斜方向投影函数的傅里叶系数，并对结果进行一维离散傅里叶变换，可以得到多个物体从不同角度计算线积分的结果。通过这些线积分的组合结果，可以大致确定物体在场景的位置，如图 2.12 所示。

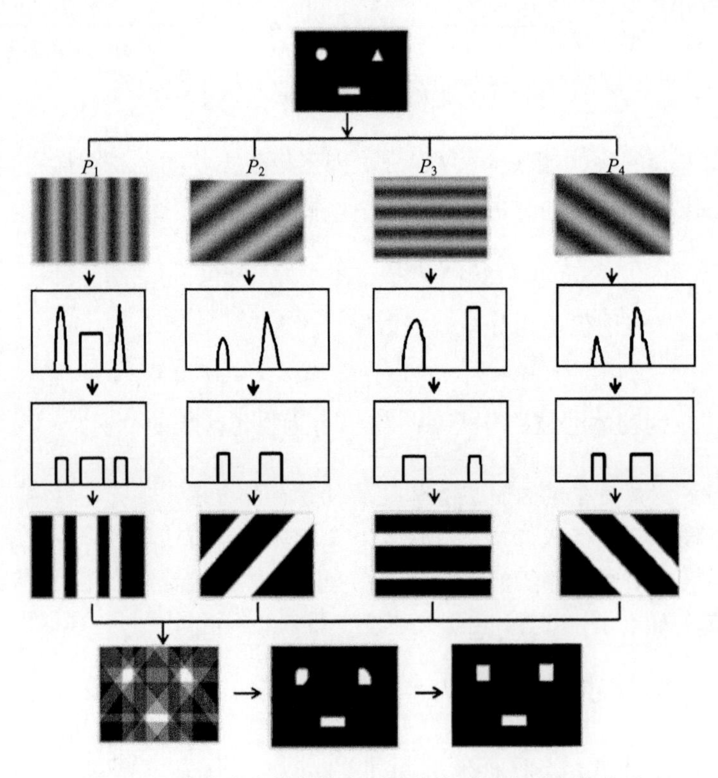

图 2.12　含有多个物体的自适应物体区域位置定位方法

2.3.4　局部区域延拓方法的具体实现

本节介绍局部区域延拓方法的具体实现流程。根据上面的理论分析，局部区域延拓方法的具体实现如图 2.13 所示。

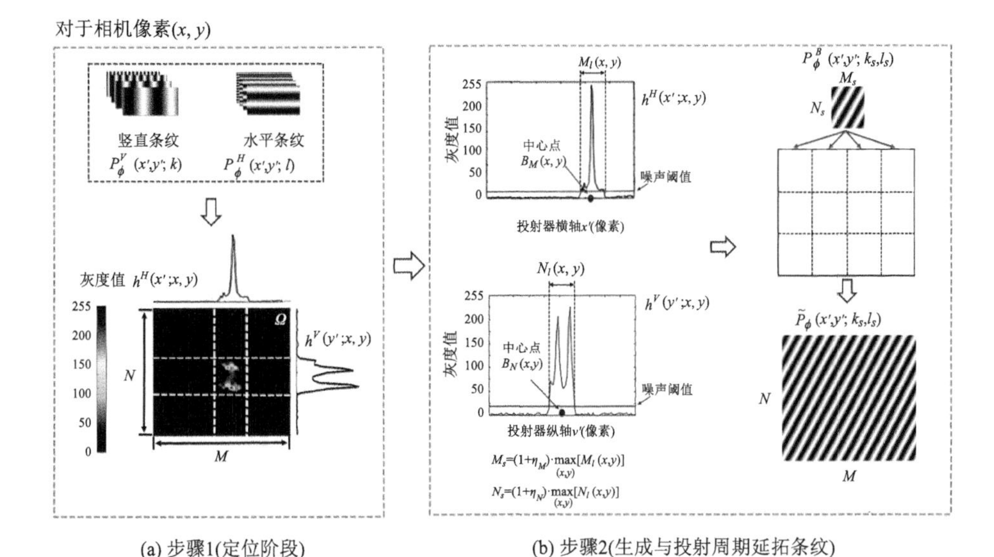

(a) 步骤1(定位阶段)　　(b) 步骤2(生成与投射周期延拓条纹)

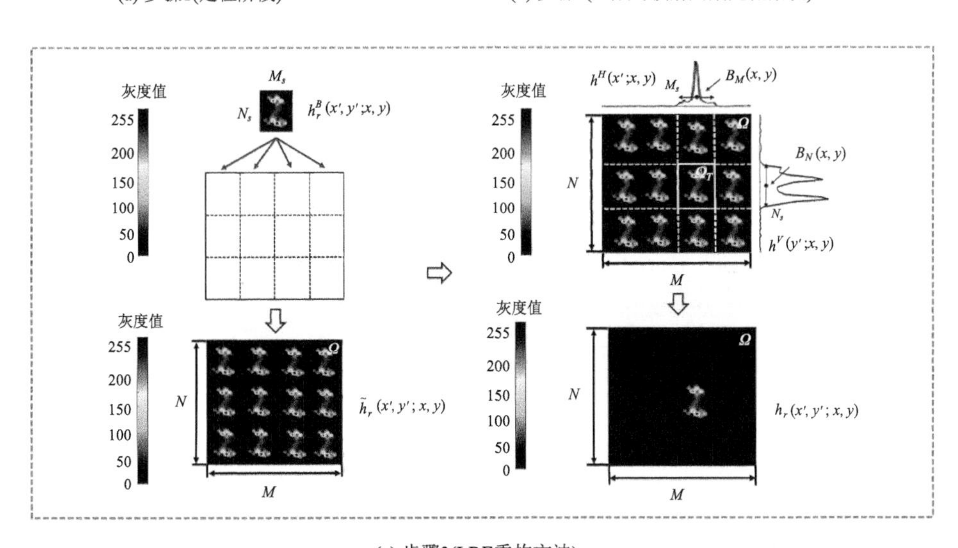

(c) 步骤3(LRE重构方法)

图 2.13　基于局部区域延拓的并行单像素成像方法

(1) 面向像素阵列探测器的傅里叶切片定位：根据傅里叶切片定理确定每个相机像素对应场景点所能接收到的直接照明光和间接照明光的范围大小。

(2) 周期延拓条纹：取所有像素对应的接受域范围的最大值为投影条纹的分辨率，为了避免信息丢失，通过周期延拓生成对应投射范围的投影条纹并投射到物体表面。

(3) 实施局部区域图像重构算法：采用局部区域图像重构算法计算得到投射器

分辨率的重构结果。

1. 面向像素阵列探测器的傅里叶切片定位技术

本节介绍利用傅里叶切片定理，实现对接受域定位的方法。与 2.1.2 节中介绍的区域自适应傅里叶单像素成像方法中利用傅里叶切片定理自适应地定位物体区域位置类似，通过投射由式(2.31)生成的横纵方向条纹，并根据式(2.33)和式(2.34)对采集到的数据进行组合运算，可以获取傅里叶域横纵坐标轴的数据。根据式(2.35)和式(2.36)对傅里叶系数进行一维傅里叶逆变换，得到图像在横轴和纵轴方向的投影函数，记相机像素(x,y)获取的横方向投影函数为$h^H(x';x,y)$，纵方向投影函数为$h^V(y';x,y)$。

相机中各像素的接受域可以通过寻找两个投影函数值大于预定噪声阈值的区域而确定。利用横纵两方向的投影函数，可以将一个矩形区域作为接受域，如图 2.13(a)所示。为了方便后续处理，记$M_l(x,y)$与$N_l(x,y)$分别为像素(x,y)横方向和纵方向投影函数大于噪声阈值的宽度，如图 2.13(b)所示。记$B_M(x,y)$与$B_N(x,y)$分别为像素(x,y)横方向和纵方向投影函数中大于噪声阈值区域的中心点。该中心点为标记像素接受域位置的参数。

2. 周期延拓条纹

为了满足奈奎斯特采样定律，从而避免信息丢失，投射条纹的周期应该大于相机像素上的最大接受域。为了实现这样的目标，根据上面的理论分析，采用由式(2.21)生成的周期延拓条纹。当生成周期延拓条纹时，所需要的横方向与纵方向延拓的周期M_s和N_s分别为

$$M_s=(1+\eta_M)\cdot\max_{(u,v)}[M_l(x,y)] \tag{2.43}$$

$$N_s=(1+\eta_N)\cdot\max_{(u,v)}[N_l(x,y)] \tag{2.44}$$

式中，$M_l(x,y)$与$N_l(x,y)$分别为像素(x,y)横方向和纵方向投影函数大于噪声阈值的宽度；η_M、η_N为接受域的富裕余量（$\eta_M\geqslant 0,\eta_N\geqslant 0$），一般可设定为 0.1。

3. 局部区域图像重构方法

局部区域图像重构方法分为两个子步骤：①傅里叶单像素图像重构方法的实施；②根据切片定位结果保留接受域中的图像。局部区域图像重构方法应该对像素阵列探测器中的全部像素分别进行重构。

1) 傅里叶单像素图像重构方法的实施

傅里叶单像素图像重构方法即对采集到的频率进行二维离散傅里叶逆变换。设 $I_\phi(x,y;k_s,l_s)$ 为向场景投射周期延拓条纹 $\tilde{P}_\phi(x,y;k_s,l_s)$ 时，相机像素 (x,y) 采集到的灰度值，根据四步相移投射模式的复数转换规则，计算得到像素 (x,y) 光传输图像的傅里叶系数为

$$H(k_s,l_s;x,y)=\left[I_0(x,y;k_s,l_s)-I_\pi(x,y;k_s,l_s)\right]+\mathrm{j}\cdot\left[I_{\frac{\pi}{2}}(x,y;k_s,l_s)-I_{\frac{3\pi}{2}}(x,y;k_s,l_s)\right] \tag{2.45}$$

最后，将 $H(k_s,l_s;x,y)$ 进行二维离散傅里叶逆变换，得到周期延拓后的光传输系数图像：

$$\tilde{h}_r(x',y';x,y)=\mathrm{IDFT2}[H(k_s,l_s;x,y)] \tag{2.46}$$

式中，$\mathrm{IDFT2}[\cdot]$ 表示二维离散傅里叶逆变换。

2) 根据切片定位结果保留接受域中的图像

根据傅里叶变换的基本理论，由二维离散傅里叶逆变换重构得到的函数自然具有周期性。因此，仅需保留重构得到周期延拓光传输系数图像 $\tilde{h}_r(x',y';x,y)$ 中接受域内部的图像数据，将外部区域结果置零即可。然而，在实际应用中，二维离散傅里叶逆变换由快速傅里叶逆变换(inverse fast Fourier transform，IFFT)方法实现。一般而言，快速傅里叶逆变换仅返回第一个周期内的块重构图像 $h_r^B(k_s,l_s;x,y)$，因此，需要将该块重构图像进行周期延拓，从而得到 $\tilde{h}_r(x',y';x,y)$：

$$\tilde{h}_r(x',y';x,y)=\sum_{r_1=0}^{\left\lceil \frac{M}{M_s}\right\rceil}\sum_{r_2=0}^{\left\lceil \frac{N}{N_s}\right\rceil}h_r^B(x'-r_1M_s,y'-r_2N_s;x,y) \tag{2.47}$$

式中，$\lceil\cdot\rceil$ 为向上取整函数；$x'=0,1,\cdots,M-1$；$y'=0,1,\cdots,N-1$；r_1 和 r_2 为整数。该过程被展示于图 2.13(c) 中。当 $x'-r_1M_s$ 和 $y'-r_2N_s$ 的值超出块图像定义域 $\{(x',y')\mid x'\in(0,M_s-1),y'\in(0,N_s-1)\}$ 时，$h_r^B(x',y';x,y)$ 的值被假设为 0。

当获取周期延拓光传输系数图像 $\tilde{h}_r(x',y';x,y)$ 后，根据切片定位获得的接受域中心位置 $B_M(x,y)$ 和 $B_N(x,y)$，保留以该位置为中心，且边长为 M_s 和 N_s 的矩形区域内 $\Omega_r(x,y)$ 的数据，$\Omega_r(x,y)$ 由式(2.48)确定：

$$\Omega_r(x,y)=\{(x',y')\mid B_M(x,y)-\lfloor M_s/2\rfloor\leqslant x'<B_M(x,y)+\lceil M_s/2\rceil,\ B_N(x,y)-\lfloor N_s/2\rfloor\leqslant y'<B_N(x,y)+\lceil N_s/2\rceil\} \tag{2.48}$$

式中，$\lfloor\cdot\rfloor$ 与 $\lceil\cdot\rceil$ 分别为向下取整函数和向上取整函数。

将该区域外的区域置零，得到光传输系数的重构结果。上述过程可以由

式(2.49)表示：

$$h_r(x',y';x,y)=\tilde{h}_r(x',y';x,y)\bullet M(x',y';x,y) \tag{2.49}$$

式中，•表示逐元素乘积；$M(x',y';x,y)$ 为掩码，其在 $\Omega_r(x,y)$ 区域内的值为 1，在 $\Omega_r(x,y)$ 区域外的值为 0，有如下表达形式：

$$M(x',y';x,y)=\begin{cases}1, & (x',y')\in\Omega_r\\0, & (x',y')\notin\Omega_r\end{cases} \tag{2.50}$$

2.4 复杂光照分离方法

当通过并行单像素成像方法获得光传输系数后，根据极线约束可以判定各个光斑是否由直接光照产生。在一般情况下，光传输系数中存在一个或多个非零连通域，称每个连通域为一个光斑。假设直接照明匹配点为 (x'_d,y'_d)，若记 I 为 (x'_d,y'_d) 所属的光斑编号，设置阈值 η 为略小于 1 的值，则光传输系数中的直接分量可以计算为

$$h_{r,d}(x',y')=h_r(x',y')\bullet M_d(x',y') \tag{2.51}$$

式中，•表示逐像素相乘，$M_d(x',y')$ 按如下公式计算:

$$M_d(x',y')=\begin{cases}1, & (x',y')\in S_I\\0, & 其他\end{cases} \tag{2.52}$$

式中，S_I 为满足 $h_r(x',y')\geqslant\eta h_r(x'_d,y'_d)$ 的 (x',y') 集合；相机像素位置 (x,y) 已被省略。

光传输系数中的全局分量可以计算为

$$h_{r,g}(x',y')=h_r(x',y')\bullet M_g(x',y') \tag{2.53}$$

式中，•表示逐像素相乘；$M_g(x',y')$ 按如下公式计算：

$$M_g(x',y')=1-M_d(x',y') \tag{2.54}$$

式中，相机像素位置 (x,y) 已被省略。

2.4.1 直接光照与多次反射光的分离

本节展示基于并行单像素成像方法的直接光与多次反射光分离的结果。

首先，展示对图 2.5 中混合场景多次反光进行分离的实验结果。在该场景中，金属叶轮和金属零件中存在明显的多次反光。石膏小熊主要是由漫反射的石膏制作而成的，作为参照物品。在得到真实光传输数据的基础上，使用极线约束得到直接反光匹配点，从而计算得到直接反光与多次反光的分离结果，见图 2.14。在图 2.14 中，第一列对应相机捕获图像，第二列对应直接反光分离图像，第三列对

应多次反光分离图像，第四列对应合成图像，即第二列与第三列图像之和。由图 2.14 可见，合成图与相机拍摄图基本一致。图 2.14(a)表示整个场景的直接反光和多次反光分离结果，其中矩形标注的位置对应于图 2.14(b)～(e)的局部放大区域。由图 2.14(b)可见，石膏小熊中的直接分量最明显，而多次反光分量不明显，这与实际相符。由图 2.14(c)可见，在金属叶轮中的小熊爪子的镜像被正确分离至多次反光分量中。由图 2.14(d)和(e)可见，金属叶轮上方所呈现的高亮度实际上是由下方叶片通过多次反光反射而形成的；对于金属零件，其下表面和后表面之间产生了大量多次反光效应。尤其是在金属零件的相机视角图像中，在下表面处可以看到后表面的镜像。

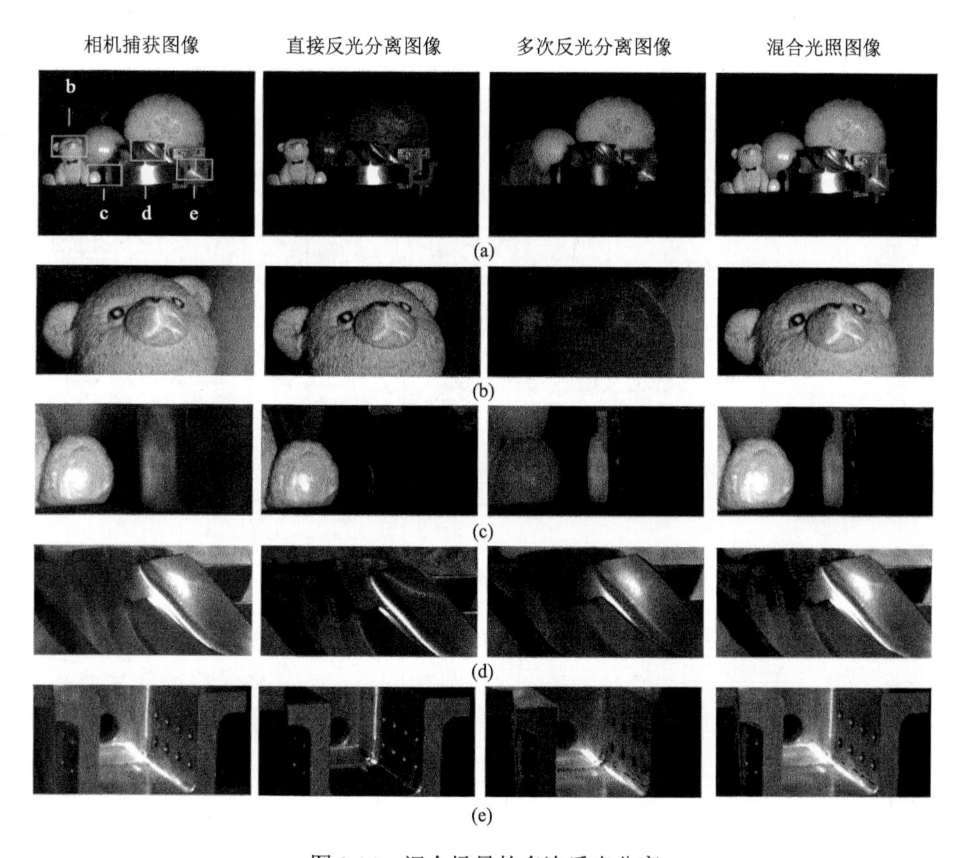

图 2.14　混合场景的多次反光分离

图 2.15 展示了另外三个存在多次反光的物体。图 2.15 第一列展示了被测物体的实物图像；第二列展示了实验中物体在相机视角下的图像；第三列与第四列展示了分离得到的直接反光分量图像和间接反光分量图像。在图 2.15 中，矩形框区域存在大量多次反光效应。例如，①对于航空发动机叶片，多次反光主要集中在

叶片根部附近。在直接分量图中，位于叶片根部附近的高亮度带状纹理被抑制(矩形区域内部)，这部分光在多次反光分量中可以清晰地看到。这部分光实际上是由叶片根部反射至叶片本体的。②对于陶瓷碟子，多次反光主要集中在底面和斜面之间。同时，陶瓷碟子底部的线状高亮度区域(下方的两个矩形)是由焦散现象而形成的，这部分光同样可被正确分离。③对于金属零件，金属构件在矩形区域的亮度明显地降低，这是由于该区域实际上存在较强的多次反光效应。在矩形区域的亮度较强，这是由于该区域的能量主要来自于两个表面的多次反光。

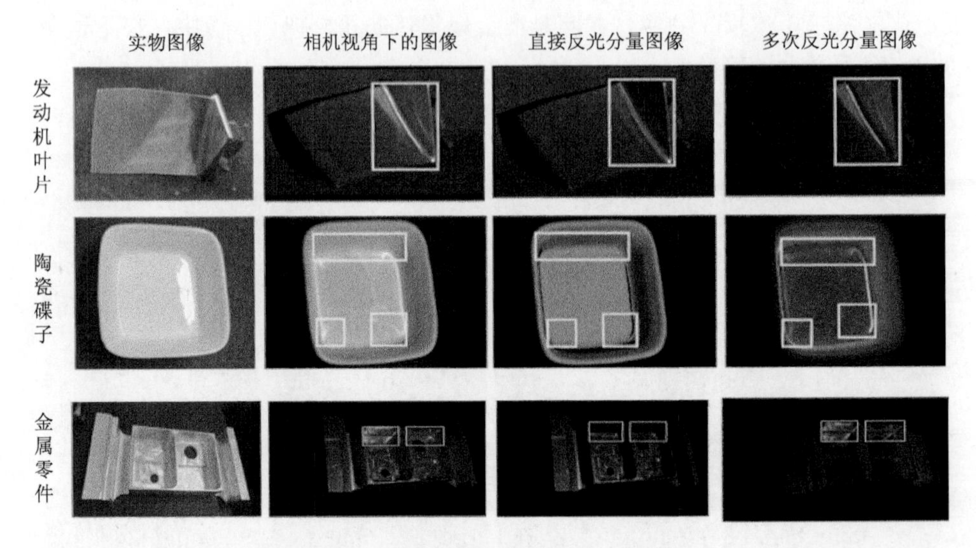

图 2.15　直接反光和多次反光分离结果

2.4.2　直接光照与半透明次表面散射光的分离

本节展示基于并行单像素成像方法的直接光与次表面散射光分离的结果，如图 2.16 所示。关于次表面散射条件下三维重构的结果将在第 5 章进行介绍。

首先，本节展示对图 2.5 混合场景中半透明物品的分离实验结果。在该场景中，洋葱和冬瓜具有明显的半透明现象，因此当光线照射到它们表面时，会产生较强的次表面散射光。由图 2.16(c)和图 2.16(d)可见，由于洋葱和冬瓜的半透明效应，它们的直接反光分量较弱。它们表面的半透明特性使得光线透过物体表面，进而在内部发生复杂的散射。

图 2.17 中展示了另外两个存在次表面散射的物体。图 2.17 第一列展示了被测物体的实物图像；第二列展示了实验中物体在相机视角下的图像；第三列和第四列展示了分离得到的直接反光分量图像和次表面散射分量图像。在图 2.17 中展示的两个场景中都存在非常明显的次表面散射效应，这可以从图 2.17 中次表面散射

分量图像的亮度远强于直接反光分量图像得到证实。

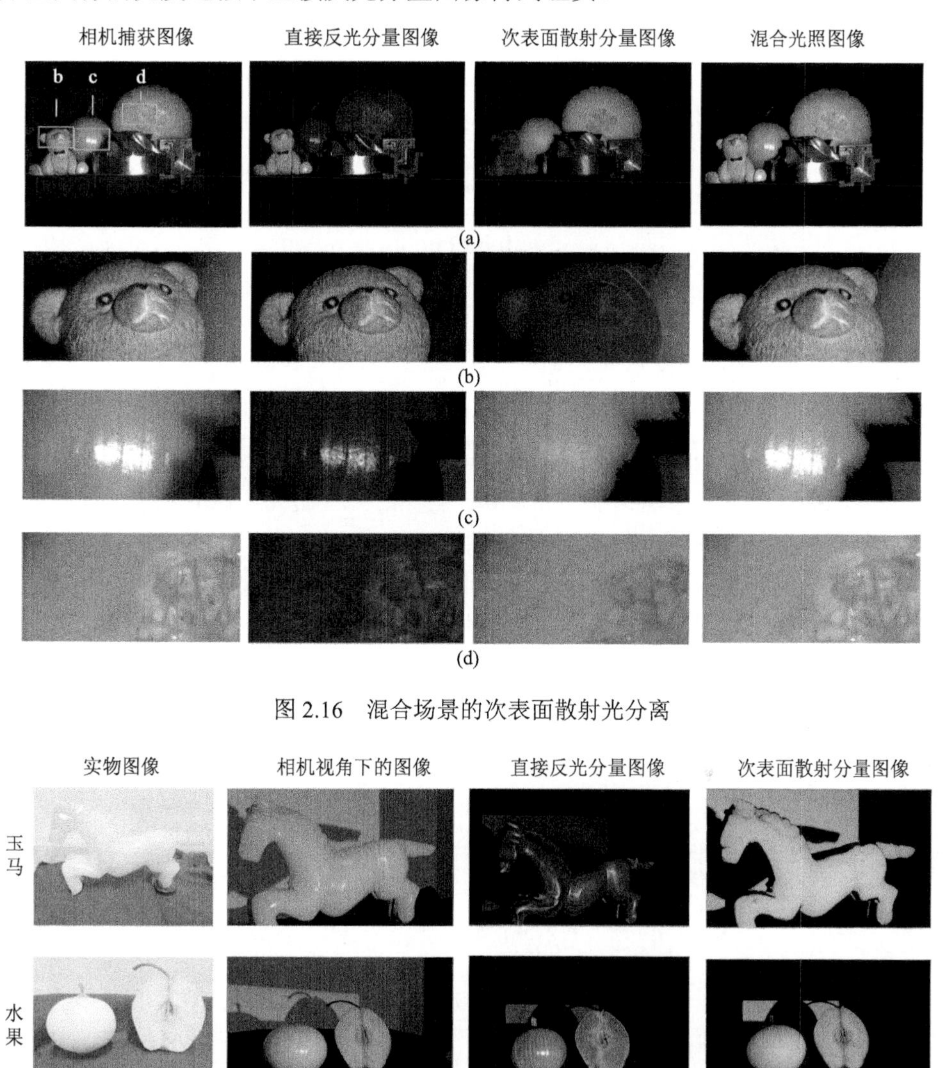

图 2.16　混合场景的次表面散射光分离

图 2.17　直接反光和次表面散射分离结果

2.5　基于压缩感知的高效并行单像素成像原理

在复杂光照条件下，传统结构光会产生数据缺失或误差增大等问题。前述章节解决的是并行单像素成像方法对光传输系数的精确重构问题。并行单像素成像方法从理论上可以证明不存在信息的缺失。本节在三维重构背景下，研究基于压缩感知原理对并行单像素成像的加速成像方法——压缩并行单像素成像（compressive parallel single-pixel imaging, cPSI）方法[21]。

本节首先介绍压缩感知的基本知识，方便后续讨论如何将压缩感知原理运用在并行单像素成像的框架中。压缩感知理论解决的基本问题如下所示。

对于 $\boldsymbol{x}\in\mathbb{R}^N$ 的待测目标，若根据观测矩阵 $\boldsymbol{\Phi}\in\mathbb{R}^{M\times N}$ 经过 M 次观测后，得到 M 个观测结果，记观测结果为 $\boldsymbol{y}\in\mathbb{R}^M$，则观测过程可以表示为

$$\boldsymbol{y}=\boldsymbol{\Phi}\boldsymbol{x} \tag{2.55}$$

式中，$\boldsymbol{\Phi}\in\mathbb{R}^{M\times N}$ 的每行代表一次观测，而列指标则表示在该次观测中信号的各个元素是如何被调制的。

压缩感知理论探讨的核心问题是：是否可能仅通过所感测到的 $\boldsymbol{y}\in\mathbb{R}^M$ 与观测矩阵 $\boldsymbol{\Phi}\in\mathbb{R}^{M\times N}$，且 $M\ll N$，完全地恢复出待测目标 $\boldsymbol{x}\in\mathbb{R}^N$ 的所有信息？若可以进行恢复，则观测目标和观测方式需要满足何种条件？

自 2005 年起，斯坦福大学的 Candes 等[3,4]的系列研究对该问题进行了系统性的回答。他们认为，通过 $M\ll N$ 的观测数量是有可能对 $\boldsymbol{x}\in\mathbb{R}^N$ 的待测目标进行精确重构的。此时，待测目标需要为稀疏信号或可压缩信号。定义 $K\left(1\leqslant K\leqslant N\right)$ 为信号的稀疏度。同时，他们还引入了观测矩阵 $\boldsymbol{\Phi}$ 所具有 δ_K 大小的 K 阶受限等距性条件的定义，即对于矩阵 $\boldsymbol{\Phi}\in\mathbb{R}^{M\times N}$，若存在一个很小的常数 δ_K，使得对所有稀疏度小于或等于 K 的信号都满足：

$$(1-\delta_K)\|\boldsymbol{x}\|_2^2\leqslant\|\boldsymbol{\Phi}\boldsymbol{x}\|_2^2\leqslant(1+\delta_K)\|\boldsymbol{x}\|_2^2 \tag{2.56}$$

则称矩阵 $\boldsymbol{\Phi}$ 满足具有 δ_K 大小的 K 阶受限等距性条件。其中，δ_K 称为观测矩阵 $\boldsymbol{\Phi}$ 的 K 阶受限等距常数。由于具体判断给定的观测矩阵是否具有受限等距性质非常困难，一般而言，研究者仅使用一些已知具有较大概率能够满足受限等距性质的观测矩阵。Candes 等[3,4]证明了若观测矩阵由独立同分布的高斯随机变量构成，则其与任意正交基矩阵都具有较强的不相关性，此时观测矩阵能以很大概率满足受限等距性。

随机抽样的傅里叶基底也常被用于基于压缩感知原理的信号采集中。例如，在压缩感知领域的早期研究中，Candes 等[3,4]就发现使用随机抽样的傅里叶系数可以实现二维图像的精确重构。在傅里叶单像素成像中，待成像场景的频率信息正是通过投射正弦条纹图案获得的。因此，通过随机选择投射条纹的频率指标 (k,l) 可使受限等距性条件以极大的概率被满足。如何生成投射的频率指标 (k,l)，从而在相同投射次数下使重构的图像拥有更高的质量将是很重要的研究方向。

由于式(2.55)中方程的个数远小于未知数的个数，因此该方程组的求解属于欠定问题。对式(2.55)的求解还需要信号 $\boldsymbol{x}\in\mathbb{R}^N$ 的先验信息。两种经常被使用的先验信息是：①信号在变换域的稀疏性假设；②信号的平滑性假设。

1. 信号在变换域的稀疏性假设

最常用的假设是信号在某变换域$\boldsymbol{\Psi}^{\mathrm{T}}$上稀疏。设信号在$\boldsymbol{\Psi}^{\mathrm{T}}$上为$k$稀疏，且$k \ll N$，则信号$\boldsymbol{x}$可以表示为

$$\boldsymbol{x}=\boldsymbol{\Psi}^{\mathrm{T}} \hat{\boldsymbol{x}} \tag{2.57}$$

式中，$\hat{\boldsymbol{x}}$为信号在变换域$\boldsymbol{\Psi}^{\mathrm{T}}$上的稀疏表示，且$\hat{\boldsymbol{x}}$的非零元素数目$\|\hat{\boldsymbol{x}}\|_0=k$，$\|\cdot\|_0$表示 0-范数。向量的 0-范数等于该向量中非零元素的个数。

将式(2.57)代入式(2.55)，有

$$\boldsymbol{y}=\boldsymbol{\Phi}\boldsymbol{\Psi}^{\mathrm{T}} \hat{\boldsymbol{x}}=\boldsymbol{A}\hat{\boldsymbol{x}} \tag{2.58}$$

综上所述，可以通过如下的l_0-优化问题求解$\hat{\boldsymbol{x}}$：

$$\begin{gathered}\min\|\hat{\boldsymbol{x}}\|_0 \\ \text{s.t. } \boldsymbol{y}=\boldsymbol{A}\hat{\boldsymbol{x}}\end{gathered} \tag{2.59}$$

可以证明，式(2.59)所述的最优化问题属于 NP(non-deterministic polynomial)完全问题，因此，目前尚不存在能够以多项式时间复杂度精确求解该问题的方法。针对这一问题，主要有两类求解策略：一类是基于贪婪算法的近似解法，另一类是凸松弛技术。

贪婪算法在每一步迭代中只追求局部最优解，而不保证能达到全局最优解。这种方法的优点是计算速度快，但缺点是解的稳定性可能不足。常用的近似方法包含匹配追踪(matching pursuit, MP)方法、正交匹配追踪(orthogonal matching pursuit, OMP)方法、正则化正交匹配追踪(regularized orthogonal matching pursuit, ROMP)方法、分段正交匹配追踪(stage-wise orthogonal matching pursuit, StOMP)方法、压缩采样匹配追踪(compressive sampling matching pursuit, CoSaMP)方法和迭代硬阈值(iterative hard thresholding, IHT)方法。另一种求解式(2.59)的策略是通过将该问题从l_0-优化问题转化为l_1-优化问题来求解：

$$\begin{gathered}\min\|\hat{\boldsymbol{x}}\|_1 \\ \text{s.t. } \boldsymbol{y}=\boldsymbol{A}\hat{\boldsymbol{x}}\end{gathered} \tag{2.60}$$

式中，$\|\cdot\|_1$表示 1-范数，定义为如下形式：

$$\|\hat{\boldsymbol{x}}\|_1=\sum_{i=1}^{N}|x_i| \tag{2.61}$$

由于式(2.61)表示的优化问题为一个凸优化问题，因此对于该问题的求解方法又称为凸松弛方法(convex relaxation method)。这类方法的优点在于计算结果相对稳定，缺点是计算较慢。常用的凸松弛方法包括：内点法(interior-point method)、梯度投影稀疏重构(gradient projection for sparse reconstruction，GPSR)方法和两步

迭代收缩阈值方法(two-step iterative shrinkage threshold method, TwIST)。

2. 信号的平滑性假设

另一类常用的先验假设是认为待求解信号存在某种平滑性。这类先验假设更适用于图像信号的恢复。例如，最优化信号的全变差(total variation, TV)的信号求解方法是利用压缩感知领域中最常使用的先验约束：

$$\begin{aligned} &\min \|\boldsymbol{x}\|_{\mathrm{TV}} \\ &\text{s.t. } \|\boldsymbol{\Phi x}-\boldsymbol{y}\|_2 \leqslant \varepsilon \end{aligned} \tag{2.62}$$

式中，$\boldsymbol{x}$表示待求解的二维图像；$\|\cdot\|_2$表示 2-范数；$\|\cdot\|_{\mathrm{TV}}$为信号的全变差，其表达式为

$$\|\boldsymbol{x}\|_{\mathrm{TV}}=\sum_{i,j}\sqrt{(x_{i+1,j}-x_{i,j})^2+(x_{i,j+1}-x_{i,j})^2} \tag{2.63}$$

它反映了图像整体梯度的大小。对于大多数图像而言，由于其具有某种平滑性，因此，图像的梯度不应该是各处都具有非常大的数值。因此，可以通过形如式(2.63)的优化问题，对二维图像进行求解。

在式(2.63)的优化问题中，约束条件被单独列出。根据拉格朗日数乘原理，式(2.63)的优化问题可以表示为如下形式的基于全变差正则化的压缩感知重构问题：

$$\min \|\boldsymbol{x}\|_{\mathrm{TV}}+\lambda\|\boldsymbol{\Phi x}-\boldsymbol{y}\|_2 \tag{2.64}$$

式(2.64)中的优化问题可以通过基于增广拉格朗日和交替方向算法的全变差优化方法进行求解。本书中对各求解算法不再进行深入介绍，感兴趣的读者可以参阅相关文献。

2.5.1 基于频域特征傅里叶采样策略的压缩并行单像素成像

通过上述介绍可知，压缩感知方法的实现主要分为两部分：感知阶段和重构阶段。在感知阶段中，主要的关注点在于如何针对傅里叶单像素成像的频域采样特点，设计出适合复杂光环境下的傅里叶条纹投射模式，实现使用更少投射次数下三维重构的目标。在感知阶段，主要的关注点在于选择合适的先验信息和重构方法。针对并行单像素成像的应用场合，本书主要关注于傅里叶采样方法的研究，将介绍一种基于复杂光条件下光传输系数特征模型的频域采样策略。在重构方法的选择上，则采用目前应用较为广泛的基于全变差正则化的压缩感知重构方法。

基于复杂光条件下光传输系数特征模型的频域采样策略包含如下两方面内容：①针对复杂光照条件下光传输系数的频率特征进行建模，得到基于频域特征分布的采样策略；②根据重要性采样方法，可以对能量较高的频率指定更高的采

样概率，对能量较低的频率指定较低的采样概率，从而实现使用更少观测次数的全局照明光干扰下的三维重构。另外，基于压缩感知的傅里叶单像素成像方法的现有研究中已经存在几种不同的频域采样策略，可将基于频域特征分布的采样策略与其他几种采样策略进行对比分析，研究各种策略的优劣。

综上所述，基于频域特征傅里叶采样策略的压缩并行单像素成像方法的研究主要包括如下几个方面，这也是本节和 2.6 节的主要内容。

(1) 在复杂光条件下对光传输系数频率分布进行建模，得到基于频域特征的傅里叶采样策略。

(2) 基于蒙特卡罗抽样的并行单像素成像条纹投射方法。

(3) 基于全变差正则化原理的光传输系数重构方法。

(4) 针对不同采样策略的对比分析。

图 2.18 展示了压缩并行单像素成像方法与并行单像素成像方法的对比。二者在定位阶段是完全一样的，因此在图 2.18 中未做展示。其主要区别在数据获取和重构阶段。其中，压缩并行单像素成像方法在频域上进行随机采样，而并行单像素成像方法在频域上进行确定性采样。压缩并行单像素成像方法通过压缩感知重构方法获取块重构图像 $h_{\mathrm{cs}}^{B}\left(x',y';x,y\right)$，而并行单像素重构方法通过离散傅里叶逆变换获取块重构图像 $h_{r}^{B}\left(x',y';x,y\right)$。

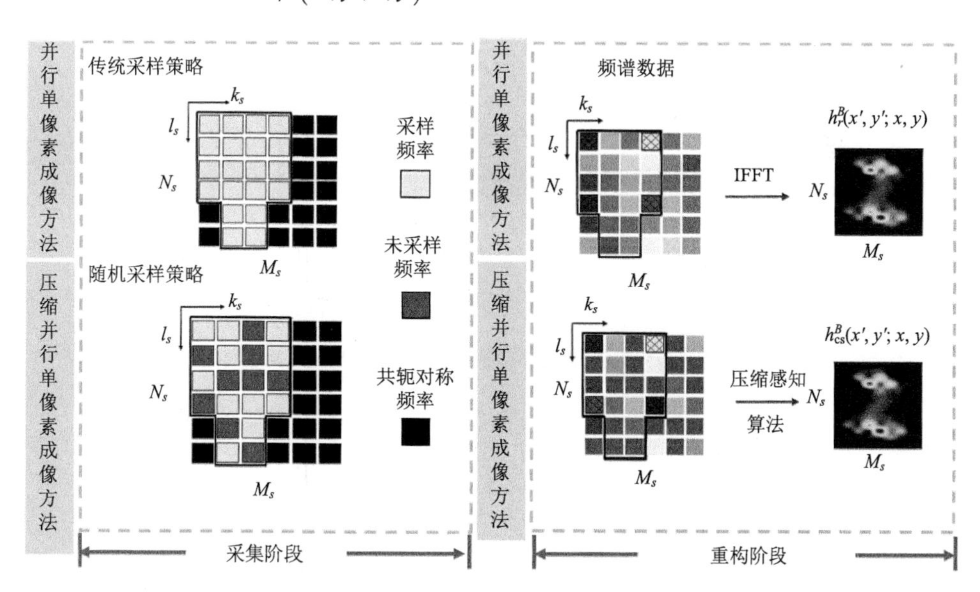

图 2.18　压缩并行单像素成像方法与并行单像素成像方法的对比

复杂光条件下的光传输系数的频率分布为重要性采样提供依据。根据重要性采样方法，对能量较高的频率指定较高的采样概率，对能量较低的频率指定较低的采样概率，这种采样方法称为基于频域特征的傅里叶采样策略。为了定义基于频域特征的傅里叶采样策略，首先需要定义一个概率密度函数(probability density function, PDF)：

$$p(k_s,l_s)=\frac{\rho(k_s,l_s)}{P},\quad (k_s,l_s)\in\mathbb{Z} \tag{2.65}$$

式中，k_s、l_s 为整数，是频率指标；$\rho(k_s,l_s)$ 为定义的概率密度函数；P 为使 $p(k_s,l_s)$ 在定义域内和为 1 的归一化系数。由于 $\rho(k_s,l_s)$ 与 $p(k_s,l_s)$ 具有相差一个归一化系数因子的正相关关系，因此可以根据 $\rho(k_s,l_s)$ 的相对大小进行重要性采样。$\mathbb{Z}$ 为频率指标 k_s、l_s 的定义域，在压缩并行单像素的背景下，其取值区间为 $\mathbb{Z}=\{(k_s,l_s)|0\leqslant k_s\leqslant M_s-1,0\leqslant l_s\leqslant N_s-1\}$。

综上分析可知，基于频域特征的傅里叶采样策略实施的关键在于对未归一化的概率密度函数 $\rho(k_s,l_s)$ 的建模。对于所研究全局光照条件下的光传输系数而言，$\rho(k_s,l_s)$ 的分布应满足如下条件：在光传输系数频域内，能量较高的频率位置具有较大的值，能量较低的频率位置具有较小的值。为了对 $\rho(k_s,l_s)$ 进行建模，可以对典型待测物品的频率分布情况进行分析，进而得到适合于复杂光条件下的光传输系数频率分布规律，从而建立复杂光照下的频域能量分布模型。

例如，对于相互反射表面的待测物体，选择图 2.19(a) 中的铝合金结构件作为研究对象。$\rho(k_s,l_s)$ 的获取方法如下：

(1) 对该铝合金结构件使用并行单像素成像方法进行测量；

(2) 对图 2.19(a) 中特征训练区域(特征训练集)的像素 (x,y) 使用并行单像素成像方法进行重构，得到光传输系数的频域分布图像 $H_r^B(k_s,l_s;x,y)$；

(3) $\rho(k_s,l_s)$ 可以按照式(2.66)计算得到

$$\rho(k_s,l_s)=\sum_{(x,y)\in\Omega_c}\omega(x,y)\,|\,H_r^B(k_s,l_s;x,y)| \tag{2.66}$$

式中，$|\cdot|$ 为复数的模长；Ω_c 为特征训练集中的全部像素；$\omega(x,y)$ 为像素 (x,y) 相对亮度的权重因子。对于灰度值为 256 的相机，其可以表示为

$$\omega(x,y)=\frac{256}{1+L_{\pi/2}(x,y;0,0)} \tag{2.67}$$

式中，$L_{\pi/2}(x,y;0,0)$ 为在具有 $\pi/2$ 相移的零频率正弦条纹照明下的像素亮度值。

根据上述过程，对 $\rho(k_s,l_s)$ 的建模结果被展示于图 2.19(b) 中。图 2.19(b) 中所展示的结果为取对数后的 $\rho(k_s,l_s)$ 值，这是因为低频率的能量和高频率的能量往往相差几个数量级。

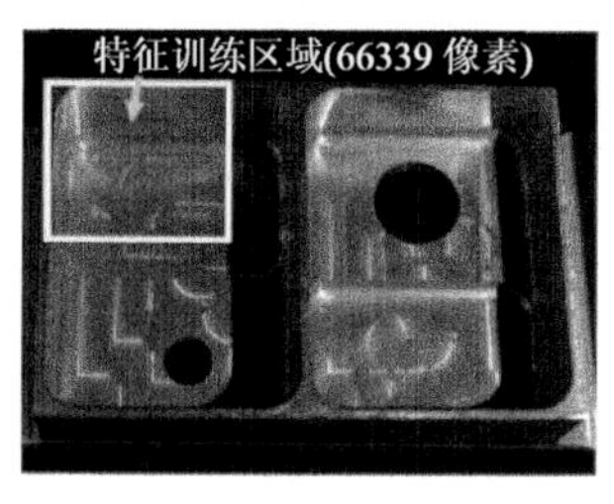

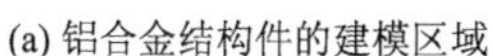
(a) 铝合金结构件的建模区域

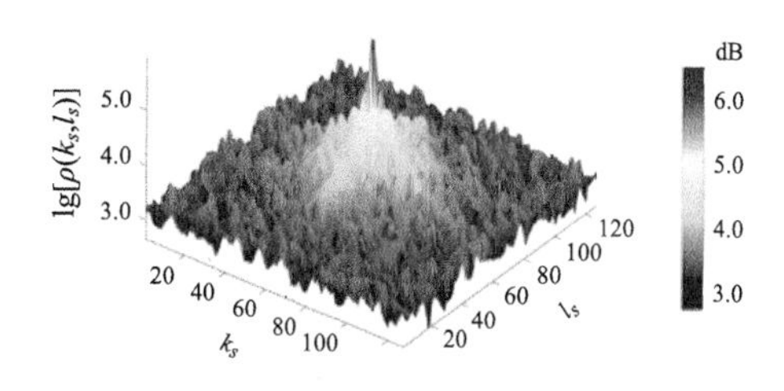

(b) 频域能量分布模型

图 2.19　光传输系数频率分布的建模研究

2.5.2　基于重要性采样的并行单像素成像条纹投射方法

重要性采样方法的主要应用场合在于对高维函数积分的估计。为了更清楚地说明其原理，下面的说明以一维函数 $f(t)$ 为例，所得结论很容易推广至高维函数的情况。设已知一维函数 $f(t)$ 在 N 个随机位置 $\{T_1,\cdots,T_N\}$ 处的函数值为 $f(T_i)$，这 N 个位置采用均匀分布随机生成。若期望计算一维函数 $f(t)$ 在其定义域区间 $t\in[a,b]$ 中的积分值 $\int_a^b f(t)\mathrm{d}t$，则可以使用如下的蒙特卡罗估计进行逼近:

$$F_N^{\mathrm{MC}}=\frac{b-a}{N}\sum_{i=1}^{N}f(T_i) \tag{2.68}$$

可以证明，蒙特卡罗估计为无偏估计，即通过式(2.68)计算得到的积分估计值的期望等于其真实值。蒙特卡罗估计的期望可以表示为

$$\begin{aligned}E[F_N^{\mathrm{MC}}]&=E\left[\frac{b-a}{N}\sum_{i=1}^{N}f(T_i)\right]\\&=\frac{b-a}{N}\sum_{i=1}^{N}E[f(T_i)]\\&=\frac{b-a}{N}\sum_{i=1}^{N}\int_a^b f(t)p(t)\mathrm{d}t\\&=\frac{1}{N}\sum_{i=1}^{N}\int_a^b f(t)\mathrm{d}t\\&=\int_a^b f(t)\mathrm{d}t\end{aligned} \tag{2.69}$$

式中，$p(t)$ 为随机变量 T_i 的概率分布。由于目前 T_i 由定义在区间 $t\in[a,b]$ 上的均匀分布产生，故 $p(t)$ 为等于 $1/(b-a)$ 的常数。

然而，使用均匀分布生成的随机位置 $\{T_1,\cdots,T_N\}$ 得到的蒙特卡罗估计收敛速度为 $O(\sqrt{N})$，收敛速度较慢。若生成随机位置 $\{T_1,\cdots,T_N\}$ 的概率密度函数具有与

$f(t)$ 相同的轮廓，即 $p(t) \propto f(t)$。符号 $\propto$ 表示正比于的含义。此时称随机位置 $\{T_1,\cdots,T_N\}$ 的生成为重要性采样，即对于具有较高函数值 $f(t)$ 的位置 t，有较高的概率被抽中。那么，使用如下的基于重要性采样的蒙特卡罗估计，将拥有更快的收敛速度：

$$F_N^{\mathrm{IS}} = \frac{1}{N}\sum_{i=1}^{N}\frac{f(T_i)}{p(T_i)} \tag{2.70}$$

式(2.70)的估计依然可以证明为无偏估计，这是由于：

$$\begin{aligned} E[F_N^{\mathrm{IS}}] &= E\left[\frac{1}{N}\sum_{i=1}^{N}\frac{f(T_i)}{p(T_i)}\right] \\ &= \frac{1}{N}\sum_{i=1}^{N}\int_a^b \frac{f(t)}{p(t)}p(t)\mathrm{d}t \\ &= \frac{1}{N}\sum_{i=1}^{N}\int_a^b f(t)\mathrm{d}t \\ &= \int_a^b f(t)\mathrm{d}t \end{aligned} \tag{2.71}$$

基于重要性采样的蒙特卡罗估计拥有更快的收敛速度这一结论可以理解如下：若 $p(t)=c \cdot f(t)$，c 为任意常数，则对于任意一个样本 T_i，代入式(2.70)，结果均为 $1/c$。注意到 $f(t)$ 为概率密度函数，因此 $\int_a^b p(t)\mathrm{d}t = 1$，故 $\int_a^b f(t)\mathrm{d}t = 1/c$。可知该估计是方差为 0 的无偏估计。然而，在实际估计中，不可能事先得知 $p(t)$ 的完全信息。因此，应保证 $p(t)$ 的轮廓与待估计积分函数 $f(t)$ 的轮廓尽可能地相似。由于傅里叶逆变换的本质依然为函数积分的计算，因此，若希望使用尽可能少的频域采样次数，计算出其逆变换的结果，则应尽可能地保证频域采样的概率密度与实际光传输系数频域分布相似。通过 2.4 节的方法，本节已经对复杂光条件中光传输系数的频域分布进行建模，本节其余部分介绍当给定概率分布函数 $p(t)$ 时，如何生成满足该概率分布条件的样本 $\{T_1,\cdots,T_N\}$。

目前常采用的抽样方法包括直接抽样法、拒绝抽样法和马尔可夫链蒙特卡罗抽样法。由于本书中仅涉及对离散型随机变量进行抽样，且所涉及最高维度为两维的随机变量，因此采用直接抽样方法最为方便。因此，本节仅介绍直接采样方法，对其余采样方法感兴趣的读者可以参阅相关文献。

直接抽样法又称为反函数抽样法。这是由于在直接抽样方法中，首先计算待抽样分布函数的反函数，再通过[0,1]区间的均匀采样得到符合规定分布的样本。现以如下例子说明直接抽样法的基本思想。设某离散随机变量仅有 4 个可能状态，且各状态发生的概率为 $p_t\,(t=1,2,3,4)$，见图 2.20(a)。根据概率的基本定义，有

$\sum_{t=1}^{4} p_t = 1$。根据如下公式可以计算该离散随机变量的累积分布函数(cumulative distribution function, CDF)：

$$P_t = \sum_{i=1}^{t} p_i;\quad P_0 = 0 \tag{2.72}$$

图 2.20(b)中展示了 CDF 的形式。注意，本节中小写字母 p_t 表示第 t 个状态发生的概率，而大写字母 P_t 表示随机变量的累积分布函数。从图 2.20(b)中可知，纵轴方向各区间的长度正比于所对应状态发生的概率。因此，若通过[0,1]区间内的均匀采样生成一个样本 ξ，通过对比该样本与累积分布函数 P_t 的值可以生成满足概率分布为 p_t 的样本。例如，若发现 ξ 满足 $P_{t-1} \leqslant \xi \leqslant P_t$，则随机变量的第 t 个状态即为所生成的样本。

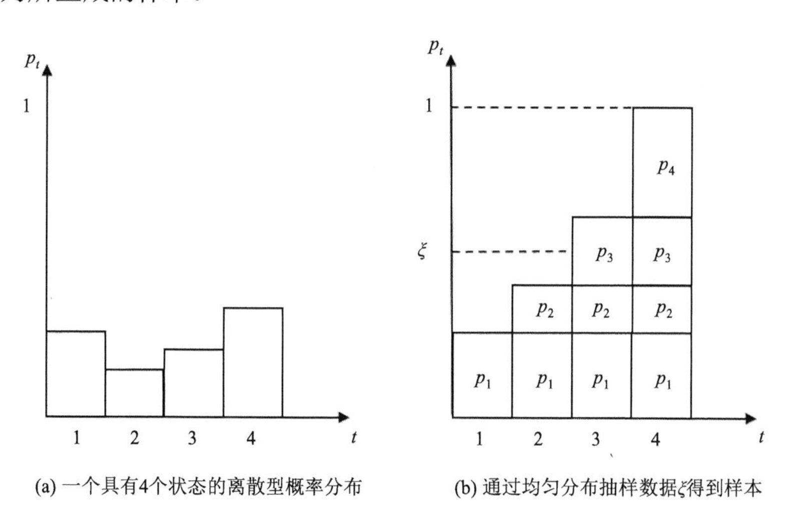

图 2.20　直接抽样法的基本原理

根据以上介绍，通过直接抽样对一维离散型随机变量 $p_t(t = 1,2,\cdots,K)$ 进行抽样的方法总结如下：

(1) 计算累积分布函数 $P_t = P_{t-1} + p_t$，$t = 1,2,\cdots,K$，$P_0 = 0$；

(2) 产生在[0,1]区间上服从均匀分布的随机数 ξ；

(3) 求满足 $P_{t-1} \leqslant \xi \leqslant P_t$ 的 t 值;

(4) 随机变量的第 t 个状态即为抽取的状态。

对于二维随机变量 $p(t,s)$ 的采样，可以根据条件概率密度和边缘概率密度的定义，分解为对两个一维随机变量的抽样。具体而言，通过直接抽样方法对二维离散型随机变量 $p(t,s)(t = 1,2,\cdots,K_1; s = 1,2,\cdots,K_2)$ 进行抽样的方法如下。

(1) 在固定 s 的情况下，条件概率分布的累积分布函数 $P(t|s) = P(t-1|s)$

$+p(t,s)$，$t=1,2,\cdots,K_1$，$P(0\mid s)=0$。

(2) 计算 s 边缘概率分布的累积分布函数 $P(s)=P(s-1)+p(s)$，$s=1,2,\cdots,K_2$，$P(0)=0$，其中，$p(s)$ 为 s 边缘概率分布，计算公式为 $p(s)=\sum_{t=1}^{K_1}p(t,s)$。

(3) 对 s 进行抽样：根据 s 边缘概率分布的累积分布函数 $P(s)$，利用一维离散型随机变量的直接抽样方法得到样本 s。

(4) 根据上一步抽到的样本 s，并结合条件概率分布的累积分布函数 $P(t\mid s)$，利用一维离散型随机变量的直接抽样方法得到样本 t，则 (t,s) 为欲抽取的状态。

在后面称上述采样方法为基于重要性特征的采样策略。同时，将结合了这种采样策略的压缩感知算法称为重要性特征压缩方法(characteristic CS, CCS)。

2.5.3　基于压缩感知原理的光传输系数重构方法

通过重要性采样方法得到满足一定数量的频率指标集合 S_a，并投射与并行单像素成像方法一致的周期延拓条纹，再通过相机获得对应的像素亮度：

$$\begin{aligned}B_1\left(x,y;k_s,l_s\right)&=I_0(x,y;k_s,l_s)-I_\pi(x,y;k_s,l_s)\\&=[\tilde{P}_0(x',y';k_s,l_s)-\tilde{P}_\pi(x',y';k_s,l_s)]\bullet M(x',y';x,y)\bullet h(x',y';x,y)\end{aligned}\tag{2.73}$$

及

$$\begin{aligned}B_2\left(x,y;k_s,l_s\right)&=I_{\frac{\pi}{2}}(x,y;k_s,l_s)-I_{\frac{3\pi}{2}}(x,y;k_s,l_s)\\&=[\tilde{P}_{\frac{\pi}{2}}(x',y';k_s,l_s)-\tilde{P}_{\frac{3\pi}{2}}(x',y';k_s,l_s)]\bullet M(x',y';x,y)\bullet h(x',y';x,y)\end{aligned}\tag{2.74}$$

可以通过求解如下的优化问题，计算得到光传输系数 $h_{\text{cs}}^{B}(x',y';x,y)$：

$$\begin{aligned}h_{\text{cs}}^{B}(x',y';x,y)=\arg\min\nolimits_{h(x',y';x,y)}&\text{TV}[h(x',y';x,y)]\\&+\lambda\left\{\left\|F_1[h(x',y';x,y)]\right\|^2+\left\|F_2[h(x',y';x,y)]\right\|^2\right\}\end{aligned}\tag{2.75}$$

式中，TV 为全变差算子[3]，λ 为正则化参数，$\left\|F_1[h(x',y';x,y)]\right\|$ 和 $\left\|F_2[h(x',y';x,y)]\right\|$ 的值分别为

$$\begin{aligned}\left\|F_1[h(x',y';x,y)]\right\|^2=\sum_{(k_s,l_s)\in S_a}&\{B_1(x,y;k_s,l_s)-[\tilde{P}_0(x',y';k_s,l_s)\\&-\tilde{P}_\pi(x',y';k_s,l_s)]\bullet M(x',y';x,y)\bullet h(x',y';x,y)\}^2\end{aligned}\tag{2.76}$$

$$\begin{aligned}\left\|F_2[h(x',y';x,y)]\right\|^2=\sum_{(k_s,l_s)\in S_a}&\{B_2(x,y;k_s,l_s)-[\tilde{P}_{\frac{\pi}{2}}(x',y';k_s,l_s)\\&-\tilde{P}_{\frac{3\pi}{2}}(x',y';k_s,l_s)]\bullet M(x',y';x,y)\bullet h(x',y';x,y)\}^2\end{aligned}\tag{2.77}$$

关于求解式(2.75)中的优化问题，可以参见文献[22]。

当解算得到 $h_{cs}^{B}(x',y';x,y)$ 后，可以按照 2.3.4 节中关于并行单像素成像方法的后续步骤继续实施。

2.5.4 采样策略的对比分析

为了证实基于频域特征分布的采样策略具有较好的重构效果，本节与多种不同的采样策略进行比较分析。拟对比的几种不同采样策略包括：方形采样策略、圆形采样策略、均匀随机采样策略和基于距离的采样策略。

1. 方形采样策略

在这种采样策略中，频率指标是围绕中心零频率点的一个矩形区域，对其进行采样，见图 2.21(a)。其中，白色区域的点为选中的频率。这种采样策略不具有任何随机性。这种策略也是最常见的采样策略。可以通过两种方法重构得到光传输系数，即零填充方法和压缩感知(CS)方法。为了表述的方便，后面将方形采样策略下，通过零填充进行重构的方法称为方零充(square zero fill, SQZF)法，将方形采样策略下，通过压缩感知重构的方法称为方形压缩感知(square CS, SQCS)法。

(a) 方形采样策略

(b) 圆形采样策略

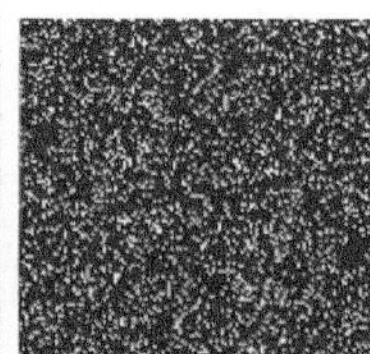
(c) 均匀随机采样策略

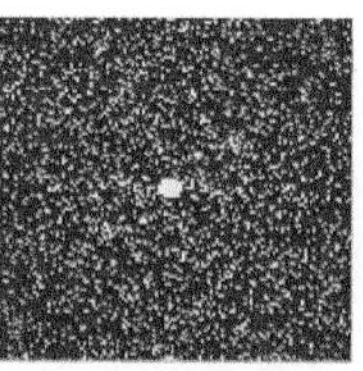
(d) 基于距离的采样策略

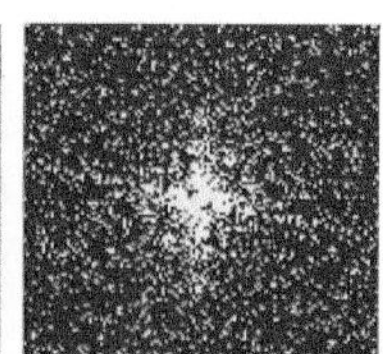
(e) 基于重要性特征的采样策略

图 2.21　几种不同的采样策略

2. 圆形采样策略

在这种采样策略中，频率的指标是围绕中心零频率点的一个圆形区域进行采样的，见图 2.21(b)。其中，白色区域的点为选中的频率。这种采样方式不具有任何随机性。这种方式也是最常见的采样策略。同样地，可以通过两种方式重构得到光传输系数，即零填充方法和 CS 方法。为了表述的方便，后面将圆形采样策略下，通过零填充进行重构的方法称为圆零充(circular zero fill, CRZF)法，将圆形采样策略下，通过压缩感知重构的方法称为圆压缩感知(circular CS, CRCS)法。

3. 均匀随机采样策略

这种采样策略属于随机采样方法，因此与基于特征的采样方法类似，需要定义未归一化概率密度分布函数 $\rho_u(k_s,l_s)$，定义如下：

$$\rho_u(k_s,l_s)=1,\quad (k_s,l_s)\in\mathbb{Z} \tag{2.78}$$

图 2.21(c)中展示了采样率为 16%下的一组频率采样集合，其中，白色区域的点为选中的频率。在后面称使用这种采样策略结合压缩感知算法来计算光传输系数的方法为均匀压缩感知(uniform CS, UCS)法。

4. 基于距离的采样策略

这种采样策略属于随机采样方法，因此与基于特征的采样方法类似，需要定义未归一化概率密度分布函数 $\rho_d(k_s,l_s)$：

$$\rho_d(k_s,l_s)=\begin{cases}1, & r(k_s,l_s)\leqslant R\\ [1-r(k_s,l_s)]^2, & 其他\end{cases} \tag{2.79}$$

式中，$r(k_s,l_s)$ 为频率坐标到原点的距离；R 为中心采样半径。

图 2.21(d)中展示了采样率为 16%下的一组频率采样集合，其中，白色区域的点为选中的频率。对比图 2.21(d)和(e)，可以发现虽然二者都有很多的频率指标集中在零频率附近(图中的中心位置)，但是，图 2.21(e)中的频率更加集中于横纵两个方向，而图 2.21(d)中的频率没有这样的规律。这是由于所选择的铝合金结构件中互反射发生的位置经常位于水平方向和垂直方向，故这两个坐标轴附近聚集了更多的采样数量。在后面称使用这种采样策略结合压缩感知算法计算光传输系数的方法为距离压缩感知(distance CS, DCS)方法。

图 2.22 中展示了在基于不同傅里叶采样策略的压缩并行单像素成像下，铝合金结构件光传输系数重构质量的对比结果。对图 2.22(a)白色方框内的像素分别使用完全频率的并行单像素成像方法和上述各种不同傅里叶采样策略的压缩并行单像素成像方法进行数据采集，并计算峰值信噪比(peak signal to noise ratio, PSNR)，结果如图 2.22(b)所示。

PSNR 反映某图像与参考图像的相似程度，其值越大，表示该图像与参考图像越接近。对于灰度值为 255 的图像，PSNR 的定义为

$$\mathrm{PSNR}(h,\hat{h})=10\lg[255^2/\mathrm{MSE}(h,\hat{h})] \tag{2.80}$$

式中，h 和 $\hat{h}$ 为具有相同尺寸的图像，且横纵分辨率分别为 M_s 和 N_s。h 为某采样策略下重构得到的待测评光传输系数图像；$\hat{h}$ 为参考光传输系数图像，是在完整频率采集条件下采用并行单像素成像方法得到的图像。$\mathrm{MSE}(h,\hat{h})$ 为 h 和 $\hat{h}$ 的均方根误差，定义如下：

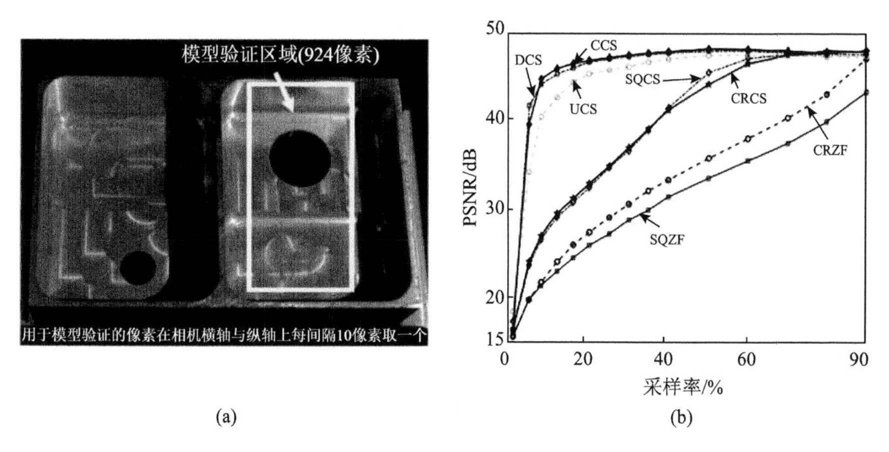

图 2.22　铝合金结构件在不同采样策略下的重构质量的对比结果

$$\mathrm{MSE}(h,\hat{h})=\frac{1}{M_s N_s}\sum_{y'=0}^{N_s-1}\sum_{x'=0}^{M_s-1}[h(x',y')-\hat{h}(x',y')]^2 \tag{2.81}$$

对于图 2.22 中的模型测试区域内的每个像素可以进行重构并得到一幅图，其分辨率为 $M_s \times N_s$ 。在进行对比分析时，由于实验中涉及多种采样策略和采样率等参数，造成计算时间较长，因此并未对模型验证区域内的每个像素都重构以得到该图像，而是在横纵方向各间隔 10 像素进行计算，共得到 924 个像素。图 2.22(b)是 924 个像素在各采样策略下 PSNR 的平均值。实验中各采样策略下计算的采样率为 1%, 5%, 8%, 12%, 16%, 20%, 25%, 30%, 35%, 40%, 50%, 60%, 70%, 80%和 90%。图 2.22(b)中的每个数据点代表对应一个采样率下某种采样策略在上述 924 像素下 PSNR 的平均值。从结果中可以发现，UCS、DCS 和 CCS 的收敛速率远远高于其余方法。其中，CCS 的收敛速度最高。该实验证明了基于频域特征的傅里叶采样策略具有最优的性能。

为了更全面地评价各种采样策略的性能，还针对多种物品进行了上述实验。实验中采用的物品包括：金属三角槽结构、金属叶轮、陶瓷碗和金属 V 形槽结构。在这几个物品中，多次反光现象均占据主导地位。与上述实验一致，对各物品的模型测试区域内像素横纵方向各间隔 10 像素进行评价。各物品所涉及的像素数目已经被标识于图中。通过 PSNR 曲线，可以得出与铝合金结构件相同的结论：UCS、DCS 和 CCS 的收敛速率远远高于其余方法。其中，以 CCS 的收敛速度最高。该实验证明了基于频域特征的傅里叶采样策略具有最优的性能(图 2.23)。

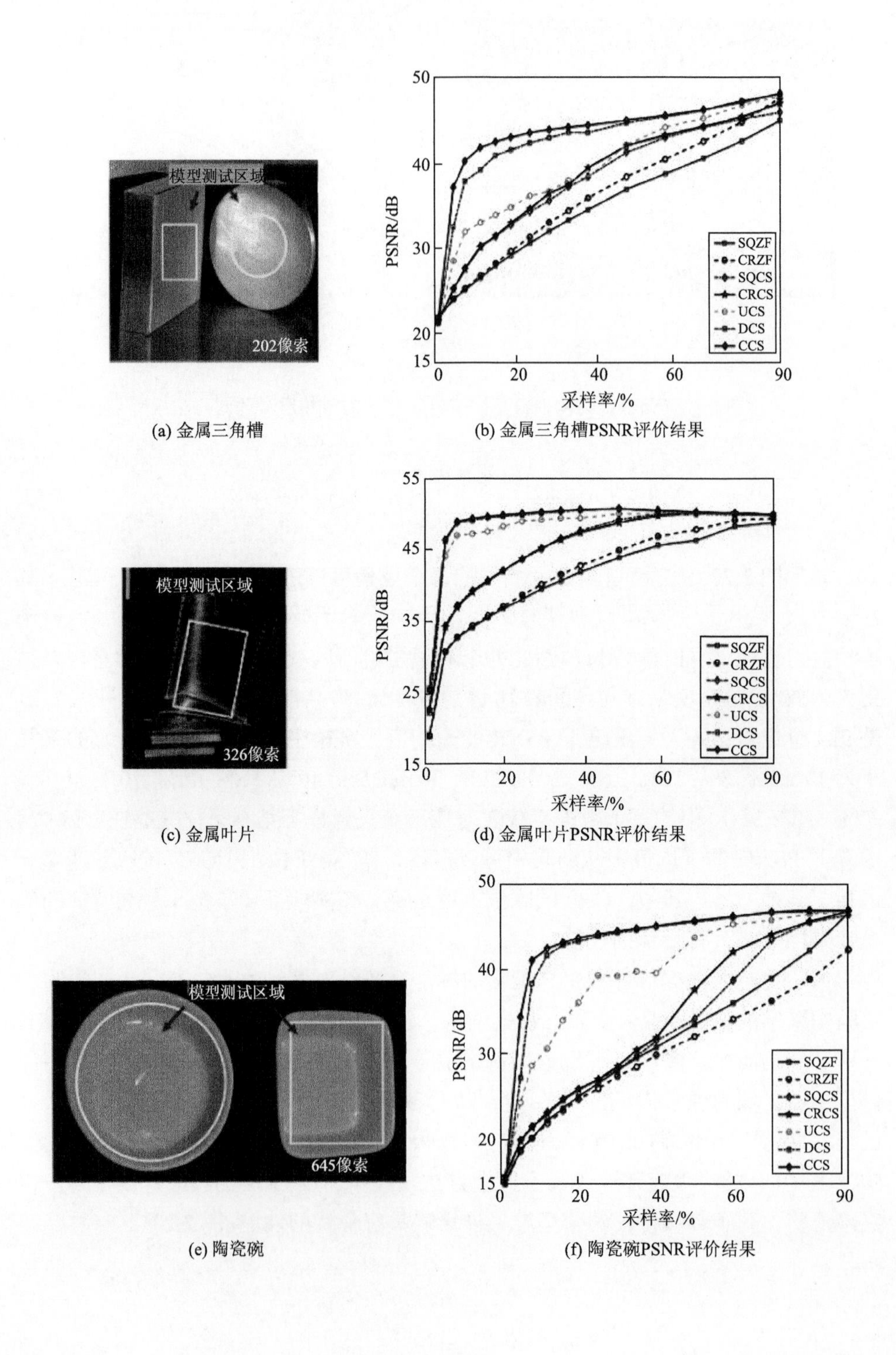

(a) 金属三角槽　　(b) 金属三角槽PSNR评价结果

(c) 金属叶片　　(d) 金属叶片PSNR评价结果

(e) 陶瓷碗　　(f) 陶瓷碗PSNR评价结果

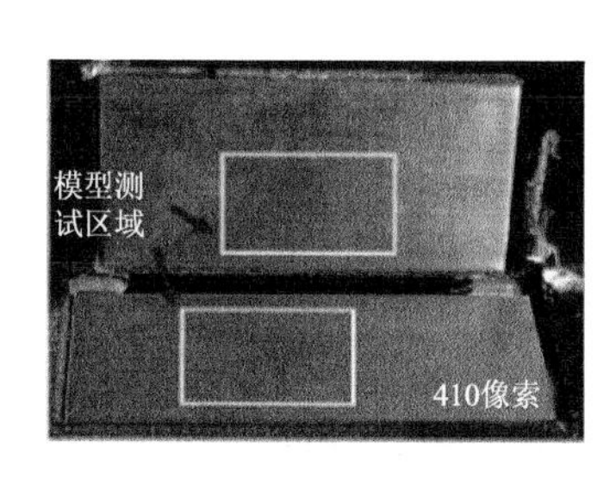

(g) 金属V形槽

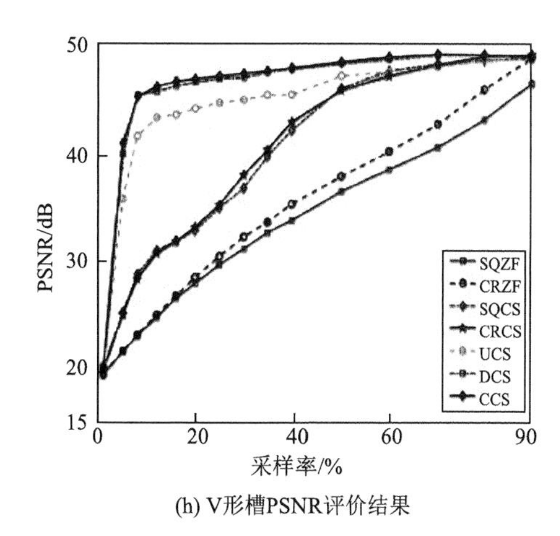

(h) V形槽PSNR评价结果

图 2.23　多种物品在不同的采样策略下的对比结果

2.6　并行单像素成像的亚像素匹配方法

前几节研究利用并行单像素成像对光传输系数采集的理论模型。由于直接光和复杂光来源于投射器的不同像素位置，故并行单像素成像已经实现了它们的分离。本节的任务是分别筛选出由直接光和其他复杂光形成的光斑，并根据所筛选的光斑，得到直接照明分量图和复杂照明分量图。为了实现复杂光条件下的三维重构目标，还需根据筛选出的直接光斑来计算亚像素匹配坐标。

本节根据双目立体视觉中的极线几何约束筛选出由直接光和其他复杂光形成的光斑。极线几何是投射器-相机对组成的立体视觉中的一个重要几何关系，它描述了从投射器发出的光线经场景直接反射后被相机捕获的全过程，其应该被严格地限制在由投射器光心、相机光心与物点所组成的平面内。该平面称为极平面，它与投射器像平面和相机像平面的交线称为极线。根据极线几何可知，某像素接收到的直接照明只可能来自于由该像素所确定的投射器平面的极线上，该约束条件称为极线约束。由上述分析可知，依据极线约束可以消除发生在极平面外的复杂光照的影响，如图 2.24 所示。读者可以参阅机器视觉相关文献获得关于极线约束更深入的介绍。

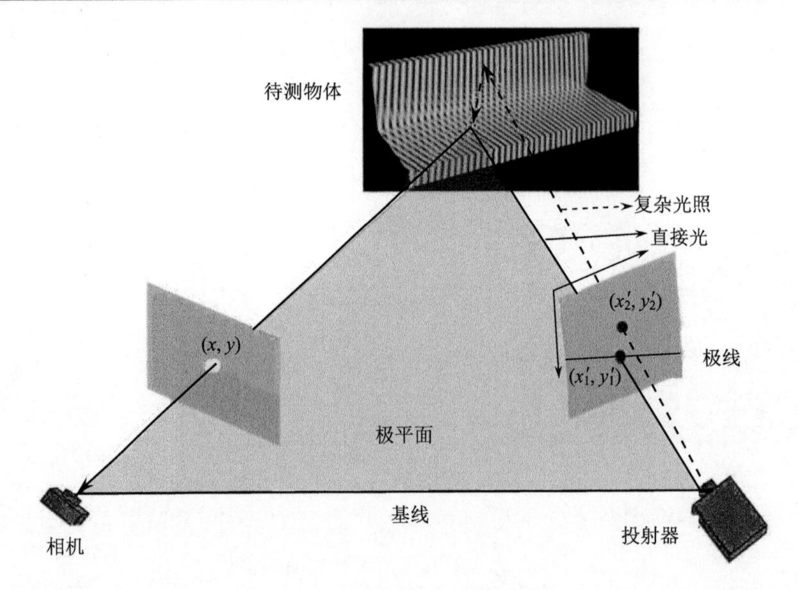

图 2.24　双目立体视觉中的极线约束

并行单像素成像的亚像素匹配方法如图 2.25 所示。

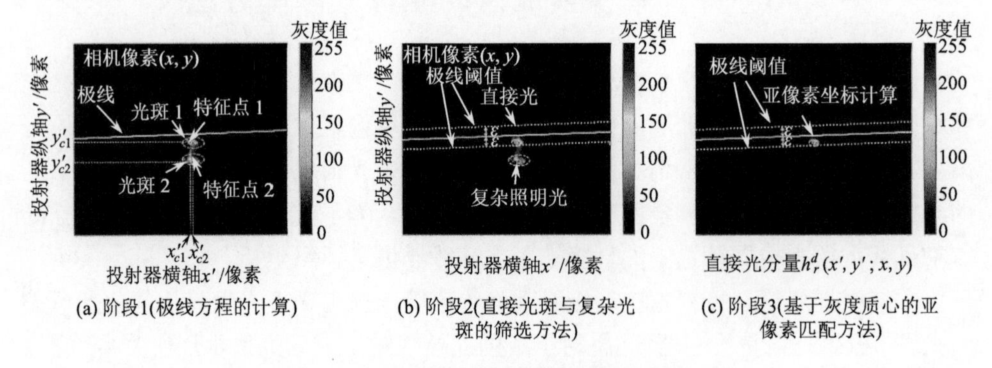

(a) 阶段1(极线方程的计算)　(b) 阶段2(直接光斑与复杂光斑的筛选方法)　(c) 阶段3(基于灰度质心的亚像素匹配方法)

图 2.25　并行单像素成像的亚像素匹配方法

2.6.1　极线方程的计算

极线方程可以根据式(2.82)和式(2.83)进行计算：

$$\boldsymbol{l}' = \boldsymbol{F}\boldsymbol{p} \tag{2.82}$$

$$\boldsymbol{l} = \boldsymbol{F}^{\mathrm{T}}\boldsymbol{p}' \tag{2.83}$$

式中，$\boldsymbol{F}$ 为投射器和相机组成的立体视觉系统的基本矩阵；$\boldsymbol{p}=(x,y,1)^{\mathrm{T}}$ 和 $\boldsymbol{p}'=(x',y',1)^{\mathrm{T}}$ 分别为投射器和相机图像上的对应像点；$\boldsymbol{l}=(a,b,c)^{\mathrm{T}}$ 为投射器图像

上对应相机像点 $\boldsymbol{p}'$ 的极线；$\boldsymbol{l}'=(a',b',c')^{\mathrm{T}}$ 为相机图像上对应投射器像点 $\boldsymbol{p}$ 的极线。

2.6.2　直接光斑与复杂光斑的筛选方法

本节包含两个子过程：①对于每个相机像素，根据光传输系数的强度值选择候选的匹配点；②根据双目立体视觉中的极线约束，从候选点中寻找像素级精度直接照明匹配点。

1. 候选的匹配点计算

由于被测物体的形态和材质属性的影响，投射器上某个像素发出的光线可能会经过多次反射光的作用后，被相机上的某个像素接收到。在投射器不同位置上发出的光线中最终能够照射到某相机像素的光强并不相同。在许多位置上，可能几乎没有光能够传输到该相机像素，而在其他某些位置上却有大量光线可以通过某种路径传输过来。这在测量得到的光传输系数上表现为离散的光斑，并被分布在不同的区域。图 2.25 给出了这样的一个例子。在图 2.25 中有两个离散的光斑，它们分别对应光传输过程中的直接照明和复杂照明光。为了进行三维形貌测量，需要得到直接分量的匹配点。这个匹配点从一些候选点中得到，候选点为得到的光传输系数中每个光斑中强度的局部极大者。若记 $S_i=\{(x'_j,y'_j),j=1,2,\cdots,K_i\}$ 为第 i 个光斑中的全部投射器位置，(x'_j,y'_j) 为该光斑中的第 j 个位置，K_i 为该光斑中总共的位置个数，则候选点 C_i 的计算公式为

$$
\begin{aligned}
C_i = & \max_{(x',y')} h_r(x',y') \\
\text{s.t.} \quad & (x',y') \in S_i
\end{aligned}
\tag{2.84}
$$

式中，相机像素位置 (x,y) 已被省略。

2. 直接照明匹配点的获取

对于结构光三维形貌测量系统，双目立体视觉中的极线约束规定了光传输过程中直接分量应满足的必要条件，可以表述为对于某相机像素，其投射器视角下光传输系数中的直接分量应通过由该像素所确定的极线，如图 2.25 所示。由于存在计算误差，因此选择候选点中距离极线最近者为像素级精度直接照明匹配点 $\boldsymbol{x}'_d=(x'_d,y'_d)$，即

$$
\boldsymbol{x}'_d = \arg\min_i d'_i \tag{2.85}
$$

式中，d'_i 为候选点 C_i 与极线的距离；arg min 返回使最小值成立的候选点。

2.6.3　基于灰度质心的亚像素匹配方法

当获得像素级精度直接照明匹配点(x^*, y^*)后，通过灰度质心亚像素匹配方法来计算具有亚像素级精度的匹配点(x_s^*, y_s^*)：

$$\begin{cases} x_s^* = \dfrac{\sum\limits_{(x',y')\in S} x'h(x',y')}{\sum\limits_{(x',y')\in S} h(x',y')} \\ y_s^* = \dfrac{\sum\limits_{(x',y')\in S} y'h(x',y')}{\sum\limits_{(x',y')\in S} h(x',y')} \end{cases} \tag{2.86}$$

式中，$S = \{(x', y') \| x' - x^* | \leqslant m, | y' - y^* | \leqslant n\}$，$m$与$n$的值设定为2，限制进行亚像素计算的矩形区域边界。

当获取亚像素匹配点后，即可根据三角测量原理重构得到三维坐标点。

2.7　本 章 小 结

本章介绍了面向复杂光照分离的并行单像素成像模型。针对复杂光照条件下复杂型面光学测量失效问题，研究并行单像素成像方法，探索如何将单像素成像方法拓展至像素阵列探测器中。本章提出了基于并行单像素成像的复杂光照分离模型，实现了复杂光照的准确分离，为复杂光照下三维重构提供了理论基础。

本章主要内容分为以下几部分。首先，在深入研究光传输过程的基础上，提出了并行单像素成像方法，可以实现在多次反光/半透明次表面散射光等复杂光照环境下高效率光传输系数的精确采集。其次，研究基于压缩感知的并行单像素成像技术，通过建立光传输系数离散斑的频域特征模型，结合基于蒙特卡罗采样方法的并行单像素成像投射方法，实现三维重构背景下光传输系数的更高效采集。最后，研究并行单像素成像的亚像素匹配方法，基于灰度质心的亚像素匹配方法实现立体匹配点的获取，实现复杂光照下的三维重构。

参 考 文 献

[1] Zhang Z, Wang X, Zheng G, et al. Hadamard single-pixel imaging versus Fourier single-pixel imaging. Optics Express, 2017, 25(16): 16919.

[2] Zhang Z, Ma X, Zhong J. Single-pixel imaging by means of Fourier spectrum acquisition. Nature Communications, 2015, 6(1): 6225.

[3] Candes E J, Romberg J K, Tao T. Stable signal recovery from incomplete and inaccurate measurements. Communications on Pure and Applied Mathematics, 2006, 59(8): 1207-1223.

[4] Candes E J. Compressive sampling. Proceedings of the International Congress of Mathematicians, Madrid, 2006: 1433-1452.

[5] Candes E J, Rudelson M, Tao T, et al. Error correction via linear programming. Proceedings of the 46th Annual IEEE Symposium on Foundations of Computer Science, Pittsburgh, 2005: 668-681.

[6] Duarte M F, Davenport M A, Takhar D, et al. Single-pixel imaging via compressive sampling. IEEE Single Processing Magazine, 2008, 25(2): 83-91.

[7] Welsh S S, Edgar M P, Bowman R, et al. Fast full-color computational imaging with single-pixel detectors. Optics Express, 2013, 21(20): 23068.

[8] Edgar M P, Gibson G M, Bowman R W, et al. Simultaneous real-time visible and infrared video with single-pixel detectors. Scientific Reports, 2014, 5(1): 10669.

[9] Sun M, Edgar M P, Phillips D B, et al. Improving the signal-to-noise ratio of single-pixel imaging using digital microscanning. Optics Express, 2016, 24(10): 10476-10485.

[10] Shi D, Huang J, Meng W, et al. Radon single-pixel imaging with projective sampling. Optics Express, 2019, 27(10): 14594.

[11] Khamoushi S M, Nosrati Y, Tavassoli S H. Sinusoidal ghost imaging. Optics Letters, 2015, 40(15): 3452-3455.

[12] Edgar M P, Gibson G M, Padgett M J. Principles and prospects for single-pixel imaging. Nature Photonics, 2019, 13(1): 13-20.

[13] Pittman T B, Shih Y H, Strekalov D V, et al. Optical imaging by means of two-photon quantum entanglement. Physical Review A, 1995, 52(5): 3429-3432.

[14] Bennink R S, Bentley S J, Boyd R W. Two-photon coincidence imaging with a classical source. Physical Review Letters, 2002, 89(11): 113601.

[15] Ferri F, Magatti D, Sala V G, et al. Longitudinal coherence in thermal ghost imaging. Applied Physics Letters, 2008, 92(26): 261109.

[16] Bromberg Y, Katz O, Silberberg Y. Ghost imaging with a single detector. Physical Review A, 2009, 79(5): 053840.

[17] Shapiro J H. Computational ghost imaging. Physical Review A, 2008, 78(6): 061820.

[18] Takhar D, Laska J N, Wakin M B, et al. A new compressive imaging camera architecture using optical-domain compression. Proceedings of SPIE-International Society for Optical Engineering, San Jose, 2006: 606509.

[19] Kajiya J T. The rendering equation. Special Interest Group for Computer Graphics, Dallas, 1986: 143-150.

[20] Jiang H, Li Y, Zhao H, et al. Parallel single-pixel imaging: A general method for direct-global separation and 3D shape reconstruction under strong global illumination. International Journal of Computer Vision, 2021, 129(4): 1060-1086.

[21] Li Y, Jiang H, Zhao H, et al. Compressive parallel single-pixel imaging for efficient 3D shape measurement in the presence of strong interreflections by using a sampling Fourier strategy. Optics Express, 2021, 29(16): 25032-25047.

[22] Li C. An efficient algorithm for total variation regularization with applications to the single pixel camera and compressive sensing. Houston: Rice University, 2009.

第3章　基于投影重构的高效并行单像素成像方法

并行单像素成像方法采集的光传输系数是四维数据，分别包含相机像平面和投射器像平面的两个维度。对于具有金属光泽的被测物体，光泽互反射或镜面互反射常发生于被测物体的不同表面之间。互反射的发生将造成光传输系数能量集中区域的扩大，从而降低并行单像素成像方法的数据采集效率。另外，对于三维重构的具体任务，基于三角测量原理的结构光三维重构仅需一组相机和投射器间的匹配点就可以完成三维形貌的测量。因此，就三维重构的目标而言，并行单像素成像方法采集了充分的数据。本章介绍基于投影重构的高效并行单像素成像方法[1]。

基于投影重构的高效并行单像素成像方法的基本思想是通过投影重构的方式获得光传输系数图像在某些方向上的一维投影函数，将原本的二维数据采集任务简化为一维数据采集任务，大幅度地提高并行单像素成像方法的效率。为了进一步提高投影函数的成像效率，采用由粗到精的成像方法：首先，投射低频率的傅里叶正弦条纹图案，获得互反射集中的粗定位区间；其次，投射细定位傅里叶正弦图案，对互反射的集中区间进行精细成像；最后，再将粗细定位结果进行融合，通过投影匹配点重构算法得到直接照明点的匹配坐标。

3.1　基于投影重构并行单像素成像的基本原理

本节介绍通过投影函数获取直接照明光匹配位置的基本原理。当给定相机像素时，投影函数定义为二维像素传输系数沿指定方向的雷登变换：

$$\begin{aligned} f_\theta(\rho;u,v) &= \Re_\theta[h(u',v';u,v)] \\ &= \sum_{v'=0}^{N-1}\sum_{u'=0}^{M-1} h(u',v';u,v)\cdot\delta(\rho-u'\cos\theta-v'\sin\theta) \end{aligned} \tag{3.1}$$

式中，$f_\theta(\rho;u,v)$ 为相机像素 (u,v) 的传输系数沿方向 θ 的投影函数，ρ 为投影距离；(u',v') 为投射器像素；$h(u',v';u,v)$ 为像素 (u',v') 与 (u,v) 之间的光传输系数；$\Re_\theta\,[h(u',v';u,v)]$ 表示固定相机像素 (u,v) 上沿方向 θ 的雷登变换，$h(u',v';u,v)$ 被视作投射器像平面 (u',v') 上的二维图像；$\delta(\cdot)$ 为狄利克雷函数。由于相机与投射器均为离散采样设备，所以式(3.1)给出投影函数的离散形式。

由于 $f_\theta(\rho;u,v)$ 中含有三个变量(虽然方向 θ 也取多个值，但通常其值取为 1、2、4，故被视为常量)，相较于第 2 章所述基于周期延拓的并行单像素成像方法所采集的四维光传输系数 $h(u',v';u,v)$ 减少了一个维度的数据采集量，因此可以大幅度地提高数据采集效率，如图 3.1 所示。接下来要解决的问题是是否在理论上可以通过 $f_\theta(\rho;u,v)$ 得到 $h(u',v';u,v)$ 中直接光照的匹配位置？为此本节引入投影函数的局部极大约束定理，该定理阐述了在一定条件下，$h(u',v';u,v)$ 中直接光照的匹配位置可以通过投影函数的局部极大值计算得到。

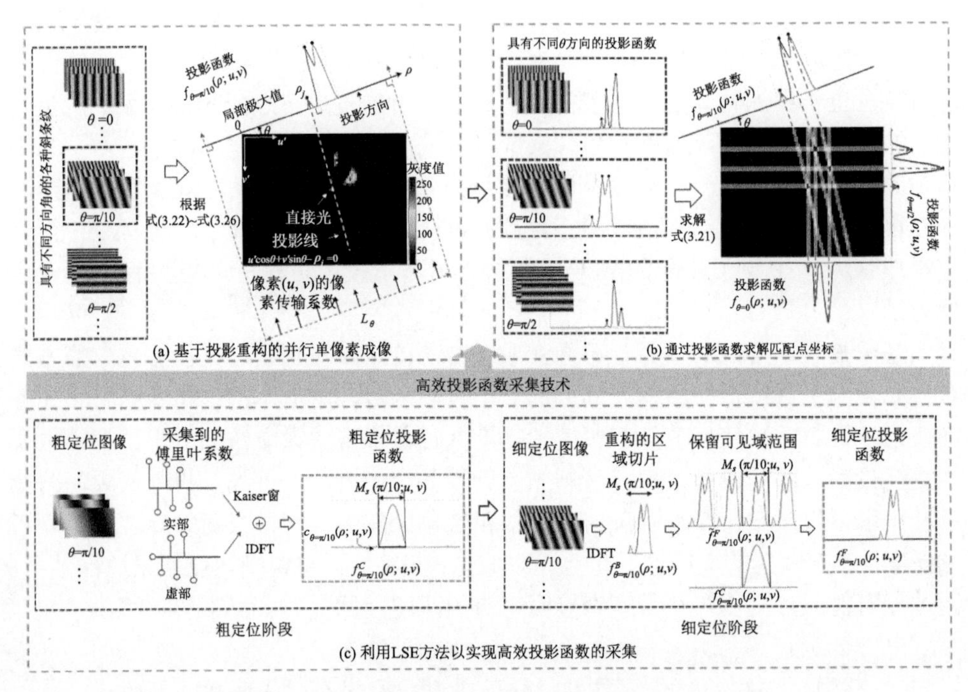

图 3.1　基于投影重构并行单像素成像的基本原理

3.1.1　投影函数的局部极大约束定理

本节介绍投影函数的局部极大约束定理。为了证明该定理，首先需要介绍两个引理。

引理 3.1　雷登变换的平移特性。

假设 $f(x_1,x_2)$ 为一个二元函数，且其雷登变换被定义为

$$\Re_\theta f(x_1,x_2)=\int f(x_1,x_2)\delta(\rho-x_1\cos\theta-x_2\sin\theta)\mathrm{d}x_1\mathrm{d}x_2=\check{f}(\rho,\theta) \tag{3.2}$$

式中，符号 $\check{f}(\rho,\theta)$ 为函数 $f(x_1,x_2)$ 雷登变换的简写。

函数 $f(x_1-\xi_1,x_2-\xi_2)$ 的雷登变换有如下形式：

$$\Re_\theta f(x_1-\xi_1,x_2-\xi_2)=\check{f}(\rho-\xi_1\cos\theta-\xi_2\sin\theta,\theta) \tag{3.3}$$

式中，ξ_1 和 ξ_2 为任意实数。

证明　根据雷登变换的定义，函数 $f(x_1-\xi_1,x_2-\xi_2)$ 的雷登变换可以写为

$$\Re_\theta f(x_1-\xi_1,x_2-\xi_2)=\int f(x_1-\xi_1,x_2-\xi_2)\delta(\rho-x_1\cos\theta-x_2\sin\theta)\mathrm{d}x_1\mathrm{d}x_2 \tag{3.4}$$

令 $y_1=x_1-\xi_1, y_2=x_2-\xi_2$，并代入式(3.2)，有

$$\begin{aligned}\Re_\theta f(y_1,y_2)&=\int f(y_1,y_2)\delta(\rho-\xi_1\cos\theta-\xi_2\sin\theta-y_1\cos\theta-y_2\sin\theta)\mathrm{d}y_1\mathrm{d}y_2\\&=\check{f}(\rho-\xi_1\cos\theta-\xi_2\sin\theta,\theta)\end{aligned} \tag{3.5}$$

引理 3.1 得证。□

引理 3.2　雷登变换的导数特性。

原函数 $f(x_1,x_2)$ 偏导数的雷登变换具有如下形式：

$$\begin{aligned}\Re_\theta\left\{\frac{\partial f}{\partial x_1}\right\}&=\cos\theta\frac{\partial\check{f}(\rho,\theta)}{\partial\rho}\\\Re_\theta\left\{\frac{\partial f}{\partial x_2}\right\}&=\sin\theta\frac{\partial\check{f}(\rho,\theta)}{\partial\rho}\end{aligned} \tag{3.6}$$

原函数 $f(x_1,x_2)$ 二阶偏导数的雷登变换具有如下形式：

$$\begin{aligned}\Re_\theta\left\{\frac{\partial^2 f}{\partial x_1{}^2}\right\}&=\cos^2\theta\frac{\partial^2\check{f}(\rho,\theta)}{\partial\rho^2}\\\Re_\theta\left\{\frac{\partial^2 f}{\partial x_2{}^2}\right\}&=\sin^2\theta\frac{\partial^2\check{f}(\rho,\theta)}{\partial\rho^2}\end{aligned} \tag{3.7}$$

证明　由于式(3.6)和式(3.7)中的两个子式具有相似的形式，其证明方式也相似，因此仅证明该两式中的第一个子式。根据偏导数的定义：

$$\frac{\partial f}{\partial x_1}=\lim_{\varepsilon\to 0}\frac{f(x_1+\varepsilon/\cos\theta,x_2)}{\varepsilon/\cos\theta} \tag{3.8}$$

将式(3.8)两边同时进行雷登变换，有

$$\begin{aligned}\Re_\theta\left\{\frac{\partial f}{\partial x_1}\right\}&=\lim_{\varepsilon\to 0}\frac{\Re_\theta f(x_1+\varepsilon/\cos\theta,x_2)-\Re_\theta f(x_1,x_2)}{\varepsilon/\cos\theta}\\&=\cos\theta\cdot\lim_{\varepsilon\to 0}\frac{\Re_\theta f(x_1+\varepsilon/\cos\theta,x_2)-\check{f}(\rho,\theta)}{\varepsilon}\end{aligned} \tag{3.9}$$

根据引理 3.1，当 $\xi_1=-\varepsilon/\cos\theta, \xi_2=0$ 时，式(3.9)可以化简为

$$\Re_\theta\left\{\frac{\partial f}{\partial x_1}\right\}=\cos\theta\cdot\lim_{\varepsilon\to 0}\frac{\check{f}(\rho+\varepsilon,\theta)-\check{f}(\rho,\theta)}{\varepsilon}$$

$$=\cos\theta\frac{\partial\check{f}(\rho,\theta)}{\partial\rho} \tag{3.10}$$

显然，若将 $\partial f/\partial x_1$ 视为式(3.6)中的原函数，则根据式(3.10)可以证明式(3.7)成立。□

定理 3.1　局部极大约束定理设点 (x_0', y_0') 为相机像素 (x, y) 对应像素传输图像 $t(x', y')$ 中直接照明光的匹配位置，$\check{f}(\rho,\theta)$ 为像素传输图像 $t(x', y')$ 在 θ 方向的投影函数。

若通过点 (x_0', y_0') 且垂直于投影方向的直线不经过由其他全局光照所引起的光斑，该直线方程为

$$L(\rho_0,\theta): x'\cos\theta + y'\sin\theta - \rho_0=0,\quad \rho_0=x_0'\cos\theta + y_0'\sin\theta \tag{3.11}$$

则像素传输图像中直接光照的点坐标对应于投影函数 $\check{f}(\rho,\theta)$ 上的局部极大位置。

证明　由于 (x_0', y_0') 为相机像素 (x, y) 对应像素传输图像 $t(x', y')$ 中直接照明光的匹配位置，所以可设像素传输图像 $t(x', y')$ 在以 (x_0', y_0') 为中心、以 R 为半径的邻域 Ω_R 中为关于点 (x_0', y_0') 轴对称凸函数。邻域 Ω_R 中的轴对称凸函数特性是由镜头的散焦造成的。当不考虑散焦时，像素传输图像 $t(x', y')$ 在 (x_0', y_0') 点附近为狄利克雷脉冲函数，同样满足上述假设。因此，邻域 Ω_R 中的图像可以使用距离平方 $r^2=(x'-x_0')^2+(y'-y_0')^2$ 进行参数化：

$$\begin{aligned}
&f(x',y')=f(r^2)\\
&\frac{\partial f(x',y')}{\partial x'}=2f_{r^2}'x'\\
&\frac{\partial f(x',y')}{\partial y'}=2f_{r^2}'y'\\
&\frac{\partial^2 f(x',y')}{\partial x'^2}=4f_{r^2}''x'^2+2f_{r^2}'\\
&\frac{\partial^2 f(x',y')}{\partial y'^2}=4f_{r^2}''y'^2+2f_{r^2}'
\end{aligned} \tag{3.12}$$

式中，$f(r^2)$ 为关于 r^2 的单调递减的凸函数，故其关于 r^2 的一阶导数和二阶导数小于零，即 $f_{r^2}'<0, f_{r^2}''<0$。

通过式(3.12)可以得到 $\left.\frac{\partial f}{\partial x'}\right|_{x'=x_0'+\delta}=-\left.\frac{\partial f}{\partial x'}\right|_{x'=x_0'-\delta}$ 和 $\left.\frac{\partial f}{\partial y'}\right|_{y'=y_0'+\delta}=-\left.\frac{\partial f}{\partial y'}\right|_{y'=y_0'-\delta}$，同

时可知 $\frac{\partial^2 f(x',y')}{\partial x'^2}<0$ 和 $\frac{\partial^2 f(x',y')}{\partial y'^2}<0$。进而可得

$$\begin{aligned}
&\iint\limits_{\Omega_R} \frac{\partial f(x',y')}{\partial x'}\cdot\delta(\rho_0 - x'\cos\theta - y'\sin\theta)\mathrm{d}x'\mathrm{d}y' = 0 \\
&\iint\limits_{\Omega_R} \frac{\partial f(x',y')}{\partial y'}\cdot\delta(\rho_0 - x'\cos\theta - y'\sin\theta)\mathrm{d}x'\mathrm{d}y' = 0
\end{aligned} \tag{3.13}$$

与

$$\begin{aligned}
&\iint\limits_{\Omega_R} \frac{\partial^2 f(x',y')}{\partial x'^2}\cdot\delta(\rho_0 - x'\cos\theta - y'\sin\theta)\mathrm{d}x'\mathrm{d}y' < 0 \\
&\iint\limits_{\Omega_R} \frac{\partial^2 f(x',y')}{\partial y'^2}\cdot\delta(\rho_0 - x'\cos\theta - y'\sin\theta)\mathrm{d}x'\mathrm{d}y' < 0
\end{aligned} \tag{3.14}$$

式中，$\rho_0=x_0'\cos\theta+y_0'\sin\theta$。由于狄利克雷脉冲函数仅在零处为非零值，因此式(3.13)和式(3.14)中的积分号可以理解为一阶和二阶偏导数沿直线 $L(\rho_0,\theta): x_0'\cos\theta+y_0'\sin\theta-\rho_0=0$ 的积分。直线 $L(\rho_0,\theta)$ 是通过点 (x_0',y_0') 且与 x' 轴的夹角为 θ 的直线，ρ_0 为 (x_0',y_0') 的投影点。根据局部极大约束定理的叙述，我们现在的目标为证明 ρ_0 为 $\check{f}(\rho,\theta)$ 上的局部极大值点。

根据雷登变换的定义可知，原函数 $f(x',y')$ 一阶偏导数的雷登变换可以写为

$$\begin{aligned}
\Re_\theta\left\{\frac{\partial f}{\partial x'}\right\} &= \iint\left[\frac{\partial f}{\partial x'}\cdot\delta(\rho - x'\cos\theta - y'\sin\theta)\right]\mathrm{d}x\mathrm{d}y \\
\Re_\theta\left\{\frac{\partial f}{\partial y'}\right\} &= \iint\left[\frac{\partial f}{\partial y'}\cdot\delta(\rho - x'\cos\theta - y'\sin\theta)\right]\mathrm{d}x\mathrm{d}y
\end{aligned} \tag{3.15}$$

根据局部极大约束定理的前提条件所述，对于角度为 θ 的投影线，其不经过由其他全局照明引起的光斑，故 $f(x',y')$ 及其一阶偏导数 $\partial f(x',y')/\partial x'$ 和 $\partial f(x',y')/\partial y'$ 在点 (x_0',y_0') 的邻域 Ω_R 以外的直线 $L(\rho_0,\theta): x'\cos\theta+y'\sin\theta-\rho_0=0$ 上值为零。对于点 (x_0',y_0') 的邻域 Ω_R 以内的区域，根据式(3.13)，式(3.15)的积分值为零。因此，根据式(3.6)，有

$$\begin{aligned}
\Re_\theta \left.\frac{\partial f}{\partial x'}\right|_{(x',y')\in L(\rho_0,\theta)} &= \cos\theta \left.\frac{\partial \check{f}(\rho,\theta)}{\partial\rho}\right|_{\rho=x_0'\cos\theta+y_0'\sin\theta} = 0 \\
\Re_\theta \left.\frac{\partial f}{\partial y'}\right|_{(x',y')\in L(\rho_0,\theta)} &= \sin\theta \left.\frac{\partial \check{f}(\rho,\theta)}{\partial\rho}\right|_{\rho=x_0'\cos\theta+y_0'\sin\theta} = 0
\end{aligned} \tag{3.16}$$

对于任意 θ 值，$\sin\theta$ 和 $\cos\theta$ 不同时为零，因此可以得到

$$\left.\frac{\partial \check{f}(\rho,\theta)}{\partial \rho}\right|_{\rho=x_0'\cos\theta+y_0'\sin\theta}=0 \tag{3.17}$$

根据雷登变换的定义，原函数 $f(x',y')$ 二阶偏导数的雷登变换可以写为

$$\begin{aligned}\Re_\theta\left\{\frac{\partial^2 f}{\partial x'^2}\right\}&=\iint\left[\frac{\partial^2 f}{\partial x'^2}\cdot\delta(\rho-x'\cos\theta-y'\sin\theta)\right]\mathrm{d}x'\mathrm{d}y'\\ \Re_\theta\left\{\frac{\partial^2 f}{\partial y'^2}\right\}&=\iint\left[\frac{\partial^2 f}{\partial y'^2}\cdot\delta(\rho-x'\cos\theta-y'\sin\theta)\right]\mathrm{d}x'\mathrm{d}y'\end{aligned} \tag{3.18}$$

与式(3.16)和式(3.17)的推导过程类似，并根据式(3.14)，式(3.18)可以写为

$$\begin{aligned}\Re_\theta\left.\frac{\partial^2 f}{\partial x'^2}\right|_{(x',y')\in L(\rho_0,\theta)}&=\cos^2\theta\left.\frac{\partial^2 \check{f}(\rho,\theta)}{\partial\rho^2}\right|_{\rho=x_0'\cos\theta+y_0'\sin\theta}\\ &=\iint_{\Omega_R}\left[\frac{\partial^2 f}{\partial x'^2}\cdot\delta(\rho_0-x'\cos\theta-y'\sin\theta)\right]\mathrm{d}x'\mathrm{d}y'<0\\ \Re_\theta\left.\frac{\partial^2 f}{\partial y'^2}\right|_{(x',y')\in L(\rho_0,\theta)}&=\sin^2\theta\left.\frac{\partial^2 \check{f}(\rho,\theta)}{\partial\rho^2}\right|_{\rho=x_0'\cos\theta+y_0'\sin\theta}\\ &=\iint_{\Omega_R}\frac{\partial^2 f(x',y')}{\partial y'^2}\cdot\delta(\rho_0-x'\cos\theta-y'\sin\theta)\mathrm{d}x'\mathrm{d}y'<0\end{aligned} \tag{3.19}$$

由于 $\sin^2\theta\geqslant 0$ 与 $\cos^2\theta\geqslant 0$，因此，易得

$$\left.\frac{\partial^2 \check{f}(\rho,\theta)}{\partial \rho^2}\right|_{\rho=x_0'\cos\theta+y_0'\sin\theta}<0 \tag{3.20}$$

根据式(3.17)和式(3.20)，局部极大约束定理得证。 □

3.1.2 基于投影函数的直接光照匹配

局部极大约束定理是基于投影重构并行单像素成像方法的理论基础。当采集数据为投影函数时，局部极大约束定理提供了直接光照匹配点位置的必要条件：通过计算投影函数的局部极大位置 ρ_0，做垂直于投影方向 θ 并通过该局部极大位置 ρ_0 的直线 $L(\rho_0,\theta)$，根据局部极大约束定理，直接光照匹配点位于直线 $L(\rho_0,\theta)$ 上。

当采集到多个不同方向的投影函数时，根据局部极大约束定理，直接光照匹配位置可以由全部方向上局部极大值确定直线的交点得到。设 D 个不同方向的投

影函数被采集到，且 θ_d 为第 d 个方向对应的投影方向。由于全局照明的影响，每个投影函数上可能存在多个局部极大值，设第 d 个投影函数中共有 T_d 个局部极大值，记 ρ_d^j 为第 d 个投影函数上的第 j 个局部极大位置。直接照明光的匹配位置可以通过求解下述线性方程得到

$$\begin{pmatrix} \cos\theta_1 & \sin\theta_1 & -\rho_1^n \\ \cos\theta_2 & \sin\theta_2 & -\rho_2^m \\ & \vdots & \\ \cos\theta_D & \sin\theta_D & -\rho_D^p \end{pmatrix} \begin{pmatrix} u' \\ v' \\ 1 \end{pmatrix} = \begin{pmatrix} 0 \\ 0 \\ \vdots \\ 0 \end{pmatrix} \tag{3.21}$$

式中，m、n、p 为整数，并且取值为满足 $m \in [0, T_1)$、$n \in [0, T_2)$ 和 $p \in [0, T_D)$ 的任意组合。由于各投影函数中可能存在多个局部极大值，因此对于每一组不同的整数组合 $m, n, \cdots, p$，都可以产生一组形如式(3.21)的线性方程。通过奇异值分解(singular value decomposition, SVD)对该线性方程进行解算。最后，根据极线约束对产生的候选位置进行筛选，得到同时满足局部极大约束定理和极线约束的直接光照匹配点。

3.1.3　基于条纹投射的投影函数成像方法

前面介绍了当采集数据为投影函数时，局部极大约束定理为直接光照匹配点提供必要条件的理论依据。本节介绍投影函数的获取方法。在本节中将证明，斜条纹投射方式的并行单像素成像方法等价于对像素传输图像进行雷登变换。

S 步相移（$S \geqslant 3$）投射模式下的斜条纹由式(3.22)生成：

$$P_i(u', v'; k, \theta) = a + b \cdot \cos\left[\frac{2\pi k}{L_\theta}(u'\cos\theta + v'\sin\theta) + \frac{2\pi i}{S}\right] \tag{3.22}$$

式中，i 代表相移次数，$i=0, 1, \cdots, S-1$；a 与 b 为正弦条纹的平均亮度和正弦条纹的幅值；k 为离散频率指标，$k=0, 1, \cdots, K$，且 $K \leqslant L_\theta$；L_θ 为夹角 θ 的方向切片在投射器范围内的等效像素数目，其计算公式为

$$L_\theta = \begin{cases} \lceil U' \cdot \cos\theta + V' \cdot \sin\theta \rceil, & 0 \leqslant \theta \leqslant \pi/2 \\ \lceil -U' \cdot \cos\theta + V' \cdot \sin\theta \rceil, & \pi/2 < \theta < \pi \end{cases} \tag{3.23}$$

式中，$\lceil \cdot \rceil$ 为向上取整函数。

根据式(2.14)所描述的光传输方程，相机像素 (u', v') 接收到的光强为

$$\begin{aligned} I_i(u, v; k, \theta) = {} & O(u, v) + \sum_{v'=0}^{V'-1}\sum_{u'=0}^{U'-1} a \cdot h(u', v'; u, v) \\ & + \sum_{v'=0}^{V'-1}\sum_{u'=0}^{U'-1} b \cdot h(u', v'; u, v) \cdot \cos\left[\frac{2\pi k}{L_\theta}(u'\cos\theta + v'\sin\theta) + \frac{2\pi i}{S}\right] \end{aligned} \tag{3.24}$$

假设需要的全部相移均已采集完毕，夹角 θ 的投影函数中频率为 k 的傅里叶系数为

$$
\begin{aligned}
F_\theta(k;u,v) &= \sum_{i=0}^{S-1} I_i(u,v;k,\theta)\cos\left(\frac{2\pi i}{S}\right) + \mathrm{j}\sum_{i=0}^{S-1} I_i(u,v;k,\theta)\sin\left(\frac{2\pi i}{S}\right) \\
&= \frac{S}{2}\cdot\sum_{v'=0}^{V'-1}\sum_{u'=0}^{U'-1} b\cdot h(u',v';u,v)\cdot\exp\left[-\frac{2\pi k}{L_\theta}(u'\cos\theta+v'\sin\theta)\right]
\end{aligned} \tag{3.25}
$$

式中，第二个等式可以利用拉格朗日三角恒等式、三角恒等式的积和公式、欧拉公式推导得出。

当频率指标 $k=0,1,\cdots,L_\theta-1$ 所对应的傅里叶系数 $F_\theta(k;u,v)$ 全部均由式(3.25)采集得到后，对 $F_\theta(k;u,v)$ 进行一维离散傅里叶变换后得到的函数即为投影函数 $f_\theta(\rho;u,v)$：

$$
\begin{aligned}
f_\theta(\rho;u,v) &= \mathrm{IDFT}\left\{\frac{Sb}{2}\cdot\sum_{v'=0}^{V'-1}\sum_{u'=0}^{U'-1}\cdot h(u',v';u,v)\cdot\exp\left[-\frac{2\pi k}{L_\theta}(u'\cos\theta+v'\sin\theta)\right]\right\} \\
&= \frac{Sb}{2}\cdot\sum_{r=-\infty}^{+\infty}\sum_{v'=0}^{V'-1}\sum_{u'=0}^{U'-1}\cdot h(u',v';u,v)\cdot\delta(\rho-u'\cos\theta-v'\sin\theta-rL_\theta) \\
&= \frac{Sb}{2}\cdot\Re_\theta[h(u',v';u,v)]
\end{aligned} \tag{3.26}
$$

式中，r 为整数；u'与v' 分别为投射器横纵方向分辨率。虽然式(3.26)中包含一个无穷级数，但像素传输图像仅在长度为L_θ的连续区域内有非零值。因此，式(3.26)为对像素传输系数图像沿 θ 方向进行雷登变换并外加一个固定的比例系数 $Sb/2$。

综上所述，根据上述推导，可知当投射形如式(3.22)的斜条纹时，根据式(3.25)和式(3.26)对采集数据进行处理，可以得到像素传输图像的在指定方向的投影函数。

3.1.4　基于局部切片延拓方法的高效投影函数采集方法

本节介绍如何将并行单像素成像方法的局部区域延拓方法拓展至投影函数的采集过程中，从而提高投影函数的采集效率。在第 2 章中，在光传输系数具有局部能量集中特性的前提下，局部区域延拓方法通过投射周期延拓条纹实现了对光传输系数的高效精确重构。本节介绍的局部切片延拓(local slice extension, LSE)方法是局部区域延拓方法在一维投影函数上的推广，其正确性可以通过类似于局部区域延拓精确重构定理的证明方法来证明。由于局部切片延拓方法是局部区域延拓方法在投影函数采集上的拓展，因此在讨论到局部区域延拓方法时涉及的概念也需要迁移至局部切片方法中。例如，在局部区域延拓方法中讨论的接受域，在局部切片延拓方法中对应为接受域在投影方向上的投影区域，我们将该区域称

为投影接受域。在局部切片延拓方法中，可以认为投影函数的能量集中于该投影接受域中。

与局部区域延拓方法类似，局部切片延拓方法也涉及一个由粗到细的定位过程。其中，粗定位过程确定投影接受域的位置和尺寸，细定位过程对投影函数投影接受域进行集中成像。

1. 基于傅里叶切片定理的粗定位方法

投射由式(3.22)生成的条纹，根据式(3.25)得到投影函数的傅里叶系数，并对傅里叶系数进行一维离散傅里叶逆变换从而得到粗定位投影函数 $f_\theta^C(\rho;u,v)$。根据 $f_\theta^C(\rho;u,v)$ 可以获得投影接受域 $C_\theta(\rho;u,v)$，其形式为取值0或1的掩码函数，当 $f_\theta^C(\rho;u,v)$ 值大于噪声阈值时，$C_\theta(\rho;u,v)$ 取值为1；否则，取值为0。投影接受域的尺寸 $M_s(\theta;u,v)$ 由 $C_\theta(\rho;u,v)$ 中第一个和最后一个为1的区间长度确定。

由于在进行粗定位时采取的方法为低频截断采集方法，即仅采集 $k \leqslant K$ 的频率指标。因此，在对未采集指标补零并进行傅里叶逆变换后将产生振铃现象。这种振铃现象可以通过在采集的频域上添加Kaiser窗进行最大限度的消除。在实践中，我们发现当Kaiser窗的形状参数取为5时可以应付大部分的情况。在式(3.22)中，当选取的截止粗定位采样频率 K 为10时，可以较为鲁棒地实现粗定位。

2. 基于局部能量集中特性的精定位方法

本方法中包含两个子步骤，即细定位条纹的生成、投射和投影函数的重构。细定位条纹实质上是第2章中周期延拓条纹在一维斜条纹中的拓展。

(1)细定位条纹的生成公式如下：

$$\tilde{P}_i(u',v';k,\theta) = a + b\cdot\cos\left[\frac{2\pi k_\theta}{M_\theta}(u'\cos\theta + v'\sin\theta) + \frac{2\pi i}{N}\right] \tag{3.27}$$

式中，θ 为投影方向与水平轴的夹角；i 为相移次数，对于 S 步相移投射模式，其取值为 i=0,1,⋯,$S-1$；a 与 b 为正弦条纹的平均亮度和正弦条纹的幅值；k_θ 为离散频率指标，k_θ=0,1,⋯,$M_\theta-1$，M_θ 为相机像素在 θ 方向投影接受域的最大值，其计算方法为

$$M_\theta = \max_{(u,v)}[M_s(\theta;u,v)] \tag{3.28}$$

(2)当投射完毕全部细条纹后，根据式(3.25)可以获得细定位投影函数的傅里叶系数，并对细条纹傅里叶系数进行一维离散傅里叶逆变换，得到切片块函数 $f_\theta^B(\rho;u,v)$。通过将该切片块函数进行局部切片延拓，延拓至长度为 L_θ 的函数：

$$\tilde{f}_{\theta}^{F}(\rho;u,v)=\sum_{r=0}^{\left\lceil \frac{L_{\theta}}{M_{\theta}}\right\rceil} f_{\theta}^{B}(\rho-rM_{\theta};u,v) \tag{3.29}$$

式中，r 为整数，且 $\rho=0,1,\cdots,L_{\theta}-1$。

最后，保留 $\tilde{f}_{\theta}^{F}(\rho;u,v)$ 中满足粗定位投影接受域 $C_{\theta}(\rho;u,v)$ 中值为 1 的区域，将其余区域置零从而得到投影函数 $f_{\theta}^{r}(\rho;u,v)$，其计算公式如下：

$$f_{\theta}^{r}(\rho;u,v)=\tilde{f}_{\theta}^{F}(\rho;u,v)\cdot C_{\theta}(\rho;u,v) \tag{3.30}$$

式中，运算符 · 表示逐像素相乘。

通过以上方法，基于局部切片延拓方法的高级投影函数采集方法的成像复杂度为 $O(M_s)$，而并行单像素成像方法的成像复杂度为 $O({M_s}^2)$，M_s 为接受域的尺寸。成像复杂度由原来的二次增长关系变为线性增长关系。

3.2　面向多匹配点的双目立体匹配方法

采用 3.1 节所述原理可以获得单目相机像素的投射器匹配点。本节介绍面向多匹配点的双目立体匹配方法，以适合于双相机-投射器组成的双目三维测量系统。

与传统基于条纹投影的双目三维重构方法不同，基于投影重构并行单像素成像的双目三维重构方法用于解决复杂光照条件下的三维重构问题。在这种情况下，相机像素经常出现一对多的情况。这主要是由复杂光照的内在特性决定的。例如，当多次反光占主导地位时，一个相机像素可能对应直接光照匹配点和多次反光匹配点。因此，本节所述方法是在考虑这种一对多的情况下提出的。

当对双目三维测量系统中的各相机采用 3.1 节所述原理得到投射器匹配点后，记左相机像素 $(u_{\mathrm{L}},v_{\mathrm{L}})$ 的全部投射器匹配坐标为 $m_{u_{\mathrm{L}},v_{\mathrm{L}}}(u'_{\mathrm{L},i},v'_{\mathrm{L},i})$，右相机像素 $(u_{\mathrm{R}},v_{\mathrm{R}})$ 的全部投射器匹配坐标为 $m_{u_{\mathrm{R}},v_{\mathrm{R}}}(u'_{\mathrm{R},i},v'_{\mathrm{R},i})$，基于投影重构并行单像素成像的双目立体匹配方法的目标是根据 $m_{u_{\mathrm{L}},v_{\mathrm{L}}}(u'_{\mathrm{L},i},v'_{\mathrm{L},i})$ 与 $m_{u_{\mathrm{R}},v_{\mathrm{R}}}(u'_{\mathrm{R},i},v'_{\mathrm{R},i})$，求解左相机各像素对应的右相机像素匹配坐标 $m_{u_{\mathrm{L}},v_{\mathrm{L}}}(u_{\mathrm{R},i},v_{\mathrm{R},i})$。特别值得注意的是，与传统投影光栅三维重构方法不同，由于存在多次反光等复杂照明现象，某相机像素对应的投射器匹配坐标可能不是单一位置，会出现一对多的情形，即一个相机像素对应多个投射器匹配位置。

实现左右相机匹配的关键是以左相机和右相机的投射器匹配坐标为桥梁，通过左相机的投射器匹配坐标，找到右相机像素中距离该投射器坐标最近的右相机像素，并将其作为该左相机像素的右相机整像素匹配坐标，最后，再根据两像素对应的投射器坐标相对位置关系进行亚像素插值，从而得到具有亚像素精度的匹配位置。

值得一提的是，虽然还可以通过类似于如下的三焦点张量的方式找到每个左相机对应的右相机整像素匹配位置：首先，对于每个左相机像素对应的投射器位置，根据三焦点张量得到其右相机坐标；其次，在该右相机坐标位置附近邻域寻找具有与左相机投射器位置最近的右相机整像素坐标。然而，这种方法非常依赖于投射器的标定参数。当投射器标定不准或发生变化时，会产生较大的匹配误差。在实际实验过程中，经常可以发现投射器的标定准确度低于相机，且更容易受到外界的干扰而发生改变。因此，本书中不采用这种方式，而采用下面所述的双目立体匹配方法。

基于投影重构并行单像素成像的双目立体匹配方法包含如下两种方法：

(1) 右相机像素投影匹配点的合并读出方法；

(2) 双目多候选匹配点的像素搜索方法。

为了实现上述目标，需要将匹配位置存放在一个合适的数据结构中。由于复杂光照的特殊性，基于投影重构并行单像素成像的匹配位置经常出现一对多的情况，即一个相机或投射器像素对应多个投射器或相机像素。为了方便存储这些对应关系，引出多匹配点数据立方体这一数据结构。

3.2.1　多匹配点数据立方体

多匹配点数据立方体的主体是一幅分辨率为$U \times V$的图片，其分辨率常与三维测量系统中的相机或投射器的分辨率相关。然而与常规灰度图片不同的是，多匹配点数据立方体中的每个像素位置可以存放多个不同的二维坐标数据，如图3.2所示。

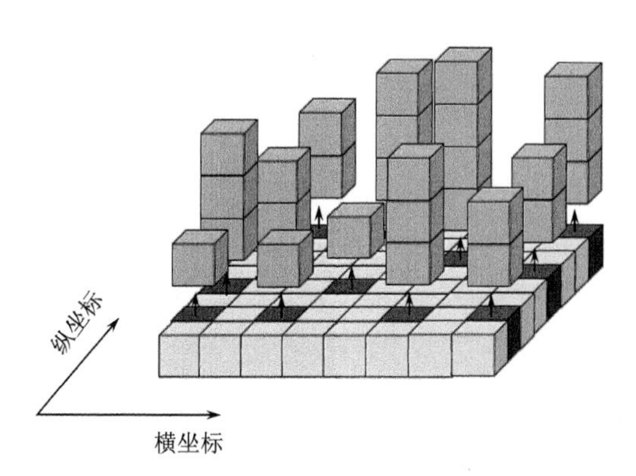

图3.2　多匹配点数据立方体示意图

当生成多匹配点数据立方体时，根据其不同的生成方式与存储的不同数据类型，我们有不同的称谓。对下面用到的称谓进行简要介绍：当生成的多匹配点数据立方体的分辨率与相机或投射器相关时，我们将分别称这两种多匹配点数据立方体为相机视角或投射器视角下的多匹配点数据立方体；若生成的多匹配点数据立方体的分辨率与对应的投射器分辨率不相等，而是经过了对投射器像素的合并读出，则称此时的多匹配点数据立方体为低分辨率投射器视角的多匹配点数据立方体。

3.2.2 右相机像素投影匹配点的合并读出方法

为了寻找左相机各像素对应的右相机坐标，需要根据左相机各像素的各投射器匹配位置 $m_{u_{\mathrm{L}},v_{\mathrm{L}}}(u'_{\mathrm{L},i},v'_{\mathrm{L},i})$ 来找到距离该投射器匹配位置最近的右相机投影匹配位置对应的右相机像素。

若设集合 $S=\{(u'_{\mathrm{R},i},v'_{\mathrm{R},i})\}$ 为全部右相机像素对应的投射器匹配位置，则双目立体匹配方法需要得到一个右相机整像素坐标 $(u_{\mathrm{R}},v_{\mathrm{R}})$，且该整像素坐标对应的投射器位置中有距离 $m_{u_{\mathrm{L}},v_{\mathrm{L}}}(u'_{\mathrm{L},i},v'_{\mathrm{L},i})$ 最近的投影匹配位置。实现这一步需要借助两相机的投射器匹配位置组成的桥梁。本节所提的方法用于构造连接左右相机匹配位置的桥梁。

设已知右相机像素的投射器匹配位置 $m_{u_{\mathrm{R}},v_{\mathrm{R}}}(u'_{\mathrm{R},i},v'_{\mathrm{R},i})$，为了通过左相机的投射器位置寻找该右相机像素，需要将匹配位置转换至投射器坐标系下，即记录给定某投射器位置，该投射器位置对应哪些右相机像素 $m'_{u'_{\mathrm{R}},v'_{\mathrm{R}}}(u_{\mathrm{R}},v_{\mathrm{R}})$。同时，为了避免投射器视角下可能出现的“缺格”情况，可以对投射器侧进行合并读出操作。缺格的含义为在全部右相机像素的投射器匹配位置 $m'_{u'_{\mathrm{R}},v'_{\mathrm{R}}}(u_{\mathrm{R}},v_{\mathrm{R}})$ 中出现的投射器侧像素空缺现象。合并读出操作指将实际投射器分辨率中相邻 $r_s\times q_s$ 的像素视为一个像素，并将右相机投射器匹配位置存放在低分辨率投射器视角中的正确位置。r_s 和 q_s 分别称为投射器横向合并率和纵向合并率。在一般场景中，r_s 和 q_s 可取 2。造成投射器视角下缺格的主要原因为左右相机观测投射器坐标的变化率不同。若待测物体相对于右相机的视角过于倾斜，则右相机观测到的投射器坐标会有较大的变化率。在右相机相邻的两像素，其投射器匹配位置可能相差较大，此时计算投射器视角下对应的右相机像素，将出现缺格情况。

下面给出右相机像素投影匹配点的合并读出方法的实施流程。

(1) 生成低分辨率投射器视角的多匹配点数据立方体。根据设置的横向合并率与纵向合并率，初始化一个具有合适分辨率的低分辨率投射器多匹配点数据立方体。若投射器实际分辨率为 $U'\times V'$，r_s、q_s 为投射器横向合并率和纵向合并率，则生成的低分辨率投射器多匹配点数据立方体的分辨率为 $\lfloor U'/r_s\rfloor\times\lfloor V'/q_s\rfloor$。

(2) 遍历右相机全部像素的投射器匹配位置，并根据投射器位置将右相机坐标存放至低分辨率投射器视角下的多匹配点数据立方体中。

设 $(u'_{\mathrm{R}},v'_{\mathrm{R}})$ 为某右相机像素 $(u_{\mathrm{R}},v_{\mathrm{R}})$ 对应的投射器位置（一个右相机像素可能对应多个投射器像素），将该右相机整像素坐标信息存放于低分辨率投射器多匹配点数据立方体中位置为 $\left(\lfloor u'_{\mathrm{R}}/r_s\rfloor,\lfloor v'_{\mathrm{R}}/q_s\rfloor\right)$ 处，同时还应存放实际匹配的投射器位

置信息 $(u'_{\mathrm{R}}, v'_{\mathrm{R}})$。该信息可以存放至另一个低分辨率投射器多匹配点数据立方体中，并保证其存放位置与存放右相机整像素坐标信息的低分辨率投射器多匹配点数据立方体相同。

3.2.3　双目多匹配点的像素匹配搜索方法

当完成右相机像素投影匹配点的合并读出方法后，需要对每个左相机像素搜索匹配的右相机像素。该匹配搜索过程包含以下两个子步骤。

1. *右相机的整像素搜索*

搜索的过程开始于左相机的每个像素。对于左相机每个像素 $(u_{\mathrm{L}}, v_{\mathrm{L}})$，完成以下操作。

(1) 获取其全部投射器匹配位置 $(u'_{\mathrm{L},i}, v'_{\mathrm{L},i})$，并确定它们对应的低分辨率投射器多匹配点数据立方体中的位置：$\left(\lfloor u'_{\mathrm{L},i}/r_s \rfloor, \lfloor v'_{\mathrm{L},i}/q_s \rfloor\right)$。

(2) 对于每个位置 $(\lfloor u'_{\mathrm{L},i}/r_s \rfloor, \lfloor v'_{\mathrm{L},i}/q_s \rfloor)$，遍历低分辨率投射器多匹配点数据立方体中位于该位置处的全部候选数据。主要是得到其存储的右相机对应的实际投射器匹配位置信息 $(u'_{\mathrm{R},j}, v'_{\mathrm{R},j})$，并将距离 $(u'_{\mathrm{L},i}, v'_{\mathrm{L},i})$ 最近的 $(u'_{\mathrm{R},j}, v'_{\mathrm{R},j})$ 作为匹配点。同时，右相机投射器匹配位置 $(u'_{\mathrm{R},j}, v'_{\mathrm{R},j})$ 对应的右相机像素 $(u_{\mathrm{R}}, v_{\mathrm{R}})$ 为一个右相机整像素匹配位置。

(3) 对该右相机像素 $(u_{\mathrm{R}}, v_{\mathrm{R}})$ 与当前左相机像素 $(u_{\mathrm{L}}, v_{\mathrm{L}})$ 进行双目极线约束的判定，不满足极线约束的右相机像素不进行后续的亚像素插值匹配。

2. *右相机的亚像素插值匹配*

当获取到左相机对应的右相机整像素坐标后，需要根据它们对应的投射器位置进行插值。为了方便叙述，设当前研究的左相机坐标为 $(u_{\mathrm{L}}, v_{\mathrm{L}})$，通过其某个投射器位置 $(u'_{\mathrm{L}}, v'_{\mathrm{L}})$ 搜索到右相机某个整像素 $(u_{\mathrm{R}}, v_{\mathrm{R}})$，且该右相机像素通过投射器匹配位置 $(u'_{\mathrm{R}}, v'_{\mathrm{R}})$ 被搜索到，同时，$(u'_{\mathrm{L}}, v'_{\mathrm{L}})$ 与 $(u'_{\mathrm{R}}, v'_{\mathrm{R}})$ 的距离应该非常近。此时，我们认为左相机像素 $(u_{\mathrm{L}}, v_{\mathrm{L}})$ 与右相机像素 $(u_{\mathrm{R}}, v_{\mathrm{R}})$ 可以同时观测到同一个物体点，该物体点对应于投射器平面上的 $(u'_{\mathrm{L}}, v'_{\mathrm{L}})$ 或 $(u'_{\mathrm{R}}, v'_{\mathrm{R}})$ 附近。下面将叙述如何通过 $(u_{\mathrm{L}}, v_{\mathrm{L}})$、$(u_{\mathrm{R}}, v_{\mathrm{R}})$、$(u'_{\mathrm{L}}, v'_{\mathrm{L}})$ 和 $(u'_{\mathrm{R}}, v'_{\mathrm{R}})$ 得到左相机像素 $(u_{\mathrm{L}}, v_{\mathrm{L}})$ 对应的右相机亚像素坐标 $(u^s_{\mathrm{R}}, v^s_{\mathrm{R}})$。

(1) 判定 $(u'_{\mathrm{L}}, v'_{\mathrm{L}})$ 和 $(u'_{\mathrm{R}}, v'_{\mathrm{R}})$ 的相对位置关系，分为如下四种情况。右下情况：$u'_{\mathrm{R}} < u'_{\mathrm{L}}$ 且 $v'_{\mathrm{R}} < v'_{\mathrm{L}}$ 时。右上情况：$u'_{\mathrm{R}} < u'_{\mathrm{L}}$ 且 $v'_{\mathrm{R}} \geqslant v'_{\mathrm{L}}$ 时。左下情况：$u'_{\mathrm{R}} \geqslant u'_{\mathrm{L}}$ 且 $v'_{\mathrm{R}} < v'_{\mathrm{L}}$ 时。左上情况：$u'_{\mathrm{R}} \geqslant u'_{\mathrm{L}}$ 且 $v'_{\mathrm{R}} \geqslant v'_{\mathrm{L}}$ 时。

(2) 根据上一步中判定的情况，取出右相机中四个距离 $(u'_{\mathrm{R}}, v'_{\mathrm{R}})$ 最近的像素的投射器匹配位置(u'_{R1},v'_{R1})、(u'_{R2},v'_{R2})、(u'_{R3},v'_{R3})和(u'_{R4},v'_{R4})。同时，还需要获取右相机的基准坐标(u_{R1},v_{R1})

当(u'_L,v'_L)和(u'_R,v'_R)的相对位置关系为右下情况时，(u'_{R1},v'_{R1})取值为(u'_R,v'_R)，(u'_{R2},v'_{R2})取值为(u_R,v_R)右侧像素中存放的投射器位置中距离(u'_R,v'_R)最近的元素，(u'_{R3},v'_{R3})取值为(u_R,v_R)下方像素中存放的投射器位置中距离(u'_R,v'_R)最近的元素，(u'_{R4},v'_{R4})取值为(u_R,v_R)下方像素中存放的投射器位置中距离(u'_R,v'_R)最近的元素，数学表达分别为

$$(u_{R1},v_{R1})=(u_R,v_R) \tag{3.31}$$

$$(u'_{R1},v'_{R1})=(u'_R,v'_R) \tag{3.32}$$

$$(u'_{R2},v'_{R2})=\underset{u'_{R,i},v'_{R,i}}{\arg\min}\left\|m_{u_R+1,v_R}(u'_{R,i},v'_{R,i})-(u'_R,v'_R)\right\|_2^2 \tag{3.33}$$

$$(u'_{R3},v'_{R3})=\underset{u'_{R,i},v'_{R,i}}{\arg\min}\left\|m_{u_R,v_R+1}(u'_{R,i},v'_{R,i})-(u'_R,v'_R)\right\|_2^2 \tag{3.34}$$

$$(u'_{R4},v'_{R4})=\underset{u'_{R,i},v'_{R,i}}{\arg\min}\left\|m_{u_R+1,v_R+1}(u'_{R,i},v'_{R,i})-(u'_R,v'_R)\right\|_2^2 \tag{3.35}$$

类似地，当(u'_L,v'_L)和(u'_R,v'_R)的相对位置关系为其他三种情况时，直接使用数学表达式表述为如下形式。

当(u'_L,v'_L)和(u'_R,v'_R)的相对位置关系为右上情况时：

$$(u_{R1},v_{R1})=(u_R,v_R-1) \tag{3.36}$$

$$(u'_{R1},v'_{R1})=\underset{u'_{R,i},v'_{R,i}}{\arg\min}\left\|m_{u_R,v_R-1}(u'_{R,i},v'_{R,i})-(u'_R,v'_R)\right\|_2^2 \tag{3.37}$$

$$(u'_{R2},v'_{R2})=\underset{u'_{R,i},v'_{R,i}}{\arg\min}\left\|m_{u_R+1,v_R-1}(u'_{R,i},v'_{R,i})-(u'_R,v'_R)\right\|_2^2 \tag{3.38}$$

$$(u'_{R3},v'_{R3})=(u'_R,v'_R) \tag{3.39}$$

$$(u'_{R4},v'_{R4})=\underset{u'_{R,i},v'_{R,i}}{\arg\min}\left\|m_{u_R+1,v_R}(u'_{R,i},v'_{R,i})-(u'_R,v'_R)\right\|_2^2 \tag{3.40}$$

当(u'_L,v'_L)和(u'_R,v'_R)的相对位置关系为左下情况时：

$$(u_{R1},v_{R1})=(u_R-1,v_R) \tag{3.41}$$

$$(u'_{R1},v'_{R1})=\underset{u'_{R,i},v'_{R,i}}{\arg\min}\left\|m_{u_R-1,v_R}(u'_{R,i},v'_{R,i})-(u'_R,v'_R)\right\|_2^2 \tag{3.42}$$

$$(u'_{R2},v'_{R2})=(u'_R,v'_R) \tag{3.43}$$

$$(u'_{R3},v'_{R3})=\underset{u'_{R,i},v'_{R,i}}{\arg\min}\left\|m_{u_R-1,v_R+1}(u'_{R,i},v'_{R,i})-(u'_R,v'_R)\right\|_2^2 \tag{3.44}$$

$$(u'_{R4},v'_{R4})=\underset{u'_{R,i},v'_{R,i}}{\arg\min}\left\|m_{u_R,v_R+1}(u'_{R,i},v'_{R,i})-(u'_R,v'_R)\right\|_2^2 \tag{3.45}$$

当 $(u'_{\mathrm{L}}, v'_{\mathrm{L}})$ 和 $(u'_{\mathrm{R}}, v'_{\mathrm{R}})$ 的相对位置关系为左上情况时：

$$(u_{\mathrm{R1}}, v_{\mathrm{R1}}) = (u_{\mathrm{R}} - 1, v_{\mathrm{R}} - 1) \tag{3.46}$$

$$(u'_{\mathrm{R1}}, v'_{\mathrm{R1}}) = \underset{u'_{\mathrm{R},i}, v'_{\mathrm{R},i}}{\arg\min} \left\| m_{u_{\mathrm{R}}-1, v_{\mathrm{R}}-1}(u'_{\mathrm{R},i}, v'_{\mathrm{R},i}) - (u'_{\mathrm{R}}, v'_{\mathrm{R}}) \right\|_2^2 \tag{3.47}$$

$$(u'_{\mathrm{R2}}, v'_{\mathrm{R2}}) = \underset{u'_{\mathrm{R},i}, v'_{\mathrm{R},i}}{\arg\min} \left\| m_{u_{\mathrm{R}}, v_{\mathrm{R}}-1}(u'_{\mathrm{R},i}, v'_{\mathrm{R},i}) - (u'_{\mathrm{R}}, v'_{\mathrm{R}}) \right\|_2^2 \tag{3.48}$$

$$(u'_{\mathrm{R3}}, v'_{\mathrm{R3}}) = \underset{u'_{\mathrm{R},i}, v'_{\mathrm{R},i}}{\arg\min} \left\| m_{u_{\mathrm{R}}-1, v_{\mathrm{R}}}(u'_{\mathrm{R},i}, v'_{\mathrm{R},i}) - (u'_{\mathrm{R}}, v'_{\mathrm{R}}) \right\|_2^2 \tag{3.49}$$

$$(u'_{\mathrm{R4}}, v'_{\mathrm{R4}}) = (u'_{\mathrm{R}}, v'_{\mathrm{R}}) \tag{3.50}$$

(3) 根据 $(u'_{\mathrm{L}}, v'_{\mathrm{L}})$、$(u'_{\mathrm{R1}}, v'_{\mathrm{R1}})$、$(u'_{\mathrm{R2}}, v'_{\mathrm{R2}})$、$(u'_{\mathrm{R3}}, v'_{\mathrm{R3}})$ 和 $(u'_{\mathrm{R4}}, v'_{\mathrm{R4}})$ 进行双线性亚像素插值匹配：

$$u_{\mathrm{R}}^{s} = u'_{\mathrm{R1}} + \phi_a + m \times (\phi_c - \phi_a) \tag{3.51}$$

$$v_{\mathrm{R}}^{s} = v'_{\mathrm{R1}} + m \tag{3.52}$$

式中

$$m = \frac{u'_{\mathrm{L}} - \varphi_a}{\varphi_c - \varphi_a} \tag{3.53}$$

$$\phi_a = \frac{u'_{\mathrm{L}} - u'_{\mathrm{R1}}}{u'_{\mathrm{R2}} - u'_{\mathrm{R1}}} \tag{3.54}$$

$$\phi_c = \frac{u'_{\mathrm{L}} - u'_{\mathrm{R3}}}{u'_{\mathrm{R4}} - u'_{\mathrm{R3}}} \tag{3.55}$$

$$\varphi_a = v'_{\mathrm{R1}} + \frac{\phi_a}{v'_{\mathrm{R2}} - v'_{\mathrm{R2}}} \tag{3.56}$$

$$\varphi_c = v'_{\mathrm{R3}} + \frac{\phi_c}{v'_{\mathrm{R4}} - v'_{\mathrm{R3}}} \tag{3.57}$$

经过上述步骤后，对于左相机的每个投射器匹配位置，最终都可以得到一个亚像素后的右相机像素。将全部匹配得到的右相机亚像素坐标同样存放至一个与左相机相同分辨率的多匹配点数据立方体中，便可以继续利用三角重构原理得到三维点云数据。

3.3　基于 CUDA 全流程像素级并行计算框架的并行单像素成像方法

在并行单像素成像方法中，相机阵列上的各像素被视为独立的单像素成像单元，并采用单像素成像的图案投射模式与解算方法得到光传输系数或投影函数，最终完成各像素对应三维点的重构。在上述过程中，各像素的成像与解算过程是完全独立的，不会受到周围其他像素的影响，这便是其中并行的含义。关于在成像过程中如何充分地发挥并行性已经通过2.3节中的局部区域延拓方法和3.1节的局部切片延拓方法进行详细的说明。本节主要考虑如何在计算过程中充分地发挥图形处理器(graphics processing unit, GPU)在多线程并行计算方面的优势，从而大幅度地提高并行单像素成像的计算效率。本节所述的并行计算框架是针对 3.1 节和 3.2 节介绍的基于投影重构并行单像素成像方法提出的。

图形处理器，即通常所说的显卡，又称为 GPU，因其独特的硬件架构而成为目前普遍使用的硬件加速平台。在 GPU 的架构中，设计了大量的处理核心(多达几千个核心)和高速内存，使其拥有先进的并行架构体系，能够同时支持大量的多线程并行计算。这意味着 GPU 支持在其多个线程上高效、并行、独立地执行计算任务，同时其对于有规则运算要求和并行大数据运算要求的算法程序有着天然的优势。GPU 处理并行任务的高效率和其架构有着密不可分的关系，如图 3.3 所示。

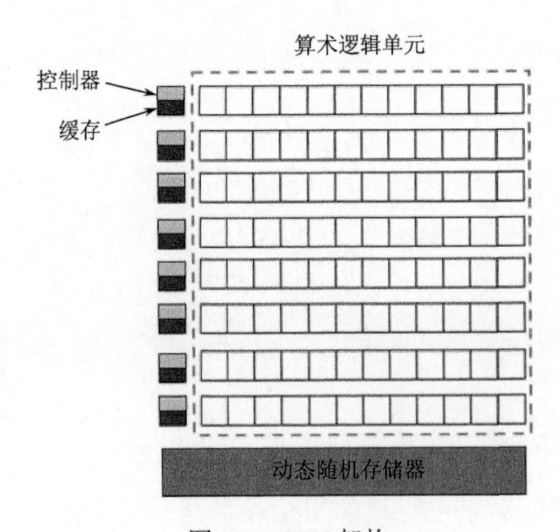

图 3.3　GPU 架构

GPU 的结构包括控制器(Controller)、动态随机存储器(dynamic random access memory, DRAM)、缓存(Cache)和算术逻辑单元(arithmetic logic unit, ALU)，图 3.3 为 GPU 架构。与 CPU 相比，GPU 有大量的算术逻辑单元，这些正是并行运算的根基，同时 GPU 还包含数量较多的浮点运算单元，所以其适合进行大量可以并行处理的数学计算。这些特点决定了 GPU 可以为并行单像素成像方法的解算过程提供加速。统一设备计算架构(compute unified device architecture，CUDA)是显卡厂商 NVIDIA 推出的通用并行计算架构。该架构旨在使 GPU 能够解决复杂的计算问题。开发人员可以使用 C 语言来为 CUDA 编写程序，所编写出的程序可以在支持 CUDA 的处理器上以超高性能运行。针对并行单像素成像方法高速解算的问题，本节提出一种在 CUDA 框架的全流程像素级并行计算框架，提高并行单像素成像方法的解算速度。

3.3.1　基于 CUDA 全流程像素级并行单像素成像解算框架

基于 CUDA 全流程像素级并行单像素成像解算框架可以分为三个部分：基于 CUDA 的投射器匹配点解算模块、基于 CUDA 的双目亚像素匹配点解算模块和基于 CUDA 的三维点云解算模块，如图 3.4 所示。

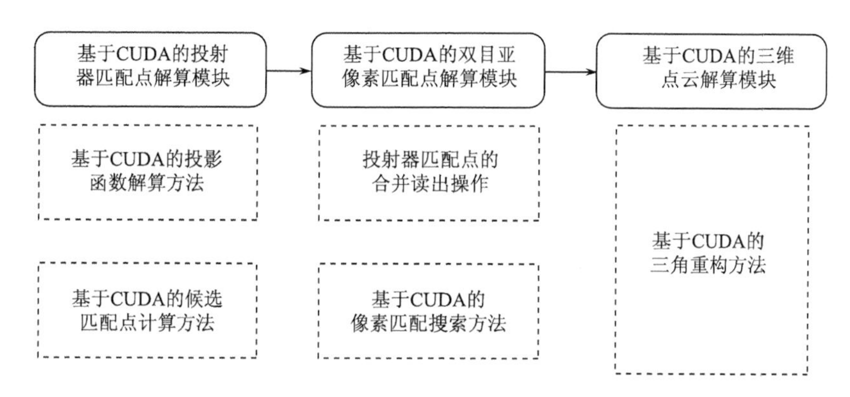

图 3.4　基于 CUDA 全流程像素级并行单像素成像解算框架

基于 CUDA 的投射器匹配点解算模块针对每个像素独立地解算投影函数，进而得到投射器像平面的匹配点。双目相机对调制图像进行采集，单像素采集到多个频率下的一组傅里叶系数，通过一维傅里叶逆变换可以得到一维投影函数，再通过搜索投影函数中的局部极大值得到投射器像平面的匹配点。这一过程独立性较强，相互像素之间不存在关联性，适合 GPU 并行加速优化。

基于 CUDA 的双目亚像素匹配点解算模块通过前一步解算得到的双相机像素投射器匹配位置，得到双目之间的亚像素匹配点，分为两个子过程：投射器匹配点的合并读出操作和基于 CUDA 的像素匹配搜索方法。其中，第一个子过程需要构造 3.2.2 节中所述的低分辨率投射器视角的多匹配点数据立方体，在该过程中由于每个投射器像素都可能收到多个右相机像素的影像，且在构造过程中无法事先确定受影响的像素，因此不适合进行并行处理。故该过程需要在 CPU 端进行。第二个子过程独立性较强，相互像素之间不存在关联性，适合 GPU 并行加速优化。

基于 CUDA 的三维点云解算模块主要功能是通过双目亚像素匹配点计算三维点云数据。由于匹配点已经确定，相互匹配点之间毫无关联，适合 GPU 并行加速优化。

综上，基于 CUDA 全流程像素级并行单像素成像解算框架中仅有一个小步骤，即投射器匹配点的合并读出操作，不适合于 GPU 端的并行操作。因此，可以期望通过基于 CUDA 全流程像素级并行单像素成像解算框架来提高并行单像素成像的处理效率。

3.3.2 基于 CUDA 的投射器匹配点解算模块

为了解算得到投射器匹配点，所涉及的子过程(包括基于 CUDA 的投影函数解算方法和基于 CUDA 的候选匹配点计算方法)需要进一步细化。

基于 CUDA 的投影函数解算方法中主要包含基于 CUDA 的傅里叶频率计算、基于 CUDA 的粗定位投影函数计算及基于 CUDA 的细定位投影函数计算。当傅里叶频率计算时，采用式(3.25)实现像素级并行计算。当获取到某像素全部傅里叶域系数后，分别进行粗细定位投影函数解算。该过程依赖于一维傅里叶逆变换。然而，CUDA 平台自身集成的傅里叶逆变换接口专注于求解一个大型的多维傅里叶逆变换，而不满足于本节实现像素级并行投影函数计算的基本需求。本节涉及的是同时求解数十万至数百万个傅里叶逆变换，但是这些逆变换的规模都不大(涉及的一维傅里叶逆变换的最大规模与投射器横纵分辨率一致，数量级为千像素)。因此直接套用 CUDA 平台自身集成的傅里叶逆变换接口将无法达到预期效果。另外，CUDA 平台自身集成的傅里叶逆变换接口要求一次性地将全部数据载入，且载入的数据需要满足计算时的精度需求。因此，在显存中需要存储单精度或双精度浮点类型的全部相机拍摄数据。而大多数现有显卡的内存容量不满足需求，导致无法解算。综上，需要实现一个满足像素级投影函数并行计算基本需求的傅里叶逆变换的函数库，为实现基于 CUDA 全流程像素级并行单像素成像解算框架提供基础。

基于 CUDA 的候选匹配点计算方法中包含投影函数局部极大值搜索、局部极大值的亚像素计算及投射器匹配点的计算。上述三个步骤都是在完成细定位投影函数解算的条件下进行的，且同样需要实现像素级的并行计算。综上所述，基于 CUDA 的投射器匹配点解算模块主要包含以下优化策略(图 3.5)。

1. 实现满足像素级投影函数并行计算的快速傅里叶逆变换函数库

在 CUDA 平台中实现了像素级并行计算的快速傅里叶变换/逆变换函数库。该函数库的实现采用蝶形快速傅里叶变换计算架构，同时采用复合分解方法支持多种分辨率的投影函数的计算。可以满足 GPU 多线程同时计算大量小规模一维傅里叶逆变换的需求。

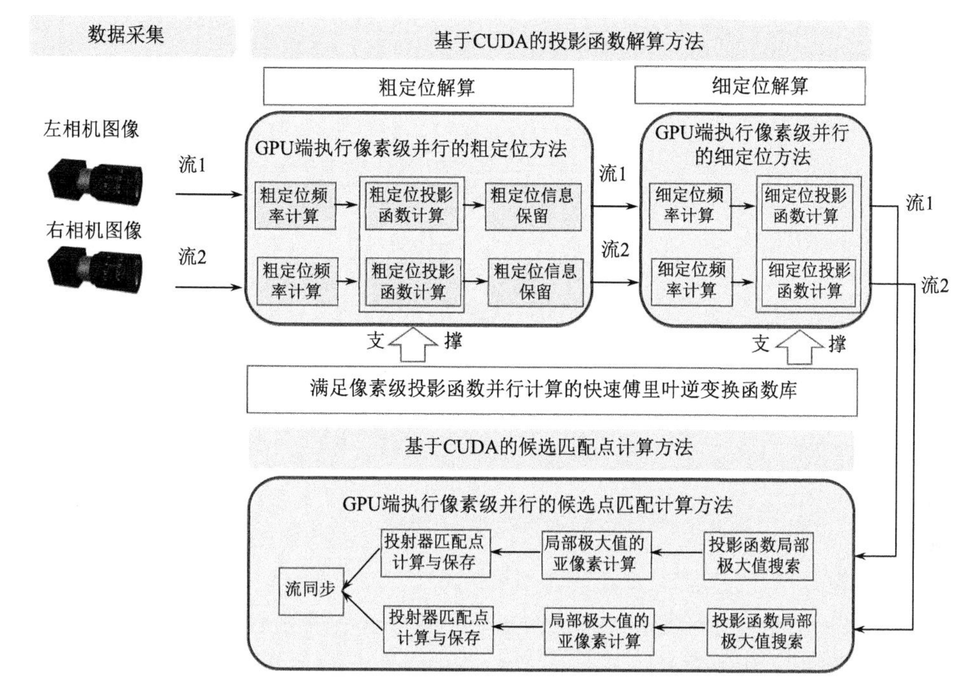

图 3.5　基于 CUDA 的投射器匹配点解算模块的流程图

2. 图像原始数据一次性存储至显存，仅在计算时将数据提升至浮点类型

由于采用基于投影重构的并行单像素成像方法，所以相机拍摄数量大幅度减少。例如，对于可见域为 150×150 的测量场景，当采用双方向三步相移投射条纹，且采用 5 个频率的粗定位投射模式时，两个相机总共拍摄 486 张图片。若相机分辨率为 1920×1200，则双相机拍摄到的全部原始图像大小约为 2GB。因此可以一次性地将双相机拍摄到的全部原始图像载入至现有大部分显卡的显存中，以减少内存与显存间的数据传输时间。由于已经实现了满足像素级投影函数并行计算的快速傅里叶逆变换函数库，所以可以在开始某一像素的计算时，才将该像素所涉及的数据提升至计算所需的单精度/双精度浮点类型，从而节约显存空间。

3. 投射器匹配点解算模块中的全过程采用像素级并行计算流程

本节中所述的全部过程(包含基于 CUDA 的傅里叶频率计算、基于 CUDA 的粗定位投影函数计算、基于 CUDA 的细定位投影函数计算、投影函数局部极大值搜索、局部极大值的亚像素计算及投射器匹配点的计算)均是像素级并行完成的。即对于每个像素，由 GPU 分配一个单独的线程，该线程负责计算从该像素投影函数的傅里叶频率一直到最终得到投射器的匹配点的全过程。当完成该像素投射器匹配点计算后，线程才开始下一个像素的计算，最大限度地提高并行单像素的计算速度。

4. 采用流策略数据处理方式

由于两个相机在数据解算过程中完全独立是互不影响，因此可以采用两个不同的流分别对两个相机的数据进行解算，从而进一步提高数据传输效率和计算核心的利用率。

3.3.3　基于 CUDA 的双目亚像素匹配点解算模块

该模块聚焦于使用 CUDA 实现 3.2 节中所述的方法。在实现过程中有以下两方面需要注意：①在 CPU 端实现投射器匹配点的合并读出；②采用共享内存提升数据访问效率。

1. 在 CPU 端实现投射器匹配点的合并读出

该过程是基于 CUDA 全流程像素级并行计算框架的并行单像素成像方法中唯一无法并行的模块，这是由于在构造低分辨率投射器视角的多匹配点数据立方体时，每个投射器像素可能收到多个右相机像素的影像，且无法事先确定对该投射器位置施加影响的相机像素。因此不适合于并行处理。在利用 CPU 构造低分辨率投射器视角的多匹配点数据立方体前，应注意一次性地将右相机的投射器匹配位置由显存导入至内存。当构造完成低分辨率投射器视角的多匹配点数据立方体后，仅需将该低分辨率投射器视角的多匹配点数据立方体的数据传输至显存即可。

2. 采用共享内存提升数据访问效率

在计算双目亚像素匹配点之前需先进行双目之间极线约束的判定，仅对于满足双目极线约束的右相机整数坐标进行亚像素计算，从而节约计算开销。为了将基于 CUDA 的像素匹配方法封装成一个独立的 CUDA 核函数接口，需要将相机内参数、外参数、畸变参数等参数传入。若对这些参数不做任何处理，各线程在运行时会出现争夺资源的问题，从而降低运行效率。若将这些参数分配为常量内存，需要额外提供常量内存的声明与分配模块，无法达到函数功能独立封装的目标。然而，考虑到这些参数对于执行过程中的各线程而言都是相同的，因此可以将这些参数分配成共享内存，以提升数据的访问效率。共享内存是按线程块分配的，因此块中的所有线程都可以访问同一共享内存。且共享内存的访问比本地和全局内存快得多。据估计，共享内存时延大约比未缓存的全局内存时延低 100 倍。因此，在所封装的像素匹配方法的 CUDA 核函数中，采用共享内存可以使各线程以极低的时延获取内外参数和畸变参数。

基于 CUDA 的双目亚像素匹配点解算模块的流程图如图 3.6 所示。

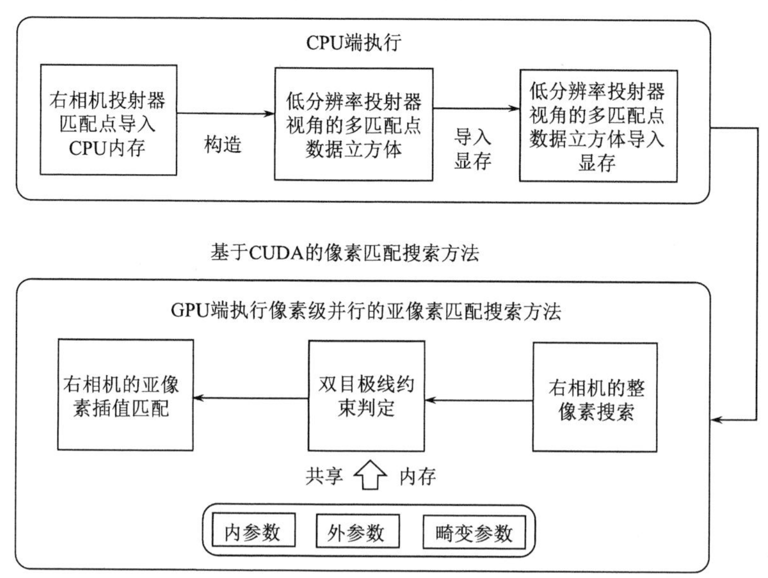

图 3.6　基于 CUDA 的双目亚像素匹配点解算模块的流程图

3.3.4　基于 CUDA 的三维点云解算模块

当对每个左相机像素，获取到其对应的右相机亚像素坐标后，通过三角重构方法得到三维点云数据。在应用三角重构方法中，同样需要内参数、外参数、畸变参数等，因此为了实现独立封装的基于 CUDA 的三维点云解算模块，将采用共享内存来提升数据访问效率。基于 CUDA 的三维点云解算模块的流程图如图 3.7 所示。

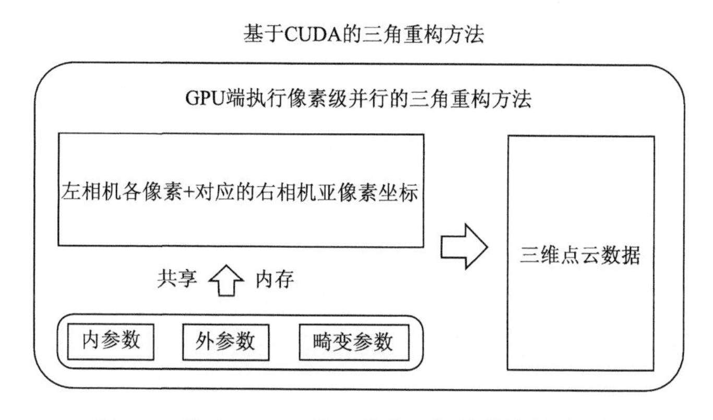

图 3.7　基于 CUDA 的三维点云解算模块的流程图

3.3.5 基于 GPU 加速的并行单像素成像时间效率分析

1. 实验准备

本章实验所使用的计算机显卡为 GeForce RTX3090，CUDA 核心线程数为 10496 个，内存带宽为 936.10GB/s，专用视频内存为 24576MB GDDR6X，共享系统内存为 65481MB，总线为 PCI Express x16 Gen3。

2. 实验结果与分析

本次实验是在算法端的实现，包括条纹的投射、图像的采集和前期的预处理，本章和第 2 章的操作一致，因此在此处不再对其进行赘述。下面只针对最终结果进行展示和分析，一共是三部分，分别是针对切片解算的 GPU 优化、三维重构的 GPU 优化和整体投影重构三维测量法的解算流程优化。

首先，针对第 2 章内容中的一维傅里叶逆变换计算投影切片部分，根据 3.3.2 节中 GPU 并行处理切片解算流程，得出的 GPU 加速并行单像素投影切片解算前后对比如表 3.1 所示。

表 3.1 GPU 加速并行单像素投影切片解算前后对比

对比项目	解算方式		
	CPU 单核切片解算	CPU 多核并行切片解算	GPU 并行切片解算
输入图像	左右相机各采集 608 张图像，共计 1216 张图像，截取区域约为 30 万像素，每个像素计算结果为 150 像素×1 像素的双方向切片		
运行平台	i9-10900K/128GB		RTX3090/24GB
线程数量/个	1	20	10496
运算时间/s	14.87	1.57	0.53
加速比(CPU 单核为 1)	1	9.5	28.1

由表 3.1 可知，CPU 单核处理切片解算需要花费 14.87s 的时间，采用 CPU 多核并行切片解算(本实验平台配置为 10 核 20 线程)，解算时间可以缩短到 1.57s；GPU 并行切片解算时间可以缩短到 0.53s，相较 CPU 单核而言提高了 28 倍，其中，GPU 中计算两个切片傅里叶逆变换的时间为 0.34s，而传输和分配内存耗时 0.19s。

随后，针对本章中的三维重构部分，本实验按照上面的 GPU 并行优化进行测量，计算得到的 GPU 加速三维重构结果对比如表 3.2 所示。

表 3.2　GPU 加速三维重构结果对比

对比项目	重构方式		
	CPU 三维重构		GPU 三维重构
切片尺寸	水平和垂直方向均为 150 像素×1 像素		
重构点数量/个	643326		
运行平台	i9-10900K/128GB	i9-10900K/128GB	RTX3090/24GB
线程数量/个	1	20	10496
运算时间/s	19.68	2.37	0.44
加速比(CPU 单核为 1)	1	8.29	44.83

由于本节采用了单双目结合的点云重构形式，左相机的单目点云共有 386247 个点，而右相机共有 159454 个点，双目重构得到的三维点数量为 97625 个，总计共处理三维数据点 643326 个。在经过连续性约束后，由虚匹配点计算出的误差点会被剔除。由表 3.2 可知，基于 GPU 加速后的三维重构算法效率提高明显，通过流的方式将三组点云数据的传输和计算过程合理分配，最终只需要 0.44s 就可以将二维匹配点转换成三维空间点，与 CPU 端对比之下，单核 CPU 的计算时间为 19.68s，而采用 CPU 并行仍然需要 2.37s，而 GPU 三维重构针对单核的加速比达到了 44.83，而针对多核 CPU 的加速比也达到了 5 倍以上。

针对全部测量数据，本节对单像素三维测量流程进行了对比分析，将传统单像素成像法、CPU 端投影重构法和 GPU 端优化后的算法进行了对比，如表 3.3 所示。

表 3.3　投影重构法与传统单像素成像法对比

对比项目	重构方式		
	传统单像素成像法	CPU 端投影重构法	GPU 端优化后的算法
投射条纹数量/张	45600	608	
线程数量/个	1	20	10496
立体匹配方式	极线约束	极线约束、连续性约束	
图像采集时间/s	364	5.1	
单像素解算时间/s	1758	10.2	7.3
总时间/s	2122	15.3	12.4

如表 3.3 所示，本书采用 GPU 端优化后的算法测量多次反光表面时图像采集时间为 5.1s，单像素解算时间为 7.3s，总时间为 12.4s，而相对于 CPU 端投影重构法而言，单像素的解算时间也缩短了约 3s(总时间为 15.3s)。

3.4　基于投影重构和局部区域延拓方法的并行单像素成像精度对比分析

3.4.1　投影立体匹配点的仿真对比实验

前面已经提出利用基于傅里叶单像素成像的方法分离直接反射光和多次反射光，将每一个相机像素都视为单像素探测器，通过投射全频率的条纹图案获得二维傅里叶变换的频谱，再对这些频谱进行二维傅里叶逆变换就可以得到单像素成像结果，也就是相机像素对应的光传输系数在光传输系数图中实现直接反射光和多次反射光的分离。但该方法为了获得频谱，需要投射大量频率不同的条纹图，分离效率很低。

在多次反光的条件下，相机像素对应的光传输系数图像存在多个光斑(图 3.8)，光斑代表直接反射光和多次反射光点，因此可以通过几个不同方向投影重构出这几个光斑位置，从而使直接反射光和多次反射光分离。

图 3.8　多次反光条件下相机像素的光传输系数

根据式(3.22)可知，只沿一个方向投射不同频率的条纹，就可以获得该方向的傅里叶切片，再进行一维傅里叶逆变换即可获得光传输系数图像的一个投影，选取几个不同方向上的投影就可以重构出光斑图像。获得傅里叶切片仅需在单一维度上投射各种频率的条纹图案，这样的投射数量显著少于单像素成像技术所需的条纹数量。本节选取角度为 0、$\pi/4$、$\pi/2$ 和 $3\pi/4$ 的傅里叶切片，通过投影重构实现直接反射光和多次反射光的分离。

通过在 0、$\pi/4$、$\pi/2$ 和 $3\pi/4$ 角度方向上投射不同频率的条纹，采集条纹图并计算得到相应方向上的傅里叶切片，再进行一维傅里叶逆变换得到这四个方向的投影。不同方向上的投影结果如图 3.9(a)～(d)分别对应 0、$\pi/4$、$\pi/2$ 和 $3\pi/4$ 角度方向上的投影结果。从投影结果图可以看出，在不同方向上的投影结果中都有两个明显的尖峰，尖峰处投影值对应光斑在该方向上的投影，将每个方

向上的峰值经过逆投影，就可以重构出光斑的位置。

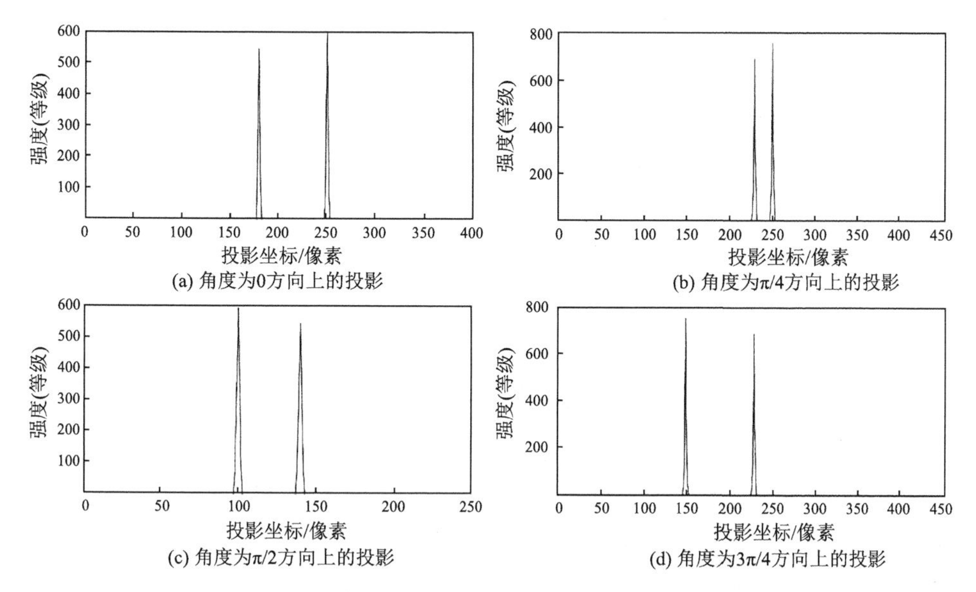

(a) 角度为0方向上的投影

(b) 角度为π/4方向上的投影

(c) 角度为π/2方向上的投影

(d) 角度为3π/4方向上的投影

图 3.9　不同方向上的投影结果

图 3.10 是由图 3.9 中 4 个方向上的投影重构得到的结果，为了方便显示，对重构结果进行了归一化处理。由图 3.10 可以看出，投影相交处亮度值较大，且相交的投影数量越多，亮度值越大，光斑位于各个方向投影的峰值处，在投影重构的结果上，光斑对应各个方向投影的相交处，也就是投影重构结果上较亮的区域，如图 3.10 中圆圈区域所示。通过投影重构，我们可以得到相机像素对应的光传输系数上的光斑，光斑代表了直接反射光和多次反射光，从而实现了直接反射光和多次反射光的分离。

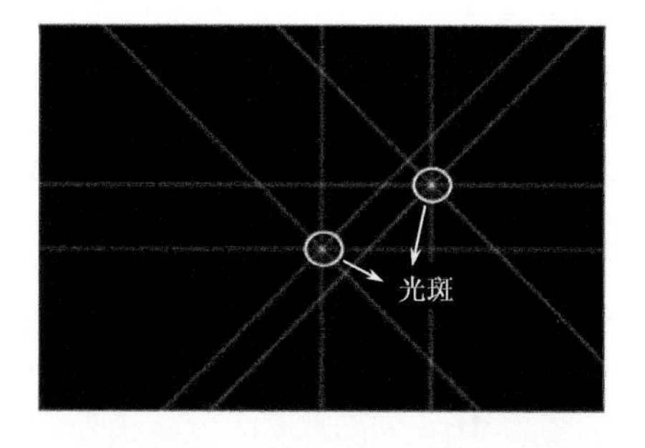

图 3.10　4 个方向投影重构结果

3.4.2　实测数据的精度对比分析实验

1. 实验环境

采用的视觉三维重构系统由投射器和相机组成，其中，使用的投射器型号为V-6501，芯片型号为DLP6500，分辨率为1920像素×1080像素，像素尺寸为7.6μm×7.6μm，8bit灰度图的最大投射频率为266Hz，相机选用Basler品牌的USB3.0工业相机，型号为acA1920-155μm，感光靶面尺寸为11.3mm×7.1mm，分辨率为1920像素×1200像素，像素大小为5.86μm×5.86μm，最大帧率为164帧/s。投射器投射条纹图到被测物上，相机采集到条纹图案，将数据传输到计算机平台并进行数据处理。

2. 实验过程与结果分析

多次反光测量实验的被测物包括叶片的叶片根部和两个标准量块，如图3.11所示。叶根连接处形成一个凹角，如图3.11(a)中圆圈区域所示，测量时容易发生多次反光，而两个标准量块之间也有一个夹角，如图3.11(b)所示，测量时两个标准量块之间也会互相反射，本节采用投影重构的方法进行测量。

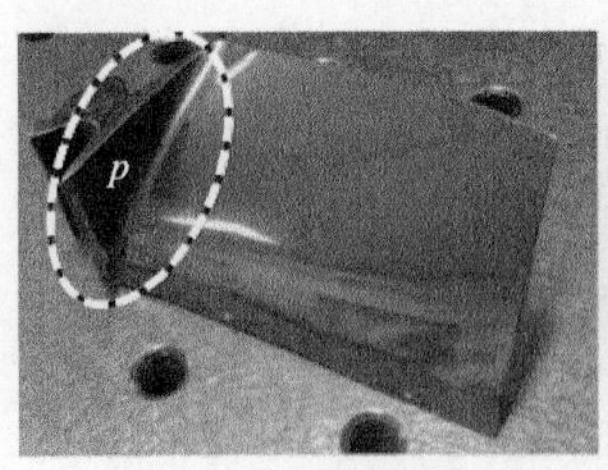

(a) 叶片根部

(b) 两个标准量块

图3.11　多次反光测量实验的被测物

首先通过投射0、π/4、π/2和3π/4方向上的条纹，获取这4个方向的傅里叶切片；然后进行一维傅里叶逆变换获得4个方向上的投影，最后根据这4个方向的投影进行重构。

图3.11(a)中场景点p对应的投影重构结果如图3.12所示。

由图3.12可以看出，直接反射光和多次反射光在投影重构加结果上实现了分离。找出4个方向上投影的极大值点，按照式(3.21)组成线性方程组，解算出直接反射光和多次反光点的位置坐标，并将这些点作为像素对应点的候选点。通过标定参数和相机像素点的坐标计算相应的极线，并计算候选点到极线的距离，将到极线距离最小的候选点作为直接反射光点，将该点与相机像素点匹配，最终根据匹配点计算出三维点数据。

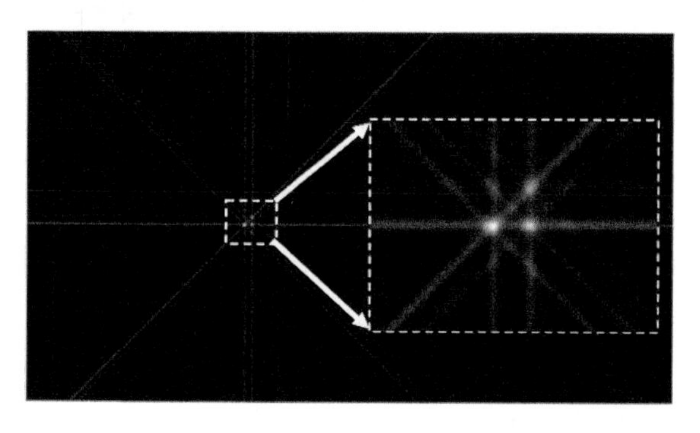

图 3.12　图 3.11(a)中的场景点 p 对应的投影重构结果

投影重构方法的测量结果如图 3.13 所示，同时采用了基于傅里叶单像素成像方法和多步相移方法对被测物进行测量，得到的测量结果分别如图 3.14 和图 3.15 所示，并将三种方法的测量结果进行对比。从测量结果可以看出，在多次反光条件下，投影重构和基于傅里叶单像素成像方法得到的测量结果点云数据完整，而多步相移方法得到的测量结果存在数据缺失，如图 3.15 中圆圈区域所示，验证了本节提出的基于投影重构的测量方法能够实现多次反光条件下的测量。

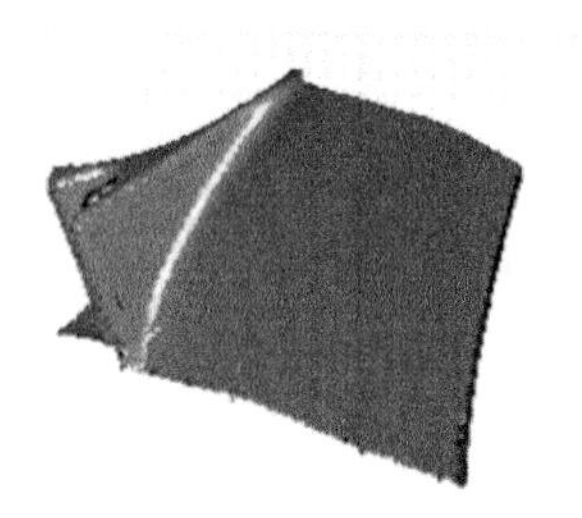

(a) 叶片测量结果

(b) 两个标准量块测量结果

图 3.13　投影重构方法的测量结果

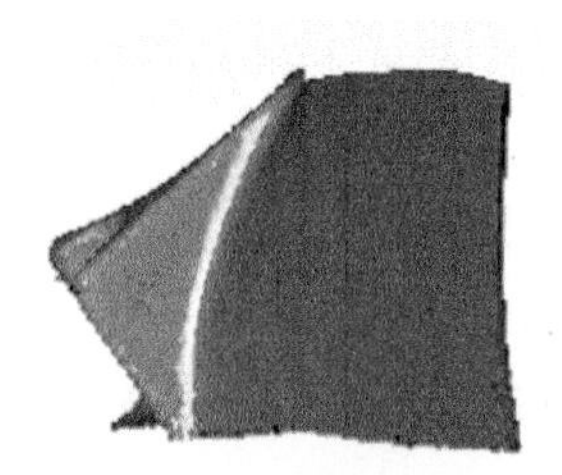

(a) 叶片测量结果

(b) 两个标准量块测量结果

图 3.14　基于傅里叶单像素成像方法的测量结果

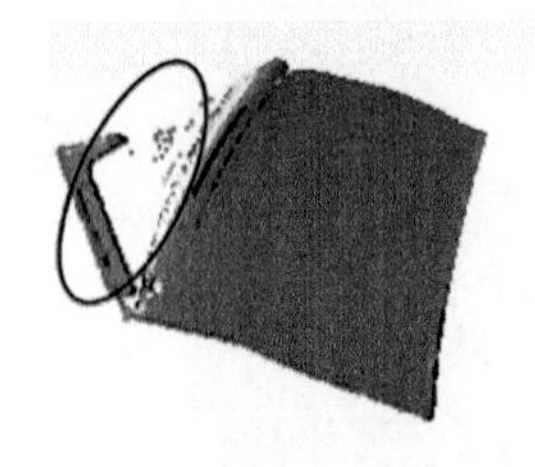

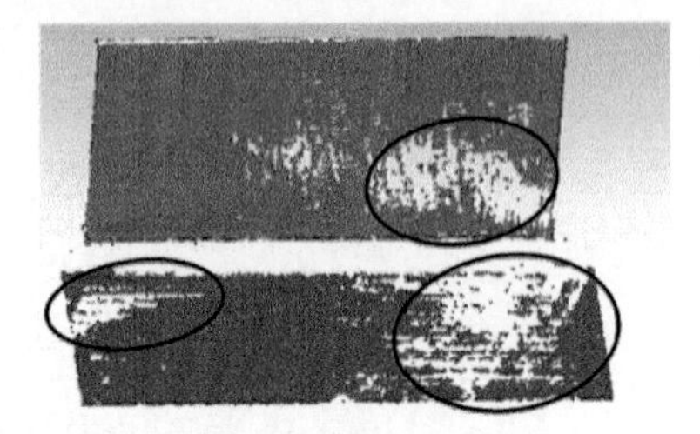

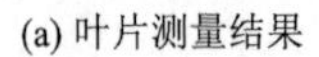

(a) 叶片测量结果　　　　(b) 两个标准量块测量结果

图 3.15　多步相移方法的测量结果

为了评价基于投影重构的测量方法的精度，本节首先对两个标准量块的测量结果进行平面拟合，同时对基于傅里叶单像素成像方法的测量结果进行了平面拟合，然后进行比较。得到的平面拟合结果如图 3.16 所示，平面拟合的均方根误差结果如表 3.4 所示。

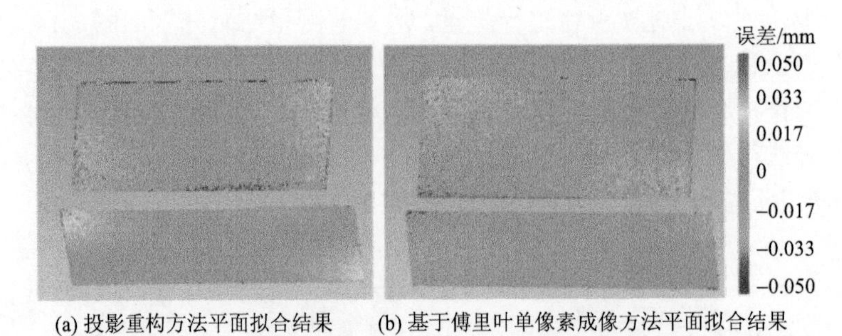

(a) 投影重构方法平面拟合结果　　(b) 基于傅里叶单像素成像方法平面拟合结果

图 3.16　两个标准量块的测量点云的平面拟合结果

表 3.4　平面拟合的均方根误差结果　　（单位：mm）

测量方法	平面拟合的均方根误差	
	上平面	下平面
投影重构方法	0.0165	0.0105
基于傅里叶单像素成像方法	0.0164	0.0973

由表 3.4 可以看出，投影重构方法测量得到点云数据的平面拟合的均方根误差很小，说明了投影重构方法具有较高的测量精度，而且与基于傅里叶单像素成像方法的测量精度大致相同。现通过计算投射的条纹图像数量来对两种方法的效率进行对比。在投影重构方法中获得某个方向上的傅里叶切片需要投射的条纹数量为

$$T(\theta)=2\times\left\lceil\left(\left|W'\cos\theta\right|+\left|H'\sin\theta\right|\right)\right\rceil \tag{3.58}$$

式中，$\lceil\cdot\rceil$表示向上取整符号；W'和 H'分别为投射器横纵方向分辨率。本节采用的

是 0、π/4、π/2 和 3π/4 四个方向上的傅里叶切片，投射器分辨率为 1920 像素×1080 像素，因此投影重构方法共需要投射的条纹数量为

$$T_1 = T(0) + T(\pi/4) + T(\pi/2) + T(3\pi/4) = 10244 \tag{3.59}$$

基于傅里叶单像素成像方法需要投射的条纹数量为

$$T_2 = 2 \times W' \times H' = 2 \times 1920 \times 1080 = 4147200 \tag{3.60}$$

从而可以得到两者数量的比值为

$$\frac{T_1}{T_2} \times 100\% = 0.247\% \tag{3.61}$$

由式(3.61)可以看出，投影重构方法需要投射的条纹数量仅为基于傅里叶单像素成像方法的 0.247%，对比基于傅里叶单像素成像方法，测量效率大大地提高了。综合测量精度和效率的对比验证了在多次反光的条件下，投影重构方法比基于傅里叶单像素成像方法更有优势。

3.5　本章小结

本章介绍了面向复杂光照下的基于投影重构的高效并行单像素成像方法。为了进一步提高并行单像素成像方法的测量效率，研究基于投影重构的切片并行单像素成像方法，通过利用投影重构的方式，将二维光传输系数的采集问题转化为一维投影函数的重构问题，在大幅度地提高重构效率的同时，保证重构精度，以实现对具有金属光泽材质和复杂型面被测物体的高效、高精度三维重构。

重构过程分为粗定位和精定位两个阶段。在粗定位中，研究通过基于傅里叶切片定理的定位技术获得投影函数的能量集中区域的方法；在细定位阶段中，研究通过周期延拓的傅里叶条纹对能量集中区域进行精细化成像的方法。研究将细定位的成像结果与粗定位的成像结果融合的方法，从而得到完整的投影函数。

在采集效率提升的基础上，进一步研究了基于 GPU 加速的投影重构并行单像素成像计算框架，采用全流程像素级的并行计算方法，大大地提高了三维重构的解算效率，同时研究了面向多匹配点的双目立体匹配方法，将单目三维重构拓展到双目三维重构，保证了重构精度。

参考文献

[1] Li Y, Zhao H, Jiang H, et al. Projective parallel single-pixel imaging to overcome global illumination in 3D structure light scanning. European Conference on Computer Vision, Tel Aviv, 2022: 489-504.

第4章　基于并行单像素成像的复杂光照下三维测量技术及应用

工业零部件型面的复杂性与材料的多样性给光学三维测量方法造成了极大的挑战：在基于三角测量原理的结构光法中，存在一个重要的假设，即光线在物体表面只发生一次反射，然而全局光照(GI)的存在会打破这个假设。全局光照也称作间接光照(indirect illumination)，与直接光照(direct illumination)相对应。直接光照对应的光线在场景中只会发生一次反射，而全局光照对应的光线在入射到物体表面后会在场景中进行传输，产生散射、折射或多次反射，从而破坏了光线在物体表面只发生一次反射的假设。因此，传统的结构光法在全局光照下无法对物体的三维形貌进行完整高精度的测量。如图 4.1 所示，多次反光(interreflections)与次表面散射(subsurface scattering)是两种典型的全局光照现象。

(1)多次反光是指光线入射到物体表面后，反射到物体上其他的位置，并再次出射的现象，如图 4.1(a)所示。对于传统结构光三维测量方法，多次反光现象不满足光线在物体表面只发生一次反射的假设，并且会与直接光照分量发生混叠，如图 4.2(a)所示，这会导致相移条纹投射法的解相结果或二进制编码结构光的解码结果出现错误，从而导致三维测量数据出现较大的误差或产生缺失。根据物体表面反射属性的不同，多次反光可以分为漫射(diffuse)多次反光和光泽(glossy)

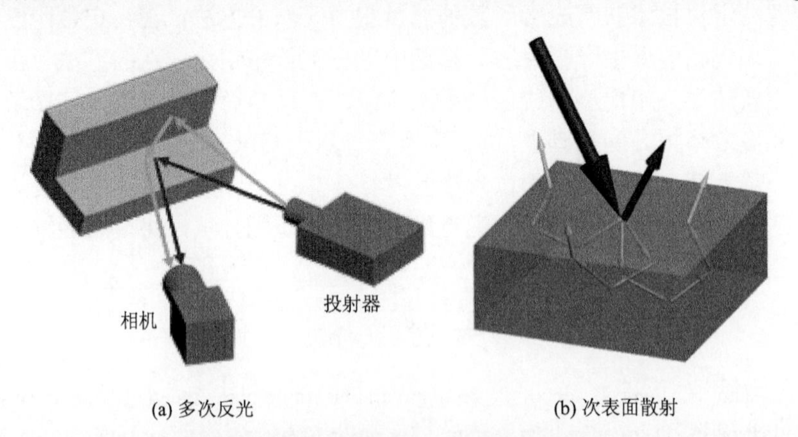

(a) 多次反光　　(b) 次表面散射

图 4.1　两种典型的全局光照现象示意图

深色：直接光照；浅色：间接光照

多次反光等类别。漫射多次反光的辐射亮度不随视角变化，可以采用主动立体视觉(active stereo vision)方法[1]消除测量误差，而光泽多次反光的辐射亮度会随视角变化，因此使用该方法消除测量误差较为困难。光泽多次反光通常在具有光泽反射特性的复杂型面结构中产生，如腔体、凹面、沟槽等结构。金属结构件是工业制造中典型的存在多次反光现象的零件。

(2)次表面散射是光线入射到物体表面后，穿透物体表面并在内部发生散射，然后再从物体表面其他位置出射的现象，如图4.1(b)所示。次表面散射会对投射到物体表面的结构光图案起到低通滤波的作用，降低图案的对比度和信噪比，如图4.2(b)所示，这会增大随机测量误差，并导致相移条纹投射法的相位展开结果或二进制编码结构光的解码结果出现错误，从而导致三维测量数据的缺失。次表面散射还会导致物体表面结构光图案的位置发生偏移，进而造成系统测量误差。次表面散射通常出现在半透明材料中，如聚乙烯、聚丙烯、聚酰胺等合成树脂材料，以及蜡、玉石、大理石等天然材料，还有牙齿、肌肉、脂肪等生物组织。在熔模精密铸造过程中用到的蜡模就是工业制造过程中典型的存在次表面散射现象的零件。

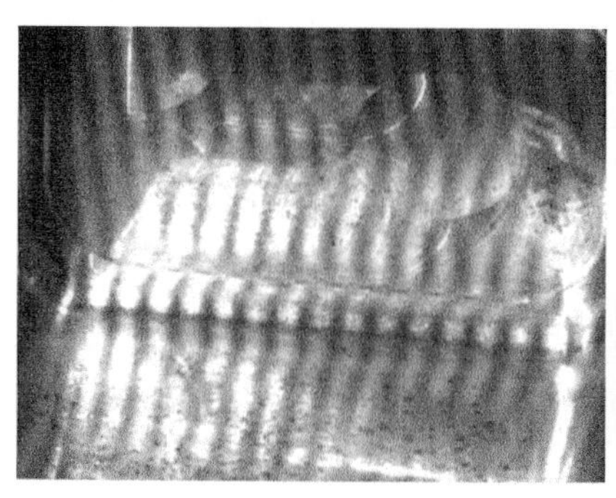

(a)多次反光下的条纹结构光图案

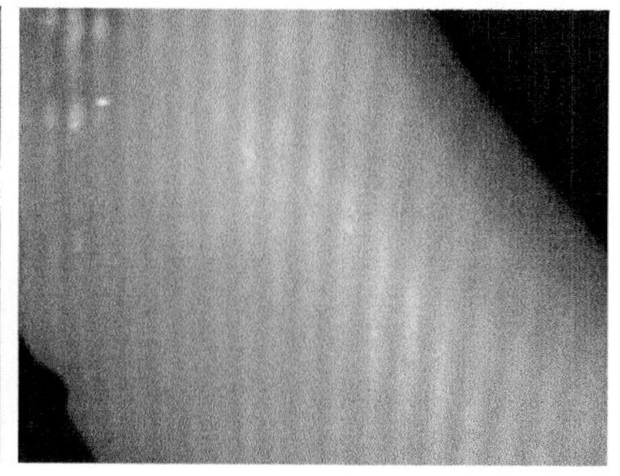

(b)次表面散射下的条纹结构光图案

图4.2　全局光照下的条纹结构光图案

通过喷涂显影剂可以使物体表面的反射属性转变为漫反射，从而避免多次反光和次表面散射等全局光照现象对结构光三维测量的影响。然而，一些重要或高价值的被测物，如航空结构件、文物等，是不允许在表面覆盖显影剂的，此外一些应用场合也不具备喷涂显影剂的条件，如流水线在线测量或数控机床在位测量。喷涂显影剂不仅会增加额外的时间与成本，还会在被测物表面增加一定的厚度，引入测量误差。因此，在全局光照下获取完整高精度三维数据是复杂型面三维测量的关键技术瓶颈之一。

本章旨在验证基于并行单像素成像方法在处理强反光、多次反光、次表面散射和阶跃边缘表面等情况下的有效性，并针对工业测量实际环境，提出具体的优化方案。

4.1　多次反射表面三维测量技术及应用

对于多次反光条件下的混叠问题，第 2 章与第 3 章已经提出了基于单像素成像的测量方法。该方法利用基于傅里叶的单像素成像方法，能够有效地分离直接反射光和多次反射光，实现多次反光条件下的三维测量。尽管该方法在分离直接反射光和多次反射光方面效果良好，但是需要采集大量的条纹图用于傅里叶单像素成像，导致测量效率低。

图 4.3 为强反光表面凹处多次反光示意图。

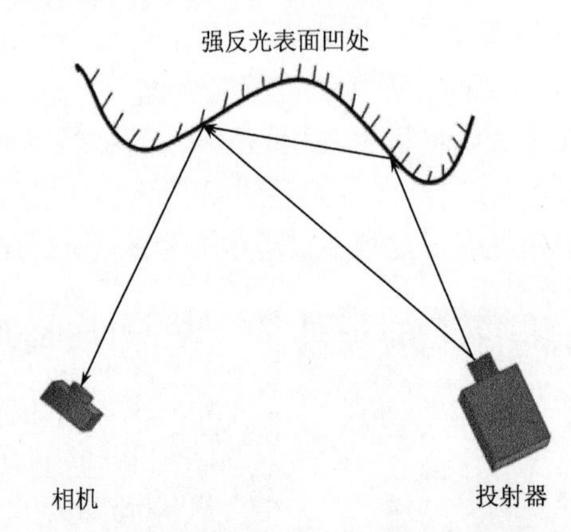

图 4.3　强反光表面凹处多次反光示意图

为了提高测量效率，本章在傅里叶单像素成像方法的基础上，从投影重构基本原理出发，提出基于投影重构原理的快速并行单像素成像方法，并给出识别重构结果中的直接反射光点和立体匹配的方法。

两种投影函数的投影策略如图 4.4 所示。

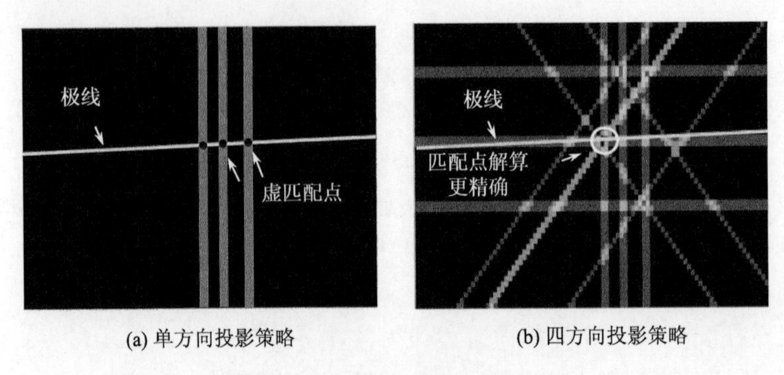

(a) 单方向投影策略　　(b) 四方向投影策略

图 4.4　两种投影函数的投影策略

(1)单方向投影策略：仅采集某一个方向的投影函数，实现成像效率的极大优化。

(2)四方向投影策略：采集四个方向的投影函数，较快速地实现高精度匹配点获取。当采用该投影策略时，可以确保在大部分多次反光下成功地实现三维重构。

4.1.1　多次反光下投影函数的峰混现象与虚匹配现象

峰混现象指投影函数方向的不恰当选择，造成原本应该存在的多个峰值被混叠为一个峰值的现象。具体的说明如下。在多次反光条件下，在相机像素与投射器像素之间的光传输系数中常常会出现多个光斑，其所对应的投影函数表现为多个峰值。一般情况下，光传输系数中光斑的数量应与投影函数中峰值的数量相等。例如，图 4.5 中投影函数 1～3 中峰值数量与光传输系数中光斑的数量相等。在这种情况下，根据第 3 章局部极大约束模型可以为匹配点的坐标位置提供约束。当投射足够数量的投影函数时，可以唯一地确定匹配点的坐标。然而，局部极大约束模型的成立有一个先决条件，即垂直于投影方向的直线不能经过由其他复杂光照引起的光斑。当该先决条件被破坏时，无法保证通过投影函数能够准确地得到匹配点的位置。例如，图 4.5 中的投影函数 4。虽然图 4.5 中的光传输系数中存在三个光斑，但是该投影函数中仅存在两个峰值。这是因为投影函数 4 的投影方向选择不当，导致与该投影函数垂直的直线穿过了由复杂光照效应引发的光斑区域，

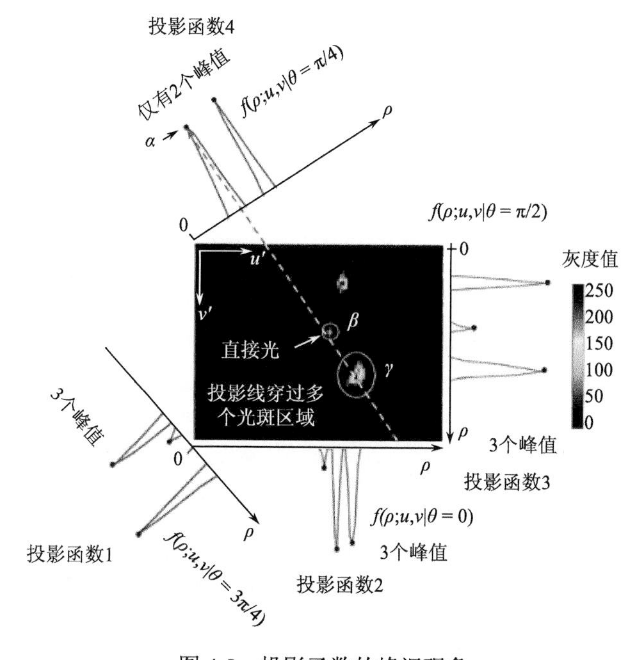

图 4.5　投影函数的峰混现象

正如图 4.5 中白色虚线所示。在这种情况下，投影函数 4 中的峰值是由光传输系数中光斑与光斑共同形成的。由于这两个光斑在沿投影函数四方向上距离较近，因此原本应该出现在投影函数 4 上的两个峰值被混叠进而形成了一个峰值，这种现象称为峰混现象。峰混现象对应于局部极大约束模型的退化情形。因此，应当排除在峰混条件下受到干扰的投影函数峰值的匹配位置。4.1.2 节将介绍一种遍历一致性配对多次反光匹配点解算方法，该方法用于剔除峰混现象下被污染的峰值匹配位置。

虚匹配现象是指当采用单方向或双方向投影策略时，在局部极大约束模型确定的候选匹配点中，出现光传输系数中本来不存在的匹配位置。例如，当采集横方向投影函数时，需要结合极线约束和投影函数中的极大值位置确定匹配点，这种情况下可能会形成本来不存在的匹配点，见图 4.4(a)。

4.1.2 基于四方向投影函数的遍历一致性配对直接匹配点解算方法

本节研究多次反光条件下如何使用四方向投影函数求解直接匹配点的问题。在可排除虚匹配点的条件下，至少需要三个方向的投影函数。然而，考虑到可能出现的混峰现象，则至少需要四个方向的投影函数才可以识别错误的方向，得出正确结果。本节介绍了一种遍历一致性配对，用于多次反射匹配点解算的方法。这种方法灵感来源于随机抽样一致(random sample consensus，RANSAC)算法，通过选取最小样本集并进行一致性检验，以排除可能受峰混现象影响的峰值匹配位置。这样不仅提升了立体匹配的精确度，也优化了三维重构的质量。

1. 遍历一致性配对多次反光匹配点解算方法

遍历一致性配对多次反光匹配点解算方法的具体流程如下所示。

(1)根据第 3 章所述的投影重构并行单像素成像方法对待测量场景进行拍摄，拍摄采用四个方向的投影条纹图案，且这四个方向可以采用 $\theta = 0°, 45°, 90°, 135°$ 的分布形式。

(2)对于相机中的某个像素 (u,v)，通过第 3 章方法计算其四个方向的投影函数 $f(\rho;u,v|\theta)$，同时创建维护已有峰值组合的数据结构 D_R，该数据结构可以采用链表形式，并支持以下两个功能：①随时添加新的节点；②给定一个节点并判断链表中是否存在相同的节点。D_R 的每个节点保存了已识别的峰值组合元组 (i,j,k,w)，其中元组中的 i,j,k,w 分别对应于投影方向 θ 为 $0°, 45°, 90°, 135°$ 时投影函数中第 i,j,k,w 个局部极大值。这些局部最大值的组合，通过求交方法，能够确定一个匹配点。当字母 i,j,k,w 中的某一个或几个为 -1 时表示该投影函数不纳入对应的匹配点计算中，从而排除峰混现象造成的影响，本节及后续章节中像素 (u,v) 均指去畸变后的坐标。

(3) 遍历四个方向的投影函数 $f(\rho;u,v|\theta)$ 两两配对组合的全部情况，并记 $\{f(\rho;u,v|\theta_1),f(\rho;u,v|\theta_2)\}$ 为将某两个投影函数进行组合后的集合，当完成全部投影函数组合后，程序终止，若未遍历完全部投影函数组合，则进行下述步骤。

(4) 对于某个组合下的两个投影函数 $\{f(\rho;u,v|\theta_1),f(\rho;u,v|\theta_2)\}$，通过两重循环遍历这两个投影函数中的全部局部极大值组合情况，记 (i,j) 为第一个投影函数 $f(\rho;u,v|\theta_1)$ 中的第 i 个局部极大值点和第二个投影函数 $f(\rho;u,v|\theta_2)$ 中的第 j 个局部极大值点的组合情况，并通过求交方法计算匹配坐标 (u_z',v_z')，并进行步骤(5)，若已经遍历完全部局部极大值组合，则返回步骤(3)。

(5) 根据式(2.82)检查匹配坐标 (u_z',v_z') 的极线约束，若不满足极线约束，则返回至步骤(4)，计算下一组局部极大值组合，若通过极线约束，则进行下述步骤。

(6) 将匹配坐标 (u_z',v_z') 根据如下公式：

$$\rho_i = \cos\theta_i \cdot u_z' + \sin\theta_i \cdot v_z' \tag{4.1}$$

分别投影至另外两个投影函数中，得到两个投影点 ρ_1 和 ρ_2。若 ρ_1 或 ρ_2 与其对应的投影函数中的某个局部极大值坐标之间的距离位于预设的容错范围 ε_R 之内，那么将保留该局部极大值的编号。若投影点不在该预设范围内，则对应方向的指标应记为 –1。预先设置的范围 ε_R 可以设置为 0.5 像素。若两个投影点附近均无局部极大值，则形成的节点中含有两个–1，此时返回步骤(4)，计算下一组局部极大值组合。

(7) 对于步骤(6)中形成的节点 (i,j,k,w)，维护已有峰值组合的数据结构 D_R，检查节点 (i,j,k,w) 是否已经存在，若不存在该节点，则创建一个新的位置，将其存入；若已经存在，则跳转至步骤(4)，计算下一组局部极大值组合。

2. 实验与分析

本节通过实验验证遍历一致性配对多次反光匹配点解算方法。实验平台为一台工业相机与一台结构光投射器组成的单目结构光三维视觉传感器，其中，工业相机分辨率为 1920 像素×1200 像素，结构光投射器分辨率为 1920 像素×1080 像素。系统采集频率为 150 帧。在测量之前标定工业相机与结构光投射器组成的立体视觉系统的内外参数。实验对象为图 4.6(a)所示的金属叶片，图 4.6(b)展示了该金属叶片在相机视角下的图像，并选取两点 A 与 B 来展示反向投影求交的过程。

在实验过程中，根据式(3.22)生成投影方向分别为 $\theta = 0°,45°,90°,135°$ 分布形式的四个方向的投影条纹图案。粗定位阶段采用 10 个频率，每个方向细定位条纹的投影接受域均为 200 像素。在实验过程中采用四步相移投射模式，共计投射图案 1968 张，采集时间约为 12s。若直接采用第 3 章中式(3.21)对点 A 得到的四个方向的投影函数进行处理，得到的图像如图 4.6(c)所示。图 4.6(c)中展示了投射器下全分辨率的求交结果，左侧对应为放大区域的图像。为了更清楚地显示直接光的位置，放大图中绘制了极线。可以清晰地看到，图 4.6(c) 中被左侧圆圈住的光斑在水平方向的定位投影线未严格地与其他几个方向的投影线相交(相对向上偏了一些)。此时，若增大式(3.21)中判定直线是否相交的阈值，可以得到交点：(1456.408, 630.850)。从图 4.6(c) 中可以看到，直接光斑实际上是受到左侧光斑的影响(图 4.6(c) 左侧圆圈)，即直接光受到峰混的影响。图 4.6(d) 为采用遍历一致性配对多次反光匹配点解算方法剔除横方向投影线后的求交结果图，这时其余三个方向的投影线严格相交，可以得到正确的交点坐标：(1456.408, 631.513)。与图 4.6(c) 中的交点相比较，二者的纵方向坐标相差了近 1 个像素。为了方便比较，图 4.6(e) 展示了未受到峰混现象影响时点 B 四个方向投影函数求交的结果图，从该图中可以清晰地看出，四个方向的投影函数局部极大值的投影线严格交于一点。

(a) 金属叶片

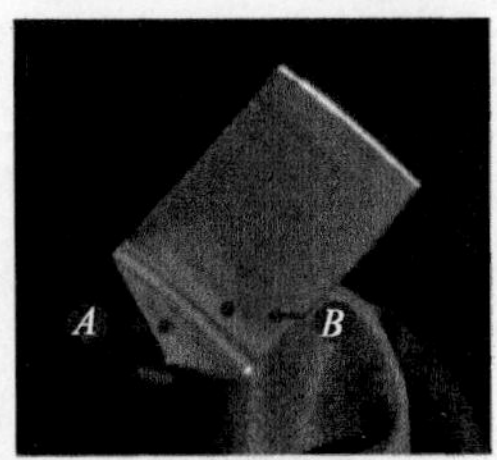

(b) 工业相机视角下的金属叶片

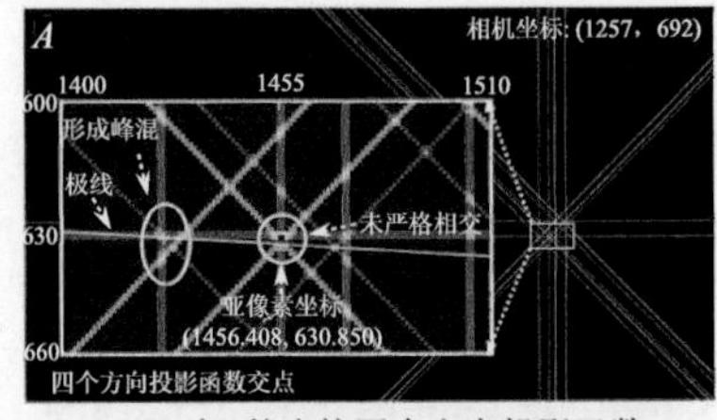

(c) 点A的直接四个方向投影函数的交点计算受峰混影响

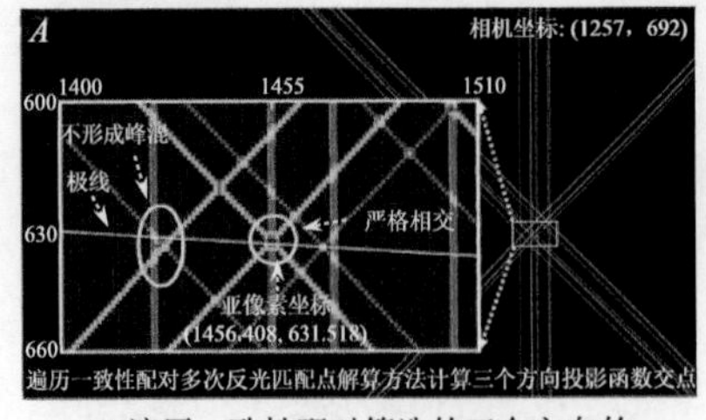

(d) 遍历一致性配对筛选的三个方向的投影函数交点不受峰混影响

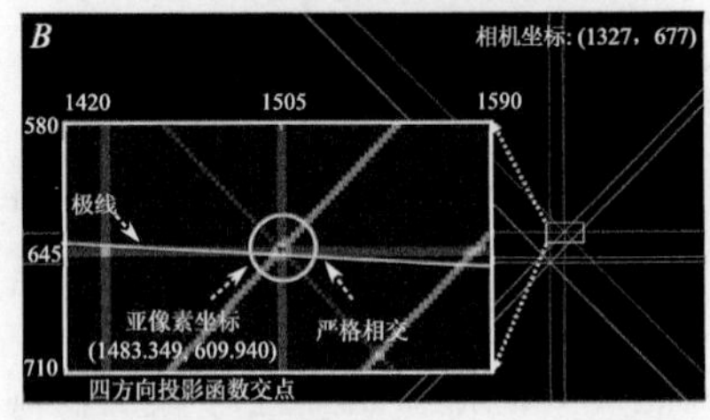

(e) 点B不受到峰混影响的四个方向求交情况

图 4.6 金属叶片与峰混影响下的匹配点求交

对图 4.6(a) 中金属叶片分别使用式(3.21)与遍历一致性配对多次反光匹配点解算方法计算得到匹配点，并根据三角测量原理得到三维重构数据，结果如图 4.7 所示。在图 4.7(a) 中，由于受到峰混影响，直接使用四个方向投影函数导致金属叶片底端数据缺失。而在图 4.7(b) 中，采用本节方法可以得到完整的测量结果。

4.1.3 基于单方向投影函数的快速多次反光直接匹配点解算方法

为了追求更高的采集效率，本节研究在快速多次反光条件下单方向投影函数采集策略的直接匹配点解算方法。

(a) 峰混造成测量失效

(b) 遍历一致性配对多次反光匹配点解算方法三维重构结果

图 4.7　峰混造成的测量失效与本节所述方法的三维重构结果

1. 基于极线约束的匹配候选点计算方法

当仅采集单方向投影函数时，需要利用极线约束求解得到候选匹配点。对于相机像素 (u,v) ，设该像素在投射器像平面的极线方程为

$$au' + bv' + c = 0 \tag{4.2}$$

式中，u'和v'代表投射器像平面坐标；a、b和c为直线方程所需要的参数。

设 $f(\rho;u,v\,|\,\theta)$ 为该相机像素根据第 3 章的投影重构并行单像素成像方法获得的单方向投影函数，且 ρ^i 为其第 i 个亚像素后的局部极大值坐标，设 $f(\rho;u,v\,|\,\theta)$ 中共有 I 个局部极大值，则对于其每个局部极大值可以通过求解以下方程得到一个候选匹配点(图 4.4(a)给出了 $\theta=0°$ 投影函数的候选匹配点计算示意图)：

$$\begin{pmatrix} \cos\theta & \sin\theta & -\rho^i \\ a & b & c \end{pmatrix}\begin{pmatrix} u' \\ v' \\ 1 \end{pmatrix} = \begin{pmatrix} 0 \\ 0 \\ 0 \end{pmatrix} \tag{4.3}$$

本书中单方向投影策略采用 $\theta=0°$ 的投影函数。这是由于实验中相机像素在投射器像平面上的极线接近于一条水平直线，采用 $\theta=0°$ 的投影函数可以减少求交误差。

在四个方向投影策略中，匹配点是由各投影函数的局部极大值通过反向投影线求交得到的，极线约束在其中的作用仅为判断各匹配点是否为直接光匹配点。在这种情况下，极线约束并未直接参与到匹配点的解算过程中。即便标定参数发生漂移，适当地调大极线距离阈值可以得到正确的匹配坐标。然而，当采用单方向投影策略时，候选匹配点的坐标直接由极线约束得到。因此，匹配点坐标的精度依赖于相机-投射器之间的标定精度。当本书采用单方向投影策略时，都是在刚完成相机-投射器标定的基础之上进行的。

2. 实验与分析

本节通过实验验证基于单方向投影函数的多次反光三维重构方法的有效性。对图 4.8 中的三个场景采用单方向投影函数的多次反光匹配点解算方法，在实验过程中采用四步相移投射模式，同时采用 10 个频率的粗定位条纹。所采用的投影接受域像素数目如下：对于镜子与石膏小熊场景和 V 形槽场景，接受域像素数目为 150 像素；对于金属工件场景，接受域像素数目为 300 像素。因此，单向投影函数的多次反射匹配点解算方法仅需投射 344(张)图案模式，便可适用于镜子与石膏小熊场景及 V 形槽场景；对于金属工件测量场景，需要投射 644(张)图案模式。

(a) 镜子与石膏小熊场景

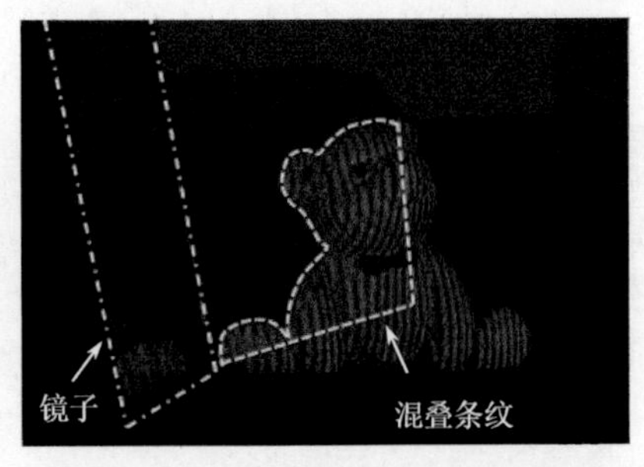

(b) 镜面反射的条纹混叠

(c) 金属工件场景

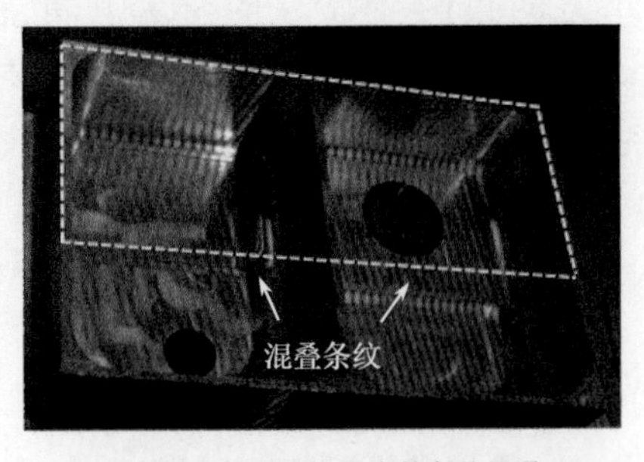

(d) 金属工件测量场景中的条纹混叠

(e) V形槽场景

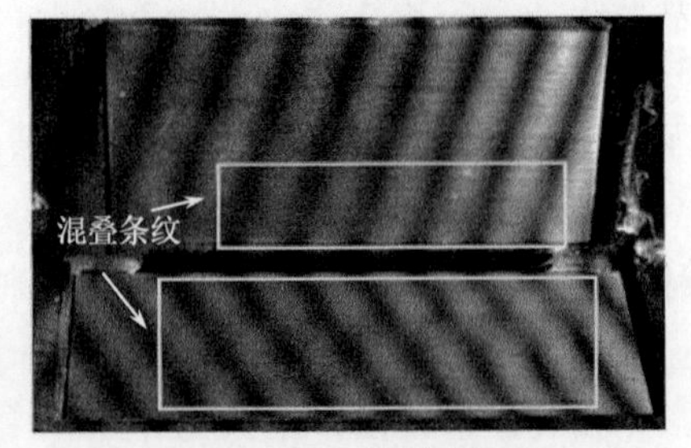

(f) V形槽场景中的条纹混叠

图 4.8　多次反光型面单方向投影策略的实验对象与混叠条纹

采用单方向投影函数的多次反光匹配点解算方法对三个场景测量的三维重构结果如图 4.9(b)、图 4.9(d) 和图 4.9(f) 所示。作为对比实验，图 4.9(a)、图 4.9(c) 和图 4.9(e) 展示了微相移方法测量[2]三个场景的结果。实验中采用的微相移方法使用平均周期为 16 像素的 15 个频率的竖条纹，共 17 张图案模式。根据微相移方法的假设，所投射的条纹频率应足够高，从而使多次反光分量趋近于直流分量。然而，从图 4.9 中的三维重构结果可以发现，虽然相较于传统条纹投影轮廓术有所提高，但微相移方法仍然无法应对本书场景中出现的多次反光条件下的三维重构问题。

(a) 微相移方法测量镜子与石膏小熊场景

(b) 单方向投影策略测量镜子与石膏小熊场景

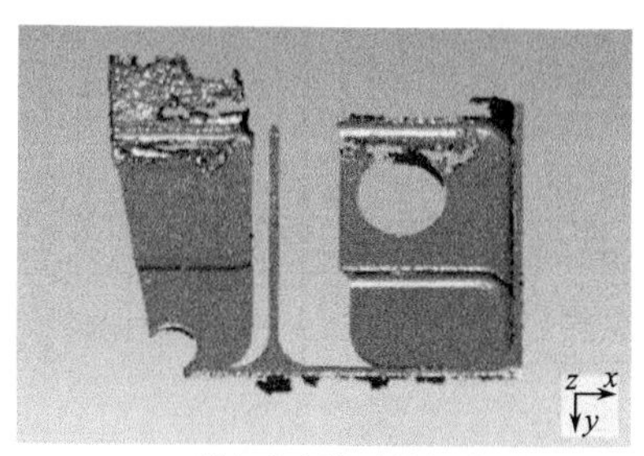

(c) 微相移方法测量金属工件

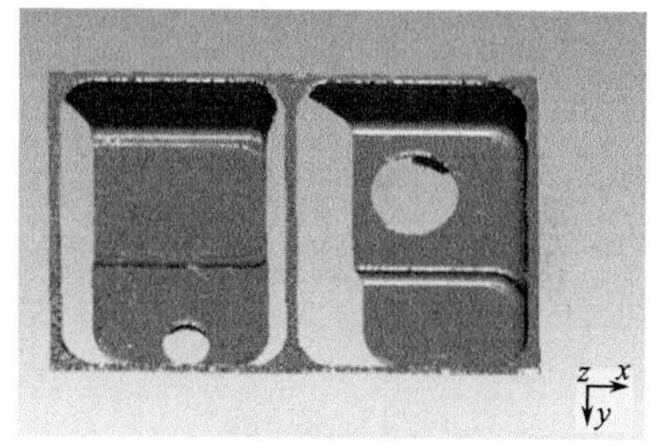

(d) 单方向投影策略测量金属工件

(e) 微相移方法测量V形槽场景

(f) 单方向投影策略测量V形槽场景

图 4.9　多次反光型面的微相移方法和单方向投影策略的三维重构结果

为了评价单方向投影函数的多次反光匹配点解算方法的三维重构精度，通过使用 V 形槽测量场景进行平面拟合，并计算点云与拟合平面之间距离的均方根误差来反映重构的精度。精度评价结果见图 4.10(a)和(b)。图 4.10(a)为上表面的均方根误差，图 4.10(b)为下表面的均方根误差。上下表面的均方根误差分别为 0.016mm 和 0.013mm。通过与三个方向投影策略的精度进行比较不难发现，在单方向投影策略下精度降低在可接受范围内。然而，单方向投影策略的测量效率为三个方向投影策略的三倍。值得注意的是，采用单方向投影策略应是建立在相机–投射器准确标定的前提之上进行的，否则将会出现精度严重下降的情况。图 4.10(c)和(d)展示了微相移方法对 V 形槽场景的精度分析结果，其上下表面均方根误差分别为 0.058mm 和 0.056mm。从结果可知，微相移方法在本书多次反光影响下精度显著地降低，不满足高精度场合中的需求。

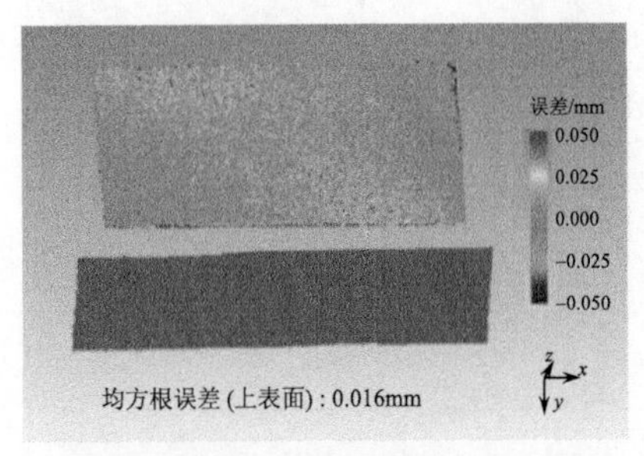

(a) 单方向投影策略V形槽上表面平面拟合误差

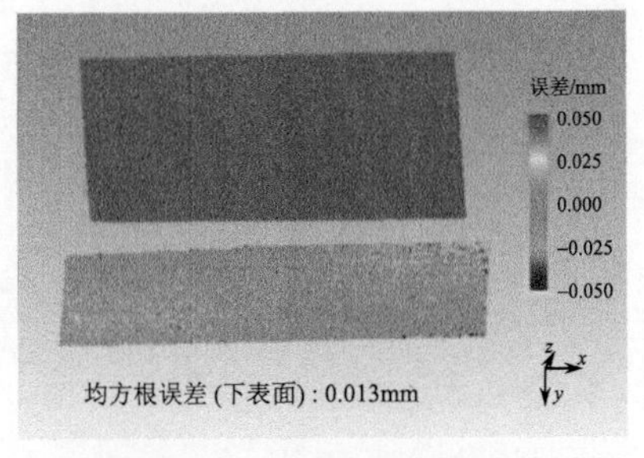

(b) 单方向投影策略V形槽下表面平面拟合误差

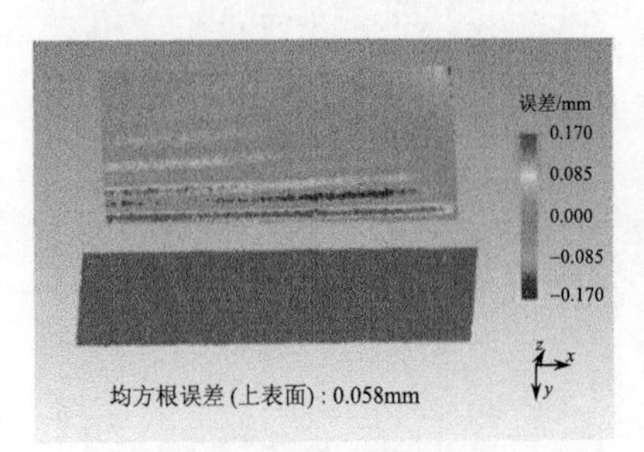

(c) 微相移方法V形槽上表面平面拟合误差

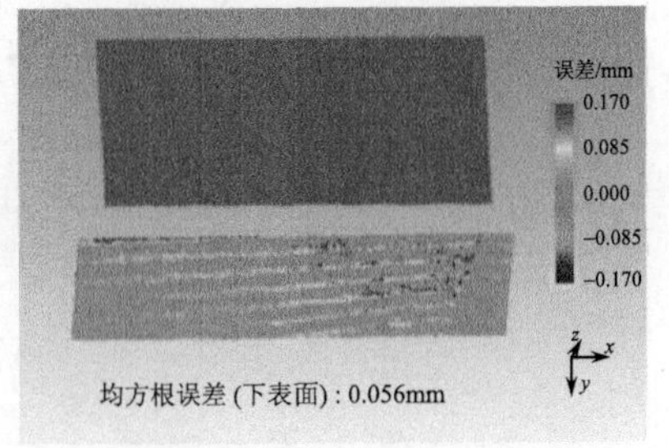

(d) 微相移方法V形槽下表面平面拟合误差

图 4.10　多次反光型面单方向投影策略与微相移方法的精度评价(见彩图)

4.1.4　一次、二次和三次以上反射光分离方法

多次反射光实际上是光线在空间中的混叠，造成了多次反射光线混叠在一起，当其被光探测器采集时，该探测器接收的光强信息实际上是多次反射光混叠后的结果。在摄影测量领域，对多次反射光线的分解能够帮助重构真实的三维场景信息，从而提高测量精度；在计算机图形学领域中，往往通过渲染方程对虚拟场景进行渲染，模拟了光线从光源到场景的传播过程，并添加多次反射光等光照信息，

使得场景信息更加真实，而对于多次反射光的分离实际上是渲染的逆向过程，对反射光线的分离能够验证渲染的真实性，为其提供理论依据和真实测量数据。

本节将阐述如何分离混合光中的二次反射光[3]。当通过并行单像素成像分离出一次反射光后，可以进一步对反射光的成分进行分离，首先从单像素重构出的投射器图像中入手，对投射器重构图像上的多个斑点进行筛选，当排除掉一次反射光之后，通过建立空间模型的方式，判断剩余光线是否属于二次反射光。二次反射光分离示意图如图 4.11 所示，在经过三维重构得到点云数据后，首先需要计算点云表面法向量，本书采用邻域法计算点云的法向量。在得到点云的法向量之后，需要计算投射器到物体表面的出射光线及物体表面到照相机像面的入射光线。在三维重构的过程中，已经通过计算得到投射器上一点 (m,n) 对应的物体坐标 Y(即该点像素发光照射到物体上一个三维点 Y) 和相机像素上一点 (c,d) 对应的物体坐标 X(投影光线经 X 反射到达相机像面上该像素点)，将如上数据保存，用于三维立体模型搭建。

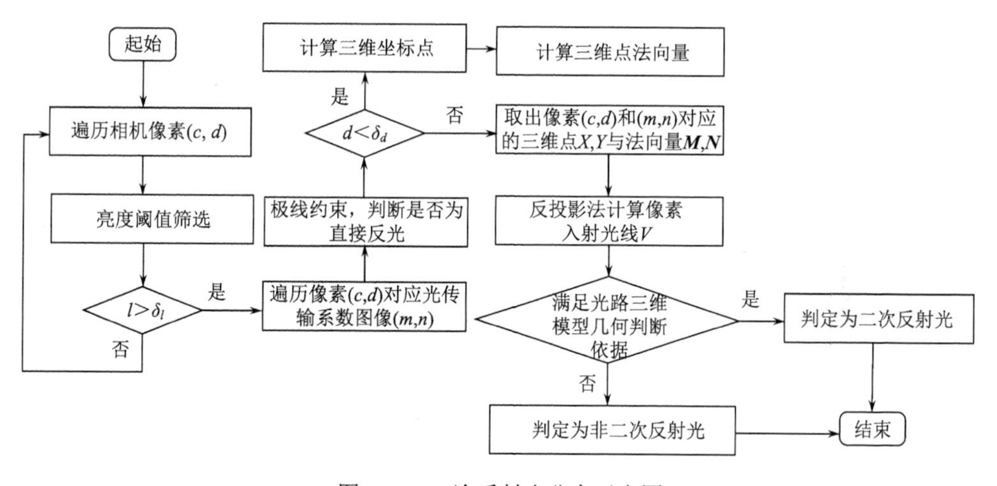

图 4.11　二次反射光分离示意图

1. 三维点云法向量计算

在三维重构完成后，计算点云数据法向量。拟合法和 Delaunay 球法是目前求解点云法向量的主要方法。本书采用拟合法进行法向量的计算，而拟合法中又包括平面拟合法、二次曲面拟合法和二次曲线拟合法等，我们采用平面拟合法进行法向量的估算，主要过程如下所示。

(1) 导入点云数据，人为规定一个固定值 K，对三维点云中的每一个三维点计算其 K 邻域。

(2) 通过各点的 K 邻域进行协方差分析，计算协方差矩阵，获得最小特征值对应的特征向量，这一方向即为该点法向量的走向。

(3) 调整点云的法向量朝向。首先判断邻域计算的准确度，在其准确度满足条件的情况下，先确定一个初始点的正确朝向，然后调整其整个邻域中采样点的法线方向，对各点的邻域不断地进行拓展，按照这一规律对整个点云数据进行法线方向的调整。

其中，计算协方差矩阵的方法在目前计算法向量的研究中所用较多，这种解法具有很强的鲁棒性，但是要注意，对邻域进行去中心化处理，把原点移动到数据的质心位置。

2. 基于反投射射线计算光线方程

根据光线传输空间几何模型的理论，要想成功地建立几何模型，最关键的一步便是确定光线方程。因此我们尝试解算照相机阵列入射光线和投射器阵列出射光线。

在搭建影像采集系统并进行三维重构的过程中，均选定投射器坐标系为世界坐标系。垂直于投射器阵列朝向物体方向为 Z 轴，投射器与相机光心连线上朝向相机光心方向为 X 轴，根据右手定则确定垂直工作台向上方向为 Y 轴，投射器光心为世界坐标系原点。首先考虑传统方法求解光线方程，即通过坐标系变换将二维坐标转变为三维坐标。由于已知投射器上一点和相机上一点分别对应物体三维点坐标，因此分别计算投射器阵列和相机阵列上的二维像素点的空间三维坐标，再与物体三维点连线即得到了光线方程。但这种解法涉及众多的坐标系变化，目前已知像素坐标系，首先需要将像素坐标系转换为图像坐标系，虽然二者都在成像平面上，但各自原点和度量单位不同。在图像处理领域，图像坐标系的原点，被定义为相机光轴与成像平面相交的主点。此坐标系以毫米为物理单位，不同于以像素为单位的像素坐标系，二者转换涉及精确的计算关系。通过旋转、缩放和平移的变换，我们可以从图像坐标系导出相机和世界坐标系，以实现二维到三维的空间映射。然而，考虑到多次变换可能累积的误差，本书探讨一种新方法——反投影法，以减少复杂性并提高坐标计算的准确性。

在计算机视觉中，投影分为正投影和反投影。对于一个空间三维点 $\boldsymbol{X}$，当有一相机对该空间三维点进行拍摄时，可以将结果保存到二维图像上的一点 $\boldsymbol{m}$，这种投影关系称为投影机的正向投影，简称为投影。反投影是针对图像平面的二维关系而言的，假设取图像平面中一点 $\boldsymbol{m}$，在相机 $\boldsymbol{P}$($\boldsymbol{P}$ 表示相机的成像矩阵) 的作用下，空间上所有对该图像二维点 $\boldsymbol{m}$ 在相机 $\boldsymbol{P}$ 存在前提下的表述，即二维点 $\boldsymbol{m}$ 在三维空间的集合表示，称为反投影，即

$$\boldsymbol{l}=\left\{\boldsymbol{X}\mid\boldsymbol{m}=\boldsymbol{P}\boldsymbol{X}\right\} \tag{4.4}$$

事实上这条反投影射线 $\boldsymbol{l}$，在三维空间中的表示即光心和摄影机阵列一点的连线，即为我们所求的入射光线和出射光线，这一连线即图像上一二维点在空间上的三维表示，虽然和传统理解的二维到三维变换不同，但是直接代表了将二维点成像的光线，从空间几何关系上去理解，图像上一点 $\boldsymbol{m}$ 的反投影就是从相机或投射器光心出发通过图像上一点 $\boldsymbol{m}$ 的一条射线。反投影射线如图 4.12 所示。

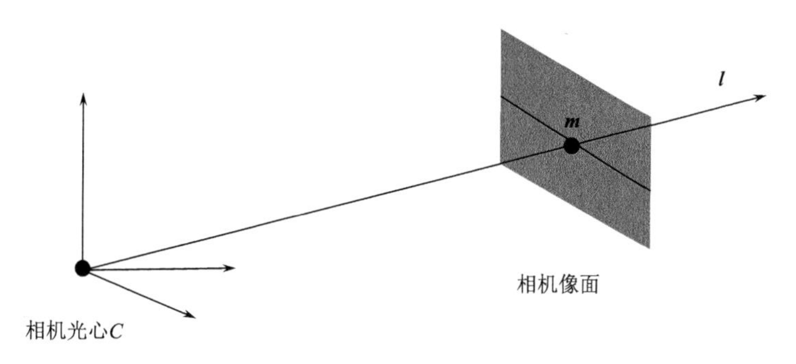

图 4.12　反投影射线

当把二维图像看作三维空间中的一个平面，将二维坐标点 $\boldsymbol{m}$ 看作一个空间三维点，若想确定此直线方程需要确定三维空间中的两点。由于在三维重构之前我们进行了标定，已经确定了投射器光心坐标(即世界坐标系原点)和相机光心坐标(相机光心在投射器世界坐标系下的三维空间坐标)，若已知投射器和相机的内参矩阵 $\boldsymbol{K}$，在选定投射器坐标系为世界坐标系的前提下，通过相机对于世界坐标系的旋转矩阵 $\boldsymbol{R}$ 和平移分量 t，可以求得相机矩阵 $\boldsymbol{P}$：

$$\boldsymbol{P}=\boldsymbol{K}\boldsymbol{R}(\boldsymbol{I},-\tilde{\boldsymbol{C}}) \tag{4.5}$$

式中，$\boldsymbol{I}$ 为单位矩阵；$\tilde{\boldsymbol{C}}$ 为相机中心在投射器世界坐标系下的非齐次坐标。若取图像上点 $\boldsymbol{m}$ 和 $\boldsymbol{P}$ 的广义逆 $\boldsymbol{P}^{+}=\boldsymbol{P}^{\mathrm{T}}(\boldsymbol{P}\boldsymbol{P}^{\mathrm{T}})^{-1}$ 定义的一个空间点 $\boldsymbol{P}^{+}\boldsymbol{m}$，则该空间点必定在所求射线 $\boldsymbol{l}$ 上，根据该点和已知照相机光心 $\boldsymbol{C}$ 的空间坐标可以求得该直线方程并应用到单像素成像中。针对相机上每一点，根据反投影法求得光线投射到相机上该像素点时的入射光线，随后重构该像素点的光传输系数，遍历间接反射光图像中的亮点，根据相同方法逐个求得其出射光线，最终可以完成光线方程的计算。

3. 基于光路三维模型的二次反射光分离

在每一个单像素光学传输函数的图像中，发光的斑点包含直接分量和间接分量。一次反射光分量即直接分量已经通过极线约束的方式确定，并在混合光重构图像中将其排除得到间接分量。在剩余的斑点中可能存在二次反射光分量、三次反射光分量及以上多次反射光分量。接下来我们将尝试采用建立空间三维模型的方法来分离二次反射光。如前面所述，不同光反射分量在照射到物体后会经过不同的路径，根据二次反射光独特的空间路径，可以采用几何判据来判定该斑点是否属于二次反射光，光路的三维模型如图 4.13 所示。

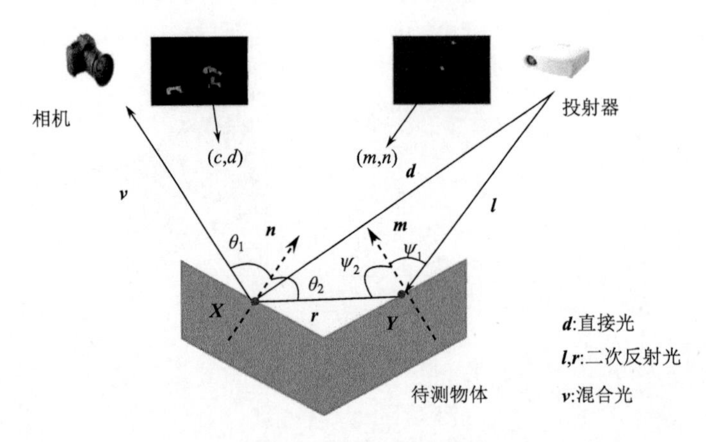

图 4.13　光路的三维模型

如图 4.13 所示，左上方为相机，对于相机像素 (c,d)，当运用单像素成像原理对其结果进行重构之后得到一幅投射器视角下的画面，如图 4.13 中右上方所示，在第 3 章中，这幅重构图像在极线约束条件下处理掉了一次反射光，因此通过筛选，取阈值以上的一点 (m,n)。如图用字母 $\boldsymbol{d}$ 标记的光线为一次反射光，即直接反射，光线从投射器上某一点射出，经物体表面反射直接到达相机像素点 (c,d)。物体上三维点 $\boldsymbol{X}$ 为相机像素 (c,d) 对应的空间三维点，$\boldsymbol{v}$ 为由点 $\boldsymbol{X}$ 反射到达相机的入射光线。若投射器上另有一点 (m,n)，该点发出光线经投射器射出，出射光线为 $\boldsymbol{l}$，物体表面空间点 $\boldsymbol{Y}$ 为投射器像素 (m,n) 对应的三维空间点。光线由投射器像素 (m,n) 发射后，首先照射到 $\boldsymbol{Y}$ 点后，经二次反射至点 $\boldsymbol{X}$，再经 $\boldsymbol{X}$ 点反射后达相机像素 (c,d)。我们称上述路径构成二次反射。

图 4.13 中 $\boldsymbol{n}$、$\boldsymbol{m}$ 分别为物体表面点在 $\boldsymbol{X}$、$\boldsymbol{Y}$ 的表面法向量。设空间点 $\boldsymbol{X}$ 与 $\boldsymbol{Y}$ 的连线为 $\boldsymbol{r}$，ψ_1 为投射器出射光线 $\boldsymbol{l}$ 与 $\boldsymbol{Y}$ 点表面法向量 $\boldsymbol{m}$ 的夹角，ψ_2 为 $\boldsymbol{Y}$ 点表面法向量 $\boldsymbol{m}$ 与 $\boldsymbol{XY}$ 二点连线 $\boldsymbol{r}$ 的夹角，同理，θ_1 为相机入射光线 $\boldsymbol{v}$ 与点 $\boldsymbol{X}$ 表面法线 $\boldsymbol{n}$ 的夹角，θ_2 为法线 $\boldsymbol{n}$ 与连线 $\boldsymbol{r}$ 的夹角。采用如下几何判据来判断相机像素与投射器像素是否构成了二次反射，即判断图中的 ψ_1 与 ψ_2、θ_1 与 θ_2 的角度是否处于设定的阈值范围内，从而确认它们是否遵循反射定律。通过计算两个角度的差值，并以设定的阈值为标准，可以判断这一路径是否形成了二次反射。如果确实发生了二次反射，那么投影器画面上的该点就会被保留，并构成对应的二次反射光重

构画面。最后，通过遍历照相机阵列，合并每个单像素的重构结果，得到了最终的二次反射光分离图像。

计算公式如下：

$$\boldsymbol{r}=\boldsymbol{X}-\boldsymbol{Y} \tag{4.6}$$

$$\theta_1=\arccos\left(\frac{\boldsymbol{v}\cdot\boldsymbol{n}}{|\boldsymbol{v}|\cdot|\boldsymbol{n}|}\right) \tag{4.7}$$

$$\theta_2=\arccos\left(\frac{\boldsymbol{r}\cdot\boldsymbol{n}}{|\boldsymbol{r}|\cdot|\boldsymbol{n}|}\right) \tag{4.8}$$

$$\psi_1=\arccos\left(\frac{\boldsymbol{l}\cdot\boldsymbol{m}}{|\boldsymbol{l}|\cdot|\boldsymbol{m}|}\right) \tag{4.9}$$

$$\psi_2=\arccos\left(\frac{\boldsymbol{r}\cdot\boldsymbol{m}}{|\boldsymbol{r}|\cdot|\boldsymbol{m}|}\right) \tag{4.10}$$

$$\delta_1=|\theta_2-\theta_1| \tag{4.11}$$

$$\delta_2=|\psi_2-\psi_1| \tag{4.12}$$

4.2　基于并行单像素成像的半透明表面三维测量技术及应用

次表面散射是光线入射到物体表面后，穿透物体表面并在内部发生散射，然后再从物体表面其他位置出射的现象。次表面散射会对投射到物体表面的结构光图案起到低通滤波作用，从而降低图案的对比度和信噪比，这会增大随机测量误差，并可能导致相移条纹投射法的相位展开结果或二进制编码结构光的解码结果出现错误，从而造成三维测量数据出现缺失。次表面散射还会使结构光图案的位置产生偏移，导致系统测量误差。

次表面散射会严重地降低投射在物体表面结构光图案的对比度，增大随机测量误差，并导致测量数据出现缺失。次表面散射还会使结构光图案产生偏移，从而造成测量数据在深度方向上产生偏移。提高投射条纹的空间频率可以抑制次表面散射造成的系统测量误差，但同时会进一步降低条纹的对比度，进而降低测量数据的完整率。因此，在传统方法下提高测量数据的完整率与降低系统测量误差是相互矛盾的，难以兼顾测量完整性与准确度。现有的系统测量误差补偿方法需要利用与被测物材料相同的标准器进行标定，或者通过已知的材料参数进行补偿。

本书采用并行单像素成像方法，无须预先知道材料参数等先验知识，即可实现次表面散射条件下的半透明表面三维重构。

4.2.1　半透明表面次散射光对三维测量方法的影响分析

在条纹投射法中，对于相机图像上的某个像素，N 步相移正弦条纹的光强 I_i（$i=0,1,\cdots,N-1$）可以表示为

$$I_i = A + B\cos\left(\phi + \frac{2\pi}{N}i\right) \tag{4.13}$$

式中，A 为平均光强；B 为正弦条纹的调制度，与对比度成正比；ϕ 为正弦条纹的包裹相位。调制度 B 可以由式(4.14)计算：

$$B = \frac{2}{N}\sqrt{\left[\sum_{i=0}^{N-1} I_i \sin\left(\frac{2\pi}{N}i\right)\right]^2 + \left[\sum_{i=0}^{N-1} I_i \cos\left(\frac{2\pi}{N}i\right)\right]^2} \tag{4.14}$$

包裹相位 ϕ 可以由式(4.15)计算：

$$\phi = -\arctan\frac{\sum_{i=0}^{N-1} I_i \sin\left(\frac{2\pi}{N}i\right)}{\sum_{i=0}^{N-1} I_i \cos\left(\frac{2\pi}{N}i\right)} \tag{4.15}$$

光强噪声是相机图像上的随机噪声，会导致随机相位误差。光强噪声通常符合加性零均值的高斯分布。假设光强噪声的标准差为 σ_n，则随机相位误差的标准差 σ_ϕ 与光强噪声的关系如下：

$$\sigma_\phi = \sqrt{\frac{2}{N}}\frac{\sigma_n}{B} \tag{4.16}$$

在条纹投射法中，次表面散射会严重地降低条纹的调制度和对比度，如图 4.14 所示，从而增大了随机相位误差 σ_ϕ，并增大随机测量误差。较大的随机相位误差还会导致多频外差相位展开出现错误，从而降低测量数据的完整率。此外，次表面散射还会造成相位偏移，两台相机观察到的相位偏移程度不同，使测量数据在深度方向上发生偏移，从而导致系统测量误差。

图 4.14　半透明物体的次表面散射降低了条纹的调制度

1. 随机误差建模

在条纹投射法中，三维测量数据的随机误差主要由立体匹配的随机误差决定。立体匹配的随机误差与相位的随机误差、三维视觉传感器的几何参数、相机和投射器的分辨率等因素有关，对于一个确定的三维视觉传感器，几何参数和分辨率等因素是不变的，因此在分析次表面散射下三维测量随机误差的影响因素时可以只考虑相位的随机误差。由式(4.16)可以看出，在光强噪声标准差σ_n不变的情况下，调制度越低，随机相位误差越大。由于次表面散射会严重地降低条纹的调制度，因此在次表面散射下条纹投射法的随机测量误差较大。但是式(4.16)计算的是包裹相位随机误差的标准差σ_ϕ，为了去除相位歧义，需要将包裹相位ϕ展开为绝对相位，而绝对相位的范围是$[0,2\pi F]$，其中，F是投射图案中条纹的周期数，可以由式(4.17)定义：

$$F = w^P f = \frac{w^P}{\lambda} \tag{4.17}$$

式中，w^P为投射图案在水平方向上的像素数；$f = 1/\lambda$为投射图案的空间频率，λ为投射图案的周期。为了消除周期数不同的影响，需要将绝对相位的范围归一化到$[0,2\pi]$内，结合式(4.16)，归一化绝对相位的随机误差可以由标准差σ_Φ表示[4]：

$$\sigma_\Phi = \sqrt{\frac{2}{N}}\frac{\sigma_n}{BF} \tag{4.18}$$

条纹的调制度B会受到光学系统分辨率、离焦和次表面散射等因素的影响，因此可以将调制度看作自变量为条纹周期λ的函数$b(\lambda)$。结合式(4.18)可以将式(4.19)重写为

$$\sigma_\Phi(\lambda) = \sqrt{\frac{2}{N}}\frac{\sigma_n \lambda}{b(\lambda) w^P} \tag{4.19}$$

为了计算调制度函数$b(\lambda)$，需要引入半透明物体表面的线扩散函数(line spread function，LSF) $\mathcal{L}$[5]。假设LSF是对称的，原始正弦条纹图案与LSF的卷积结果如下：

$$g(x) = f(x) \otimes h(x) = [A + B\cos(\omega_0 x)] \otimes \mathcal{L}(x) \tag{4.20}$$

式中，$g(x)$为卷积后的条纹图案；$f(x)$为原始条纹图案；$h(x)$为卷积核；A为条纹的平均宽度；B为条纹的调制度；$\mathcal{L}(x)$为线扩散函数；$\otimes$为卷积符号；$\omega_0 = 2\pi/\lambda$为条纹图案的角频率。根据卷积定理，$g(x)$也可以表示为

$$g(x) = \mathcal{F}^{-1}[F(\omega)H(\omega)] \tag{4.21}$$

式中，$\mathcal{F}$为傅里叶变换，$\mathcal{F}^{-1}$为傅里叶逆变换；$F(\omega)$与$H(\omega)$分别为条纹图案和LSF的傅里叶频谱，$\omega = 2\pi/x$为条纹图案的角频率。在频域里，条纹图案的傅里

叶频谱可以表示为

$$F(\omega) = 2\pi A\delta(\omega) + \pi B[\delta(\omega - \omega_0) + \delta(\omega + \omega_0)] \tag{4.22}$$

式中，δ 为狄利克雷函数。因此，卷积后条纹图案的傅里叶频谱 $G(\omega)$ 可以表示为

$$G(\omega) = F(\omega)H(\omega) = 2\pi A\delta(\omega)H(0) + \pi B[\delta(\omega - \omega_0) + \delta(\omega + \omega_0)]H(\omega_0) \tag{4.23}$$

对 $G(\omega)$ 进行傅里叶逆变换，可以得到卷积后的条纹图案：

$$g(x) = \mathcal{F}^{-1}[G(\omega)] = H(0)A + H(\omega_0)B\cos(\omega_0 x) \tag{4.24}$$

所以，调制度函数 $b(\lambda)$ 可以表示为

$$b(\lambda) = H(\omega_0)B \tag{4.25}$$

然而，LSF 通常是由离散图像数据获得的，而且次表面散射造成的 LSF 难以通过常见的图像退化模型(如高斯核)进行表达，所以很难获得 $H(\omega)$ 的解析表达式。此时，可以通过离散傅里叶变换得到 $H(\omega)$ 的离散表达式：

$$H(k) = \text{DFT}[\mathcal{L}(n)] \tag{4.26}$$

式中，DFT 为离散傅里叶变换；$\mathcal{L}(n)$（$n = 0,1,\cdots,S-1$）为测量得到的离散 LSF，S 为 LSF 的采样点数；$H(k)$（$k = 0,1,\cdots,S-1$）为频谱 $H(\omega)$ 的离散表达式。此时，$H(\omega_0)$ 可以近似表示为

$$H(\omega_0) \approx \left| H\left(\frac{S-1}{\lambda^C}\right) \right| \tag{4.27}$$

式中，λ^C 为相机图像上的条纹周期，可以由式(4.28)计算：

$$\lambda^C = \frac{\alpha^C}{\alpha^P}\lambda \tag{4.28}$$

式中，α^C 与 α^P 分别为相机和投射器的像素焦距。根据式(4.25)与式(4.27)，式(4.19)可以重写为

$$\sigma_\Phi(\lambda) \approx \sqrt{\frac{2}{N}} \frac{\sigma_n \lambda}{\left| H\left(\frac{S-1}{\lambda^C}\right) \right| B w^P} \tag{4.29}$$

由式(4.29)可以计算不同条纹周期下归一化绝对相位的随机误差 $\sigma_\Phi(\lambda)$，从而建立随机测量误差与条纹周期的关系。

2. 相位展开误差建模

在条纹投射法中，需要对包裹相位进行展开从而消除相位歧义。多频外差[6-8]是一种时域相位展开算法，可以在存在孔洞、台阶、沟槽等结构时进行可靠的相位展开，适合于复杂型面的三维测量。此外，可以通过对多个频率条纹的测量数据进行平均来降低随机误差，因此多频外差成为条纹投射法中常用的相位展开算法。但多频外差相位展开技术对相位误差比较敏感。当测量存在次表面散射的半

透明物体时，条纹调制度较低，导致随机相位误差较大，这会使多频外差相位展开极易出现错误，从而导致测量数据出现严重缺失。

如图 4.15 所示，在多频外差相位展开技术中，假设使用两个空间频率的条纹图案，对应的条纹周期分别为 λ_1 和 λ_2（$\lambda_1 < \lambda_2$），$\Delta\lambda = \lambda_2 - \lambda_1$ 为条纹周期的间隔。此时，外差后的等效条纹周期 λ_{eq} 可以表示为

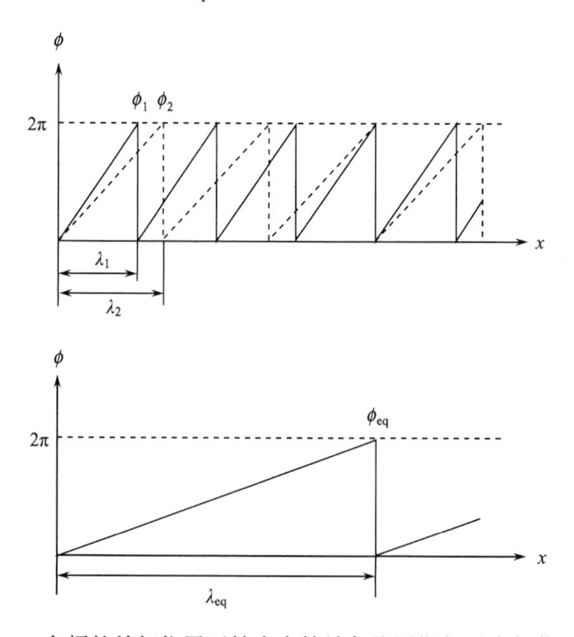

图 4.15　多频外差相位展开技术中等效条纹周期与对应相位示意图

$$\lambda_{eq} = \frac{\lambda_1 \lambda_2}{\lambda_2 - \lambda_1} \tag{4.30}$$

外差后等效条纹周期 λ_{eq} 对应的相位 ϕ_{eq} 可以表示为

$$\phi_{eq} = \begin{cases} \phi_1 - \phi_2, & \phi_1 - \phi_2 \geqslant 0 \\ \phi_1 - \phi_2 + 2\pi, & \phi_1 - \phi_2 < 0 \end{cases} \tag{4.31}$$

式中，ϕ_1 为条纹周期为 λ_1 的条纹对应的相位；ϕ_2 为条纹周期为 λ_2 的条纹对应的相位；等效条纹周期 λ_{eq} 对应的相位 ϕ_{eq} 在投射图案整个范围内是无包裹的。

但是由于随机相位误差的存在，如果将 ϕ_{eq} 直接作为绝对相位，那么测量数据的噪声会很大。实际上，在多频外差相位展开技术中 ϕ_{eq} 只是用来辅助相位展开的，绝对相位应该由式(4.32)获得

$$\Phi_1 = \phi_1 + 2\pi\left\{\mathrm{round}\left[\frac{1}{2\pi}\left(\frac{\lambda_{eq}}{\lambda_1}\phi_{eq} - \phi_1\right)\right]\right\} \tag{4.32}$$

式中，round[·]为取整操作，可以消除绝对值小于 0.5 的误差，从而在一定程度上避免随机相位误差的影响。为了实现正确的相位展开，ϕ_{eq} 的误差 $\Delta\phi_{eq}$ 应该满足：

$$\frac{\lambda_{eq}}{\lambda_1}\Delta\phi_{eq} = \frac{\lambda_2}{\lambda_2-\lambda_1}\Delta\phi_{eq} < \pi \tag{4.33}$$

3. 系统误差建模

当条纹投射方向与相机观察方向存在夹角时，半透明材料的次表面散射会使条纹图案产生偏移，从而造成相位偏移。对于基于立体视觉的条纹投射三维视觉传感器，两台相机观察到的相位偏移程度不同，测量数据会在深度方向上发生偏移，远离真值。而且条纹周期越大，深度偏移越大，如图 4.16(b)所示。作为对比实验图 4.16(a)给出了不透明物体在不同条纹周期下测量数据在深度方向上的变化情况。可以看出，不透明物体的测量深度数据基本不受条纹周期的影响。值得注意的是，如果物体上各点深度偏移相同，那么物体的三维形貌就不会发生变化，也就不存在系统测量误差。然而，次表面散射导致的深度偏移与物体表面法线方向、镜面反射光占比、材料特性、条纹周期等因素有关，因此对于复杂型面物体、具有镜面反射特性的物体、非均质材料物体、大纵深物体等，物体上各点的深度偏移不同，物体的三维形貌会发生变化，从而引起系统测量误差。

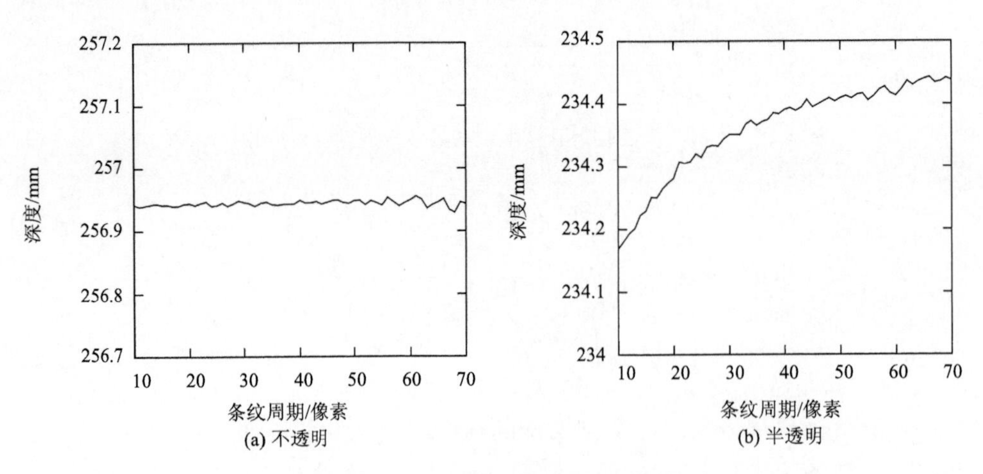

图 4.16 不透明与半透明材料深度与条纹周期的关系

光在半透明物体内部的传输非常复杂，因此次表面散射下条纹投射法的系统测量误差难以通过解析形式进行分析与表达。在这种情况下，可以利用仿真的手段对次表面散射下条纹投射法的系统误差进行建模，通过蒙特卡罗体积路径跟踪(Monte Carlo volumetric path tracing)算法仿真次表面散射下物体表面的条纹图像，解算出深度并与理论深度进行比较，从而得到深度偏移。体积路径跟踪利用了参与介质的体积散射模型与辐射传输方程，可以对投射到半透明物体表面的结构光图案在物体内部的传输进行建模。与 BSSRDF 模型相比，参与介质的体积散射模型与辐射传输方程能够更加准确地描述光在半透明物体内部的传输现象。

4.2.2　半透明物体表面次表面散射模型分析

次表面散射现象可以解释为当光线照射到半透明物体表面时，一部分光线会折射到物体内部，然后在物体内部发生若干次散射后从物体表面的某一点射出，如图 4.17 所示。因此，对于半透明物体而言，投射器投射的光线在半透明物体表面的出射位置和入射位置是不同的。

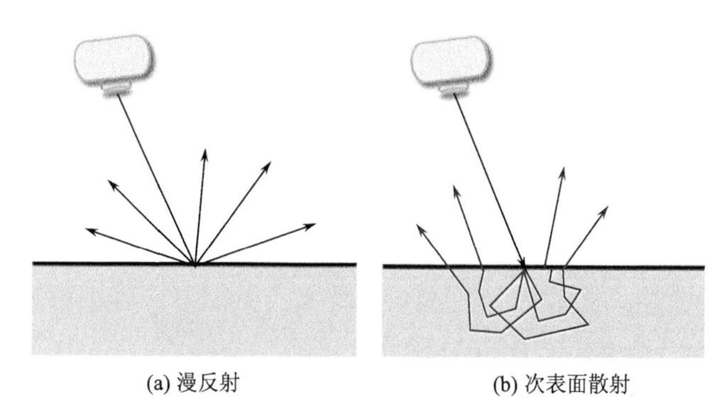

(a) 漫反射　　(b) 次表面散射

图 4.17　漫反射与次表面散射对比

1. 基于 BSSRDF 的仿真分析

对次表面散射现象的模拟通常使用双向散射表面反射分布函数 BSSRDF。BSSRDF 模型假设物体材质是非均匀的，各点的散射特性不同，使用 BSSRDF 建模更接近真实材质。

BSSRDF 的定义是物体表面上的任意位置处，从任意方向的入射辐照度和另外一个位置的任意方向的出射辐亮度之间的比值，表示形式如下：

$$S(\boldsymbol{x}_i,\boldsymbol{\omega}_i;\boldsymbol{x}_o,\boldsymbol{\omega}_o)=\frac{\mathrm{d}L(\boldsymbol{x}_o,\boldsymbol{\omega}_o)}{\mathrm{d}\Phi(\boldsymbol{x}_i,\boldsymbol{\omega}_i)} \tag{4.34}$$

式中，$S(\boldsymbol{x}_i,\boldsymbol{\omega}_i;\boldsymbol{x}_o,\boldsymbol{\omega}_o)$ 为 BSSRDF 的值；$\boldsymbol{x}_i$ 为入射的位置；$\boldsymbol{x}_o$ 为出射的位置；$\boldsymbol{\omega}_i$ 为入射光的方向；$\boldsymbol{\omega}_o$ 为出射光的方向；$\mathrm{d}\Phi(\boldsymbol{x}_i,\boldsymbol{\omega}_i)$ 为入射光流辐射通量密度；$\mathrm{d}L(\boldsymbol{x}_o,\boldsymbol{\omega}_o)$ 为出射光的辐亮度。

BSSRDF 是一个八维函数，并有三个主要性质。

非负性：

$$S(\boldsymbol{x}_i,\boldsymbol{\omega}_i;\boldsymbol{x}_o,\boldsymbol{\omega}_o)\geqslant 0 \tag{4.35}$$

对称性：

$$S(\boldsymbol{x}_i,\boldsymbol{\omega}_i;\boldsymbol{x}_o,\boldsymbol{\omega}_o)=S(\boldsymbol{x}_o,\boldsymbol{\omega}_o;\boldsymbol{x}_i,\boldsymbol{\omega}_i) \tag{4.36}$$

能量守恒：

$$\forall\omega_i:\int_A\int_\Omega S(\boldsymbol{x}_i,\boldsymbol{\omega}_i;\boldsymbol{x}_o,\boldsymbol{\omega}_o)L_i(\boldsymbol{x}_i,\boldsymbol{\omega}_i)(\boldsymbol{n}\cdot\boldsymbol{\omega}_i)\mathrm{d}\boldsymbol{\omega}_i\mathrm{d}A(x_i)\leqslant 1 \tag{4.37}$$

式中，A 为物体表面；Ω 为入射光角度变换范围；$\boldsymbol{n}$ 为 x_o 处的法向。

半透明物体的次表面散射现象的本质是光在半透明物体内部进行多重散射，当多重散射占传播主体时，光能的分布更趋近于各向同性。半透明材料在经过大量的多重散射后，介质内部的光能分布情况可以用一个各向同性的点光源在半透明内部形成的光能分布等价。因此引出了双极近似理论，即当一个材质的表面无限大时，其表面上某点的辐亮度可以等效为两个位于该表面点两侧的点光源的同时贡献。

双极近似理论为 BSSRDF 函数提供了一个解析表达式：

$$S(\boldsymbol{x}_i,\boldsymbol{\omega}_i;\boldsymbol{x}_o,\boldsymbol{\omega}_o)=\frac{1}{\pi}F_t^o(\eta,\boldsymbol{\omega}_o)R(\boldsymbol{x}_i,\boldsymbol{x}_o)F_t^i(\eta,\boldsymbol{\omega}_i) \tag{4.38}$$

式中，$R(\boldsymbol{x}_i,\boldsymbol{x}_o)$ 为由散射系数 σ_s、衰减系数 σ_t 和折射率 η 表示的偶极子模型的散射项；$F_t^j(\eta,\boldsymbol{\omega}_j)$ 为菲涅耳传输函数。

由于 $R(\boldsymbol{x}_i,\boldsymbol{x}_o)$ 和 $F_t^j(\eta,\boldsymbol{\omega}_j)$ 不能算出准确值，所以可以使用多项式值代替来进行计算，Brown 提出了一种简化逼近散射项的近似解方程：

$$R(r)=\frac{\mathrm{e}^{\frac{-r}{d}}+\mathrm{e}^{\frac{-r}{3d}}}{8\pi dr} \tag{4.39}$$

式中，r 为入射点与出射点的距离；d 由不同的介质散射系数计算得到。当假定光束垂直射入时，有：

$$d=\frac{l_d}{3.5+100(A-0.33)^4} \tag{4.40}$$

式中，A 为材质反射率；l_d 为介质的平均散射距离，可以由散射系数 σ_s 和衰减系数 σ_t 表示：

$$l_d=\frac{1}{\sigma_t\sqrt{3\left(1-\frac{\sigma_s'}{\sigma_t'}\right)}} \tag{4.41}$$

其中，σ_s' 与 σ_t' 分别为简化的散射系数和衰减系数，可以表示为

$$\begin{aligned}\sigma_s'&=(1-g)\sigma_s\\ \sigma_t'&=\sigma_s'+\sigma_a\end{aligned} \tag{4.42}$$

式中，g 为不同散射角度的平均余弦；σ_a 为吸收系数。

A 可以表示为

$$A = \frac{1+F_t}{1-F_t} \tag{4.43}$$

F_t 用折射率逼近：

$$F_t = -\frac{1.44}{\eta^2} + \frac{0.710}{\eta} = 0.668 + 0.0636\eta \tag{4.44}$$

以大理石为例，照射光为蓝光，通过 BSSRDF 对次表面散射现象进行仿真，取简化的散射系数 σ_s'=3.0 、吸收系数 σ_a=0.0071 、折射率 η=1.5 ，使用平台 MATLAB，仿真半透明物体对入射光散射的光强分布情况，模拟次表面散射模型。次表面散射光强分布仿真图如图 4.18 所示，中心框处为入射光位置。

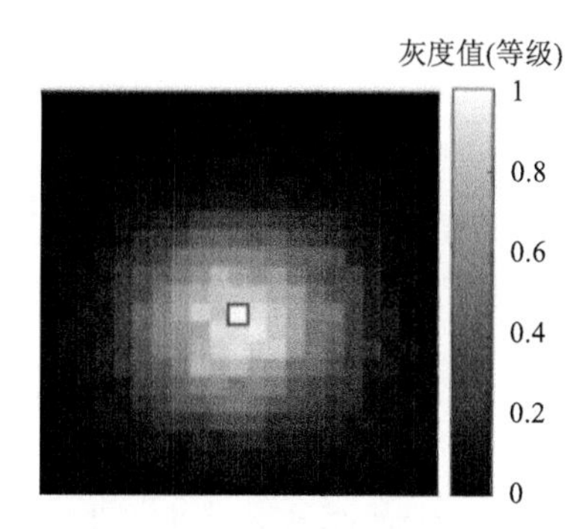

图 4.18　次表面散射光强分布仿真图

2. 半透明物体表面测量的难点分析

对于半透明物体的次表面散射现象，投影的条纹光部分进入物体，散射到内部，将条纹模糊成晕，在这种情况下，每个投射器像素都会受到其他像素投影光的干扰，可以将这种干扰看作一个权重窗口函数。设该权重窗口函数为

$$W = \begin{cases} W(x,y), & (x,y) \in D \\ 0, & (x,y) \notin D \end{cases} \tag{4.45}$$

式中，D 为次表面散射造成的其他像素干扰的范围；(x,y) 为其他像素点的坐标。

权重窗口函数满足归一化约束：

$$\sum_{(x,y)\in D} W(x,y) = 1 \tag{4.46}$$

半透明物体表面次表面散射形成的散射光能量总和应该等同于一个投影像素投射的光能量。

当投影条纹投射到半透明物体表面时，条纹受到权重窗口函数的干扰，干扰后的条纹表示为

$$\tilde{I}_i(x,y)=\sum_{(m,n)\in D}W(m,n)P_i(x,y) \tag{4.47}$$

式中，(m,n) 为其他干扰像素的坐标；$P_i(x,y)$ 为投射条纹。

在理想条件下，半透明物体光学特性均一，被测表面为平面，假定入射光为光束垂直入射时，权重函数窗口是对称的，$\tilde{I}_i(x,y)$ 可以写作：

$$\tilde{I}_i(x,y)=A+B\cos\left[\phi(x,y)+\frac{\pi i}{2}\right]\sum_{(m,n)\in D}W(m,n)\cos\left[\phi(x,y)+\frac{\pi i}{2}\right] \tag{4.48}$$

半透明物体表面的调制度变换：

$$\tilde{B}=\sum_{(m,n)\in D}W(m,n)\cos\left[\phi(x,y)+\frac{\pi i}{2}\right]<\sum_{(m,n)\in D}W(m,n)=1 \tag{4.49}$$

可见在理想情况下，半透明物体表面的条纹调制度将减少，这会容易使相位解算受到噪声的干扰，相位解算结果会产生一定的误差，图 4.19 以高斯函数为例，表示当 D 扩大时，条纹的调制度会更小，条纹图案会变得更模糊，相位解算更容易受到噪声的干扰。

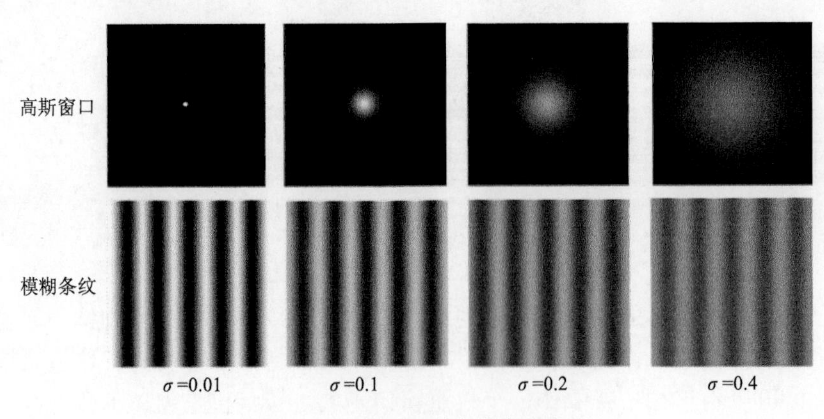

图 4.19　条纹调制度模糊仿真

高斯窗口函数标准差参数为：① $\sigma=0.01$；② $\sigma=0.1$；③ $\sigma=0.2$；④ $\sigma=0.4$。高斯权重窗口像素为 200×200，仿真条纹宽度为 50 像素。

调制度和相位误差仿真如图 4.20 所示，其中，图横标为四组权重窗口序号，相位误差通过叠加 10%的随机噪声得到。

以上分析都建立在理想情况，以及权重窗口对称的情况下，但在实际情况中，由于被测物体表面不能保证全为平面，更重要的是半透明材料的材质属性并不均匀，权重窗口是非对称的，半透明物体对条纹的影响不只表现在条纹调制度的下降，

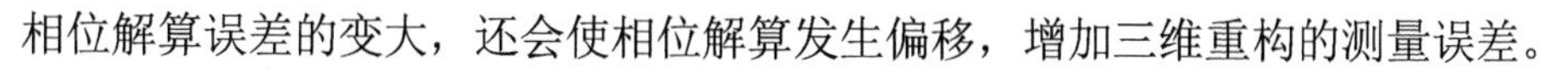

相位解算误差的变大，还会使相位解算发生偏移，增加三维重构的测量误差。

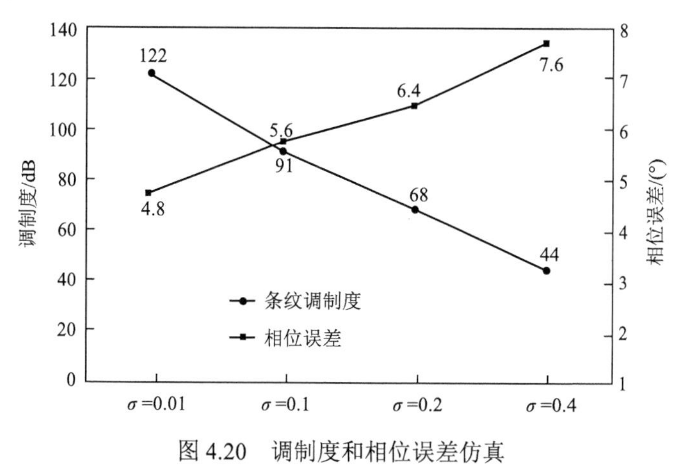

图 4.20　调制度和相位误差仿真

3. 实验分析

1) 实验搭建

实验传感器由一个分辨率为 1600 像素×1200 像素的相机和一个分辨率为 1280 像素×800 像素的投射器的单目系统组成，计算分析通过计算机处理，实验系统示意图如图 4.21 所示。

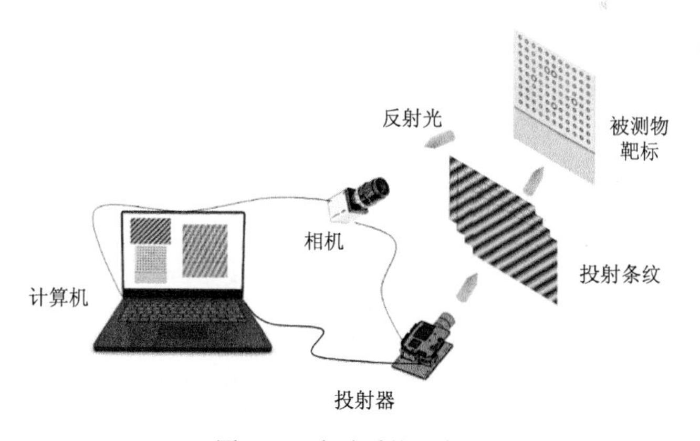

图 4.21　实验系统示意图

2) 反射率对次表面散射的影响

实验选用陶瓷靶标作为测量目标的原因是陶瓷物体具有半透明特性，同时靶标有规则的黑色区域和白色区域，可以对其进行测量对比分析，以更好地分析半透明物体的次表面散射现象，除此之外，在陶瓷靶标下方同时测量白纸的辐照度信息，作为对照参考。

实验目标示意图如图 4.22 所示。半透明陶瓷靶标的特点是其表面有一些黑色轮廓白色中心的圆，由于黑色材质和白色材质的反射率不同，光入射到两者的次表面散射强度不同,可以进一步分析半透明物体材质属性对次表面散射光的影响。在实验中选用三个陶瓷靶标上的特征点，测量其收到的来自外部的辐照度信息，该信息包括直接照明光和次表面散射光。

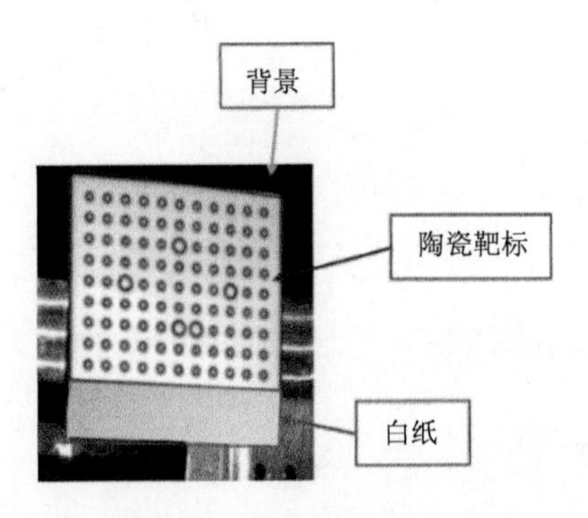

图 4.22　实验目标示意图

图 4.23 中 a 点为陶瓷靶标的白色区域中心点；b 点左侧是白色区域，右侧为黑色区域中心点；c 点左侧是黑色区域，右侧为白色区域点；同时选择 d 点为白纸点，作为参考。

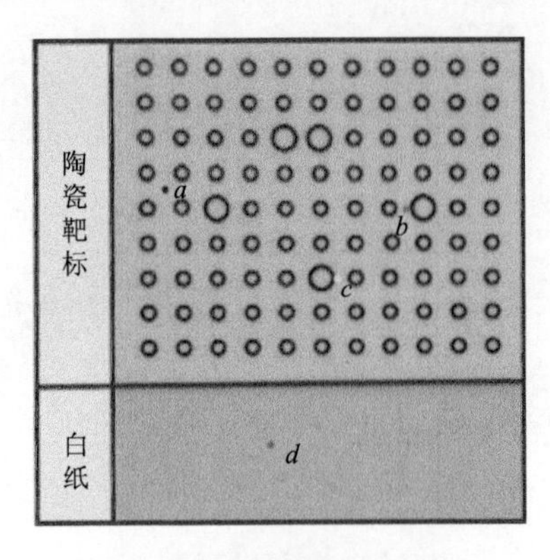

图 4.23　陶瓷靶标实验目标

a、b、c、d 为测量特征点

对称成像结果对比如图 4.24 所示，a 点为靶标白色区域的中心位置，d 点为白纸参考点。

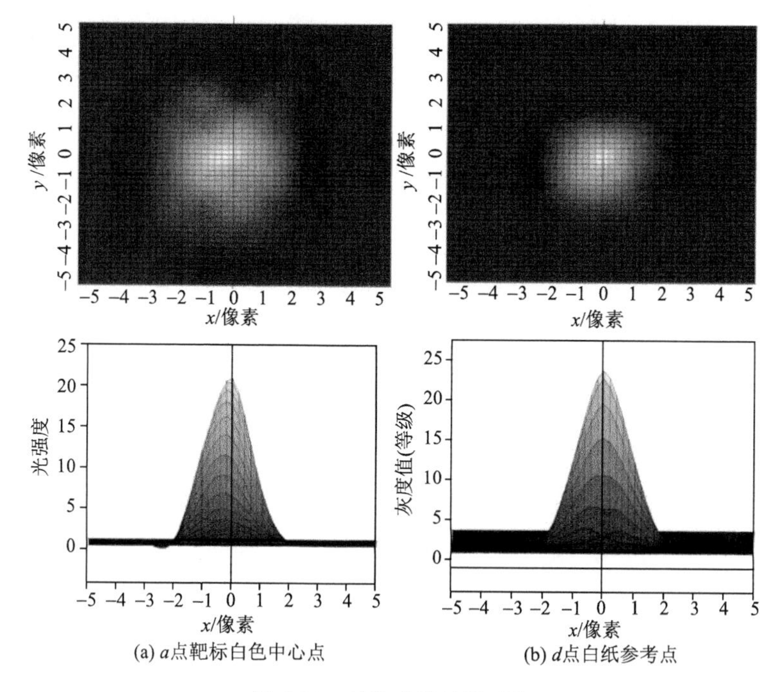

(a) a点靶标白色中心点　(b) d点白纸参考点

图 4.24　对称成像结果对比

图 4.24 和图 4.25 的上方为平面二维平面图，下方是曲线拟合图，便于直观显示。通过图 4.24 中靶标平面上白色区域与白纸参考的对比分析，可以发现：

(1) 对于半透明物体而言，场景点处的辐亮能量呈光斑分布，中心点处的直接照明光能量最高，次表面散射光对该点的影响会随着距离的增大而减小；

(2) 由于材料的半透明性，次表面散射光会使成像光斑变大，同时最高点的亮度会降低。

通过图 4.25 的分析发现：由于黑色区域对光的吸收性较强，光进入黑色区域后大部分能量被吸收，次表面散射的强度会减少很多，所以边缘处的来自黑色区域的次表面散射光影响要小于白色区域次表面散射光的影响。

3) 混叠模型中的调制度和相位变换分析

将条纹混叠模型作用于二维正弦条纹，条纹的调制度会下降，同时对条纹进行相位解算，相位解算结果也会产生误差。

将图 4.23 中特征点 a、b、c、d 测量得到的混叠模型，分别根据式(4.47)对二维正弦条纹进行调制处理。模型对正弦条纹调制作用后的结果如图 4.26 所示。

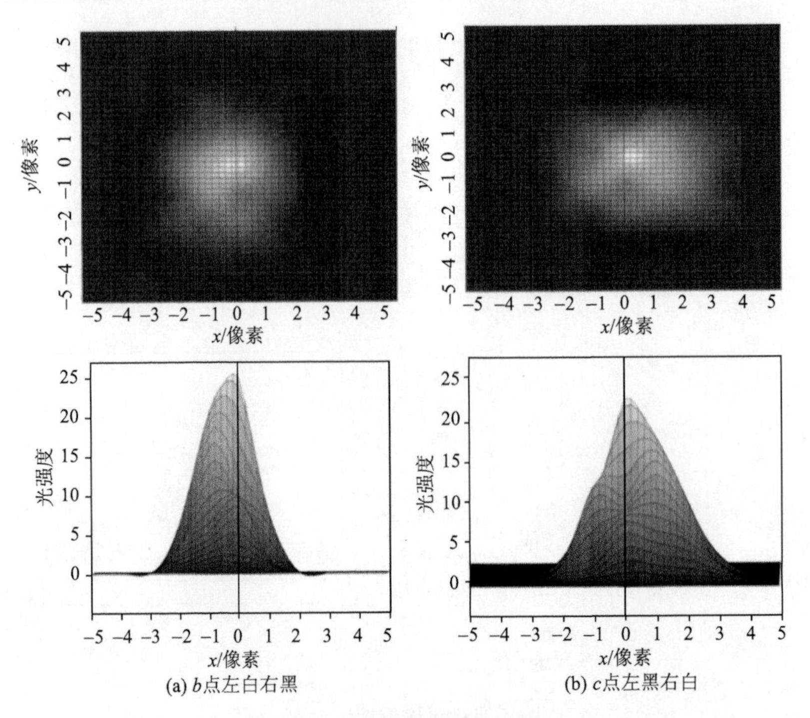

(a) b点左白右黑　　(b) c点左黑右白

图 4.25　非对称成像结果对比

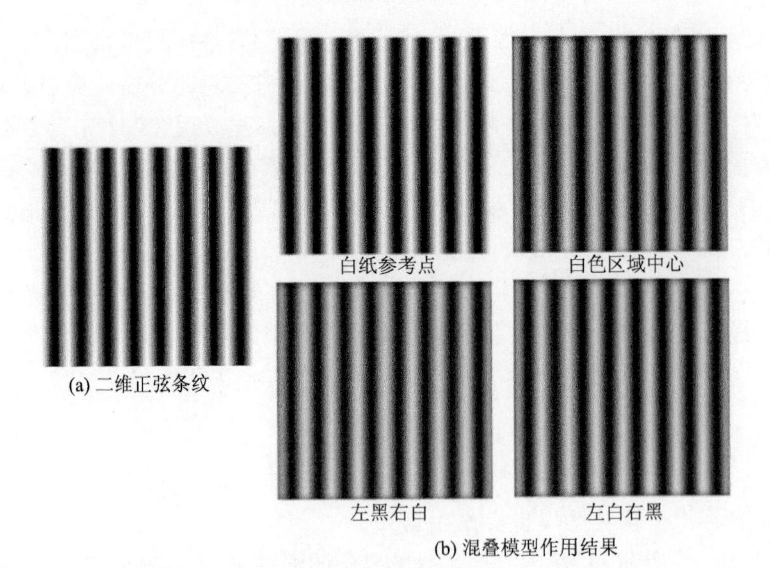

(a) 二维正弦条纹　　(b) 混叠模型作用结果

图 4.26　模型对正弦条纹调制作用后的结果

可以看出，半透明物体测量的混叠模型会使条纹调制度下降。相位-条纹调制度下降变化示意图如图 4.27 所示。

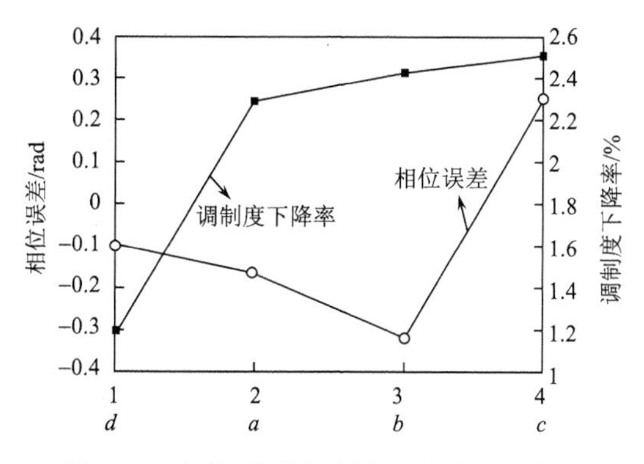

图 4.27　相位-条纹调制度下降变化示意图

通过分析发现，将混叠模型作用到正弦条纹上，会使条纹调制度下降，最大可以达到 2.5%，白纸参考点测量得到模型也会使条纹调制度发生轻微的下降。同时，白色区域中心点的模型和白纸参考点的模型进行测量时，观察到的相位变化非常微小，仅为–0.1rad。当次表面散射光的影响不平衡时，即反射率突变位置的测量模型进行测量时，相位偏移会加大，变化的范围为–0.35～–0.25rad。这会使测量相位误差更大。

4) 传统投影光栅测量分析

传统投影光栅法对半透明陶瓷靶标平面三维测量点云数据的结果如图4.28所示。观察点云数据可以明显地看到黑色区域和白色区域次表面散射光的强度不同导致相位解算出现错误，将其与白纸点云进行对比可以看出，陶瓷靶标的点云应该是平面的，但三维重构结果中出现明显的圆形边缘突起。说明传统投影光栅相

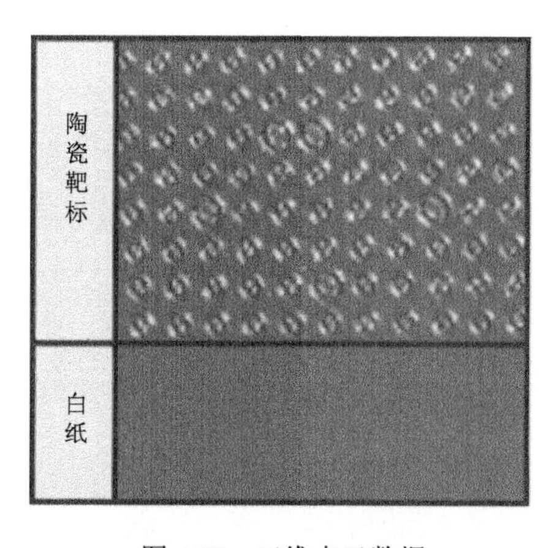

图 4.28　三维点云数据

位法在测量半透明物体时其次表面散射会造成相位偏移，同时当次表面散射光的散射强度在不同边缘位置时会加剧这种偏移，导致在靶标表面黑色区域和白色区域的边缘位置出现较大的测量偏差。

4.2.3 物体半透明性的定量分析

本节研究如何定量地描述材质半透明程度的方法。基于式(4.34)所述的次表面散射模型，为了描述某位置 $\boldsymbol{x}_o$ 处沿方向 $\boldsymbol{\omega}_o$ 所接收的全部辐亮度，将式(4.34)中两端同时乘以分子项，并对位置 $\boldsymbol{x}_i$ 与入射方向 $\boldsymbol{\omega}_i$ 进行积分：

$$\begin{aligned}L_o(\boldsymbol{x}_o,\boldsymbol{\omega}_o)&=\int_{A_i}\int_{H^2(\boldsymbol{n}_i)}S(\boldsymbol{x}_o,\boldsymbol{\omega}_o,\boldsymbol{x}_i,\boldsymbol{\omega}_i)\mathrm{d}\Phi(\boldsymbol{x}_i,\boldsymbol{\omega}_i)a\tilde{I}_i\\&=\int_{A_i}\int_{H^2(\boldsymbol{n}_i)}S(\boldsymbol{x}_o,\boldsymbol{\omega}_o,\boldsymbol{x}_i,\boldsymbol{\omega}_i)L(\boldsymbol{x}_i,\boldsymbol{\omega}_i)\left|\cos\theta_i\right|\mathrm{d}\boldsymbol{\omega}_i\mathrm{d}A_i\end{aligned}\tag{4.50}$$

式中，$H^2(\boldsymbol{n}_i)$ 为法线为 $\boldsymbol{n}_i$ 表面的全部半球方向；A_i 为接收到入射光线的物体表面；θ_i 为方向 $\boldsymbol{\omega}_i$ 与法线 $\boldsymbol{n}_i$ 的夹角。

在式(4.50)中，可以将接收到入射光线的物体表面 A_i 分解成两部分，即中心表面反射区域 A_i^r 与次表面散射区域 A_i^s：

$$A_i=A_i^r+A_i^s\tag{4.51}$$

式中，中心表面反射区域 A_i^r 为距离出射位置 $\boldsymbol{x}_i$ 非常近的小区域，该区域表征表面反射主导的区域；次表面散射区域 A_i^s 为距离 $\boldsymbol{x}_i$ 较远的其他位置，该区域表征次表面散射主导的区域。

将式(4.51)代入式(4.50)中：

$$\begin{aligned}L_o(\boldsymbol{x}_o,\boldsymbol{\omega}_o)&=\int_{A_i^r}\int_{H^2(\boldsymbol{n}_i)}S(\boldsymbol{x}_o,\boldsymbol{\omega}_o,\boldsymbol{x}_i,\boldsymbol{\omega}_i)L(\boldsymbol{x}_i,\boldsymbol{\omega}_i)\left|\cos\theta_i\right|\mathrm{d}\boldsymbol{\omega}_i\mathrm{d}A_i^r\\&\quad+\int_{A_i^s}\int_{H^2(\boldsymbol{n}_i)}S(\boldsymbol{x}_o,\boldsymbol{\omega}_o,\boldsymbol{x}_i,\boldsymbol{\omega}_i)L(\boldsymbol{x}_i,\boldsymbol{\omega}_i)\left|\cos\theta_i\right|\mathrm{d}\boldsymbol{\omega}_i\mathrm{d}A_i^s\\&=L_o^r(\boldsymbol{x}_o,\boldsymbol{\omega}_o)+L_o^s(\boldsymbol{x}_o,\boldsymbol{\omega}_o)\end{aligned}\tag{4.52}$$

式中，$L_o^r(\boldsymbol{x}_o,\boldsymbol{\omega}_o)$ 为表面反射辐亮度，其物理意义为在半透明物体表面 $\boldsymbol{x}_o$ 处沿方向 $\boldsymbol{\omega}_o$ 直接发生反射的辐亮度，如图 4.29(a) 所示；$L_o^s(\boldsymbol{x}_o,\boldsymbol{\omega}_o)$ 为次表面散射辐亮度，其物理意义为从其他位置 $\boldsymbol{x}_i$ 透射至半透明物体内部，经历复杂的散射后由位置 $\boldsymbol{x}_o$ 沿方向 $\boldsymbol{\omega}_o$ 出射的辐亮度，如图 4.29(a) 所示。

综上，半透明度为

$$\chi_T=\frac{L_o^s(\boldsymbol{x}_o,\boldsymbol{\omega}_o)}{L_o(\boldsymbol{x}_o,\boldsymbol{\omega}_o)}\tag{4.53}$$

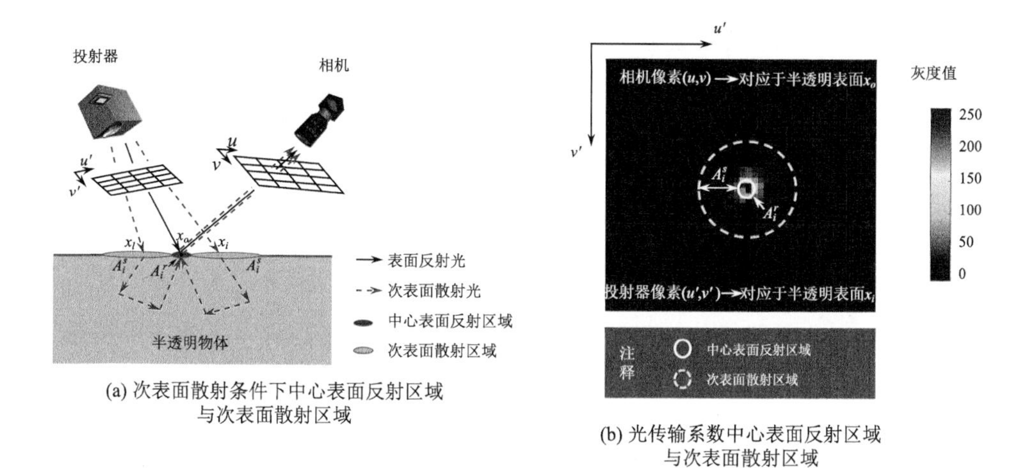

(a) 次表面散射条件下中心表面反射区域与次表面散射区域

(b) 光传输系数中心表面反射区域与次表面散射区域

图 4.29　中心表面反射光与次表面散射光

半透明度为本书提出的定量描述材质半透明性质的指标，其物理含义为次表面散射辐亮度 $L_o^s(\boldsymbol{x}_o,\boldsymbol{\omega}_o)$ 与接收辐亮度 $L_o(\boldsymbol{x}_o,\boldsymbol{\omega}_o)$ 之比。

当采用第 2 章中所述的并行单像素成像方法对半透明物体进行成像时，对于相机某像素 (u,v) 可以获得其来自于各投射器像素位置的光传输系数 $h(u',v';u,v)$。相机像素 (u,v) 通过直接照明对应于半透明物体表面上一点 $\boldsymbol{x}_o$，将 $\boldsymbol{x}_o$ 与像素 (u,v) 连线得到方向 $\boldsymbol{\omega}_o$；投射器像素 (u',v') 也可以认为直接对应于半透明物体表面上一点 $\boldsymbol{x}_i$，将 $\boldsymbol{x}_i$ 与像素 (u',v') 连线得到方向 $\boldsymbol{\omega}_i$。若认为像素非常小，且其所对应的空间角也非常小，则可以认为相机响应即为接收辐亮度 $L_o(\boldsymbol{x}_o,\boldsymbol{\omega}_o)$。光传输系数 $h(u',v';u,v)$ 可以表示为

$$\begin{aligned} h(u',v';u,v) &= 2b\int_{A_i^p}\int_{H^2(\boldsymbol{n}_i)} S(\boldsymbol{x}_o,\boldsymbol{\omega}_o,\boldsymbol{x}_i,\boldsymbol{\omega}_i)L(\boldsymbol{x}_i,\boldsymbol{\omega}_i)\left|\cos\theta_i\right|\mathrm{d}\boldsymbol{\omega}_i^p\,\mathrm{d}A_i^p \\ &= 2bL_o^p(\boldsymbol{x}_o,\boldsymbol{\omega}_o) \end{aligned} \tag{4.54}$$

式中，$L_o^p(\boldsymbol{x}_o,\boldsymbol{\omega}_o)$ 为像素 (u',v') 发射的光线中，表示由位置 $\boldsymbol{x}_o$ 沿方向 $\boldsymbol{\omega}_o$ 出射的辐亮度；A_i^p 为投射器像素 (u',v') 对应的半透明物体的微表面；$\boldsymbol{\omega}_i^p$ 为投射器像素 (u',v') 相对于物体点 $\boldsymbol{x}_o$ 形成的立体角；b 为进行并行单像素成像时条纹图案的调制度。

根据式(4.54)与式(4.53)，可以得到使用光传输系数计算半透明度的公式：

$$\chi_T = \frac{\sum\limits_{(u',v')\in A_i^s} h(u',v';u,v)}{\sum\limits_{(u',v')} h(u',v';u,v)} \tag{4.55}$$

当对实际物体测定半透明度时，可以选取物体表面上的多个像素，并将各像

素求解得到的半透明度结果取平均值作为材质的半透明度。对于本书中使用的系统，选取中心反射表面区域的半径为 5 像素。中心反射表面区域示意图如图 4.29(b)所示。

本节采用上述物体半透明度分析方法对几种半透明物体的半透明度进行了定量分析，包含物品为石蜡块、玉马和尼龙球，如图 4.30 所示。采用第 2 章 2.3 节研究的并行单像素成像方法对上述物品进行成像。在成像过程中，使用 150 像素×150 像素四步相移模式的周期延拓条纹。当获得像素光传输系数图像后，采用式(4.55)计算各像素的半透明度，求取平均值后得到材质的半透明度，汇总于表 4.1 中。通过测定结果可知，石蜡块具有最强的半透明性，玉马次之，尼龙球的半透明性最弱。这三种材质分别代表了半透明度非常强烈、半透明度一般强烈与半透明度适中的三种情况。

(a) 石蜡块

(b) 玉马

(c) 尼龙球

图 4.30　半透明度测量对象

表 4.1　半透明度的测定结果

半透明度的测定对象	半透明度/%
石蜡块	36.9
玉马	24.3
尼龙球	7.9

4.2.4　半透明次表面散射下投影函数的优化策略

本节研究面向半透明型面的快速并行单像素成像技术。当光线照射到半透明物体表面时，其中一部分光线透射至物体内部从而被吸收或散射，这些被散射的光线会从物体表面的其他位置射出，产生次表面散射现象。次表面散射现象常发生于由石蜡、玉石、大理石等半透明材质制成的物品中。根据第 2 章 2.3 节的分析，当存在次表面散射的情形下，相机与投射器像素之间像素投影函数的亮线宽度较大，意味着在光传输系数中会出现一个较大的光斑。当投射器发射的光线照射到这样的物体时，该光斑对投射条纹的影响类似于一个模糊核的效果，导致条纹的对比度大大降低，从而带来严重的随机误差。若利用投影重构并行单像素成像方法对此种情形进行测量，光传输系数中的较大光斑会表现为投影函数中的一个较大的峰值，如图 4.31(a)所示。

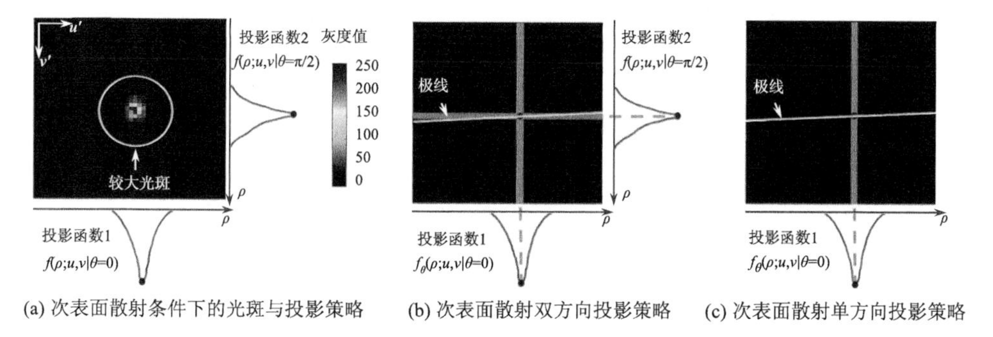

(a) 次表面散射条件下的光斑与投影策略　(b) 次表面散射双方向投影策略　(c) 次表面散射单方向投影策略

图 4.31　半透明次表面散射条件下的投影函数优化策略

在次表面散射情况下，光传输系数中仅会出现一个光斑，因此采用双方向投影策略即可实现匹配点的精确求解，如图 4.31(b)所示。为了获得更好的数据采集策略，本节同样研究基于单方向投影策略的半透明物体匹配点解算方法，如图 4.31(c)所示。

由于投影函数在半透明次表面散射条件下仅存在一个较大的峰值，当根据第 3 章 3.1.1 节的局部极大约束模型计算匹配点时，仅需将投影函数计算最大值的位置作为投影匹配点。设 $f(\rho;u,v\,|\,\theta)$ 为 θ 方向的投影函数，则投影匹配点由下述公式表示：

$$\rho_\theta = \underset{\rho}{\arg\max}\, f(\rho;u,v\,|\,\theta) \tag{4.56}$$

式中，$\arg\max$ 为最大值自变量点集函数，其返回使 $f_\theta(\rho;u,v)$ 具有最大值时的自变量。

1. 基于双方向投影策略的半透明型面匹配点解算方法

本节阐述双方向策略中投影函数采用 $\theta=0°,90°$ 的分布形式，并根据第 3 章 3.1.3 节所述方法计算双方向的投影函数：$f(\rho;u,v\,|\,\theta=0°)$ 和 $f(\rho;u,v\,|\,\theta=90°)$，同时根据式(4.56)找到每个投影函数中的投影匹配点 $\rho_{\theta=0°}$ 和 $\rho_{\theta=90°}$。匹配点可以通过求解下述线性方程得到

$$\begin{pmatrix} \cos 0° & \sin 0° & -\rho_{0°} \\ \cos 90° & \sin 90° & -\rho_{90°} \end{pmatrix} \begin{pmatrix} u' \\ v' \\ 1 \end{pmatrix} = \begin{pmatrix} 0 \\ 0 \end{pmatrix} \tag{4.57}$$

双方向投影策略的半透明型面匹配点解算方法示意图如图 4.31(b)所示。由于次表面散射条件下的光传输系数中仅出现一个光斑，故采用双方向投影策略不会

出现图 4.4(a) 中的虚匹配现象。

为了验证半透明测量对象的双方向投影策略，使用与 4.1.3 节实验中一致的实验平台。实验对象为图 4.32(a)、图 4.32(c) 和图 4.32(e) 中展示的球形测量场景、玉马测量场景和水果测量场景。为了更鲜明的对比半透明物体对三维成像系统产生的影响，球形测量场景由一个漫反射陶瓷球与一个半透明尼龙球组成；水果测量场景由白洋葱与梨组成，为了达到更强的半透明效果，场景中的梨被切开，采用三维成像系统对白色果肉进行重构。图 4.32(b)、图 4.32(d) 和图 4.32(f) 中展示了对应场景的条纹调制度降低现象。从图 4.32(b) 中可以清晰地看出，尼龙球的半透明特点使条纹调整度严重降低，而观察放置于尼龙球旁的陶瓷球的表面，所投射的条纹清晰可辨。此时，采用传统条纹投影轮廓术无法实现尼龙球的三维重构，

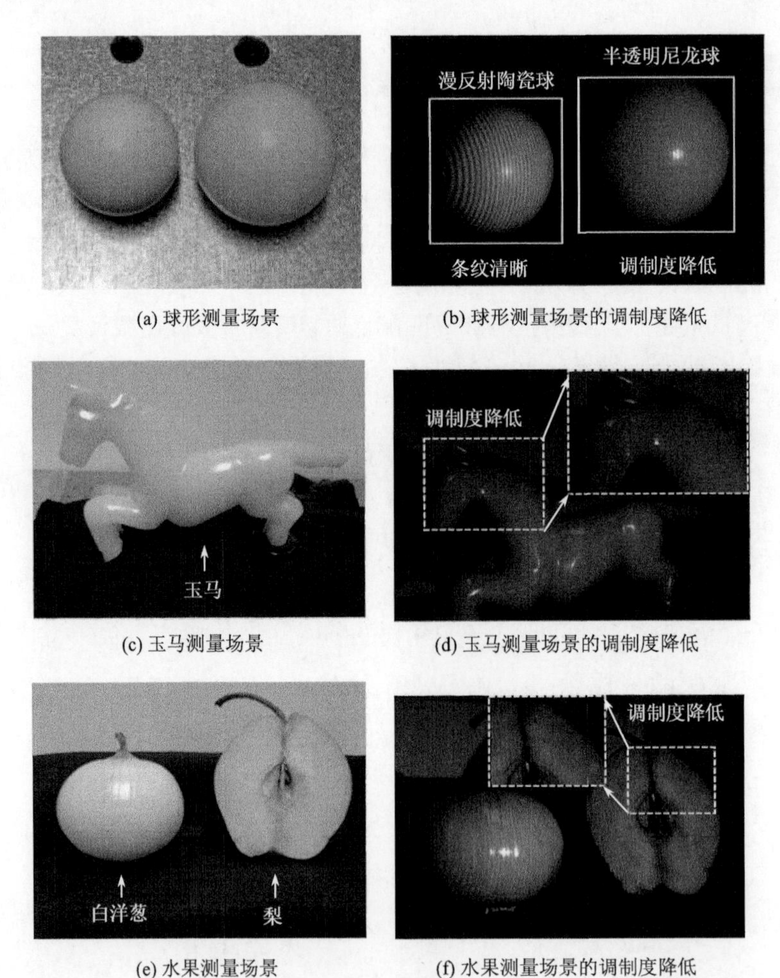

(a) 球形测量场景　(b) 球形测量场景的调制度降低

(c) 玉马测量场景　(d) 玉马测量场景的调制度降低

(e) 水果测量场景　(f) 水果测量场景的调制度降低

图 4.32　半透明型面双方向投影策略的实验对象与混叠条纹

如图 4.33(a)所示。从图 4.32(d)可以看出玉马的半透明效果非常强烈，使得投射到其表面条纹的调制度大幅度地降低，从而使传统条纹投影轮廓术测量失效，如图 4.33(c)所示。从图 4.32(f)中可以看出，白洋葱和梨的次表面散射很强烈，尤其是梨肉表面所投射的条纹已无法辨别，在这种情况下传统投影光栅测量方法无法得到完整的三维数据，导致测量失效，如图 4.33(e)所示。

对上述场景采用双方向投影函数的半透明型面匹配点解算方法，使用四步相移投射模式，采集 10 个粗频率定位条纹。对于这三个场景，对应 $\theta = 0°, 90°$ 两个方向所需要的投影接受域像素数目情况：投影接受域像素数目均为 150 像素，所需投射的条纹数目均为 688 张图案模式。上述三个场景测量的三维重构结果分别如图 4.33(b)、图 4.33(d)和图 4.33(f)所示，均实现了完整的三维重构。

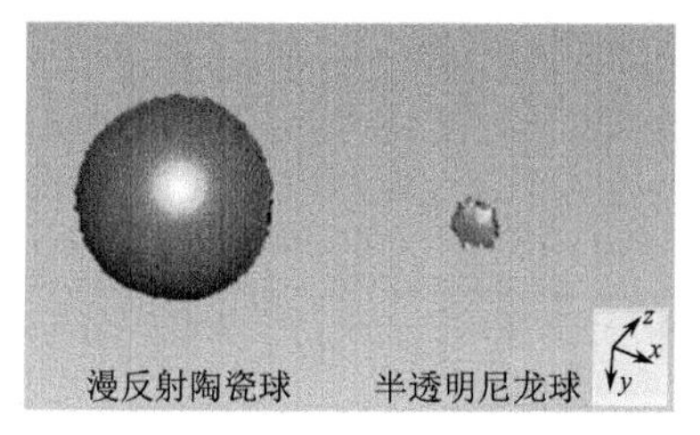

(a) 条纹投影轮廓术测量球形场景

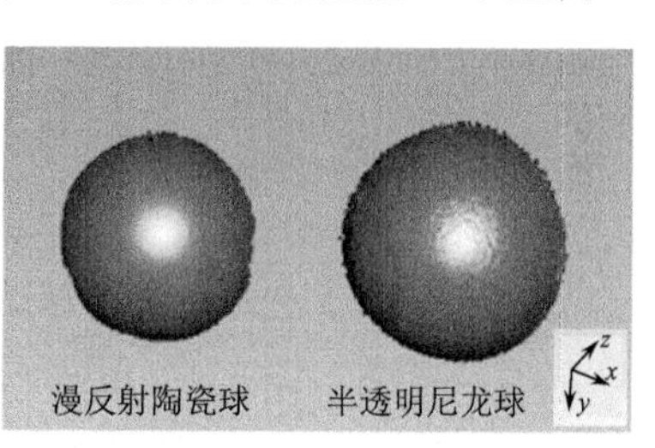

(b) 双方向投影策略测量球形场景

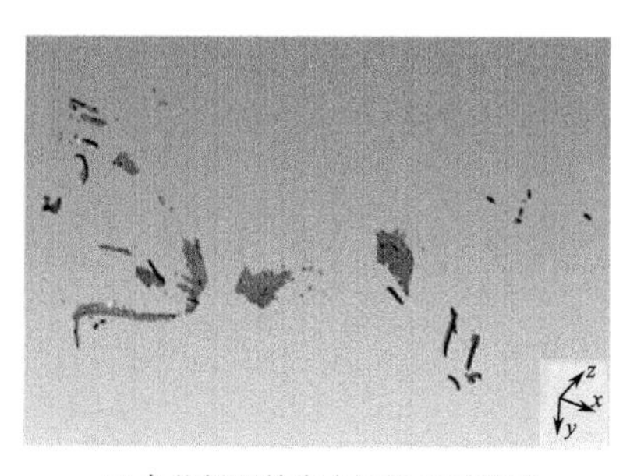

(c) 条纹投影轮廓术测量玉马场景

(d) 双方向投影策略测量玉马场景

(e) 条纹投影轮廓术测量水果场景

(f) 双方向投影策略测量水果场景

图 4.33　半透明型面下条纹投影轮廓术与双方向投影策略的三维重构结果

为了评价双方向投影函数的半透明次表面散射匹配点解算方法的三维重构精度，沿用第 2 和第 3 章的方法，使用图 4.32(a) 中的尼龙球进行球面拟合，并根据以下两个指标评价三维重构的精度：①拟合球面直径与真实球直径的偏差；②点云与拟合球面之间距离的均方根误差。双方向投影策略的精度评价如图 4.34 所示。使用螺旋测微器对该球的直径进行 10 次测量，得到其平均直径为 25.448mm。拟合得到的球直径为 25.429mm，直径偏差为 0.019mm，球面拟合的均方根误差为 0.047mm。图 4.34 中球中心处误差偏大的原因是此处出现了强反光，使得测量误差偏大。进行直径拟合首先需要将中间部分偏差较大部分点云剔除，再将拟合得到的直径与真实直径进行比较。

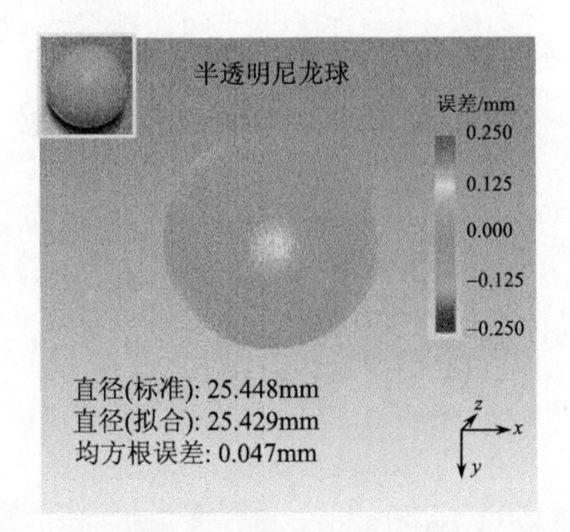

图 4.34　双方向投影策略的精度评价(见彩图)

2. 基于单方向投影策略的快速半透明型面匹配点解算方法

本节介绍基于单方向投影策略的快速半透明型面匹配点解算方法。当获得相机像素 (u,v) 的投影函数 $f(\rho;u,v|\theta)$ 与极线方程后，首先根据式(4.56)计算投影匹配点，然后根据式(4.3)计算得到匹配点的坐标。在实际实施中，单方向投影策略中采用 $\theta=0°$ 的投影函数。当采用单方向投影策略时，匹配点坐标的求解精度依赖于相机-投射器之间的标定精度。因此，采用单方向投影策略时，需要在刚完成相机-投射器标定的基础之上进行。

对图 4.30(a)～(c) 中的石蜡块、玉马和尼龙球，采用单方向投影函数的匹配点解算方法进行解算。在实验过程中采用四步相移投射模式，同时使用 10 个频率的粗定位条纹。对于这三个场景，所采用的投影接受域像素数目情况：接受域像素数目均为 150 像素，所需投射的条纹数目均为 344 张图案模式。相较于双方向投影策略，单方向采样策略仅需要一半的投射图案。传统条纹投影轮廓术无法在上述场景得到有效点云数据，故不再单独展示。

采用单方向投影策略的半透明型面匹配点解算方法对这三个场景测量的三维

重构结果分别如图 4.35(b)、图 4.35(d)和图 4.35(f)所示。作为对比实验，图 4.35(a)、图 4.35(c)和图 4.35(e)中展示了微相移方法测量[2]这三个场景的结果。实验中所采用的微相移方法使用平均周期为 64 像素的 15 个频率的竖条纹，共 17 张图案模式。对于半透明被测对象，根据微相移方法的假设，所投射的条纹频率应足够低，从而可以减少半透明对三维重构的影响。然而，从图 4.35 中可以发现，微相移方法重构结果中存在非常明显的波纹型误差，故无法应对本书场景中次表面散射条件下的三维重构问题。

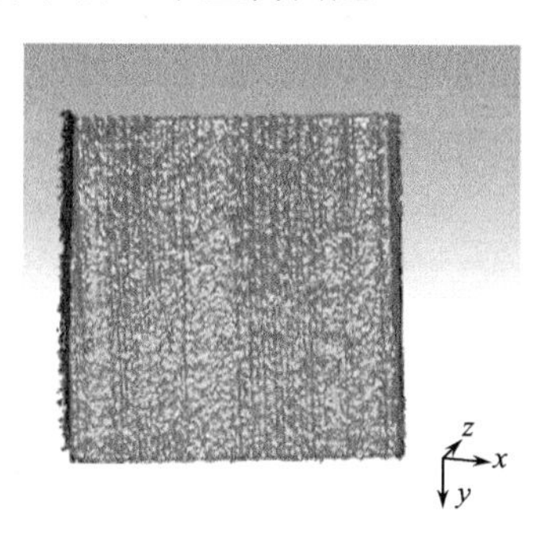

(a) 微相移方法测量石蜡块

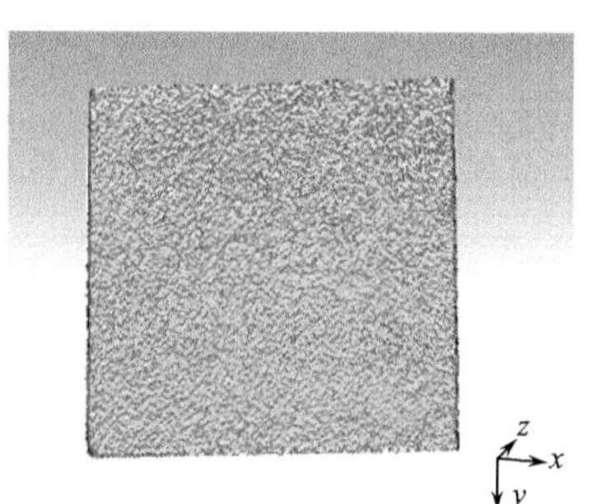

(b) 单方向投影策略测量石蜡块

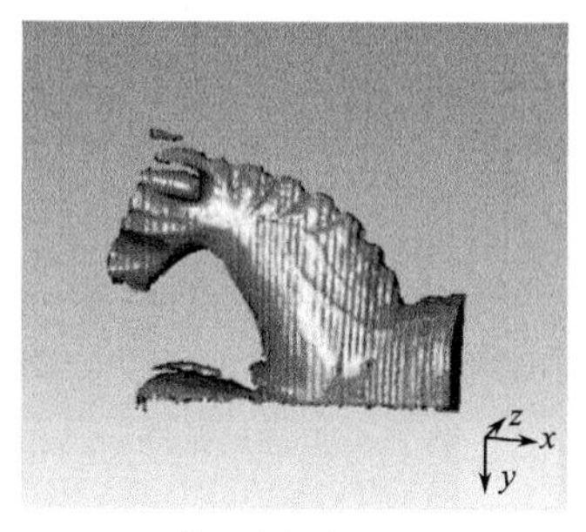

(c) 微相移方法测量玉马

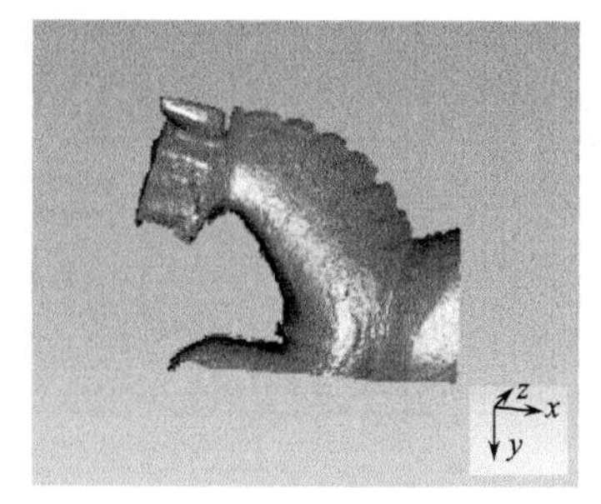

(d) 单方向投影策略测量玉马

(e) 微相移方法测量尼龙球

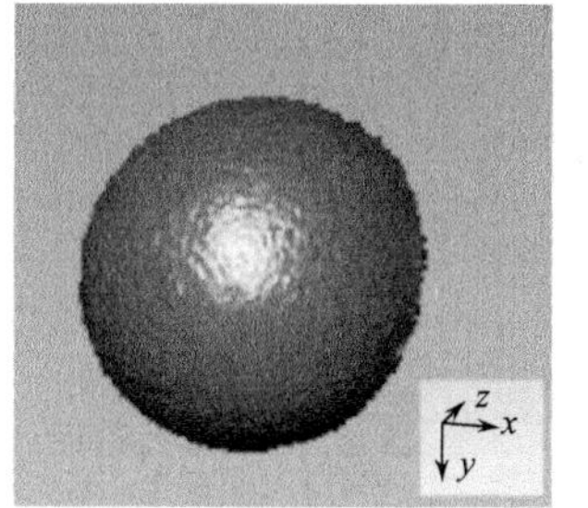

(f) 单方向投影策略测量尼龙球

图 4.35　次表面散射型面的微相移方法和单方向投影策略的三维重构结果

为了评价单方向投影函数的半透明次表面散射匹配点解算方法的三维重构精度，沿用前几章的方法，通过使用图 4.30(c) 中的尼龙球进行球面拟合，并根据以下两个指标评价三维重构的精度：①拟合球面直径与真实球直径的偏差；②点云与拟合球面之间距离的均方根误差。精度评价结果见图 4.36。该球的真实直径为 25.448mm，拟合得到的球直径为 25.428mm，直径偏差为 0.020mm，球面拟合的均方根误差为 0.052mm。图 4.36 中球中心处误差偏大的原因是此处出现了强反光，使得测量误差偏大。相较于双方向投影重构方法，直径偏差与均方根误差变化不大，但单方向投射方法仅需要双方向投影策略一半的数据获取时间。

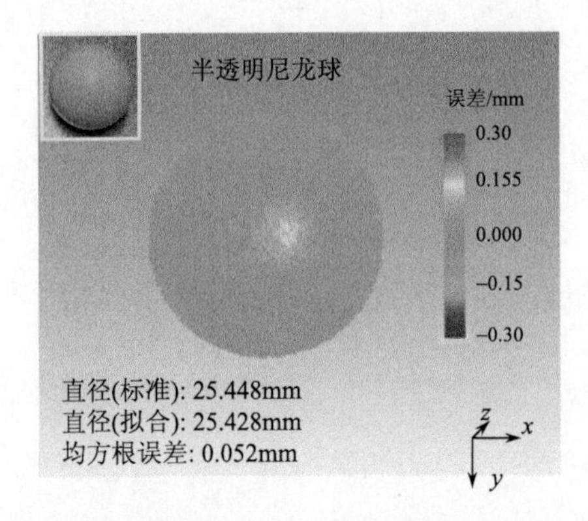

图 4.36 半透明型面单方向投影策略的精度评价(见彩图)

4.3 阶跃边缘高精度三维测量技术及应用

4.3.1 阶跃边缘混叠光照对三维测量方法的影响分析

阶跃边缘处像素混叠与传统三维测量方法中条纹投影轮廓术相关，条纹投影轮廓术是一种常见的光学测量技术。通过拍照并分析待测目标物体表面的二维变形条纹，可以获取待测物体的三维轮廓信息。在条纹投影轮廓术中，首先需要完成投射器与相机系统的标定工作；然后使用投射器将有规律的二维条纹投射到物体表面，通过相机获取相位图片，相位图中包含着测量目标的三维信息；最后通过进一步的解相位等工作即可获得物体的三维坐标数据。在该过程中，常用的是 N 步相移法，其投射条纹的生成公式可以表达如下：

$$P_i(x,y)=A(x,y)+B(x,y)\cos\left[\phi_f(x,y)+\frac{2\pi}{N}i\right] \tag{4.58}$$

式中，(x,y) 为图片中点的二维坐标；$P_i(x,y)$ 为图像坐标 (x,y) 处的灰度值；$A(x,y)$ 为投射条纹强度的常数项，视为直流项；$B(x,y)$ 为投射正弦条纹的幅值；

$\phi_f(x,y)$ 为空间频率为 f 时的包裹相位。

在投射出 N 步条纹并用相机拍照记录之后，可以得到空间中的光强响应：

$$I_i(x,y)=O(x,y)+R(x,y)P_i(x,y) \tag{4.59}$$

式中，$O(x,y)$ 为接收到的环境光强度；$R(x,y)$ 为被测目标表面的反射率。利用获得的光强响应可以计算得到 N 步相移式中各项的参数：

$$A(x,y)=\frac{1}{N}\sum_{i=1}^{N}I_i(x,y) \tag{4.60}$$

$$B(x,y)=\frac{2}{N}\sqrt{\left[\sum_{i=1}^{N}I_i(x,y)\sin\left(\frac{2\pi i}{N}\right)\right]^2+\left[\sum_{i=1}^{N}I_i(x,y)\cos\left(\frac{2\pi i}{N}\right)\right]^2} \tag{4.61}$$

并且，通过计算，可以得到包裹相位为

$$\phi_f(x,y)=\arctan\left[-\frac{\sum_{i=0}^{N-1}I_i(x,y)\sin\left(\frac{2\pi i}{N}\right)}{\sum_{i=0}^{N-1}I_i(x,y)\cos\left(\frac{2\pi i}{N}\right)}\right] \tag{4.62}$$

但是在阶跃边缘处，投射器的光同时投射到阶跃边缘上表面与下表面，并且分别经过阶跃边缘上表面与下表面反射后，沿同一个方向入射到一个相机像素当中，因此在该像素中将会出现相位的跳跃，相位不再连续，并且在相位相交处会出现相位叠加的现象，该相机像素产生像素混叠。在该情况下，由于相位不再连续，若进行解相位，则得到的是两个交叠相位的混合值，式(4.62)不再适用，也无法运用传统方法完成三维重构。

4.3.2　面向阶跃边缘的高效并行单像素成像技术

基于单像素成像技术的阶跃边缘重构方法分为三部分，分别为并行单像素成像的数据获取、傅里叶切片定位及基于单像素成像的三维重构，如图 4.37 所示，我们将在下面对于各部分的思路与原理展开详细的叙述。

1. 并行单像素成像数据获取

在实际数据获取之前，应先完成相机-投射器系统的标定，实验室已有成熟的相机-投射器标定算法，因此略过该部分，重点讲述四步相移法投射条纹的原理。

该部分算法主要完成获取目标对象数据的工作。如前述的条纹投影轮廓术，数据获取时需要利用高精度 DMD 向目标物体投射正弦条纹，在本书的方案中，将运用四步相移法投射按规律变化的正弦条纹，投射条纹的具体公式如下：

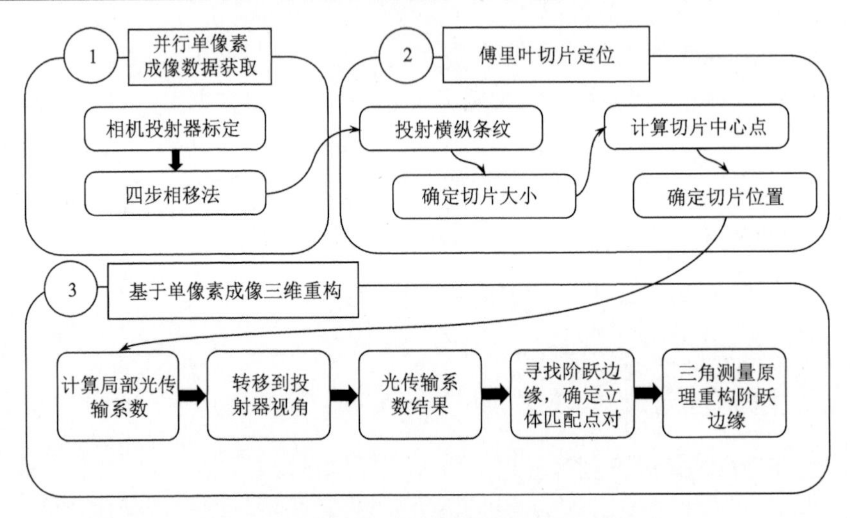

图 4.37　单像素成像重构阶跃边缘方法示意图

$$P_{\phi}(m,n;k,l)=a+b\cdot\cos\left[2\pi\left(\frac{k\cdot m}{M}+\frac{l\cdot n}{N}\right)+\phi\right] \tag{4.63}$$

式中，a 为平均亮度或者直流分量；b 为条纹调制度；ϕ 为初始相位，按照 $0,\frac{\pi}{2},\pi,\frac{3\pi}{2}$ 变化，在同一频率下将会分别投射出 4 张相位图；(m,n) 为投射器的二维笛卡儿坐标；(k,l) 为二维离散频率坐标；M 和 N 为投影图案的周期。对于每一对 (m,n)，k 与 l 分别从 0 到 M 与 N 变化，即 m 取值为 $0,1,2,\cdots,M-1$，n 取值为 $0,1,2,\cdots,N-1$，同样的 k 取值为 $0,1,2,M-1$，l 取值为 $0,1,2,\cdots,N-1$。因此对于分辨率为 1920 像素×1080 像素的投射器，需要投射 8294400 张图片，这是非常低效的方法，即使在考虑频域对称性之后，仍需要投射 4147200 张图片，因此引入傅里叶切片引理，通过分析单个像素所能成像的最大区域，分割得到成像结果的傅里叶切片，仅仅利用切片参数参与计算成像，大大减少了投影图片的数量，提高了并行单像素成像的效率。

在实际编程中，此部分需要完成参数的设置，如投影分辨率、周期延拓次数及傅里叶切片大小等，获取的图片数据保存也需要在该部分完成。

图 4.38 为并行单像素成像测量阶跃边缘示意图。

2. 傅里叶切片定位

将单像素成像扩展到整个相机所有像素之后，由于相机镜头的聚焦作用，单个像素成像时只能看到很小一部分视野，相比于投射器分辨率，这个视野的分辨率是很小的，因此，当投射器照亮目标物体时，只需要分别照亮每一个像素所需要的成像视野，即每一个像素在所见视野内单独成像，可以减少投射条纹的数量。

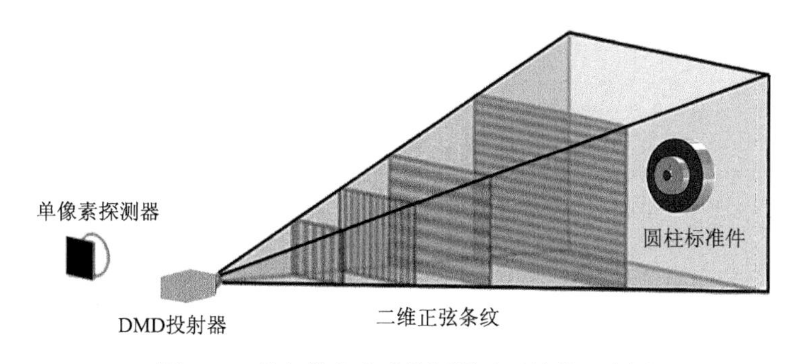

图 4.38　并行单像素成像测量阶跃边缘示意图

具体实现可以分为以下三步：第一步，基于傅里叶切片技术对相机每个像素的视野范围进行定位，选取最大值并确定条纹投射频率；第二步，根据前面获得的最大频率对投射器投射频率进行周期延拓；第三步，计算得到每个像素光传输系数，对傅里叶切片进行精确定位，将单个像素成像结果引入投射器坐标系，获得完整的光传输系数。

在对每个像素的成像视野定位时，希望得到一个矩形区域，因此需要对两个垂直方向投影。在实际过程中，我们对目标物体投射水平与竖直条纹，这相当于将物体与投射条纹压缩为一个维度，成为二维平面上的一维条纹，因此投影导致失去了一个维度的信息，傅里叶成像结果也失去了一个维度的信息，只会保留与条纹方向相垂直方向的信息，成像结果退化为二维平面内的一条曲线。强度值不为零的区域存在信息，这部分信息不具有实际意义，并不能将原目标物体图像或者坐标重构出来，但是在知道有效信息区域之后，可以通过矩形选中该区域，这就形成了一个傅里叶切片，我们仅对该区域成像，就可以减少投射条纹的数量，这就是傅里叶切片的原理。

3. 基于单像素成像的三维重构

1) 光传输系数的计算

光传输系数是单像素成像算法最重要的结果，也是单像素成像在三维测量方面应用的重点内容，光传输系数 $h(m,n;c,d)$ 描述的是由投射器中像素点 (m,n) 经过目标物体反射后到达相机像平面点 (c,d) 的光线强度。对于单个像素光传输系数的获取，需要进行以下两步。

(1) 获得单个像素的频率采样结果 $H^{M_s,N_s}(k,l;c,d)$，对其进行二维离散傅里叶逆变换，可以得到 $\tilde{h}^{M_s,N_s}(m,n;c,d)$。由于投影时进行了周期延拓，利用信号处理知识，我们知道 $\tilde{h}^{M_s,N_s}(m,n;c,d)$ 是光传输系数 $h^{M_s,N_s}(m,n;c,d)$ 以 $M_s \times N_s$ 为周期延

拓的结果，因此需要利用周期延拓的结果反推得到实际的光传输系数。

(2) 根据傅里叶切片的成像中心点，设计简单的矩形滤波器，将单像素 (c,d) 不可见范围全部过滤为零，这便将单像素成像结果成功转移到投射器全分辨率视角下，从而得到该单像素最终的成像结果，即单像素光传输系数 $h(m,n;c,d)$ 。

当计算频率采样结果时，我们运用式(4.64)：

$$\begin{aligned} H^{M,N}(k,l;c,d) &= \left[D_0^{M,N}(k,l;c,d) - D_\pi^{M,N}(k,l;c,d) \right] \\ &\quad + \mathrm{j} \cdot \left[D_{\pi/2}^{M,N}(k,l;c,d) - D_{3\pi/2}^{M,N}(k,l;c,d) \right] \end{aligned} \tag{4.64}$$

式中，$D_\phi^{M,N}(k,l;c,d)$ 为投射条纹 $P_\phi(m,n;k,l)$ 时，相机像素(c,d)的灰度值。计算二维离散傅里叶逆变换时，为了提高效率，可以采用快速傅里叶逆变换的方法；当通过延拓的系数 $\tilde{h}^{M_s,N_s}(m,n;c,d)$ 获得单像素的光传输系数时，需要设计简单的矩形滤波器，在傅里叶切片定位时，我们已经知道了单个像素对应的成像区域，将该区域内的值设为 1，将区域外的值设为 0，构建滤波器函数：

$$M(m,n;c,d) = \begin{cases} 1, & (m,n) \in \Omega_r \\ 0, & (m,n) \notin \Omega_r \end{cases} \tag{4.65}$$

式中，$\Omega_r(c,d)$ 表示相机单个像素 (c,d) 对应的成像区域，并且这个区域可以由傅里叶切片定位解算得到的像素矩形成像视野的中心点表示，记该中心点的横纵坐标分别为 $B_m(c,d)$ 和 $B_n(c,d)$，则具体计算公式为

$$\begin{aligned} &\Omega_r(c,d) \\ &= \left\{ (m,n) \middle| B_m(c,d) - \frac{M_s}{2} \leqslant m \leqslant B_m(c,d) + \frac{M_s}{2}, B_n(c,d) - \frac{N_s}{2} \leqslant n \leqslant B_n(c,d) + \frac{N_s}{2} \right\} \end{aligned} \tag{4.66}$$

若要得到整个相机的光传输系数，只需要对相机的所有像素的光传输系数相加，则每个相机像素所接收到的每一条光线来源都可以得知，即建立了相机与投射器之间的光线模型，在这个光线模型中包含了所有的直接光与间接光信息，我们在处理阶跃边缘重构时，需要进一步找出落在同一边缘处的两束直接光线，就可以运用三角视觉重构原理完成三维重构。

2) 引入极线

当重构阶跃边缘时，为了缩小两条直接光线的搜索区域，可以引入极线约束。在传统摄影测量中，像点分别位于两根极线上，单像素成像也是如此。对于相机单个像素成像而言，只需要找出对应的投射器的极线，就可以找出相对应的直接光线。由光传输系数 $h(m,n;c,d)$ 可知，投射器中像素点 (m,n) 到达相机像平面点 (c,d) 的光线强度越强，光传输系数 $h(m,n;c,d)$ 越大，但光线都是以光束形式照射的，因此光传输系数中包含的是一个或者许多个光斑，寻找直接光线变为寻找

对应的光斑。而对于像素混叠的阶跃边缘的重构而言，需要在极线上寻找相距一定距离的两个光斑，并且引入亚像素级匹配点定位算法，对于两个光斑分别按照其亮度值计算加权重心坐标，将该坐标选取为匹配点，分别与相机坐标生成匹配点对，完成阶跃边缘三维坐标重构。

由于相机存在畸变与误差，直接光并不能恰好落在极线上，因此需要在极线附近设定阈值。由于直接光线的光传输系数值往往更大，在实际当中，需要综合考虑亮度与距离，将在极线上下设定阈值并进行搜索，阈值 ε 通常设定为 5 个像素，寻找其中最亮的光斑并将其设为直接光光斑 x_i'，进行后续立体匹配；针对阶跃边缘成像，把阈值内亮度最大的两个光斑都视为直接光光斑，利用亚像素级匹配定位算法，分别将其加权重心坐标作为匹配点并进行立体匹配。对于极线阈值内没有候选点的相机像素，跳过对应像素。图 4.39 为极线阈值与单像素成像光传输系数示意图。

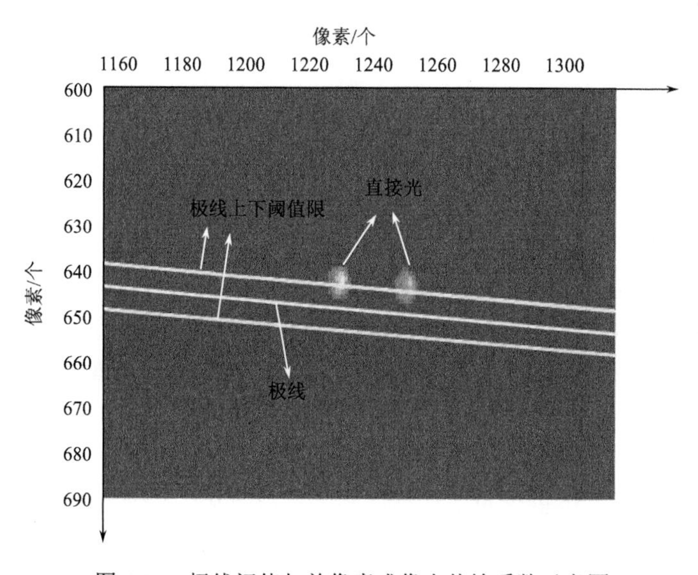

图 4.39　极线阈值与单像素成像光传输系数示意图

3) 亚像素级匹配点定位算法

在搜索匹配点时，需要寻找极线上最亮的光斑并将其作为直接光光斑，但是最终需要确定一个坐标值作为投射器坐标与相机坐标生成立体匹配点对，完成后续阶跃边缘的重构工作。可以选取极线阈值内光强值最大的点，但这是像素级的匹配点定位，而且光强值最大点通常不能代表整个光斑，这将导致得到的三维点云数据不准确。

为了得到更准确的匹配结果，本书引入亚像素级匹配点定位算法，通过以光斑光强值为权重计算光斑加权重心坐标并将其作为匹配点坐标，这样可以充分地考虑光斑的形状因素，得到的匹配点坐标更准确，得到的三维点云数据也更加准确。具体计算公式如下：

$$\begin{cases} x_0 = \dfrac{n_{10}}{n_{00}} = \dfrac{\sum\limits_{(i,j)\in S} i \cdot w_{i,j}}{\sum\limits_{(i,j)\in S} w_{i,j}} \\ y_0 = \dfrac{n_{01}}{n_{00}} = \dfrac{\sum\limits_{(i,j)\in S} j \cdot w_{i,j}}{\sum\limits_{(i,j)\in S} w_{i,j}} \end{cases} \tag{4.67}$$

式中，(x_0, y_0) 为通过亚像素级匹配点定位算法得到的光斑重心坐标结果；S 为极线上选中的直接光光斑点集的集合；$w_{i,j}$ 是加权的权重，也正是选中光斑点集中 (i, j) 处的光强值。

4) 阶跃边缘重构

单像素成像在阶跃边缘重构中的具体原理仅包括以上几部分，在得到光传输系数之后，通过极线约束分离出直接光传输系数与间接光传输系数，我们利用直接光的光传输系数，通过传统三维重构中的三角测量原理就可以完成阶跃边缘重构。

在获取数据前首先需要对相机-投射器系统进行标定，在标定时可以获得相机的内方位元素、外方位元素及畸变参数，并且通过单像素成像获得了完整的相机-投射器坐标系中的光传输系数，那么通过立体匹配及三角测量原理就可以计算获得阶跃边缘的三维点云数据。

立体匹配。我们已得到光斑的加权重心坐标，结合相机坐标系中的像素的坐标就可以生成一对立体匹配点对；在阶跃边缘处理中，叠加的相位将会在成像结果中分开，作为两个直接光光斑分别与相机像素坐标组成立体匹配点对，并且在后续的计算中将会获得两个三维坐标点，以此达到分离像素混叠的效果。

三维点云计算。在获得立体匹配点对数据后，可以按照三角测量原理进行三维重构，获取测量目标物的三维点云数据，其中，包含阶跃边缘的三维点云数据。

4.3.3 阶跃边缘高精度三维重构技术应用案例

在阶跃边缘处，通过傅里叶单像素成像技术，可以在成像结果中看到极线阈值内的两个直接光光斑。为了验证相关原理，我们通过远程控制设备完成了实物实验。本实验选取的实验目标物是自行设计、加工的圆柱形合金标准件(图 4.40)，第一层直径为 6mm，第二层直径为 20mm，第三层直径为 40mm，在本实验中我们主要观测第二层的边缘处，即将第二层表面视作阶跃边缘上表面，第三层表面为阶跃边缘下表面。本实验傅里叶切片定位时共投射 X 方向 3844 张条纹图，Y 方向 2164 张条纹图，最后投射 33280 张图片，以完成阶跃边缘的重构。

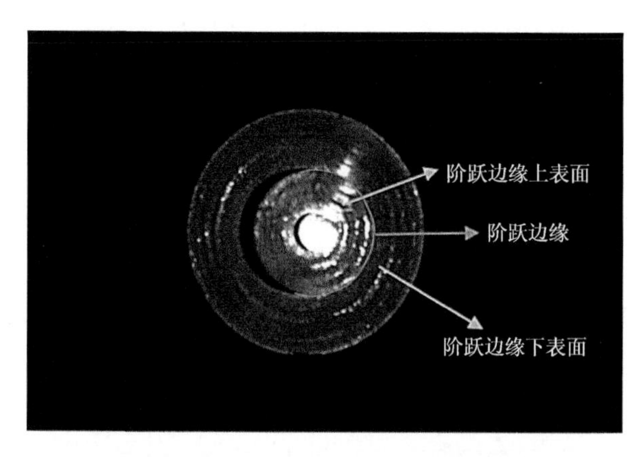

图 4.40　圆柱形合金标准件

我们仅对相机坐标系下(935,535)与(1225,840)之间的矩形区域像素点计算成像结果，并通过三维重构得到整个圆柱形合金标准件的三维坐标。

首先，为了验证傅里叶单像素成像原理的可靠性，我们设置仅在相机单像素成像结果中寻找最亮的光斑作为直接光照的光斑，仅生成一对立体匹配点对。从原理上讲，上表面与下表面分别与相机像素形成一对匹配点。基于单像素成像技术已经实现了来自阶跃边缘上下表面两束直接光线的分离，在实践中，仅采用其中一束直接光线参与立体匹配，与相机坐标组成匹配点对，另一对立体匹配点信息丢失，最后得到的三维点云精度会降低，并非高精度重构，该实验目的在于对傅里叶单像素成像原理的验证。在观察中，选择了位于阶跃边缘上具有标志性的像素点，并展示了其傅里叶单像素成像结果，如图 4.41 所示。

由图 4.42 可以看到，在极线阈值内存在两个大小近似的光斑，根据前述分析可知，这两个光斑都来自直接光线，均属于直接光光斑，但由于仅选择最亮点作为立体匹配点，另一个直接光光斑的信息会丢失。虽然实验结果的精度未达到理想标准，但实验验证了以下现象：在阶跃边缘的单像素成像结果图中，在一定极线阈值条件下，会显现出两个明显的直接光光斑。在实验中，由于像素混叠比例不同，光线强度也不一样，因此两个光斑大小不完全一致，下面会对光斑变化做详细分析。

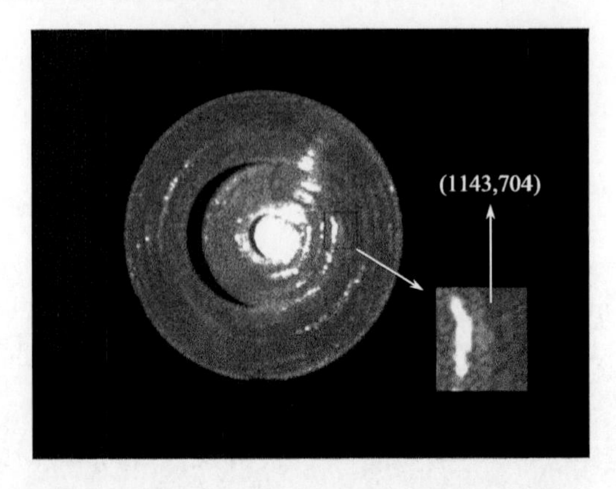

图 4.41　相机像素点(1143,704)位于阶跃边缘上

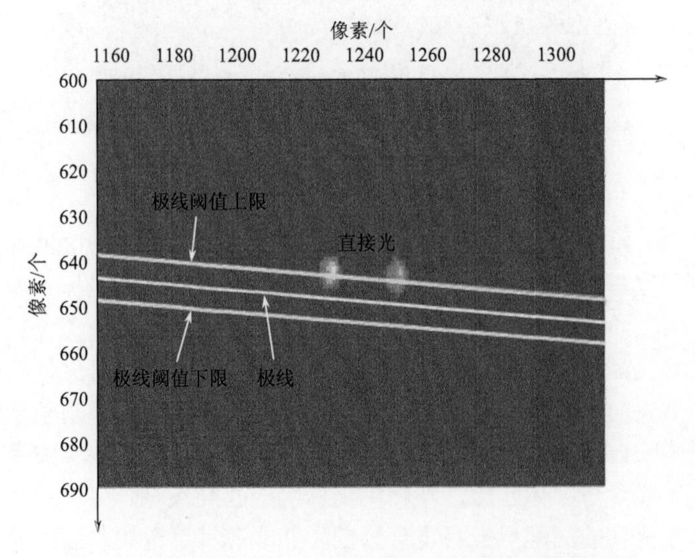

图 4.42　相机像素(1143,704)的傅里叶单像素成像结果图

在该实验中，经过立体匹配与三维重构后产生的三维点云包含 38151 个坐标点，运用单像素成像技术重构后的三维点云示意图如图 4.43 所示。

由图 4.43(a)可以清晰地看出直接光线的反射路径，碍于标准件的尺寸很小，阶跃边缘倾斜角度很小，被阶跃边缘遮挡住无法测量的区域也很小，做出入射光线与出射光线后可以看到被阶跃边缘遮挡的下表面的部分三维坐标点缺失。图 4.43(b)是与合金标准件摆放角度一致的三维点云图，呈现出完整的标准件形状，其中 i 处是投射器光线投射不到的区域，因此无法进行单像素成像与三维重构；ii 处是合金标准件强反光导致相机像素过曝丢失有效数据，因此同样无法获得三维点云。图 4.43(c)可以清晰地呈现出采用单像素成像方法重构后的阶跃边缘上下表面，阶跃边缘处完整且形成光滑曲线，没有因为阶跃边缘处像素混叠而出现偏离的错误点。

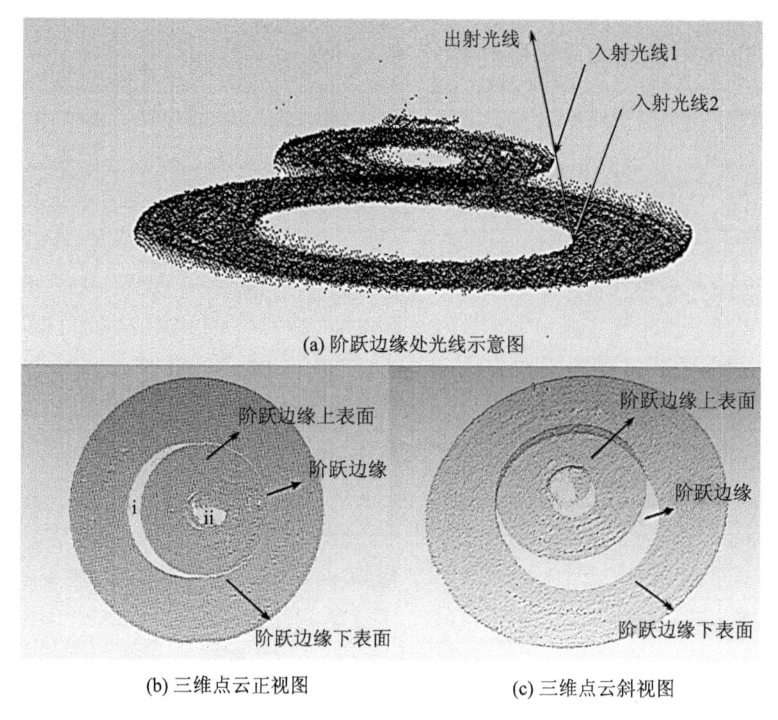

(a) 阶跃边缘处光线示意图

(b) 三维点云正视图　　(c) 三维点云斜视图

图 4.43　运用单像素成像技术重构后的三维点云示意图

在验证傅里叶单像素成像原理之后，在单像素成像结果中搜索位于极线上的两个直接光光斑，优先找出最亮的光斑后，在剩下的区域中再次寻找最亮的光斑，从而选出最亮的两个光斑作为立体匹配点，分别与相机坐标组成立体匹配点对；为了避免环境光形成的间接光光斑的影响，我们根据间接光光斑通常更大因此占据更多像素的特点，对第二个光斑设置了宽度为 7 个像素的阈值。经过修改算法，来自阶跃边缘上下表面的两束直接光线均参与立体匹配，重构出三维点坐标，阶跃边缘处的重构精度得以提高，并且最终的三维点云数量增加至 38791 个，共增加了 640 个三维坐标点。图 4.44(a) 是仅生成一对立体匹配点对的三维点云图，包含 38151 个坐标点；图 4.44(b) 是生成两对立体匹配点对的三维点云图，包含 38791 个坐标点，仅通过肉眼观察比较，很难直接发现阶跃边缘处的坐标点数目增加，但是实际上图 4.44(b) 的重构精度已经得到提高。

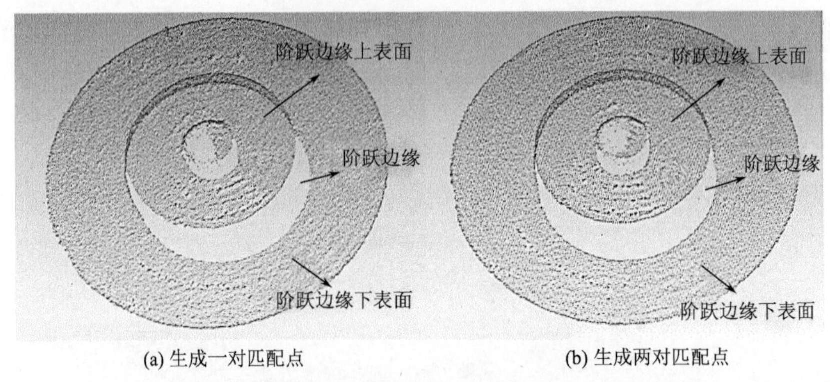

(a) 生成一对匹配点　　(b) 生成两对匹配点

图 4.44　修改搜索立体匹配点算法前后三维点云结果对比

观察分析三维点云数据变化后，我们将阶跃边缘处四个连续的相机像素作为研究对象(图 4.45)。具体而言，我们对单像素成像结果进行逐像素分析，观察投影函数中的峰值在穿越阶跃边缘时的变化情况(图 4.46)。首先观察像素(1142,704)的傅里叶切片结果，发现在 X 方向上，坐标值 1200 处有一大一小两个峰值，但是右侧峰值太小，几乎可以忽略；在 Y 方向上，图 4.46 中标出了两个坐标值差距极小的峰值，因此，推断该单像素成像结果至少有两个光斑，并且两个光斑的 Y 坐标差值很小，X 坐标差值比 Y 坐标差值要大。

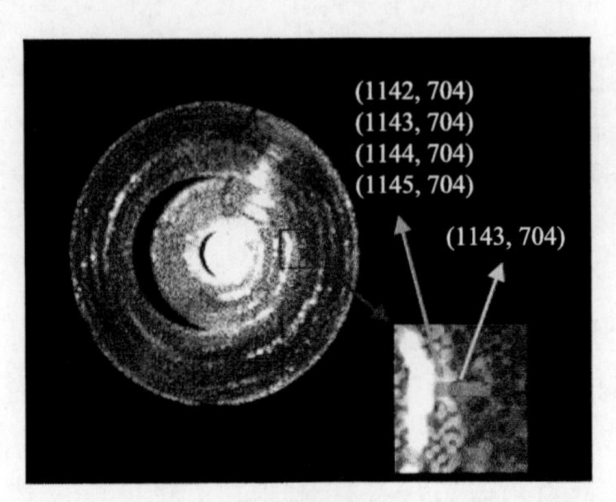

图 4.45　选取的相机像素所处位置放大示意图

现在开始分析傅里叶单像素成像结果。不难发现，用噪声阈值过滤掉后的成像结果中只有一个光斑(图 4.47(a))，这与前面根据傅里叶切片结果预测的至少有两个光斑的结论不符。因此，我们找到未过滤噪声的原始图像，图 4.47(b) 中除一个强光斑外，在右侧还有一个很弱的光斑，因其强度低于噪声阈值而被过滤掉，这个光斑对应的 X 方向光强很弱，所以 X 方向的傅里叶切片中第二个峰值很低；而 Y 坐标与强光斑相差不大，因此在 Y 方向傅里叶切片中弱光斑的值会叠加在强光斑的值之上，从而在 Y 方向中出现两个很高的峰值。通过上述分析可知，傅里

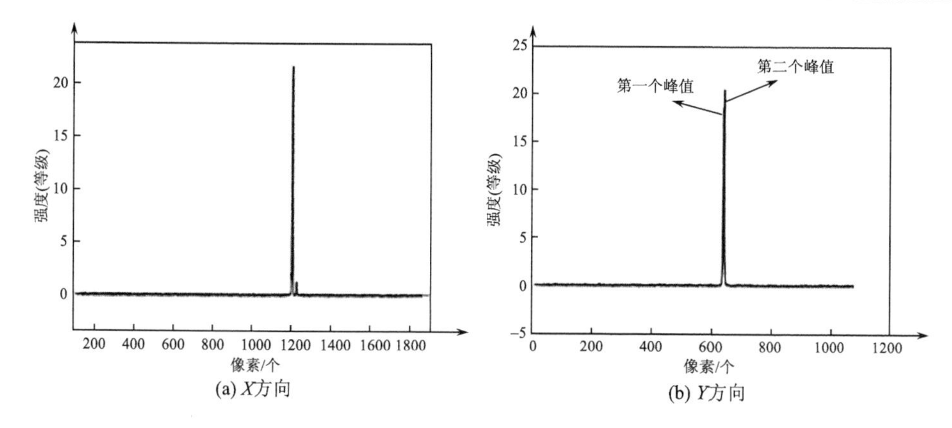

(a) X方向　　(b) Y方向

图 4.46　相机像素(1142,704)的傅里叶切片结果图

叶单像素成像结果与傅里叶切片的结果是一致的，傅里叶切片结果是单像素成像结果的一维投影，是对信息的压缩。

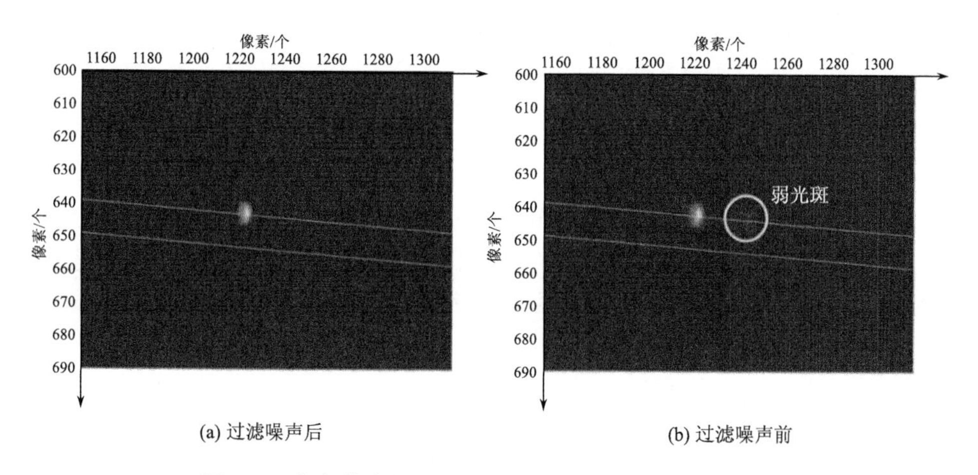

(a) 过滤噪声后　　(b) 过滤噪声前

图 4.47　相机像素(1143,704)的傅里叶单像素成像结果图

此外，还分析了像素(1143,704)的傅里叶切片结果，X 方向切片中两个光斑的光强值比较均衡，Y 方向切片中两个光斑强度值均大于 9.5，相差同样很小，这与图 4.42 傅里叶单像素成像结果中两个光斑亮度相近的现象是一致的(图 4.48)。

接下来，为了观察阶跃边缘处成像结果的变化，将(1142,704)到(1145,704)四个相机像素的单像素成像结果放在一起分析。

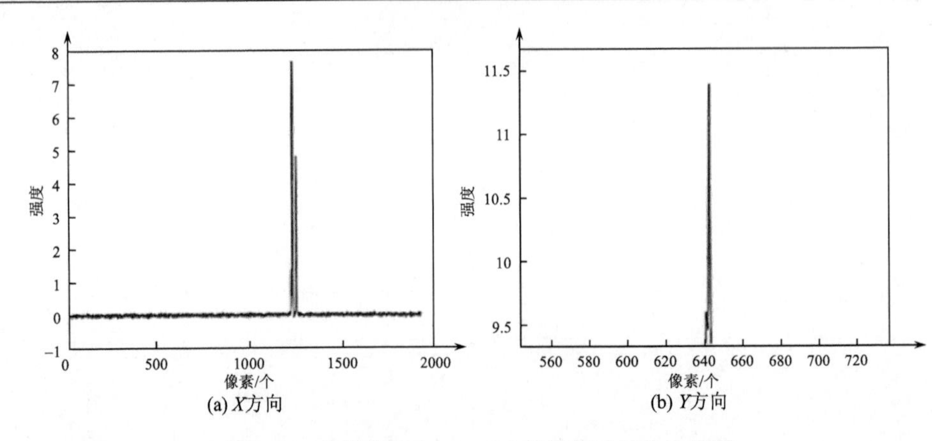

图 4.48　相机像素(1143,704)的傅里叶切片结果图

图 4.49(a)是相机坐标系中像素(1142,704)的单像素成像结果，我们看到仅有投射器坐标系中(1225,640)附近的一个光斑落在极线阈值内，这是来自阶跃边缘上表面反射的直接光光斑，该光斑参与组成立体匹配点对，参与阶跃边缘重构，由前面分析可得来自阶跃边缘下表面的光线强度弱于噪声限，被视作噪声滤除，不参与重构；图 4.49(b)是相机坐标系中像素(1143,704)的单像素成像结果，除(1225,640)附近的直接光光斑外，在(1250,650)附近也出现了一个光斑，这个光斑同样落在极线阈值内，是直接光线形成的光斑，其来自阶跃边缘下表面反射，通过修改立体匹配点搜索算法，两个光斑都与相机坐标系组成立体匹配点对，并且分别计算出位于阶跃边缘上下表面的两个坐标点，这两个坐标点就是直接光线的反射点；图 4.49(c)是相机坐标系中像素(1144,704)的单像素成像结果，与图 4.49(b)相同，仍存在两个直接光光斑，但可以看到左侧的光斑亮度已经非常弱，证明该像素已经经过阶跃边缘，收集到的光线主要来自阶跃边缘下表面，但来自上表面的光线依然可以生成匹配点对；图 4.49(d)是相机坐标系中像素(1145,704)的单像素成像结果，该像素已经完全经过阶跃边缘，其收集到的直接光线完全来自于阶跃边缘下表面，与普通位置的像素成像结果无异。

按照同样的思路，分析了图 4.50 中相机像素(1184,652)到(1184,654)三个相邻像素的单像素成像结果，这三个像素成像结果的变化与前面所述分析一致。

图 4.51(a)是相机坐标系中像素(1184,654)的单像素成像结果，其中，只有一个直接光光斑，来自阶跃边缘上表面反射；图 4.51(b)是相机坐标系中像素(1184,653)的单像素成像结果，其中，出现了两个直接光光斑，但是右侧直接光光斑只有极小一小部分落在了阈值内，我们分析是采用的系统标定数据与实际有一定的偏差，极线数据失准导致的；图 4.51(c)是相机坐标系中像素(1184,652)的单像素成像结果，此时相机像素已经完全经过了阶跃边缘，直接光光斑来自于阶

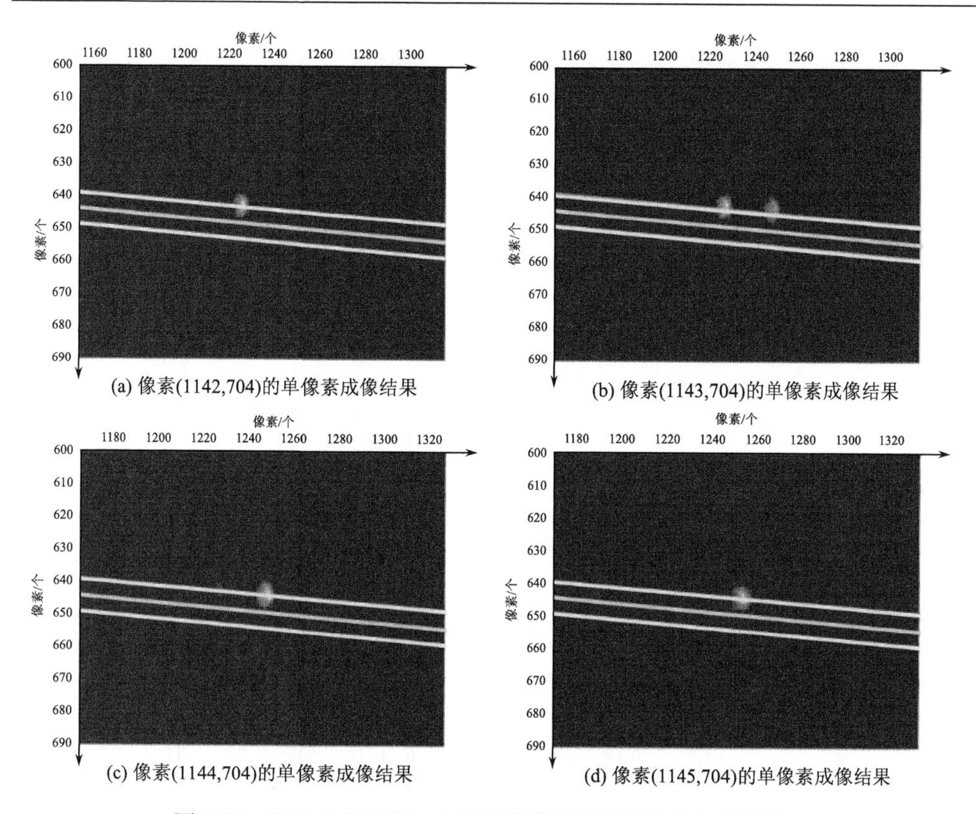

(a) 像素(1142,704)的单像素成像结果　(b) 像素(1143,704)的单像素成像结果

(c) 像素(1144,704)的单像素成像结果　(d) 像素(1145,704)的单像素成像结果

图 4.49　沿 X 方向相邻 4 个相机像素的傅里叶单像素成像结果

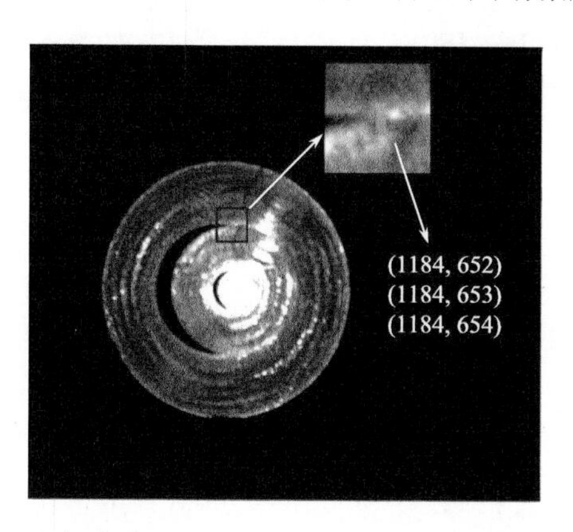

图 4.50　相机像素(1184,652)到(1184,654)位置放大示意图

跃边缘下表面反射，此时直接光线受阶跃边缘阻挡减小，光斑强度与范围均变大，落入极线阈值部分增大；图 4.51(d)同样也是相机坐标系中像素(1184,652)的单像素成像结果，是未经过噪声阈值处理过的成像结果，其中，可以隐约地看出来自阶跃边缘上表面的直接光光斑，但强度弱于噪声阈值，被当作噪声过滤掉而不再

组成立体匹配点。具体成像结果如图 4.51 所示。

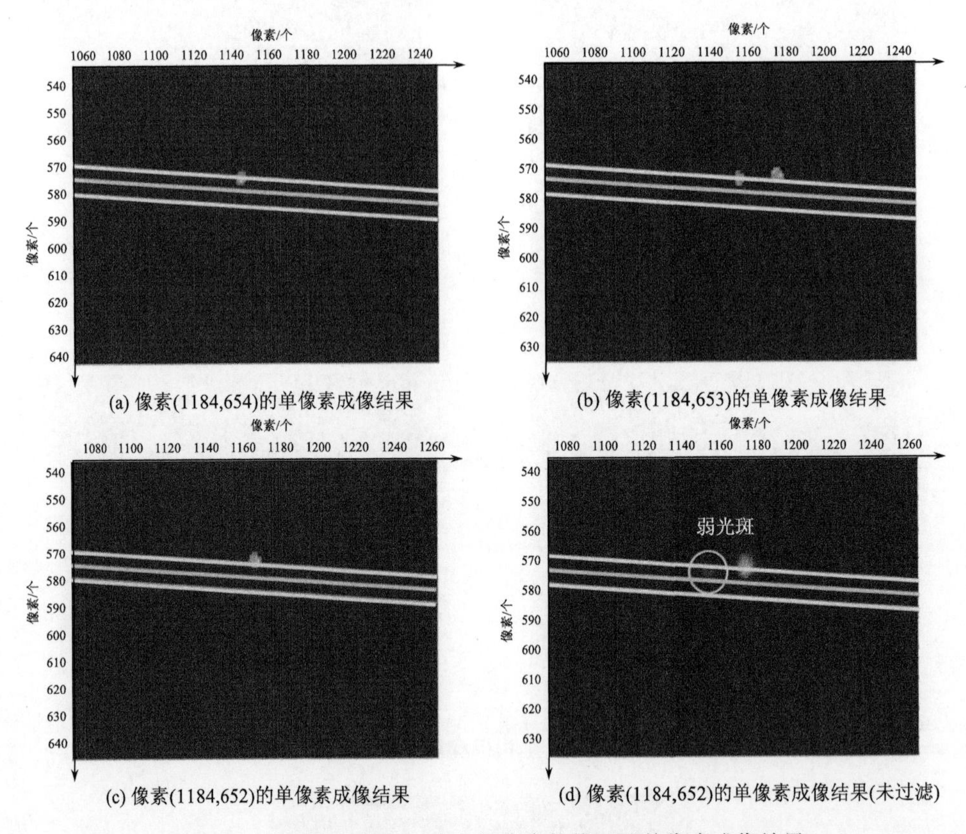

(a) 像素(1184,654)的单像素成像结果　(b) 像素(1184,653)的单像素成像结果

(c) 像素(1184,652)的单像素成像结果　(d) 像素(1184,652)的单像素成像结果(未过滤)

图 4.51　沿 *Y* 方向相邻 3 个相机像素的傅里叶单像素成像结果

为了进一步提升三维点云数据精度，我们引入了根据亮度值加权的亚像素级匹配点定位算法，使得三维点云数据更加平滑，精度得以提高，最终得到了较理想的实验结果。

图 4.52(a)是修改立体匹配点搜索算法后，光斑阈值为 11 个像素、噪声阈值为 0.1 时的三维点云图，共有 39015 个坐标点，因为随机噪声大于阈值，并且随机噪声大多是随机分布小斑点，在搜索匹配第二个直接光光斑时，程序会将随机噪声视为直接光光斑并生成立体匹配点对，导致三维点云中出现很多误匹配点，使得三维点云数据精度下降；图 4.52(b)是将噪声阈值调为 0.3 时的三维点云结果图，共有 38574 个坐标点，减少了 441 个坐标点，通过图 4.52(a)与图 4.52(b)对比，我们可以发现误匹配点明显减少，相应的数据准确度得以提高，至于图中位于标准件中线位置的噪声点，我们推测与标准件第一层表面强反光导致相机像素过曝有关，但受限于条件限制，未做验证实验。

(a) 噪声阈值为0.1时的三维点云图　　(b) 噪声阈值为0.3时的三维点云图

图 4.52　不同噪声阈值时的三维点云结果图

除此之外，我们引入亚像素级匹配点定位算法，该方法能够根据光斑亮度值加权计算光斑灰度质心，进一步提高光斑灰度质心坐标的准确性，图 4.53(a)为噪声阈值为 0.3 时未经过亚像素处理的三维点云图，图 4.53(b)为加入了亚像素处理算法之后的三维点云图，两图均有 38574 个坐标点，但是通过对比可以发现，图 4.53(a)中三维坐标点的显得杂乱无章，而图 4.53(b)中三维坐标点的排列显得规律有序，甚至可以看出图中右上方退刀槽的痕迹，这是因为加入了亮度值的权重之后，计算得到的匹配点坐标更加准确，通过匹配点对计算出的三维点云也更加准确，测量精度更高。

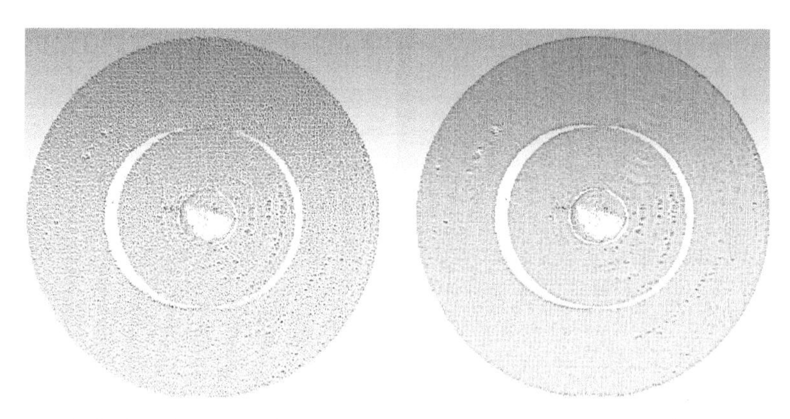

(a) 像素级匹配点定位三维点云图　　(b) 亚像素级匹配点定位三维点云图

图 4.53　引入亚像素级定位算法前后的三维点云图对比(俯视图)

为了更清晰地看出实验现象，我们选取了与标准件平面平行的角度，图 4.54(a)为噪声阈值为 0.3 时未经过亚像素处理的三维点云图，可以看出数据非常粗糙，属于同一平面的点或上或下偏离程度很大，平面坐标离散度很高，所以偏离后处在不同层面的点云数据混合，在侧视图中显得杂乱无章；而观察图 4.54(b)，经过亚像素级定位算法处理之后，由于数据精度提高，属于同一平面的点云偏离程度很小，几乎处在同一个平面，所以侧视图中排列有序整齐，这说明引入亚像素级定位算法对于提高三维点云数据的精度是有帮助的，能够提高标准件重构结果的精度，从而提高经重构得到的阶跃边缘精度。

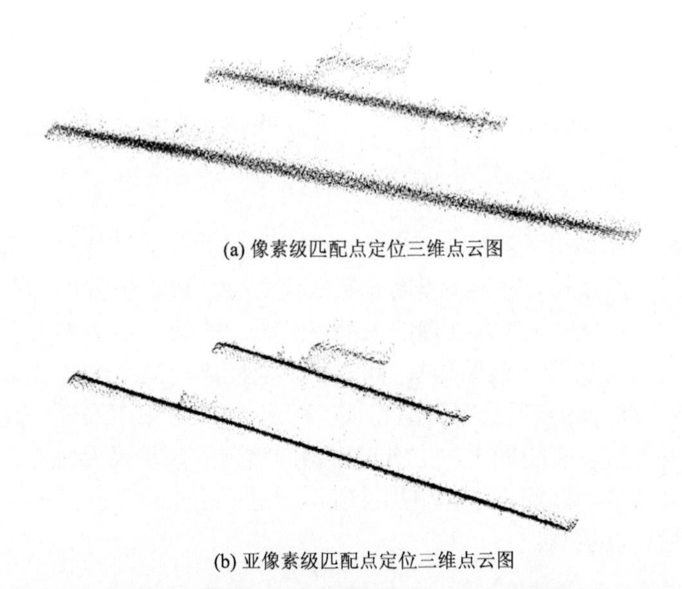

(a) 像素级匹配点定位三维点云图

(b) 亚像素级匹配点定位三维点云图

图 4.54　引入亚像素级定位算法前后的三维点云图对比(侧视图)

4.4　高光表面下的并行单像素成像技术

在传统条纹投影法测量强反光表面时，强反光表面反射率变化范围远远大于相机感光芯片的动态范围，导致采集的条纹图案饱和或过暗，最终导致强反光表面三维测量失败。因此，在光学三维测量方法测量强反光表面中，关键问题是避免图像饱和或过暗，即扩大相机感光的动态范围，使其满足强反光表面反射率变化范围。最直接的解决方法是采用多亮度投射方法避免图像饱和或过暗，该方法基本能够解决一般强反光问题。然而对于反射率变化很大的强反光表面，需要更多的亮度等级，对硬件要求高，而且图像过暗部分信噪比较低，影响测量精度。考虑到多步相移对强反光有一定的抑制效果，本章采用多步相移和多亮度投射相结合的方法，解决反射率变化很大的强反光表面三维测量问题，提高测量精度。

本章将分析强反光条件下的多步相移算法，通过理论推导得到抑制强反光效果最佳相移步数，并通过仿真实验证明该方法的有效性。同时，从多亮度投射测量方法原理出发，推导出多亮度条件下条纹图的融合过程。最后通过强反光表面测量实验，证明本书提出的基于多步相移和多亮度投射测量方法的正确性。

4.4.1 高光对傅里叶单像素成像的影响分析

基于条纹投影的测量系统包括投射器和相机两部分，测量时投射器投射相移条纹图到被测物表面，而后相机采集到受到被测物表面调制的条纹图案，相机采集的条纹图案可以表示为

$$I_i(x,y)=I'(x,y)+I''(x,y)\cos\left[\varphi(x,y)+2\pi i/N\right],\ i=0,1,2,\cdots,N-1 \tag{4.68}$$

式中，$I_i(x, y)$ 表示相机采集到的第 i 幅相移条纹图；N 代表投射相移条纹图案的步数；(x, y) 表示相机像平面坐标系的坐标；$I'(x, y)$ 表示背景光平均亮度；$I''(x, y)$ 表示条纹图案的调制度；$\varphi(x, y)$ 表示包裹相位，其可以由 N 步相移算法解算得到

$$\varphi(x,y)=\arctan\left[-\frac{\sum_{i=0}^{N-1}I_i(x,y)\sin\left(\frac{2i\pi}{N}\right)}{\sum_{i=0}^{N-1}I_i(x,y)\cos\left(\frac{2i\pi}{N}\right)}\right] \tag{4.69}$$

通常对于漫反射表面的测量，相机感光芯片的动态范围能够满足条纹图案亮度的要求，相机像素观测的亮度值与条纹图亮度实际值基本一致，条纹图的包裹相位可以由式(4.69)正确解算得到。解算出来的包裹相位范围为$(-\pi,\pi]$，因此包裹相位需要进一步通过相位展开算法得到绝对相位，通过展开得到的绝对相位，将相机像素坐标点和投射器像素坐标点进行立体匹配。最终通过立体匹配点可以计算得到被测物表面的三维点。

然而在强反光表面进行三维测量时，表面存在强反光，条纹图案亮度变化范围非常大，会超出相机测量的动态范围，导致条纹图像饱和。假设相机像素能够检测最大亮度值为 $I_{\max}$，那么超过相机检测动态范围最高水平的光信号强度将被强制量化为最大亮度值 $I_{\max}$。比如一个图像量化位数是 8 位的相机，最大亮度值 $I_{\max}=255$，则该相机对于亮度值大于 255 的光信号将强制记录为 255 亮度值。因此，在强反光表面测量中，相机记录的条纹图案亮度值为

$$I_i^s(x,y)=\begin{cases}I_i(x,y), & I_i(x,y)\leqslant I_{\max}\\ I_{\max}, & I_i(x,y)>I_{\max}\end{cases} \tag{4.70}$$

由式(4.70)可知，对于图像饱和区域，条纹图案的实际值与相机记录的亮度值存在一定的偏差，该亮度偏差可以表示为

$$\delta_i(x,y)=I_i(x,y)-I_i^s(x,y)=\begin{cases}0, & I_i(x,y)\leqslant I_{\max}\\ I_i(x,y)-I_{\max}, & I_i(x,y)>I_{\max}\end{cases} \tag{4.71}$$

式中，$\delta_i(x,y)$ 表示条纹图案的实际值与相机记录的亮度值之间的偏差。若图像存

在饱和，则导致 $\delta_i(x, y)$ 不为 0，相机记录的亮度值与条纹图案的实际亮度值之间存在一个差值，从而实际解算出的包裹相位与理论的包裹相位存在一个偏差。通过联立式(4.69)～式(4.71)，根据三角变换知识和化简，实际解算出的包裹相位可以表示为

$$\begin{aligned}\varphi^s(x,y) &= \arctan\left[-\frac{\sum_{i=0}^{N-1}\left[I_i(x,y)-\delta_i(x,y)\right]\sin\left(\frac{2\pi i}{N}\right)}{\sum_{i=0}^{N-1}\left[I_i(x,y)-\delta_i(x,y)\right]\cos\left(\frac{2\pi i}{N}\right)}\right] \\ &= \arctan\left[\frac{\sin\varphi(x,y)+\frac{2}{N\cdot I''(x,y)}\sum_{i=0}^{N-1}\delta_i(x,y)\sin\left(\frac{2\pi i}{N}\right)}{\cos\varphi(x,y)-\frac{2}{N\cdot I''(x,y)}\sum_{i=0}^{N-1}\delta_i(x,y)\cos\left(\frac{2\pi i}{N}\right)}\right]\end{aligned} \tag{4.72}$$

式中，$\varphi^s(x, y)$ 代表实际解算出的包裹相位。由式(4.72)可知，图像饱和会导致解算出的包裹相位存在偏差，联合式(4.69)和式(4.72)，相位偏差可以表示为

$$\begin{aligned}\Delta\varphi(x,y) = \varphi^s(x,y)-\varphi(x,y) &= \arctan\left[\frac{\tan\varphi^s(x,y)-\tan\varphi(x,y)}{1+\tan\varphi^s(x,y)\tan\varphi(x,y)}\right] \\ &= \arctan\left[\frac{\frac{2}{N\cdot I''(x,y)}\sum_{i=0}^{N-1}\delta_i(x,y)\sin\left[2\pi i/N+\varphi(x,y)\right]}{1-\frac{2}{N\cdot I''(x,y)}\sum_{i=0}^{N-1}\delta_i(x,y)\cos\left[2\pi i/N+\varphi(x,y)\right]}\right]\end{aligned} \tag{4.73}$$

式中，$\Delta\varphi(x, y)$ 表示实际解算的包裹相位和理论的包裹相位之间的偏差。由式(4.73)可以看出，相位偏差取决于相位分布 $\varphi(x, y)$、相移步数 N、调制度 $I''(x, y)$ 和亮度偏差 $\delta_i(x, y)$。在实际测量中，改变相移步数 N 容易实现，因此，本节将通过优化相移步数参数，减小图像饱和引起的相位偏差。

1. 强反光条件下相移步数选择

强反光表面测量时，图像饱和会导致相位解算出现偏差，由式(4.73)可知，相位偏差与相移步数有关，因此考虑通过优化相移步数 N，使得相位偏差最小，从而达到抑制强反光的效果。

当投射条纹周期 λ 是奇数时，相移步数 $N=\lambda\times k\,(k=1,2,\cdots)$ 时，或者当投射条纹周期 λ 是偶数时，相移步数 $N=\lambda/2\times k\,(k=1,2,\cdots)$ 时，同一像素点即使在部分相移条纹图案上饱和，该像素点的包裹相位仍可以通过传统多步相移算法准确地解算出来，即消除图像饱和引入的相位偏差。

在条纹投影测量中，相机和投射器像素之间的对应关系是通过在场景上投射

横竖正弦条纹图案来建立的。以竖条纹为例，投射器投射的正弦条纹图案可以表示为

$$P_i(x',y') = a + b\cos\left[\varphi(x',y') + 2\pi i/N\right] = a + b\cos\left[2\pi x'/\lambda + 2\pi i/N\right] \tag{4.74}$$

式中，P_i表示投射器投射的第 i 幅相移条纹图；(x',y')表示投射器像平面坐标系的坐标；a 表示条纹图的平均亮度，也称直流分量；b 表示条纹图案的调制度；$\varphi(x',y')$表示初相位；λ 表示条纹图案的空间周期；N 表示投射相移步数。下面分条纹周期为奇数和偶数两种情况进行讨论。

1) 条纹图案周期 λ 是奇数

现在假设投射器投射的条纹图案周期 λ 是奇数，则相移步数取值为 $N=\lambda\times k\,(k=1,2,\cdots)$，可以得到 $\lambda=N/k\,(k=1,2,\cdots)$。假设投射器上像素$(x',y')$发出的光经场景直接反射到相机像素$(x,y)$上，那么对应的式(4.68)可以表示为

$$I_i(x,y) = I'(x,y) + I''(x,y)\cos\left[2\pi(kx'+i)/N\right] \tag{4.75}$$

那么对应相机像素(x,y)对应的理论包裹相位可以表示为

$$\varphi(x,y) = 2\pi kx'/N + 2n\pi \tag{4.76}$$

式中，n 为某个整数，使得包裹相位 $\varphi(x,y)$取值为$(-\pi,\pi]$。k 和 x'都是整数，显然 $kx'+i$ 也是整数，N 个连续的整数中必然有一个数是 N 的倍数，而 i 的取值为 $0,1,2,\cdots,N-1$，因此一定存在一个取值，使得 $kx'+i$ 是相移步数 N 的整数倍。

不妨假设 $i=i_0$ 时，$kv+i$ 的值是相移步数 N 的整数倍，那么相机像素(x,y)在第 i_0 幅采集到的条纹图的取值为

$$I_{i_0}(x,y) = I'(x,y) + I''(x,y) \tag{4.77}$$

由式(4.77)可知，相机像素(x,y)在第 i_0 幅相移条纹图中的亮度取值最大。由于正弦(余弦)函数是周期函数，而且函数取值关于最值点对称，因此当 i 的取值关于 i_0 值对称时，$I_i(x,y)$的取值相等(图 4.55)，可以表示为

$$I_{i_0+m}(x,y) = I_{i_0-m}(x,y),\quad m = 1,2,\cdots,\left\lfloor\frac{N-1}{2}\right\rfloor \tag{4.78}$$

式中，m 为一个整数，符号$\lfloor\ \rfloor$表示向下取整函数。i_0+m 或 i_0-m 取值可能超出 $0\sim N-1$，$0\sim N-1$ 正好是一个周期，因此若 i_0+m 或 i_0-m 超出取值范围，则可以通过周期延拓找到 $0\sim N-1$ 中与之相对应的取值点。为了描述方便，下面直接使用 i_0+m 或 i_0-m 表示 $0\sim N-1$ 中与之相对应的点。

式(4.78)表明在 N 幅相移条纹图上，除了最值点处，$I_i(x,y)$的取值都成对出现，而且关于 $i=i_0$ 对称。若相机像素(x,y)在 N 幅相移条纹图存在部分饱和，由前面的推导可知，相机像素(x,y)在第 i_0 幅相移条纹图中的实际亮度值最大，因此在第 i_0 幅采集到的条纹图中，相机像素(x,y)的亮度一定饱和。同时，若相机像素(x,y)

在第 i_0+m 幅相移条纹图中表现饱和，根据式(4.78)可知，相机像素(x,y)在第 i_0+m 和 i_0-m 幅条纹图中实际亮度值相等，那么该像素点(x,y)在 i_0-m 幅相移条纹图中也表现为饱和点，而且可以发现亮度偏差也相等。

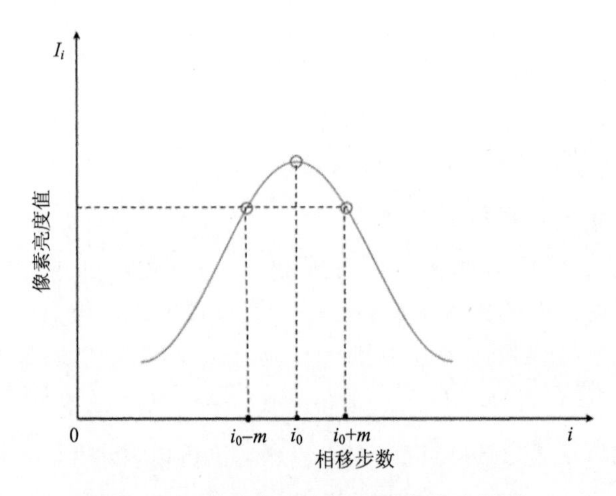

图 4.55　像素亮度值与相移步数示意图

$$\delta_{i_0+m}(x,y)=\delta_{i_0-m}(x,y) \tag{4.79}$$

对于相机像素(x,y)亮度不饱和的情况，也满足上述等式(亮度偏差都是 0)。因此可以得到

$$\sum_{m=1}^{\left\lfloor\frac{N-1}{2}\right\rfloor}\left[\delta_{i_0+m}(x,y)\sin(2\pi m/N)+\delta_{i_0-m}(x,y)\sin(-2\pi m/N)\right]=0 \tag{4.80}$$

当 i 的取值使 $I_i(x,y)$ 取最值时，即 $\cos[2\pi i/N+\varphi(x,y)]$的取值为±1 时可以得到 $\sin[2\pi i/N+\varphi(x,y)]=0$，因此结合式(4.80)可以得到

$$\sum_{i=0}^{N-1}\delta_i(x,y)\sin\left[2\pi i/N+\varphi(x,y)\right]=0 \tag{4.81}$$

将式(4.81)代入式(4.73)，可以得到由条纹图像饱和引入的相位偏差$\Delta\varphi(x,y)=0$，由此可知即使同一像素在部分相移条纹图像出现饱和，在此条件下包裹相位也可以正确地解算出。

2) 条纹图案周期 λ 是偶数

当条纹图案周期 λ 是偶数时，相移步数的取值为 $N=\lambda/2\times k(k=1,2,\cdots)$，可以得到 $\lambda=2N/k(k=1,2,\cdots)$。假设投射器上像素$(x',y')$发出的光经场景直接反射到相机像素$(x,y)$上，那么对应的式(4.68)可以表示为

$$I_i(x,y)=I'(x,y)+I''(x,y)\cos\left[2\pi(kx'/2+i)/N\right] \tag{4.82}$$

相机像素 (x, y) 对应的包裹相位可以表示为

$$\varphi(x, y) = \pi k x'/N + 2n\pi \tag{4.83}$$

式中，n 为某个整数，确保包裹相位 $\varphi(x, y)$ 取值为 $(-\pi,\pi]$。k 和 x' 都是整数，显然 kx' 也是整数。下面分两种情况进行讨论，若 kx' 为偶数，则 $kx'/2$ 为整数，那么该种情况和条纹周期为奇数的情况推导方法一样，可以得到此时图像饱和引入的相位偏差为 0。下面重点讨论 kx' 为奇数的情况。

若 kx' 为奇数，则 $kx'/2+i$ 表示为一个整数加上 1/2，即 $kx'/2+i=(kx'-1)/2+i+1/2$，从而可以得到 $(kv-1)/2+i$ 也是整数，根据前面的推导，显然存在一个取值 i，使得 $(kx'-1)/2+i$ 是相移步数 N 的整数倍。

不妨假设 $i=i_0$ 时，$(kx'-1)/2+i$ 的值是相移步数 N 的整数倍，那么 $I_i(x, y)$ 在 $i_0+1/2$ 处取得最值。由于正弦（余弦）函数是周期函数，而且函数取值关于最值点对称，因此当 i 的取值关于 $i_0+1/2$ 值对称时，$I_i(x, y)$ 的取值相等，可以表示为

$$I_{i_0+m-1}(x, y) = I_{i_0-m}(x, y),\quad m = 0,1,2,\cdots,\left\lfloor \frac{N-2}{2} \right\rfloor \tag{4.84}$$

式中，m 为一个整数，符号 $\lfloor\ \rfloor$ 表示向下取整函数。根据式 (4.84) 可知相机像素 (x, y) 在第 i_0+m-1 幅和第 i_0-m 幅相移条纹图中实际亮度值相等。因此若相机像素 (x, y) 在第 i_0+m-1 幅相移条纹图中表现饱和，那么该像素点 (x, y) 在第 i_0-m 幅相移条纹图中也表现为饱和点，而且可知亮度偏差也相等。后面推导与条纹周期为奇数的推导相同，可以得到此时图像饱和引入的相位偏差为 0。因此，当条纹图案周期 λ 是偶数时，相移步数取值为 $N=\lambda/2\times k$ $(k=1, 2, \cdots)$，此时可以消除图像饱和对相位解算的影响。

综合上面两种情况的理论推导，可以得到当投射条纹周期 λ 是奇数时，相移步数的取值选择 $N=\lambda\times k$ $(k=1,2,\cdots)$，或者当投射条纹周期 λ 是偶数时，相移步数的取值选择 $N=\lambda/2\times k$ $(k=1,2,\cdots)$，此时多步相移算法对强反光的抑制效果最好，基本消除了由图像饱和引入的相位解算偏差。

2. 强反光条件下多步相移算法仿真

前面章节通过理论分析，说明了多步相移算法对强反光有一定的抑制效果，而且抑制效果与相移步数有关。当相移步数的取值选择为条纹周期的整数倍或条纹周期（条纹周期为偶数）一半的整数倍时，图像饱和导致相位偏差将被消除，抑制强反光效果最好。现进行仿真实验，验证该理论的正确性和可行性。

假设相机是 8 位相机，相机能够采集到的最大亮度值为 255，模拟生成相机在强反光条件下采集饱和程度不同正弦条纹图，如图 4.56 所示。图 4.56 中 (a)～(c) 分别对应相机采集到实际最高亮度值 L 为 250、500、1000 的条纹图像，而

图 4.57 展示了图 4.56 中相对应条纹图横截某一行像素的亮度分布图。在理想情况下，条纹图横截某一行的亮度分布图应为完整的正弦图，但是由于相机的感光芯片动态范围有限，实际亮度值大于 255 的亮度值都在 255 处截断，这在图 4.57(b)和(c)所示的亮度分布图中可以看到。

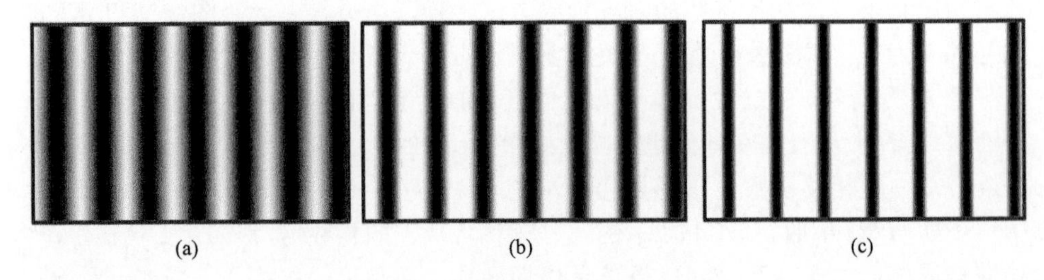

图 4.56　饱和程度不同的条纹图

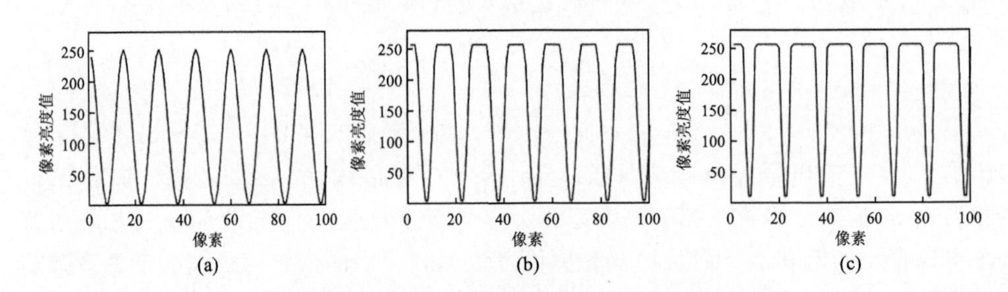

图 4.57　条纹图横截像素的亮度分布图

考虑到实际测量的需求，为了减少采集条纹数量并提高测量效率，在满足其他要求的条件下，相移步数取值应尽可能小。因此，本节仿真实验中相移步数的取值为选择倍数 k=1 时的取值，即条纹周期为奇数时，相移步数的取值与条纹周期相等；而当条纹周期为偶数时，相移步数为条纹周期的一半。条纹周期选择 10～20 像素，并为每个条纹周期选择相应的相移步数，分别生成对应图 4.56 中饱和程度不同的 3 组相移条纹图，再使用传统多步相移算法对其进行相位解算，将解算得到相位结果与理论相位值进行对比，并计算相位偏差的均方根误差。

仿真实验结果如表 4.2 所示，结果显示，即使部分相移图像存在饱和，多步相移算法解算得出的相位与实际相位之间偏差非常小，相位偏差的均方根误差的数量级为 10^{-14} 左右，基本上可以忽略不计。这验证了当相移步数为条纹周期的整数倍或条纹周期(条纹周期为偶数)一半的整数倍时，可以消除条纹图像饱和引入相位偏差的推论。因此，在测量强反光表面时，可以依据条纹周期选择适当的相移步数抑制强反光的影响。

表 4.2　仿真实验结果

条纹周期/像素	相位偏差的均方根误差/rad		
	实际最大亮度值为 250	实际最大亮度值为 500	实际最大亮度值为 1000
10	1.09×10^{-14}	1.19×10^{-14}	1.17×10^{-14}
11	1.01×10^{-14}	1.20×10^{-14}	1.20×10^{-14}
12	8.94×10^{-15}	1.24×10^{-14}	1.93×10^{-14}
13	9.57×10^{-15}	7.95×10^{-15}	7.43×10^{-15}
14	8.33×10^{-15}	9.10×10^{-15}	1.11×10^{-14}
15	7.53×10^{-15}	8.57×10^{-15}	1.22×10^{-14}
16	6.30×10^{-15}	7.98×10^{-15}	6.04×10^{-15}
17	7.10×10^{-15}	6.33×10^{-15}	8.24×10^{-15}
18	7.11×10^{-15}	7.01×10^{-15}	1.17×10^{-14}
19	6.11×10^{-15}	6.73×10^{-15}	5.18×10^{-15}
20	5.37×10^{-15}	6.62×10^{-15}	6.48×10^{-15}

4.4.2　杂散光对三维成像的影响分析

在条纹投影测量中，投射器投射的条纹图案经场景反射被相机捕获，在理想成像情况下，除了环境光和噪声的影响，相机像素亮度值仅与其对应物点反射的光强有关。然而，在实际相机成像过程中，相机镜头存在点扩散函数，像素对应物点附近的点反射的光也会扩散到该像素，本节称这些扩散光为杂散光，会干扰到像素亮度值。

1. 杂散光干扰数学建模

像素受到杂散光干扰的过程示意图如图 4.58 所示，图中点 1、2 代表相机图像传感器上一对相邻的像素点，分别对应场景点 L、H。在理想情况下，场景点 L 反射的光通过光学镜头被像素点 1 接收，而场景点 H 反射的光通过光学镜头全都到达像素点 2，但是由于光学镜头点扩散函数的存在，经场景点 H 反射的光经过光学镜头部分会扩散进入像素点 1，对像素点 1 的亮度值形成干扰。

当被测物位于相机景深范围内时，场景点反射的光通过光学镜头扩散进入像素点的杂散光所占比例很小，一般情况下，杂散光对像素点的亮度影响很小，可以忽略不计。但是当场景点反射的光强度很大时，即使杂散光占比小，杂散光的强度也不可忽略，此时像素点的亮度受到杂散光的干扰较大。强反光表面反射率变化范围大，反射率高的区域反射光较强，周围像素点的亮度受到杂散光的影响较大。下面将通过数学建模，进一步分析强反光表面杂散光对像素亮度的影响。

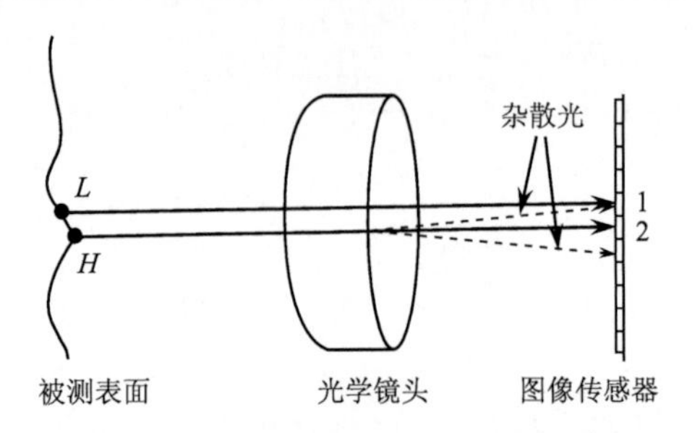

图 4.58　像素受到杂散光干扰的过程示意图

现以相机像素点(x_0, y_0)为例，投射器投出的光经场景点反射进入相机，考虑杂散光的影响，相机采集的条纹图像强度可以表示为

$$I(x_0, y_0) = \sum_{(x_j, y_j)\in\Omega} \beta(x_j, y_j; x_0, y_0)\left\{\alpha r(x_j, y_j)\left[a + b\cos\varphi(x_j, y_j)\right] + \alpha O(x_j, y_j)\right\} \tag{4.85}$$

式中，Ω为对像素点(x_0, y_0)的亮度有影响的范围；$\beta(x_j, y_j; x_0, y_0)$为扩散系数，与相机镜头的点扩散函数有关；$r(x_j, y_j)$为像素$(x_j, y_j)$处的物体表面反射率；$\alpha$为相机响应系数；$O(x_j, y_j)$为像素$(x_j, y_j)$处环境光强度。根据像素$(x_0, y_0)$接收光的来源，像素接收到的光可以分为对应场景点的直接反射光和周围的场景点反射光扩散的杂散光，因此式(4.85)可以改写成

$$I(x_0, y_0) = I^d(x_0, y_0) + \Delta I(x_0, y_0) \tag{4.86}$$

式中，$I^d(x_0, y_0)$为直接反射光的亮度分量；$\Delta I(x_0, y_0)$为杂散光的亮度分量，分别可以表示为

$$I^d(x_0, y_0) = \beta(x_0, y_0; x_0, y_0)\left\{\alpha r(x_0, y_0)\left[a + b\cos\varphi(x_0, y_0)\right] + \alpha O(x_0, y_0)\right\} \tag{4.87}$$

$$\Delta I(x_0, y_0) = \sum_{(x_j, y_j)\in\Omega_1} \beta(x_j, y_j; x_0, y_0)\left\{\alpha r(x_j, y_j)\left[a + b\cos\varphi(x_j, y_j)\right] + \alpha O(x_j, y_j)\right\} \tag{4.88}$$

式中

$$\Omega_1 = \left\{(x, y) \mid (x, y) \in \Omega, (x, y) \neq (x_0, y_0)\right\} \tag{4.89}$$

$I^d(x_0, y_0)$对应直接反射光的亮度分量，包含该点的相位信息，且$\beta(x_0, y_0; x_0, y_0)$系数在相移算法中会被抵消，不会影响相位解算结果。而$\Delta I(x_0, y_0)$是杂散光引入的亮度分量，会干扰直接反射的亮度从而引入相位解算误差，杂散光分量越大，对像素中直接反射光的亮度干扰也就越大。由式(4.89)可知，杂散光亮度分量与表面反射率相关，表面反射率越大，杂散光亮度也就越大。因此在强反光表面的三维测量中，表面反射率大的区域杂散光的干扰较大。

2. 杂散光引入的相位偏差理论推导

基于条纹投影的三维测量技术是通过相位建立相机坐标系和投射器坐标系的对应关系而实现立体匹配的，相位解算精度将直接影响立体匹配精度。相位是根据相机像素的亮度解算得到的，当杂散光干扰像素的亮度时，相位解算结果也同时会受到影响，下面将推导由杂散光引入的相位偏差。

相机像素 (x_0, y_0) 的亮度受到杂散光的干扰，其亮度表达式为(4.85)，将式(4.85)代入相位解算式(4.69)，根据三角函数知识化简可以得到相位解算结果为

$$
\begin{aligned}
\varphi_s(x_0, y_0) &= \arctan\left[-\frac{\sum_{i=0}^{N-1} I_i(x_0, y_0)\sin(2\pi i/N)}{\sum_{i=0}^{N-1} I_i(x_0, y_0)\cos(2\pi i/N)}\right] \\
&= \arctan\left[-\frac{\sum_{(x_j, y_j)\in\Omega} \beta(x_j, y_j; x_0, y_0) r(x_j, y_j)\sin\varphi(x_j, y_j)}{\sum_{(x_j, y_j)\in\Omega} \beta(x_j, y_j; x_0, y_0) r(x_j, y_j)\cos\varphi(x_j, y_j)}\right]
\end{aligned}
\tag{4.90}
$$

式中，$\varphi_s(x_0, y_0)$ 表示像素 (x_0, y_0) 的实际解算出的包裹相位，与其理想包裹相位 $\varphi(x_0, y_0)$ 存在一个相位偏差，假设 $\Delta\varphi(x_0, y_0)$ 表示实际解算出的包裹相位与理想包裹相位之间的偏差，那么 $\Delta\varphi(x_0, y_0)$ 可以表示为

$$
\begin{aligned}
\Delta\varphi(x_0, y_0) &= \arctan\left\{\tan\left[\varphi_s(x_0, y_0) - \varphi(x_0, y_0)\right]\right\} \\
&= \arctan\left[\frac{\tan\varphi_s(x_0, y_0) - \tan\varphi(x_0, y_0)}{1 - \tan\varphi_s(x_0, y_0)\tan\varphi(x_0, y_0)}\right] \\
&= \arctan\left\{\frac{\sum_{(x_j, y_j)\in\Omega} \beta(x_j, y_j; x_0, y_0) r(x_j, y_j)\sin\left[\varphi(x_j, y_j) - \varphi(x_0, y_0)\right]}{\sum_{(x_j, y_j)\in\Omega} \beta(x_j, y_j; x_0, y_0) r(x_j, y_j)\cos\left[\varphi(x_j, y_j) - \varphi(x_0, y_0)\right]}\right\}
\end{aligned}
\tag{4.91}
$$

由式(4.91)可以看出，杂散光引入的相位偏差大小取决于扩散系数、表面反射率及杂散光中携带的相位与直接反射光中携带的相位差值。扩散系数与相机镜头的点扩散函数有关，对焦情况下，除了直接反射光点，其他点对像素的扩散系数都很小且一般关于直接反射光点对称分布。杂散光源是由直接反射光点的邻近点反射的光，所以杂散光中携带的相位与直接反射光中携带的相位差值很小，且一般关于直接反射光点互为相反数。在反射率变化范围不大的情况下，反射率可以视为一个常数，此时由于直接反射光点杂散光引入的相位偏差将相互抵消，所

有杂散光引起的相位偏差基本相互抵消。而反射率变化剧烈的区域，杂散光引起的相位偏差无法相互抵消，对相位结果将影响较大，强反光表面存在强反射，表面反射率变化剧烈，因此杂散光对相位解算影响较大。

3. 杂散光干扰抑制方法理论推导

通过对强反光表面建模分析，杂散光干扰与表面反射率有关，下面将基于单像素成像得到投射器视角下观测到的场景反射率分布，根据场景反射率分布调整投射条纹图案的亮度，抑制强反光表面的杂散光干扰，提高强反光表面的测量精度。

在并行单像素成像的过程中，相机图像传感器上每一个像素都被视作一个单像素探测器，也是基于傅里叶变换的方式进行单像素成像，而每个相机像素接收到光强表达式可以表示为

$$I_{\phi}\left(x,y;f_{x'},f_{y'}\right)=O\left(x,y\right)+\sum_{x'=0}^{W'}\sum_{y'=0}^{H'}h\left(x',y';x,y\right)P_{\phi}\left(x',y';f_{x'},f_{y'}\right) \tag{4.92}$$

式中，(x,y)表示相机像素坐标；$\left(f_{x'},f_{y'}\right)$表示条纹图案的空间频率；$O\left(x,y\right)$为像素$\left(x,y\right)$处环境光强度；$h(x',y';x,y)$表示投射器像素$(x',y')$到相机像素$(x,y)$之间的光传输系数；$P_{\phi}\left(x',y';f_{x'},f_{y'}\right)$为傅里叶单像素成像条纹。通过投射全频率的四步相移条纹图，获得所有傅里叶系数，就可以解算出相机像素对应的光传输系数，再将所有的相机像素对应的光传输系数进行叠加，就可以获得全局的光传输系数$h(x',y')$，从而得到场景的反射率图像。

虽然相机成像过程中存在点扩散函数，相机上的每一个像素实际上只接收来自投射器上局部区域发出的光，每个相机像素对应投射器上的可观测范围限定在某个局部区域。对于每一个相机像素(x,y)，对应的光传输系数$h(x',y';x,y)$仅在投射器上的可观测区域有非0值，其他区域对应光传输系数均为0。这个属性意味着光传输系数$h(x',y';x,y)$中的未知量个数由可观测区域确定，因此当所获取的傅里叶系数个数大于可观测区域中像素数时，就可以解算出相机像素对应观测区域的光传输系数。此时，所需投射的条纹频率个数由相机像素对应的可观测区域的大小决定，与传统的傅里叶单像素相比，可以大大减少投射条纹的数量，提高相机像素对应的光传输系数获取效率，下面将详细的论述这一过程。

相机上每一个相机像素的可观测区域范围有限，若每个相机像素在投射器上实际可观测区域都不大于$W_s \times H_s$，则使用大小为$W_s \times H_s$的区域，就可以覆盖相机像素在投射上的可观测区域。图4.59显示了相机像素对应投射器上的可观测区域被大小为$W_s \times H_s$的白色虚线框包围。

这就意味着只需获取$W_s \times H_s$个空间频率的傅里叶系数，就可以解算出图4.59白色虚线框内的光传输系数。按照分辨率大小为$W_s \times H_s$像素生成相应空间频率的

条纹图，并沿横纵方向进行复制直到生成与投射器分辨率 $W'\times H'$ 大小相同的条纹图，具体流程示意图如图 4.60 所示。

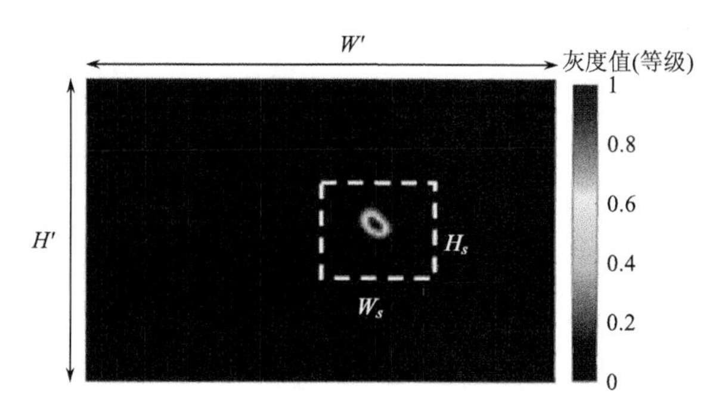

图 4.59　相机像素的可观测区域示意图

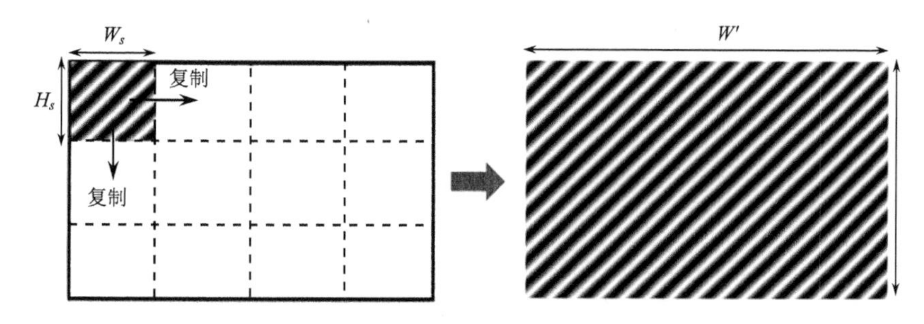

图 4.60　投射条纹生成流程示意图

投射条纹的空间频率取值为

$$\begin{cases} f_{x'} = \dfrac{w_s}{W_s}, & w_s = 0,1,2,\cdots,W_s - 1 \\ f_{y'} = \dfrac{h_s}{H_s}, & h_s = 0,1,2,\cdots,H_s - 1 \end{cases} \tag{4.93}$$

对式(4.93)中的每一个空间频率都投射四步相移条纹图，获取对应的傅里叶系数，再进行傅里叶逆变换，就可以获得相机像素的光传输系数。然而，此时得到的结果只是相机像素可观测区域范围的光传输系数，图像分辨率大小为 $W_s\times H_s$，与投射器的分辨率不对应，还需将结果对应到投射器上的实际位置，对解算出的结果进行与生成投射条纹相似的操作，将解算出分辨率为 $W_s\times H_s$ 图像进行周期延拓，得到与投射器分辨率相同的图像，如图 4.61 所示。由于傅里叶变换具有周期性，通过周期延拓，相机像素的观测区域的光传输系数已经对应到投射器上的实际位置，现在只需找到这个位置，将其从周期延拓结果中计算出相应的区域，就可以得到相机像素对应投射器的光传输系数。

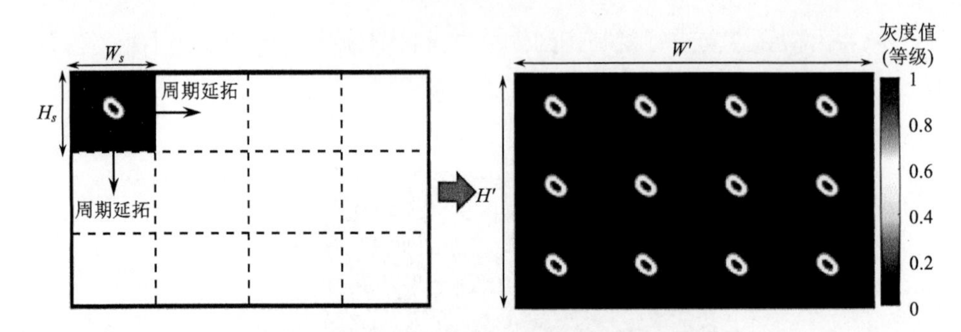

图 4.61　解算结果周期延拓示意图

在本书第 1 章中已经推导了通过多步相移法得到相机像素与投射器像素的匹配关系，见式(1.1)～式(1.7)。在强反光条件下，尽管可能受到杂散光干扰，匹配精度较低，但偏差不会很大，可以通过多步相移法得到匹配结果并确定相机像素在投射器上可观测的区域。假设相机像素(x, y)对应投射器上的点为$\left(x_0', y_0'\right)$，则可以在周期延拓结果上确定相机像素对应的可观测区域，如图 4.62 所示，从而取出相应区域并得到相机像素实际的光传输系数。

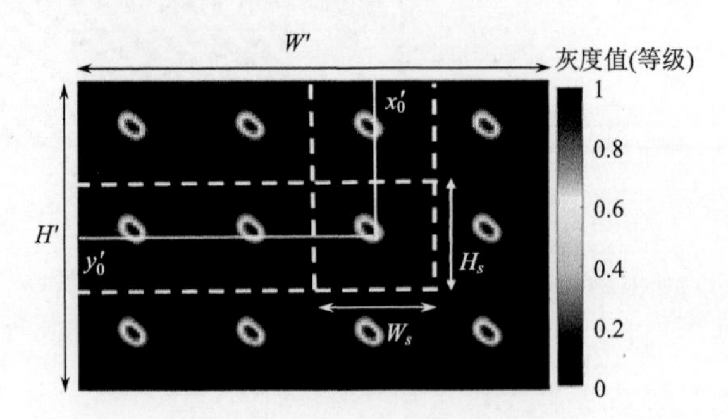

图 4.62　确定相机像素对应的可观测区域示意图

若周期延拓图像记作$h_s(x', y'; x, y)$，则相机像素实际的光传输系数$h(x', y'; x, y)$可以表示为

$$h\left(x', y'; x, y\right) = \begin{cases} h_s\left(x', y'; x, y\right), & x_0' - W_s/2 \leqslant x' \leqslant x_0' + W_s/2，\ y_0' - H_s/2 \leqslant y' \leqslant y_0' + H_s/2 \\ 0, & 其他 \end{cases} \tag{4.94}$$

通过式(4.94)，可以得到所有相机像素对应投射器像素的光传输系数，将所有的相机像素的光传输系数进行相加可以得到整个相机与投射器像素之间的全局光传输系数$h(x', y')$，其表达式为

$$h(x',y')=\sum_{x=0}^{W-1}\sum_{y=0}^{H-1}h(x',y';x,y) \tag{4.95}$$

式中，$W\times H$ 表示相机的分辨率。根据式(4.95)可以得到全局光传输系数 $h(x',y')$，获得投射器视角下的场景反射率图像。通过获得的场景反射率图像，可以逐像素地调整投射条纹图案的亮度，从而抑制杂散光对强反光表面测量的影响，下面将详细地讨论这一过程。

4. 基于归一化反射率的杂散光抑制方法

杂散光干扰与场景反射光的亮度有关，而反射光的亮度与场景点的反射率和投射器照射到该点的光强度相关，因此在计算得到场景反射率分布的情况下，可以通过采用如下的归一化反射率方法，抑制杂散光的干扰。

对比式(2.14)和式(4.85)，不难发现光传输系数 $h(x',y';x,y)$ 与扩散系数 $\beta(x',y';x,y)$ 和场景点的反射率 $r(x',y')$ 相关，即

$$h(x',y';x,y)=\alpha\beta(x',y';x,y)r(x',y') \tag{4.96}$$

当场景点的反射率变化较小即杂散光干扰较弱时，$r(x',y')$ 对 $h(x',y';x,y)$ 的影响较小，不会对直接反射光点的坐标(即 $\beta(x',y';x,y)$ 的重心)计算产生较大干扰，可将 $h(x',y';x,y)$ 的重心近似认为是 $\beta(x',y';x,y)$ 的重心；而反射率变化剧烈、杂散光干扰较强时，$h(x',y';x,y)$ 的重心坐标受 $r(x',y')$ 的分布影响较大，大大降低了直接反射光点重心坐标的准确性。

为了减弱杂散光对计算重心坐标的影响，可进一步定义消去 $r(x',y')$ 的归一化光传输系数 $h'(x',y';x,y)$：

$$h'(x',y';x,y)=\frac{h(x',y';x,y)}{h(x',y')}=\frac{\beta(x',y';x,y)}{\sum_{x=0}^{W-1}\sum_{y=0}^{H-1}\beta(x',y';x,y)}=\frac{\beta(x',y';x,y)}{\beta(x',y')} \tag{4.97}$$

式中，分母项 $\beta(x',y')$ 表征了相机在场景点处的扩散系数之和，与相机对直接反射光点附近的点扩散函数有关。故相机像素坐标 (x,y) 对应的投射器坐标系下重心坐标 (x'_s,y'_s) 可由下式计算得出：

$$\begin{cases} x'_s=\dfrac{\sum\limits_{(x',y')\in\Omega}x'h'(x',y';x,y)}{\sum\limits_{(x',y')\in\Omega}h'(x',y';x,y)} \\ y'_s=\dfrac{\sum\limits_{(x',y')\in\Omega}y'h'(x',y';x,y)}{\sum\limits_{(x',y')\in\Omega}h'(x',y';x,y)} \end{cases} \tag{4.98}$$

4.4.3　高光下的并行单像素成像技术应用案例

为了验证本节提出多步相移和多亮度投射的测量方法的正确性，本节采用多步相移和多亮度投射的方法测量具有强反光表面的叶片，同时测量强反光的标准球，评价上述方法的测量精度。

1) 实验环境

本书采用的实验测量系统由投射器和相机组成，如图 4.63 所示。其中，使用的投射器型号为 V-6501，芯片型号为 DLP6500 &DLPC910，分辨率为 1920 像素×1080 像素，像素尺寸为 7.6μm×7.6μm，8bit 灰度图的最大投射频率为 266Hz，相机选用 Basler 品牌的 USB3.0 工业相机，型号为 acA1920-155μm，感光靶面尺寸为 11.3mm×7.1mm，分辨率为 1920 像素×1200 像素，像素大小为 5.86μm×5.86μm，帧率为 164 帧/s。投射器投射条纹图到被测物上，相机采集到条纹图案并将数据传输到计算机平台进行数据处理。

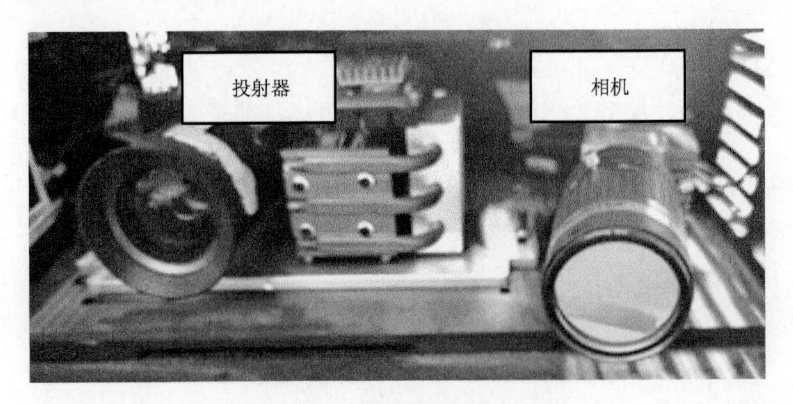

图 4.63　实验测量系统装置

2) 实验参数设置

在多步相移和多亮度投射的测量方法实验中，多步相移和多亮度投射参数将直接影响相位解算精度和采集条纹图案的数量，从而影响实验测量精度和测量效率。多步相移和多亮度投射参数主要包括条纹周期、相移步数、多亮度投射亮度等级，本节实验将根据实际环境设置合适的参数。

(1) 条纹周期。在测量实验中，本节采用三频外差的方法对包裹相位进行相位展开，对应 3 个条纹周期分别为 λ_1、λ_2、λ_3 像素，通过三频外差的方法，可以得到最终展开的条纹周期为

$$\lambda_{123} = \frac{\lambda_1 \lambda_2 \lambda_3}{\lambda_1 \lambda_2 - 2\lambda_1 \lambda_3 + \lambda_2 \lambda_3} \tag{4.99}$$

为了确保展开的相位图单调，展开条纹的一个周期必须覆盖整个投射区域，而实验中所用投射器分辨率为 1920 像素×1080 像素，因此需要满足

$$\lambda_{123}=\frac{\lambda_1\lambda_2\lambda_3}{\lambda_1\lambda_2-2\lambda_1\lambda_3+\lambda_2\lambda_3}>1920 \tag{4.100}$$

为了使条纹周期尽量小，条纹周期选择相邻的 3 个自然数 λ_1、λ_1+1、λ_1+2。代入式(4.100)，可以解算得到 λ_1 的最小取值为 15，因此条纹周期选择(15,16,17)像素。

(2)相移步数。由 4.4.1 节推导可知，当相移步数为条纹周期的整数倍或条纹周期(条纹周期为偶数)一半的整数倍时，可以消除图像饱和引入的相位偏差，抑制强反光效果最好。同时为了减少条纹图片采集数量，提高测量效率，相移步数应尽可能小。基于以上两点，相移步数选择为等于条纹周期(条纹周期为奇数)或条纹周期(条纹周期为偶数)的一半，条纹周期参数设置为(15,16,17)像素，则对应相移步数设置为(15,8,17)像素。

(3)多亮度投射亮度等级。在测量实验中，已采用多步相移算法抑制强反光，选择合适的相移步数，即使像素点在相移过程中存在部分饱和也能测量。为了减少图像采集，只选用 2 个亮度等级进行测量，较亮的等级确保低反射率区域条纹图案有较高的信噪比，较暗的等级则避免高反射率区域相移图像全部饱和，2 个等级的投射条纹图案的亮度根据具体测量场景进行选择。

4.4.4　实验过程与结果分析

1. 基于多步相移方法和多亮度投射方法的实验分析

本章实验的被测物包括表面非常光亮的叶片和表面强反光的标准量块，如图 4.64 所示。采用本章提出的多步相移和多亮度投射的方法测量强反光叶片并验证该方法的正确性，同时测量强反光表面标准量块，用于评价该方法的测量精度。下面描述整个测量过程并对测量结果进行分析。

(a) 叶片

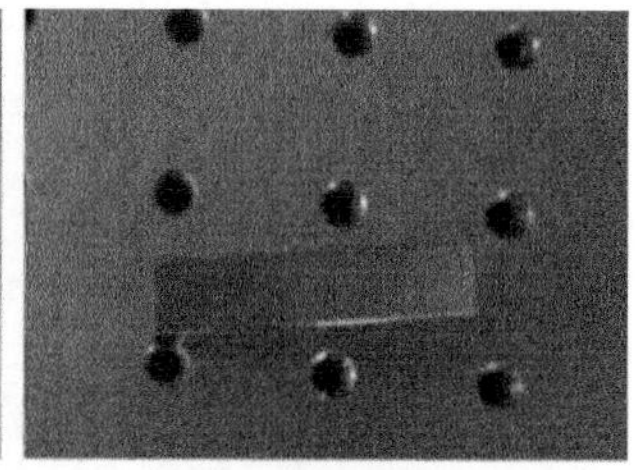
(b) 标准量块

图 4.64　被测物实物图

首先根据被测物表面反射率调整两个投射条纹图案的亮度，确保在投射较亮的条纹图案时，被测物表面低反射区对应的图案有较高的信噪比，而在投射较低亮度条纹时，相机采集到的相移图像中反射区没有全部饱和。确定好两个投射条纹亮度后，按照 4.4.3 节中的参数设置生成相应的相移条纹图案并投射到被测物表面，通过相机进行条纹图像采集。相机采集到的条纹图如图 4.65 所示。

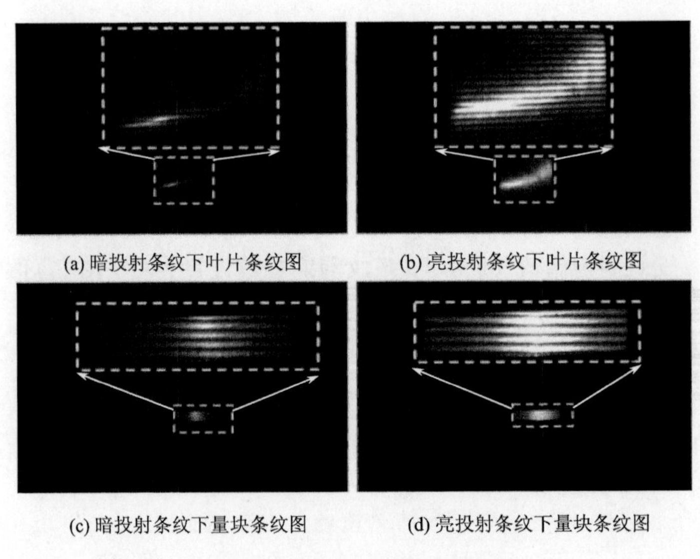

(a) 暗投射条纹下叶片条纹图　(b) 亮投射条纹下叶片条纹图

(c) 暗投射条纹下量块条纹图　(d) 亮投射条纹下量块条纹图

图 4.65　相机采集到的条纹图

图4.65可以看出暗投射条纹下采集到的条纹图只在高反射区域有较好的条纹数据，而亮投射条纹下叶片条纹图在低反射区条纹质量较好，高反射率区图像基本完全饱和。

现将两个亮度的条纹图合成一组高动态相移条纹图，用于后续相位解算。根据相机采集的条纹图计算得到两个亮度等级相应的掩模图像，得到的掩模图像如图 4.66 所示。通过计算，将掩模图像和原始条纹图合成为高动态相移条纹图，如图 4.67 所示。

从图 4.67 可以看出，两个亮度合成后的相移条纹图与原始条纹图相比，高反射区和低反射区的条纹质量同时得到保证。合成的相移条纹图在高反射区域仍存在部分饱和，根据 4.4.1 节的分析，在相移步数选择合适的情况下，多步相移算法能够消除饱和引入的误差，恢复正确的包裹相位。现采用多步相移算法对合成的相移条纹图进行包裹相位解算，并通过相位展开得到绝对相位并进行立体匹配，最后根据匹配点计算出被测物的三维点云数据。同时，使用同样的两个投射亮度，采用传统四步相移方法对叶片和标准量块进行测量，得到的测量结果与使用本节提出的方法的测量结果进行对比。本节提出的方法和传统四步相移方法的测量结果如图 4.68 所示。

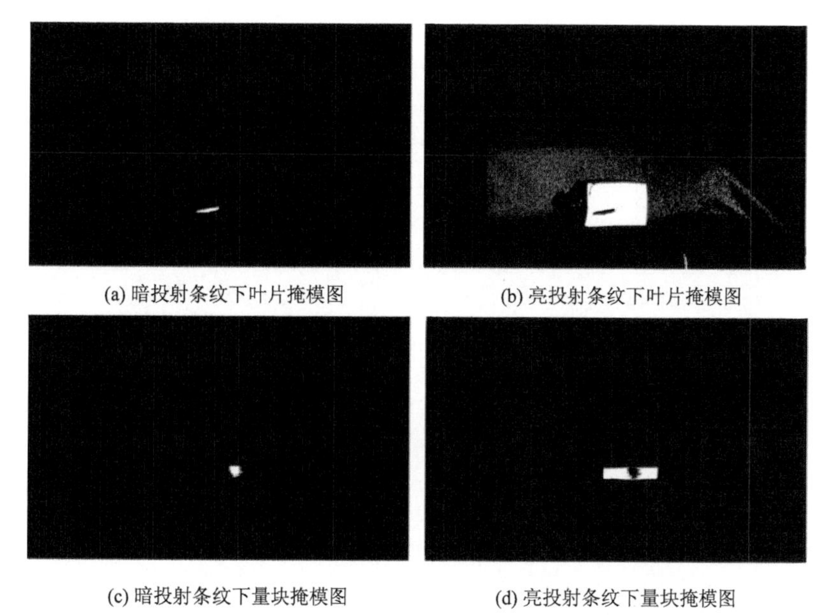

(a) 暗投射条纹下叶片掩模图　(b) 亮投射条纹下叶片掩模图

(c) 暗投射条纹下量块掩模图　(d) 亮投射条纹下量块掩模图

图 4.66 掩模图像

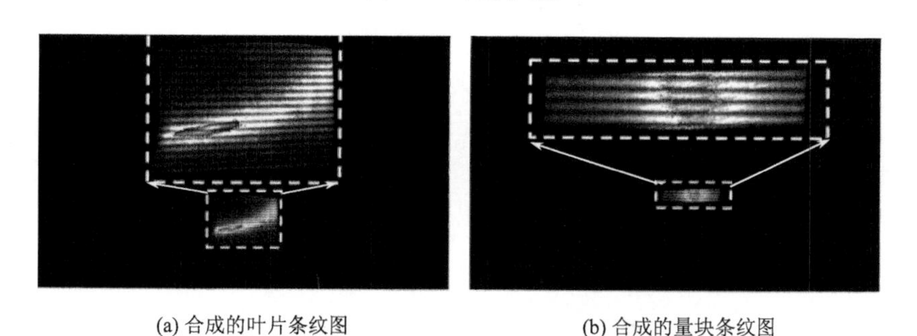

(a) 合成的叶片条纹图　(b) 合成的量块条纹图

图 4.67 两个投射亮度合成后的条纹图像

图 4.68(a)和(c)分别为使用本节提出方法测量得到的叶片和标准量块的三维点云数据，可以看出得到的测量点云都比较完整，验证了本节提出的多步相移和多亮度投射的方法能够测量强反光表面。在同样投射亮度下，传统四步相移方法的叶片和标准量块的测量结果都存在点云缺失，如图 4.68(b)和图 4.68(d)中圆圈区域所示，验证了选择合适的相移步数，多步相移方法能够抑制强反光，从而可以减少亮度投射等级以实现强反光表面的测量。

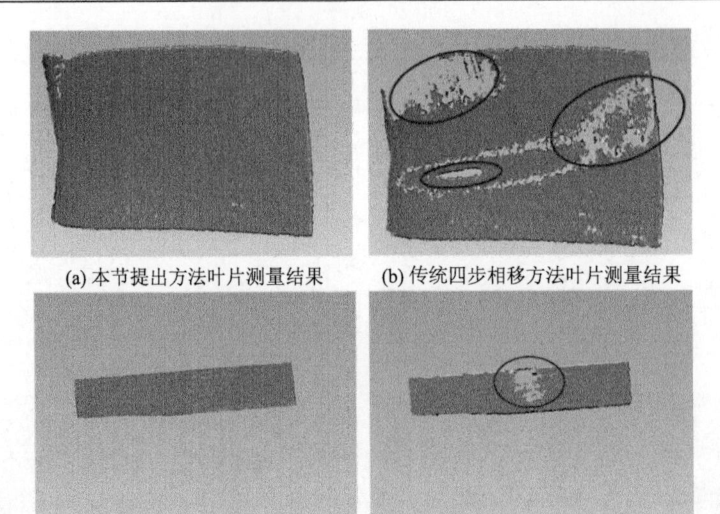

(a) 本节提出方法叶片测量结果　(b) 传统四步相移方法叶片测量结果

(c) 本节提出方法标准量块测量结果　(d) 传统四步相移方法标准量块测量结果

图 4.68　本节提出方法和传统四步相移方法的测量结果

为了评价本节提出多步相移和多亮度投射方法的测量精度，对标准量块的测量结果进行平面拟合，通过平面拟合误差的标准差进行评价。标准量块测量点云的平面拟合结果如图 4.69 所示，得到平面拟合误差的标准差为 0.0201mm，此标准差较小，说明了本节提出的方法有较高的测量精度。

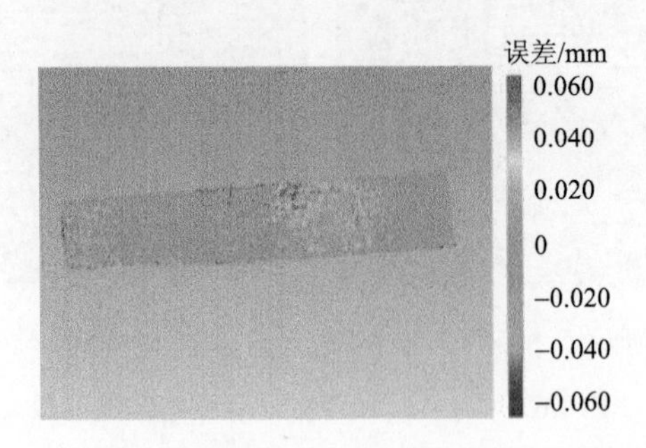

图 4.69　标准量块测量点云的平面拟合结果(见彩图)

2. 强反光表面杂散光干扰建模和抑制方法实验分析

实验过程和结果分析如下所示。强反光表面杂散光干扰抑制实验是在第 2 章测量实验基础上进行的。现采用本节提出的调整投射条纹图案亮度的方法来抑制杂散光。

为了通过调整投射条纹图案亮度来抑制杂散光，首先需要获得测量场景的反射率分布，采用 2.3 节论述的并行单像素方法进行获取。在景深范围内成像时，相机每个像素的可观测范围较小，有效观测范围一般不超过 16 像素×16 像素，本节选择了 16 像素×16 像素大小的覆盖区域，并根据式(4.94)计算出相应的条纹空间频率，得到覆盖区域大小的投射条纹，将该区域条纹沿横纵方向周期延拓生成投射器分辨率大小的条纹图案。

接下来，将生成的投射条纹图案以四步相移的方式投射到测量场景，获得对应的傅里叶系数，利用这些傅里叶系数解算出单个相机像素对应投射器上可观测区域的光传输系数。利用第 2 章实验结果得到的对应关系，将可观测区域的光传输系数按照 2.3.4 节所述方式对应到投射器分辨率下的图像上，得到相机像素对应投射器分辨率下的光传输系数。将所有相机像素的光传输系数进行叠加来获取全局的光传输系数，即投射器场景反射率图。

为了减少图像饱和对场景反射率获取的影响，也采用两个投射亮度进行实验。两个投射亮度与第 2 章实验中的两个亮度对应，分别记录两个亮度投射的条纹图案的调制度为 b_1 和 b_2。通过并行单像素成像计算得到两个亮度对应掩模有效区域场景反射率为 $r_1(x', y')$ 和 $r_2(x', y')$。解算出包含投射条纹图案调制度的数据，消去调制度因子，可以合成被测场景的全局反射率分布为

$$r(x',y')=\frac{1}{b_1}r_1(x',y')+\frac{1}{b_2}r_2(x',y') \tag{4.101}$$

通过两个投射亮度，最终获得的投射器视角下的测量场景反射率的分布结果，如图 4.70 所示。

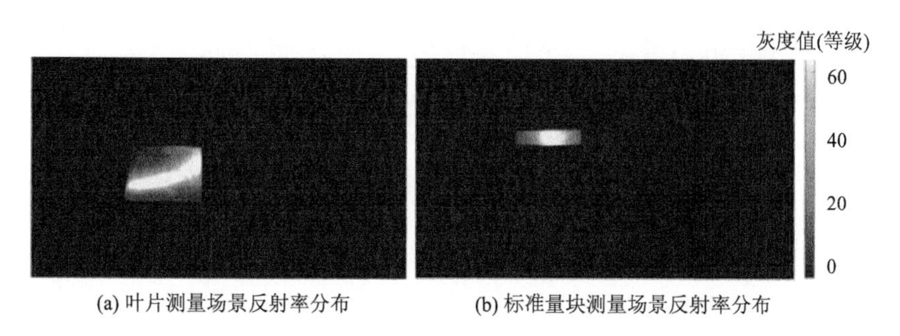

(a) 叶片测量场景反射率分布　　(b) 标准量块测量场景反射率分布

图 4.70　投射器视角下测量场景反射率分布

从图 4.70 的结果可以看出，强反光表面的反射率变化范围较大，有些区域反射率变化剧烈。根据得到的投射器视角下测量场景反射率的分布结果，按照式(4.98)计算归一化匹配坐标，抑制杂散光的干扰，得到杂散光抑制实验结果如图 4.71 所示。

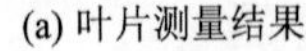

(a) 叶片测量结果　　　　(b) 量块测量结果

图 4.71　杂散光抑制实验结果图

从实验结果图可以看出测量结果比较完整，现对杂散光抑制后的标准量块的测量结果进行平面拟合。标准量块测量点云平面拟合结果如图 4.72 所示，平面拟合误差的标准差为 0.0164mm。与之前没有抑制杂散光的平面拟合误差的标准差(0.0201mm)相比，平面拟合误差有所下降，验证了本章提出的调整投射条纹亮度的方法能够有效地抑制杂散光干扰，提高强反光表面的测量精度，实现强反光表面的高精度测量。

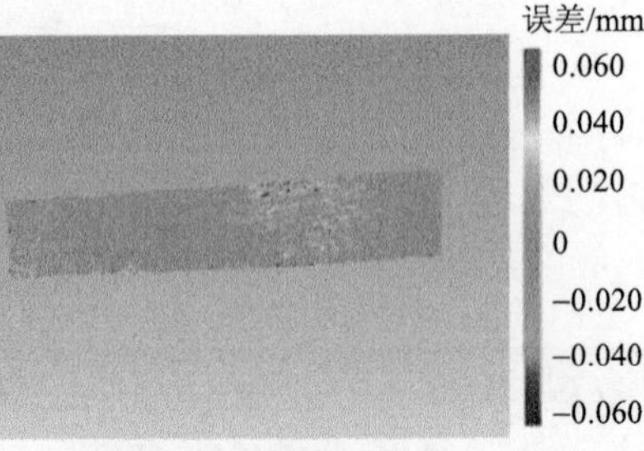

(a) 杂散光抑制前拟合结果　　　　(b) 杂散光抑制后拟合结果

图 4.72　标准量块测量点云平面拟合结果(见彩图)

4.5　本 章 小 结

本章针对强反光、多次反光、次表面散射与阶跃边缘表面，验证了基于并行单像素成像方法的有效性，并针对工业测量实际环境，提出了具体的优化方案。

本章首先对在多次反光条件下投影重构并行单像素成像方法可能出现的峰混与虚匹配现象进行了分析，并提出了基于四方向投影函数的遍历一致性配对匹配点解算方法以应对峰混所造成的三维重构失效问题；当不存在峰混时，本章提出了基于三方向投影函数的多次反光匹配点解算方法以更快速的速度完成场景的三维重构；针对三维重构时间效率有更高要求的场合，本章提出了基于单方向投影函数的快速多次反光匹配点解算方法。最后，在直接反射光和多次反射光分离的基础上，本章提出了基于并行单像素成像方法的高次反射光分离方法。

本章验证了本书提出的基于单像素成像方法的半透明物体表面三维重构方法的可行性，分析了半透明次表面散射对传统三维成像方法精度的影响，开展了半透明物体次表面散射模型的研究。随后研究了面向半透明型面的快速并行单像素成像技术，提出物体半透明性定量分析的方法，并针对几种典型的半透明物体进行了半透明度的测定。针对半透明型面的三维重构，本章研究了投影函数的优化策略，提出了基于双方向和基于单方向策略的半透明型面匹配点解算方法。

本章为了实现强反光表面的高精度测量，对强反光表面杂散光干扰建模和抑制方法进行了研究。首先分析强反光表面杂散光产生的原因，建立了相机像素亮度受杂散光干扰作用机理的数学模型，并根据建立的数学模型，推导了杂散光对相位解算引入的相位偏差的理论基础，并对相位偏差进行了分析。为了抑制强反光表面的杂散光对测量的干扰，本章提出了基于归一化反射率的杂散光抑制方法，实现强反光表面杂散光干扰的抑制。最后进行了测量实验验证，通过与第 2 章的实验结果对比，标准量块的平面拟合误差比第 2 章有所降低，验证了基于能够有效地抑制强反光表面杂散光的干扰，实现了强反光表面的高精度测量。

参 考 文 献

[1] Munkelt C, Kuehmstedt P, Heinze M, et al. How to detect object-caused illumination effects in 3D fringe projection. Conference on Optical Measurement Systems for Industrial Inspection, Munich, 2005: 632-639.

[2] Gupta M, Nayar S K. Micro phase shifting. IEEE Conference on Computer Vision and Pattern Recognition, Rhode Island, 2012: 813-820.

[3] Jiang H, Yan Y, Li X, et al. Separation of interreflections based on parallel single-pixel imaging. Optics Express, 2021, 29(16): 30543-30557.

[4] Zuo C, Feng S, Huang L, et al. Phase shifting algorithms for fringe projection profilometry: A review. Optics and Lasers in Engineering, 2018, 109: 23-59.

[5] Happel K, Dörsam E, Urban P. Measuring isotropic subsurface light transport. Optics Express, 2014, 22(8): 9048-9062.

[6] Reich C, Ritter R, Thesing J. White light heterodyne principle for 3D-measurement. Proceedings of SPIE-The International Society for Optical Engineering, Munich, 1997: 236-244.

[7] Zuo C, Huang L, Zhang M, et al. Temporal phase unwrapping algorithms for fringe projection profilometry: A comparative review. Optics and Lasers in Engineering, 2016, 85: 84-103.

[8] Zhang S. Absolute phase retrieval methods for digital fringe projection profilometry: A review. Optics and Lasers in Engineering, 2018, 107: 28-37.

第5章　基于并行单像素成像的全场全景深光传输系数建模及应用

5.1　基于并行单像素成像的点扩散函数建模技术及三维测量精度仿真技术

5.1.1　点扩散函数测量与建模技术

点扩散函数(point spread function，PSF)被定义为光学系统的脉冲响应，能够综合代表光学系统的成像质量，PSF在傅里叶光学、天文图像处理、遥感卫星成像质量评价、医学图像处理、电子显微镜图像处理、光刻技术中都有十分广泛的应用。PSF在一些场景中可以认为是空间不变的，但是在很多情况下，其空间变化效应不能被忽略，所以研究SV-PSF(space variant point spread function，空变点扩散函数)的精确测量与插值建模方法是非常有意义的。

从PSF的定义出发，最直接的PSF测量方法是使用相机直接拍摄点光源，这时相机所成的像就是PSF。PSF盲估计方法和非盲估计方法主要依赖于相机拍摄图像中的边缘，通过获取边缘扩散函数(edge spread function，ESF)，进而计算出线扩散函数(line spread function，LSF)，最终得到PSF。其中，PSF盲估计方法主要使用拍摄自然场景中随机出现的边缘信息，而PSF非盲估计方法依赖于包含清晰边缘特定的标定图案，如棋盘格图像、圆盘图像。但是这两类方法通常都将PSF视为高斯模型，而实际上是拟合了高斯函数的参数得到的PSF，与实际PSF存在一定的误差。

由于单像素成像方法具有探测微弱信号的能力，可以将单像素成像方法应用到PSF测量中，该方法克服了使用点光源难以测量高信噪比PSF的缺点。基于单像素成像的PSF测量方法取得了很好的测量效果。由于相机对不同视场位置、不同深度的物体成像时，图像中不同位置受到的离焦影响、像差影响不完全相同，所以相机的PSF也是随着视场位置和物点深度的变化而变化的。这种SV-PSF现象在大视场的工业相机中较为常见。测量出大视场工业相机SV-PSF，是精准描述其成像过程的基础。

一个理想的成像过程可以描述为连续脉冲函数$\delta(x,y;u,v)$对物方场景$O(x,y)$采样得到的结果：

$$I(u,v)=\iint_{\Omega} O(x,y)\cdot\delta(x,y;u,v)\mathrm{d}x\mathrm{d}y \tag{5.1}$$

式中，(x,y) 为物方点；(u,v) 为像方点；Ω 为采样区域，此时 $I(u,v)$ 为理想图像。而在实际的非理想光学系统中，脉冲可以看成一个点源，PSF 就是系统的点脉冲响应，一般记为 $h(x,y;u,v)$，考虑 PSF 的非理想光学系统的成像过程可以表示为

$$I(u,v)=\iint_{\Omega} O(x,y)\cdot h(x,y;u,v)\mathrm{d}x\mathrm{d}y \tag{5.2}$$

在大多数数字图像处理任务中，通常认为 $h(x,y;u,v)$ 是线性空不变的。而实际的光学系统中，尤其是在大视场成像的工业相机中，不仅不同位置的像差不一样，而且在不同深度下的离焦程度也不一样。所以在本书中，我们考虑 SV-PSF 时，除了考虑 PSF 随着 (x,y) 坐标的变化而变化，也考虑了 PSF 随着深度方向 z 的变化。

考虑 PSF 随着深度和位置都发生变化的相机的成像过程可以表示为

$$I(u,v)=\iint_{\Omega_{xy}} O(x,y,z)\cdot h(x,y,z;u,v)\,\mathrm{d}x\mathrm{d}y \tag{5.3}$$

式中，$h(x,y,z;u,v)$ 为考虑深度的 SV-PSF。式(5.3)描述了基于 SV-PSF 的相机成像过程，此时 $I(u,v)$ 为大视场成像的工业相机采集到的图像。

其中，$h(x,y,z;u,v)$ 表达了两种含义，第一种是不同物点的 SV-PSF，即对于一个确定的物点 (x_0,y_0,z_0) 来说，该点在相机图像传感器平面上的 PSF 为 $h(x_0,y_0,z_0;u,v)$；第二种是不同物点到图像传感器像素 (u_0,v_0) 的光传输系数(LTC)，即一个确定的图像传感器像素 (u_0,v_0) 对不同物点发出的光的响应系数 $h(x,y,z;u_0,v_0)$。LTC 与 SV-PSF 可以互相转换。

传统的点扩散函数直接测量方法使用点光源，获取物点的 PSF $h(x_0,y_0,z_0;u,v)$，该方法难以找到理想的点光源，即使使用多个点光源测量出 SV-PSF，也难以统一点光源的坐标系。另一种思路是应用单像素成像方法，直接测量不同物点到图像传感器像素的 LTC，间接得到物点的 PSF。应用单像素成方法测量 PSF 的优点主要有两个，一是单像素成像具有信噪比高的特点，适用于微弱信号的探测，可以得到高质量的 PSF 数据；二是由于 LTC 是图像传感器像素对不同物方坐标点的响应，可以通过精密平移机构来统一物方坐标系。

在单像素成像方法中，傅里叶单像素成像方法具有高效率、高质量的特点。傅里叶单像素成像方法[1]通过投射器投射不同频率的傅里叶正弦条纹，利用单像素探测器采集图像在傅里叶域的信息，然后通过傅里叶逆变换获得投射器视角的图像。该方法可以迁移到二维图像传感器的每一个像素上，将图像传感器上的每个像素看成一个单像素探测器，那么通过单个像素傅里叶逆变换获取的图像就代表了该图像传感器像素相对于条纹投射器像素的 LTC。

基于傅里叶单像素成像(FSI)的大视场相机 SV-PSF 测量[2]采用液晶显示器

(liquid crystal display，LCD)取代了单像素成像中的条纹投射器，用于显示不同频率的条纹，并通过相机拍摄保存显示器显示的每一幅条纹图，得到了不同频率的图像序列。对于单个图像传感器像素而言，该像素在图像序列中得到的灰度值序列实际上包含了该像素对应的 LTC 的频域信息，通过傅里叶逆变换(IFT)可以计算出该像素的 LTC 值，最后，提取不同图像传感器像素对同一物点的 LTC 值，就可以重建出该物点的 PSF。

控制显示器显示 FSI 方法需要的条纹图：

$$P_{\varphi}(x,y,z;f_x,f_y)=a+b\cdot\cos(2\pi f_x x+2\pi f_y y+\varphi) \tag{5.4}$$

式中，(x,y,z) 为 LCD 上的像素坐标；z 为 LCD 到相机的距离；(f_x,f_y) 为条纹的空间频率；φ 为条纹初始相位；a 为条纹的平均强度；b 为条纹的亮度幅值。如果 LCD 的分辨率为 $M\times N$，那么条纹的空间频率 (f_x,f_y) 需要满足 $f_x=i/M$，$f_y=j/N$，$i=0,1,2,\cdots,M-1$，$j=0,1,2,\cdots,N-1$。

相机对显示器显示的各条纹图像的响应结果可以表示为

$$R_{\varphi}\left(u,v;f_x,f_y\right)=\iint_{\Omega}P_{\varphi}(x,y,z;f_x,f_y)\cdot h(x,y,z;u,v)\mathrm{d}x\mathrm{d}y+R_n \tag{5.5}$$

式中，Ω 为相机观测到的 LCD 区域；(u, v) 为图像传感器像素坐标；$h(x, y, z; u, v)$ 为深度 z 处的 SV-PSF；R_n 为环境光及噪声项。

对于每一组条纹空间频率 (f_x,f_y)，应用四步相移法，即设置初始相位为 φ $(=0,\pi/2,\pi,3\pi/2)$，则对于一个图像传感器像素 (u_0, v_0)，对应的 LTC 的傅里叶域系数为

$$\begin{aligned}H\left(u_0,v_0;f_x,f_y\right)&=\frac{1}{2b}\cdot[(R_0-R_{\pi})+\mathrm{j}(R_{\pi/2}-R_{3\pi/2})]\\&=\iint_{\Omega}h(x,y,z;u_0,v_0)\cdot\exp\left[-\mathrm{j}2\pi(f_x x+f_y y)\right]\mathrm{d}x\mathrm{d}y\end{aligned} \tag{5.6}$$

式中，$\exp[-\mathrm{j}2\pi(f_x x+f_y y)]$ 为二维的傅里叶变换核。对于所有频率的条纹，应用式(5.6)中的变换来获取图像传感器像素 (u_0, v_0) 对应的 LTC 的傅里叶域系数后，应用 IFT：

$$h\left(x,y,z;u_0,v_0\right)=\mathrm{IFT}\left[H(u_0,v_0;f_x,f_y)\right] \tag{5.7}$$

则可以得到该图像传感器像素 (u_0, v_0) 对应的光传输系数。式(5.4)～式(5.7)证明了可以通过相机拍摄 LCD 显示的傅里叶条纹来解算图像传感器像素对应的 LTC $h(x, y, z; u_0, v_0)$。若对所有的图像传感器像素应用上述方法，则可以得到空变点扩散函数 $h(x, y, z; u, v)$。

考虑到四步相移和傅里叶频域的对称性质，要计算出全场 SV-PSF，需要显示的条纹总数是 $2M\cdot N$，对于一般的显示器，条纹数量将达到百万至千万级别，

所需的时间与计算机存储空间都是无法接受的。下面介绍如何通过显示器来拍摄周期延拓的傅里叶正弦条纹图，并通过并行傅里叶单像素成像方法，快速解算全场空变点扩散函数。

如果显示 $2M \cdot N$ 张条纹图，那么通过 IFT 解算出的 LTC 的分辨率也是 $M \times N$，并且其中大部分值都是 0，这是因为对于一个图像传感器像素，其接收到的光线只来自于 LCD 上很小的一部分区域 $\Omega_{m\times n}$。所以，实际上可以显示周期延拓的条纹图，只解算这一小区域 $\Omega_{m\times n}$ 内的 LTC 值，这样所需要的条纹图将减少至 $m \times n \times 4/2$。不过这会引入新的问题，会出现图像传感器像素观测区域不在一个条纹周期内的情况，即发生了相移，这会导致解算的大部分 LTC 结果分布不正确。同时，由于 LTC 结果丢失了相对于显示器的绝对位置，无法重构物方点的 PSF 结果。

下面给出利用多频结构光外差式相位展开与相位匹配来定位小区域 $\Omega_{m\times n}$ LTC 在显示器中的绝对位置的方法，并介绍利用傅里叶逆变换的周期性来恢复 LTC 正确分布的方法。

多频结构光外差式相位展开与相位匹配需要在 LCD 上显示四步相移条纹：

$$I_i(x,y) = A(x,y) + B(x,y)\cos\left[\varphi(x,y) + i \cdot 2\pi/N\right], \quad i = 0,1,2,3 \tag{5.8}$$

对应的相机响应 $R_i(u,v)$ 为

$$R_i(u,v) = a + b\cos\left[\varphi(u,v) + i \cdot 2\pi/N\right], \quad i = 0,1,2,3 \tag{5.9}$$

可以计算出图像中各点的相位为

$$\varphi(u,v) = \arctan\frac{R_3(u,v) - R_1(u,v)}{R_0(u,v) - R_2(u,v)} \tag{5.10}$$

式(5.10)中计算出来的相位是在 $(-\pi, \pi)$ 中周期变化的。为了获取连续的相位图用于匹配，我们使用了多种不同频率的条纹图并进行了外差合成与相位展开。

假设 $\phi_\lambda(u, v; x)$，$\phi_\lambda(u, v; y)$ 分别为投射周期为 λ 为空间条纹时，计算得到的横方向与纵方向连续的相位图，利用式(5.12)可计算图像坐标 (u,v) 对应的 LCD 屏幕坐标点：

$$\begin{cases} x = \dfrac{\phi_\lambda(u, v; x)}{2\pi} \cdot \lambda \\ y = \dfrac{\phi_\lambda(u, v; y)}{2\pi} \cdot \lambda \end{cases} \tag{5.12}$$

下面介绍采用多频结构光方法求解连续的相位图的方法。在多频结构光中，三频结构光法是快捷且精度较高的一种方法，应用较为普遍。因此，本节基于三频四步相移条纹进行外差合成与相位展开。设选取的三频条纹的宽度分别记为 λ_1、λ_2 和 λ_3，由 λ_1 与 λ_2 合成条纹宽度为 λ_{12} 的相位图公式为

$$\varphi_{12}=\varphi_1-\varphi_2-2\pi\cdot\mathrm{INT}\left[\frac{\varphi_1-\varphi_2}{2\pi}\right] \tag{5.13}$$

式中，$\mathrm{INT}[\cdot]$为取整函数，当$x\in(-1,0)$时，取–1，其余情况取 0；φ_1和φ_2分别为投射宽度为λ_1和λ_2的条纹由式(5.10)计算得到的相位。同理可以得到φ_{23}与φ_{123}。对合成相位进行展开的公式为

$$\phi_1(u,v)=\varphi_1+2\pi\cdot\mathrm{round}\left\{\frac{1}{2\pi}\left[\frac{\lambda_2}{\lambda_2-\lambda_1}\varphi_{12}-\varphi_1\right]\right\} \tag{5.14}$$

式中，$\mathrm{round}\{\cdot\}$为四舍五入取整函数。将三频条纹两两组合后，可得展开的三幅连续相位图。然后，对三幅连续相位图分别利用式(5.12)计算对应显示器坐标。最后，计算其均值作为最终的相位匹配结果。为了简化公式的表达，式(5.14)中的$\phi_1(u, v)$已经省略了其横纵方向的特征，根据所投射条纹的不同，该变量对应于$\phi_1(u, v; y)$（投射横条纹时）或$\phi_1(u, v; x)$(投射纵条纹时)。

对于像素(u_0, v_0)计算出的$\Omega_{m\times n}$内的 LTC 结果，我们用以式(5.12)匹配到的屏幕点(x_0, y_0)为中心，将 LTC 恢复正确分布后，将其放回到显示器坐标系下，并在周围填充 0 即可得到与式(5.7)中一样的$M\times N$的结果。

二维傅里叶变换与其逆变换都具有周期性，对于傅里叶逆变换结果$f(x, y)$而言：

$$f(x,y)=f(x+k_1m, y+k_2n) \tag{5.15}$$

式中，k_1和k_2为整数；m和n为条纹的延拓周期。因为图像传感器像素坐标与 LCD 平面坐标之间的映射已经通过式(5.12)建立，所以这里将 IFT 的结果在横向和纵向各进行一次延拓，在延拓后的局部坐标系中，正确的 LTC 分布的中心坐标$O(x_o, y_o)$为

$$\begin{cases} x_o = x \bmod m \\ y_o = y \bmod n \end{cases} \tag{5.16}$$

式中，mod 为取余数符号。以O点为中心，截取长宽为$m\times n$区域内的结果，就是正确分布的 LTC 结果。且该结果可以定位到 LCD 屏幕坐标系中。

利用傅里叶逆变换的周期性恢复 LTC 正确分布的原理示意图如图 5.1 所示，LTC 对应的显示器区域可能横跨多个周期，如图 5.1 中A、B、C、D所示，其用式(5.7)直接解算的分布如图 5.1 中a、b、c、d所示，只有a为正确分布。将直接解算结果横纵向各延拓一次后以式(5.16)计算出的坐标(x_o, y_o)为中心的$m\times n$区域即为 LTC 正确分布。

实验可以直接获得 LTC 结果，LTC 转换为物点 PSF 的过程的本质是对$h(x, y, z; u, v)$的两种不同理解方式，是对同一组数据的两种不同理解方法。

图 5.2 表示了从光传输系数计算出物方一点的 PSF 简化过程，假设相机分辨率与显示器分辨率一致，且只分析一维的 LTC 与 PSF，图像传感器像素 1～9 对

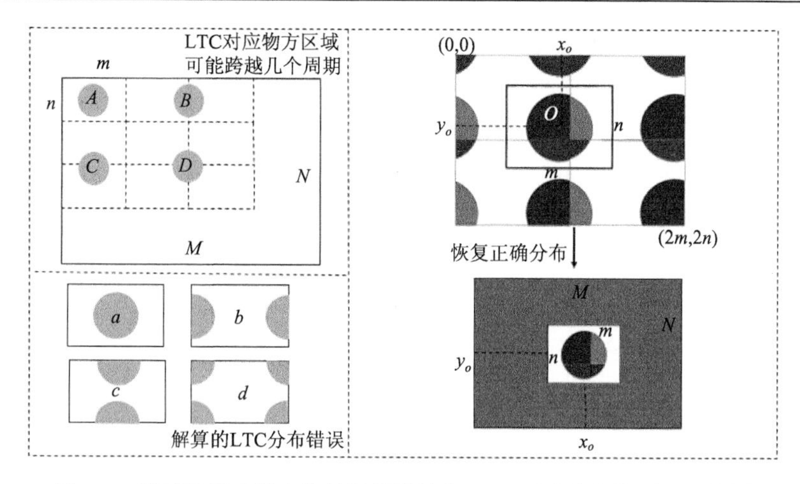

图 5.1　利用傅里叶逆变换的周期性恢复 LTC 正确分布的原理示意图

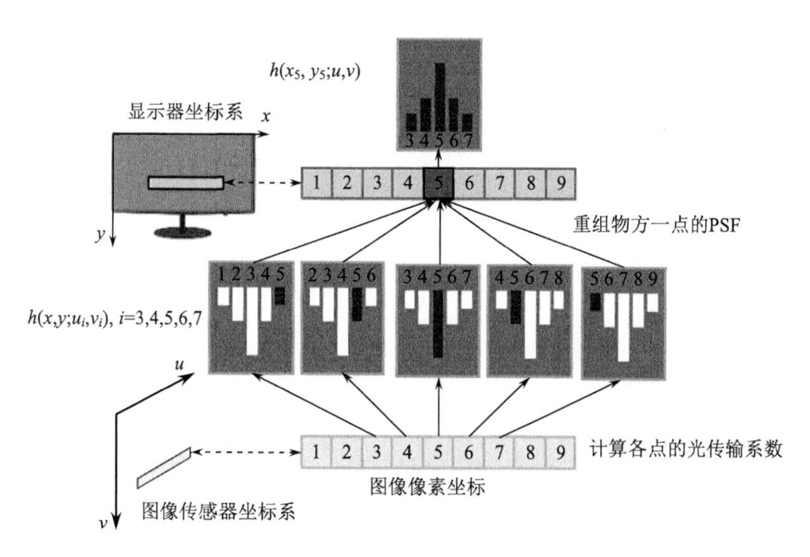

图 5.2　提取同一物点的 LTC 值，重组物方一点的 PSF 原理示意图

应显示器像素 1～9，且一个图像传感器像素接收到的光来自显示器上 5 个像素，以图像传感器像素 5 为例，其接收到的光将来自显示器像素 3～7，其余图像传感器像素坐标类似。这些光传输系数 $h(x, y; u_i, v_i)$ ，$i=3,4,5,6,7$ 是通过显示器显示傅里叶条纹后通过式(5.7)求解出的。在这 5 个光传输系数中，都包含来自显示器上像素 5 的光，但是在各 LTC 中所占分量不一样，在这里对所有 LTC 进行归一化之后，提取出 LTC $h(x_5, y_5; u_i, v_i)$，$i=3,4,5,6,7$ ，即得到了显示器像素点 5 的 PSF。

这里对 LTC 进行归一化实际上包含了一个隐藏的基本假设条件，即当显示器各点均匀发光时，在图像传感器小范围内，各像素点接收到的来自于显示器的光强是相等的。虽然镜头阴影导致在图像传感器范围内会出现连续的变化，但是在局部范围内是可以忽略这种变化的。即相邻图像传感器像素接收的光强变化一般不会太大，所以使用这种归一化并将 LTC 转换为物点 PSF 也是满足基本假设条件的。

图 5.2 中的例子是一个简化情况，在实际测量中，由于通过相位匹配，与相机图像传感器像素对应的显示器坐标是亚像素的，故当式(5.7)直接解算 LTC 结果，转换为整像素的 LTC 和 PSF 时，还需要进行亚像素插值，其插值方法类似图像插值方法，一般选择默认的双三次插值法即可，这里不再进行展开论述。

相机的 PSF 是随着物方的深度和在视场中的相对位置的变化而变化的，在实际的实验过程中，已经可以满足在多个不同的深度下测量相机的 PSF，却不能在连续深度下测量相机的 PSF。未直接测量的 PSF 可以通过实测 PSF 插值建模得到。

本章将提出一种新的 PSF 建模方法[3]，即首先应用单像素成像方法，在多个不同的深度下测量相机的 SV-PSF，然后根据提出的相机 PSF 插值方法，用离散深度下的实测 PSF 插值获取系统的全场全景深 PSF，这种插值方法的正确性将通过插值 PSF 与该位置实测 PSF 的对比来进行验证。本章提出的 PSF 建模方法，将是研究大视场相机离焦标定方法的基础。

基于实验数据驱动的点扩散函数模型是相机全场全景深点扩散函数模型中的一类，实际测量中不可能做到在深度方向上进行点扩散函数的连续测量，因此在构建基于实验数据驱动的点扩散函数模型中，通过两个步骤来获取深度方向上连续的点扩散函数：第一步，在多个离散距离位置实测系统的点扩散函数；第二步，运用插值的方法，用离散深度下的实测点扩散函数插值获取系统的全场全景深点扩散函数。不同的点扩散函数测量方法和插值方法可以组合成不同的实验点扩散函数模型，本节构建的点扩散函数模型的测量方法为前面所述基于单像素成像的大视场相机空变点扩散函数测量方法。

本书提出全场全景深 PSF 建模方法需要两个基本假设条件：①对于图像传感器平面上任意一个像素点，在对焦物面上，存在唯一与之相对应的共轭物点，也就是说，在对焦物面上的点扩散函数效应可以忽略；②在物方，仅从几何光学角度考虑光线的传播问题。

对于一般工业相机而言，相机 PSF 主要是由离焦和几何像差两部分因素造成的，在景深范围内，一般都可以忽略其 PSF，即点对点成像，这也是机器视觉中基于透视投影模型进行光学三维测量的基本假设，此外，一般的工业测量相机在景深范围内也几乎不考虑其衍射效应。所以本节基于这两条假设，研究三维测量领域的大视场工业相机的 PSF 模型具有合理性。

根据光路的可逆性，由本节的基本假设可以推出，被一个图像传感器像素采集的光，都通过对焦面上的一个物点。为了更简洁地表达本节的PSF建模方法，接下来只考虑PSF的一个维度，基于基本假设条件②，一个图像传感器像素对于特定方向的光线的响应的系数是相等的，如图5.3所示，这一过程可以表示为

$$h(y_1,z_1;u_0)=h(y_2,z_2;u_0) \tag{5.17}$$

式中，考虑假设条件①，y_1、y_2是从对焦面上的点发出的光线与距离相机为z_1、z_2的平面的交点坐标；u_0是与对焦面上的点相对应的图像传感器像素坐标。假设对焦面上物点坐标为y_f，对焦距离为z_f，这些坐标将满足如下比例关系，并将其比值记为r：

$$\frac{y_1-y_2}{y_2-y_f}=\frac{z_2-z_1}{z_f-z_2}=r \tag{5.18}$$

上述方程描述的是一条空间直线，在本书中，它代表一条通过对焦点及两个非对焦面的光线，这一方程本质上描述了假设条件②。

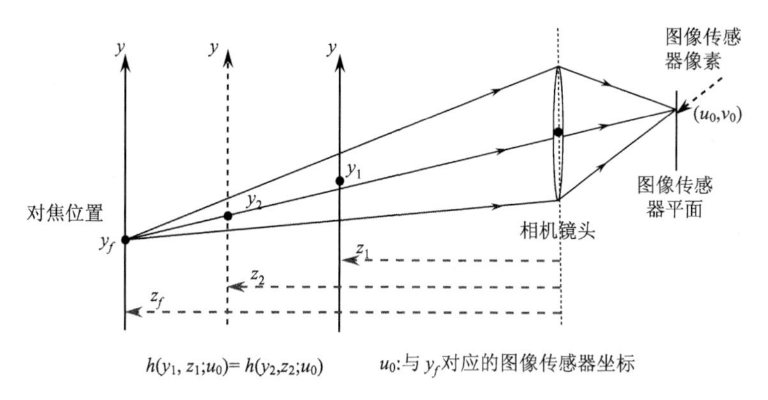

图5.3　一个图像传感器像素对于特定方向的光线的响应

从上述分析出发，可以用如下四步建立相机的全场全景深PSF模型。

(1)测量相机的对焦距离z_f。

(2)选取至少一个深度，在这些深度下，应用单像素成像方法，测量相机相对于显示器的LTC $h(x, y, z_i; u, v)$，并记录这些深度值z_i，$i=1,\cdots,n, n\geqslant 1$。

(3)对于任意深度z下待插值PSF，用式(5.19)求出实测LTC各点坐标在深度z下坐标的映射关系，根据式(5.20)，可以得到深度z下各点的亚像素LTC值，将其进行重采样，得到显示器像素坐标的插值LTC值。

$$\begin{bmatrix} x_1 \\ y_1 \\ z_1 \end{bmatrix} = \begin{bmatrix} r+1 & 0 & 0 \\ 0 & r+1 & 0 \\ 0 & 0 & 1 \end{bmatrix} \begin{bmatrix} x_2 \\ y_2 \\ z_2 \end{bmatrix} - r \begin{bmatrix} x_f \\ y_f \\ z_f \end{bmatrix} \tag{5.19}$$

$$h(x_2, y_2, z_2; u_0, v_0) = h(x_1, y_1, z_1; u_0, v_0) \tag{5.20}$$

(4)对图像传感器中各像素都执行步骤(3)中的映射重采样过程后，提取同一物点坐标对应的 LTC 值，即可重组出物点的插值 PSF。基于点扩散函数建模的 PSF 插值方法示意图如图 5.4 所示。

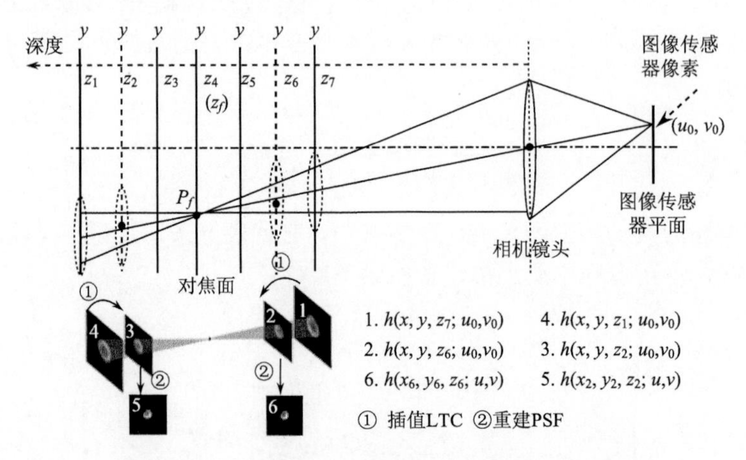

图 5.4　基于点扩散函数建模的 PSF 插值方法示意图

下面以$r = 2/3$为例，给出 LTC 插值与重采样的详细过程，如图 5.5 所示，在深度z_1下，我们已经获取了该深度下的 LTC 结果，该 LTC 占据的显示器像素范围宽度为 5，因为$r = 2/3$，所以当该 LTC 插值到z_2深度下时，将得到 5×5 个分布在 3×3 显示器像素范围内的亚像素坐标，根据我们的点扩散函数建模方法，3×3 范围内各亚像素坐标位置的 LTC 值与原来的 5×5 的 LTC 值一一对应，这里为了获取 3×3 的整像素结果的 LTC，需要对其进行重采样，并在周围填充 0，由此基于点扩散函数插值建模方法得到了显示器整像素坐标下的 LTC。

其中，步骤(1)确定对焦距离时，需要使用对焦算法，对焦算法的核心是无参考图像的清晰度评价，图像离焦造成图像的模糊，进而造成图像清晰度下降。图像清晰度评价函数有很多，其空域评价方法主要考虑图像的领域对比度和相邻像素之间的灰度变化；在频域中，主要考虑图像各频率分量，对焦准确的图像高频分量更多，离焦图像的低频分量更多。本节选用的对焦算法为 5.1.2 节中式(5.23)中提到的基于 Tenengrad 梯度函数的清晰度来辅助确定对焦距离的算法。

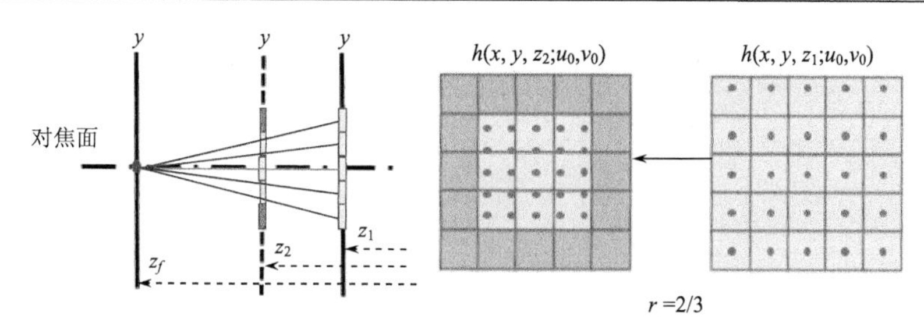

图 5.5　LTC 亚像素插值与重采样示意图

5.1.2　相机点扩散函数测量技术应用案例

实验环境配置如下所示。

长虹 75D8K 电视：分辨率为 7680 像素×4320 像素，对角线尺寸为 75 英寸(190.5cm)，长宽比为 16∶9(1660.35mm×933.95mm，像素间距为 0.2162mm)，面板类型为 LCD(IPS 硬屏)，位深为 10bit，帧率为 60 帧/s，可视角度为 178°，屏幕亮度为 320cd/m^2，逐行扫描，接口为 HDMI2.1。

相机：BASLER acA4096-30μm，黑白相机，分辨率为 4096 像素×2160 像素，感光芯片尺寸为 14.1mm×7.5mm，像素尺寸为 3.45μm×3.45μm，像素位深为 10bit，最高帧率为 32 帧/s，感光芯片类型为 CMOS。

镜头：MORITEX ML-U3518SR-18C，焦距 f = 35mm，光圈数 F=1.8～16。

计算机：显卡使用华硕 RTX3080(RTX30 系列显卡支持 8K 图像显示，刷新率为 60 帧/s)。

平移导轨及控制器：导轨行程为 1500mm，重复位移精度为 0.03mm，导程为 10mm(电机转动一圈导轨平移的距离)。

激光测距仪：DL331040，距离测量精度为 0.3mm。

如图 5.6 所示，将相机固定在导轨的光具座上，导轨可以控制相机前后移动。待测试相机通过 USB 光纤数据线连接到控制计算机，LCD 通过 HDMI2.1 线连接到控制计算机显卡，导轨控制器通过 RS232 串口线连接到控制计算机，显示器的显示功能、相机拍摄图像的信号控制、导轨的前后平移控制等均通过控制计算机完成。

导轨的平移距离由导轨控制器发射的脉冲数决定，计算导轨移动距离的方法为：①确定步进电机的步距角，在本实验中，使用的步进电机步距角为 1.8°，则电机旋转一周 360°/1.8°=200，需要两个脉冲；②确定导轨控制器中驱动器的细分数，实验室采用的控制器默认的细分数为 4，也就是说实际要控制器输出 200×4=800 个脉冲电机才会转到 1 圈；③确定导轨的导程，本节中使用的定制导轨导程为 10mm。综上，若要控制导轨平移 10mm，只需控制计算机发出指令，

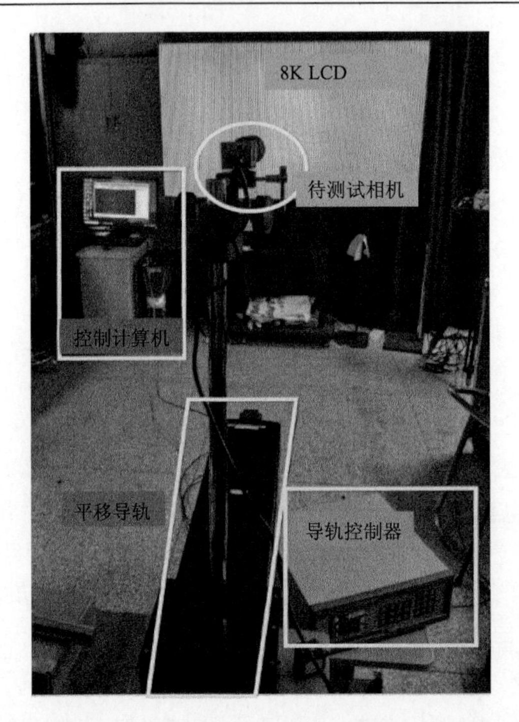

图 5.6　基于单像素成像的大视场相机空变点扩散函数测量实验装置图

使得导轨控制器发出 800 个脉冲即可。若要控制导轨前后平移固定的距离与方向，则按照这一比例关系，发出对应数量及正负的脉冲即可。

工业相机的伽马(Gamma)值在出厂前已经经过校正，而显示器的 Gamma 值需要进行校正，保证显示器显示的条纹图像与期望输出一致，由于显示器的 Gamma 效应，对于输入亮度值 I ，其实际输出亮度值 M 为

$$M = f(I) = \alpha + \beta I^{\gamma} \tag{5.21}$$

式中， α 和 β 分别为零偏和尺度系数； γ 为待求 Gamma 系数。为求解 γ ，首先需要关闭显示器的各项图像增强功能；然后在显卡控制面板中将初始 Gamma 设置为 1，并以灰度间隔为 5 显示了亮度为 0～255 的 53 张图；再由相机拍摄对应图像后，拟合幂函数，求出 γ 值后，在 NVIDA 控制面板将 Gamma 设置为求出的 γ 值。

根据输入输出的图像亮度拟合的 Gamma 曲线如图 5.7(a)所示，拟合的 Gamma 值为 1.74；然后进行 Gamma 校正之后的图像输入输出亮度曲线如图 5.7(b)所示。校正之后的图像亮度输入输出之间保持了较好的线性关系。

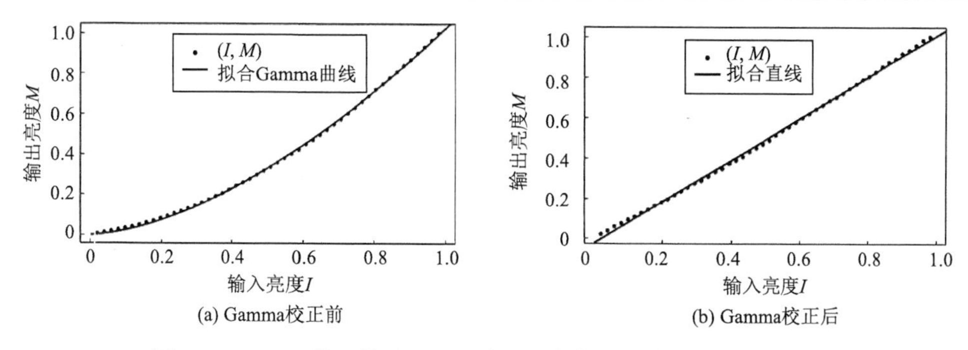

图 5.7　Gamma 校正前后显示器输入图像亮度与输出图像亮度曲线

在各个位置下，相机对应的显示器区域的分辨率应高于相机的分辨率。由于点扩散函数的定义为光学系统对理想点光源的像，所以在考虑相机观测到的显示器小区域的分辨率大小与相机分辨率大小的相对关系时，需要考虑一个显示器像素是否可以近似为一个理想点光源。本节考虑的点扩散函数为镜头与图像传感器组合而成的相机整体的点扩散函数，点扩散函数像的采样间隔为图像传感器的像素间隔，在本节中，当相机观测到的显示器小区域的分辨率高于相机本身的分辨率时，由于显示器点光源的采样间隔小于相机的采样间隔，显示器的一个像素点相对于整个相机来说可以近似为一个理想点光源。

在大视场相机空变点扩散函数测量实验中，先将相机移动到导轨中央，通过激光测距仪测量，确定相机到显示器的距离为 3650.0mm，此时相机横向视场宽度约为 1.40m。接下来调整镜头，使得相机在显示器上的成像最清晰。然后以 250.00mm 为导轨位移间隔，在对焦位置前后(共 7 个位置)测量了相机的 LTC 与对应的点扩散函数，测量结果见表 5.1。

表 5.1　各测量位置下相机到显示器的距离

测量位置	z_1	z_2	z_3	z_4	z_5	z_6	z_7
相机到显示器距离/mm	4400.0	4150.0	3900.0	3650.0	3400.0	3150.0	2900.0

显示器的帧率为 60 帧/s，单帧时间为 16667μs，为了防止相机拍摄的图像亮度闪烁，相机的曝光时间需要设置为 16667μs 的整数倍，并且在实验中，需要防止显示器达到最亮时相机出现过曝，根据调试，最终相机曝光时间被设置为 16667μs。

实际拍摄图像的帧率约为 2 帧/s，这一帧率远低于理论帧率。按照对帧率影响程度从高到低，各原因依次是：①显示器与相机无法同步，由于显卡将图像绘制到显示器上需要一定的时间，在实验过程中，我们在计算机向显示器发出绘图指令后，需要等待 10 帧再开始控制相机拍照；②硬盘的存图速度限制了实验采集数据的速度；③为了控制随机噪声，使用了四幅平均模式，即相机连续拍摄 4 张图像，取平均值作为其拍摄结果。

在应用多频相移条纹进行定位时，需要选用合适的条纹宽度，使得其合成相位的宽度能覆盖整个显示器区域，当采用三频四步相移条纹时，合成条纹的宽度为

$$\lambda = \frac{\lambda_1 \lambda_2 \lambda_3}{\lambda_1 \lambda_2 - 2\lambda_1 \lambda_3 + \lambda_2 \lambda_3} \tag{5.22}$$

本实验中选取的用于定位的三种条纹宽度为 40 像素、44 像素、48 像素，最终合成条纹的宽度为 8160 像素，大于显示器横向分辨率 7680 像素。且在实验中，我们将显示的相位图偏移了 300 像素，以克服相位值较小处的噪声，图 5.8 为相机拍摄的横纵向多频相移条纹(局部)及其相位展开结果示意图。

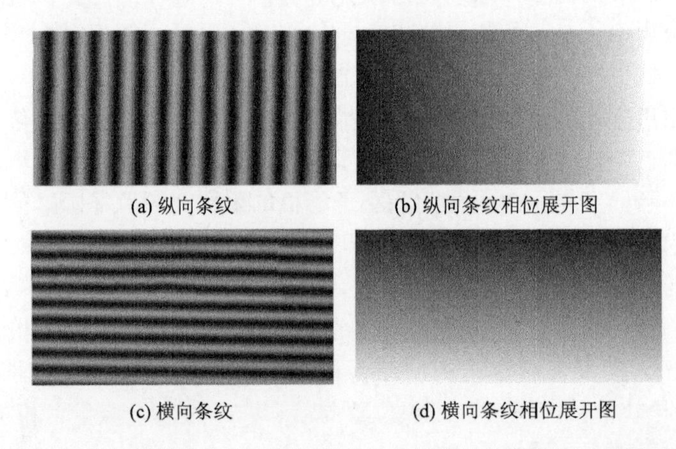

(a) 纵向条纹　　(b) 纵向条纹相位展开图

(c) 横向条纹　　(d) 横向条纹相位展开图

图 5.8　相机拍摄的横纵向多频相移条纹(局部)及其相位展开结果示意图

利用图 5.8 所示的横纵向相位展开后的连续相位图，就能建立相机到显示器的坐标映射关系。

图 5.9 是本节实验中生成不同频率的周期延拓的傅里叶条纹示意图，其中，$m = n = 24$ 像素，M=7680 像素，N=4160 像素。从显示器左上角开始，将小范围内的傅里叶条纹沿着屏幕的两个方向进行周期延拓至最终覆盖完显示器全平面。

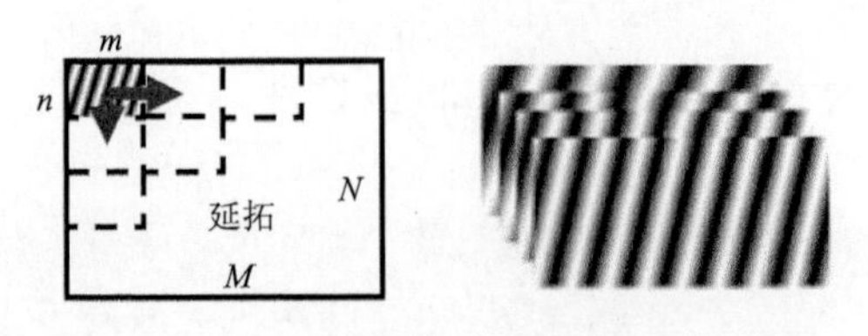

图 5.9　生成周期延拓的傅里叶条纹示意图

选取的傅里叶空间频率 f_x 和 f_y 的范围是[0, 23/24]。共需要显示和拍摄的条纹总数为 24×24×4/2+24=1181。图 5.10 是横纵方向频率 $f_x = 2/23$、$f_y = 2/23$ 时显示器显示的条纹图像和相机拍摄的傅里叶正弦条纹图(局部)。

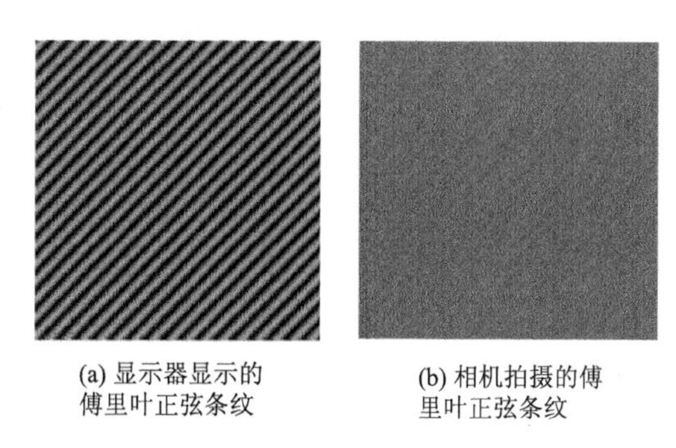

(a) 显示器显示的傅里叶正弦条纹　(b) 相机拍摄的傅里叶正弦条纹

图 5.10　显示器显示的条纹图像和相机拍摄的傅里叶正弦条纹图(局部)

图 5.11 是将分布错误的 LTC 结果根据其周期性恢复为正确分布的过程。按照 5.1.1 节中的理论推导，将原始图像传感器像素 IFT 结果分别在横向和纵向进行了延拓，然后根据傅里叶逆变换的周期性，根据相位匹配的物方坐标，确定了正确 LTC 的中心位置，最后截取出正确分布的 LTC 解算结果。

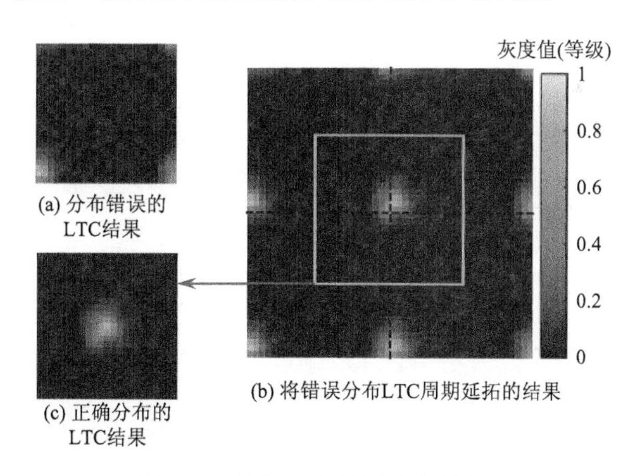

(a) 分布错误的LTC结果　(b) 将错误分布LTC周期延拓的结果　(c) 正确分布的LTC结果

图 5.11　恢复 LTC 正确分布示意图

在实际计算中，从图像传感器上(200, 200)像素位置开始，在横向和纵向每隔 200 个像素，选取一个像素点，计算其 LTC 与对应物点的 PSF。在单个深度下，计算了 9×19=171 个 LTC 与 PSF 值。

图 5.12 展示了本实验的 7 个深度下，共 7×171 个 LTC 计算结果与 PSF 计算结果。

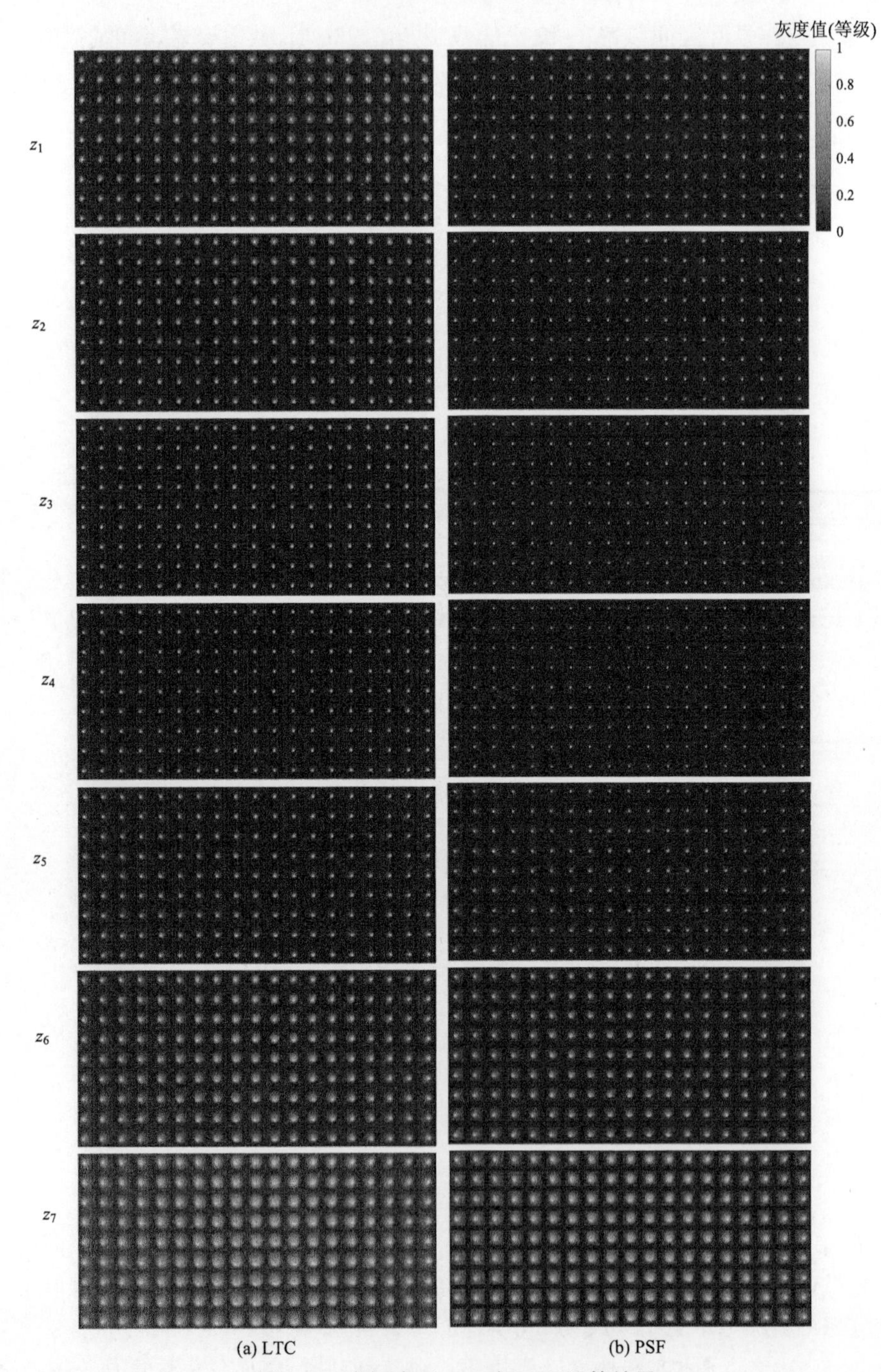

图 5.12　各深度下 LTC 与 PSF 计算结果

从图像像素位置(200, 200)起，间隔 200 个像素选取一个点进行计算，将 9×19 个 LTC 和 PSF 结果进行组合，单个 LTC 和 PSF 尺寸为 23 像素×23 像素

图 5.13 展示了相机中心像素(1000, 2000)计算出的 LTC 结果与其对应物点的 PSF 结果的柱状图和二维分布图。

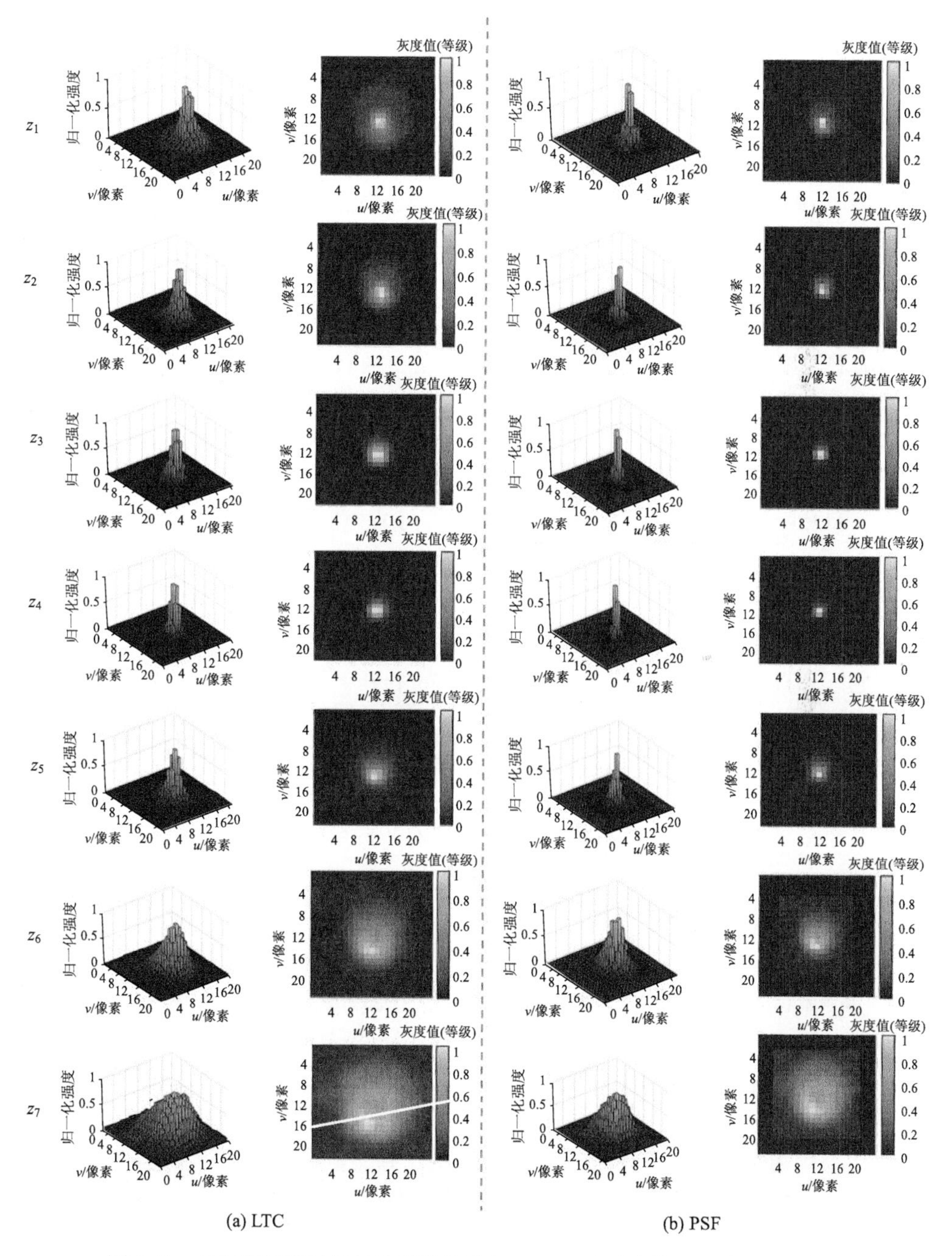

图 5.13　各深度下视场图像传感器像素(1000, 2000)对应的 LTC 与 PSF 结果

图 5.12 和图 5.13 的结果显示，LTC 结果与重组的 PSF 结果在形状上具有相似性。这种相似性是由于 LTC 和 PSF 在局部区域都近似不发生变化，因此从 LTC 重组出的 PSF 在分布上与 LTC 具有相似性。从图 5.12 和图 5.13 中给出的例子也可以发现这一点。

此外 PSF 周围有一圈值为 0 的地方，且 PSF 结果相比于 LTC 结果来说，尺寸上更小。这种现象是显示器和相机的分辨率差异造成的，在这 7 个位置，因为相机所观测到的显示器小区域的分辨率都高于相机本身的分辨率，所以按照图 5.2 所示的由 LTC 重组物点 PSF 的规则，一个显示器像素点能索引到的相机图像传感器像素点数量少于一个相机像素能索引到的显示器像素点数量。

从图 5.12 和图 5.13 还可以看出，PSF 和 LTC 不仅在一个深度下随着图像传感器像素位置的变化而变化，也随着深度本身的变化而发生变化。其中，LTC 和 PSF 随着深度的变化更为明显，随着深度位置由远到近，LTC 与 PSF 的尺寸先变小再变大，在对焦最清楚的位置两者的尺寸都达到最小。从图像传感器中心位置到图像边缘位置，PSF 和 LTC 逐渐发生了变化，这种变化与其相对于图像传感器中心的方向有关，其变化趋势近似呈现出中心对称的形式。

在对焦位置两侧，关于对焦面对称位置的 LTC 和 PSF 不再保持对称性质，这是因为 PSF 并不是关于到对焦位置距离的偶函数。然而我们可以观察到，同一像素所对应的相邻深度位置的 LTC 之间具有较好的相似性，相邻深度位置的 PSF 也具有较好的相似性质。

实际测量的 LTC 和 PSF 的形状较为复杂，传统的高斯点扩散函数模型并不能较好地拟合 PSF 的测量结果，尤其是在散焦较为严重的位置，以 z_1 和 z_7 深度下图像中心对应的 LTC 与 PSF 为例，其结果更接近于一阶贝塞尔函数而非高斯函数。不过由于像差的存在，在 z_7 和 z_6 位置，以及其余深度下边缘像素对应的 LTC 和 PSF 都丢失了高斯函数和一阶贝塞尔函数具有的对称性。这种非高斯函数的 PSF 使得传统的基于相位匹配的大视场相机离焦标定方法与其基本假设存在偏差，从而导致标定误差的产生。

图 5.14 为相机边缘位置像素(200, 3800)处的 LTC 与 PSF 结果。

为了验证本节测量的 PSF 能较好地反映相机的成像效果，在显示器显示了分辨率测试图像并使用相机拍摄该图像，如图 5.15 和图 5.16 所示。图 5.15 展示了完整的分辨率测试图像，图 5.16 展示了分辨率测试图像的局部细节。

然后使用测量得到的 PSF 数据，对显示器显示的清晰图像做模糊处理，然后对比实拍的图像和实测 PSF 仿真模糊图像的清晰度。

以图像中心点为中心，选取了 200 像素×200 像素的范围，在该范围内，分别计算原始图像的清晰度，包括实际拍摄图像的清晰度和利用测量 PSF 数据对原始图像做模糊处理之后的清晰度。本节选取了一种较为常用且具有代表性的 Tenengrad

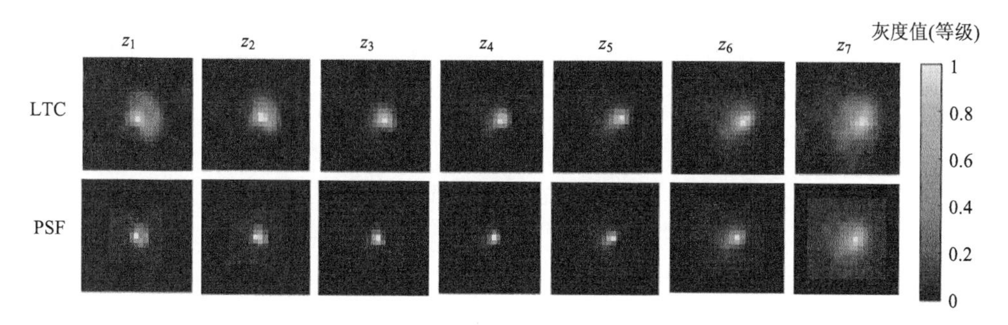

图 5.14　相机边缘位置像素(200, 3800)处的 LTC 与 PSF 结果

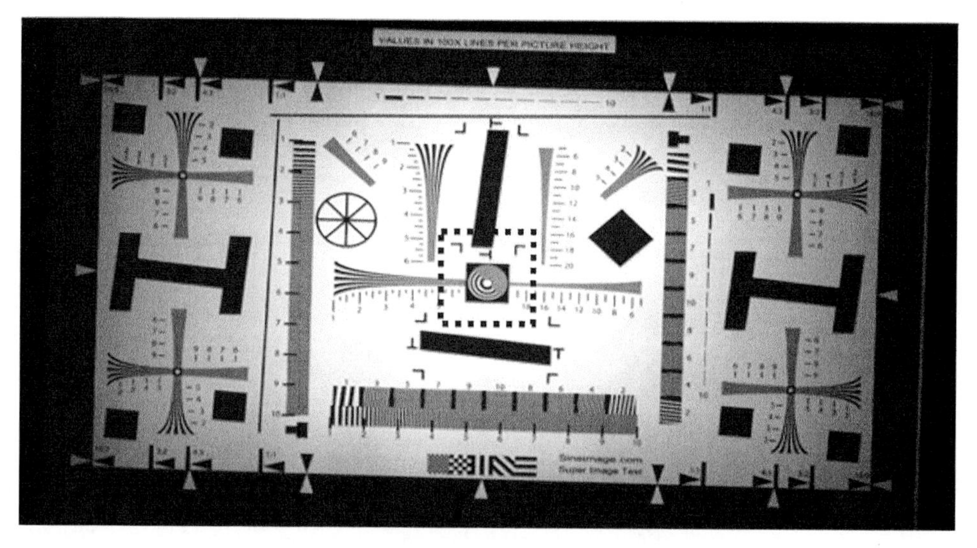

图 5.15　相机在 z_1 处拍摄的分辨率测试图像

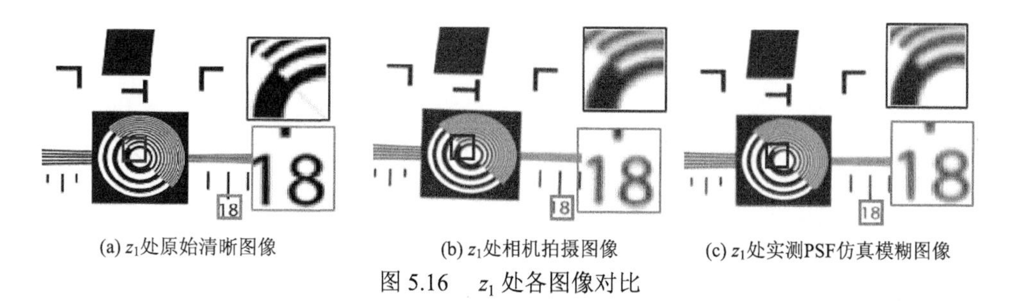

(a) z_1处原始清晰图像　(b) z_1处相机拍摄图像　(c) z_1处实测PSF仿真模糊图像

图 5.16　z_1 处各图像对比

梯度函数清晰度，这是一种空域图像清晰度评价方法，Tenengrad 梯度函数采用 Sobel 算子，提取出水平方向和垂直方向的梯度值。基于 Tenengrad 梯度函数的清晰度评价定义如下：

$$D(f)=\sum_u\sum_v|G(u,v)|,\quad G(u,v)>T \tag{5.23}$$

式中，$G(u,v)$ 的计算公式为

$$G(u,v)=\sqrt{G_u^2(u,v)+G_v^2(u,v)} \tag{5.24}$$

其中，$G_u(u,v)$ 和 $G_v(u,v)$ 分别为相机拍摄图像 D_u 与梯度检测算子 D_v 卷积后的结果：

$$D_u=\begin{bmatrix}-1 & 0 & +1\\ -2 & 0 & +2\\ -1 & 0 & +1\end{bmatrix},\quad D_v=\begin{bmatrix}+1 & +2 & +1\\ 0 & 0 & 0\\ -1 & -2 & -1\end{bmatrix} \tag{5.25}$$

各深度下各图像清晰度值如表 5.2 所示。

表 5.2　各深度下各图像清晰度值

深度编号	z_1	z_2	z_3	z_4	z_5	z_6	z_7
原始图像	18.06	18.00	18.02	18.10	18.05	17.63	17.08
相机拍摄图像	7.75	9.66	11.55	11.87	8.50	5.79	5.13
仿真模糊图像	7.66	9.57	11.56	11.46	8.84	5.41	4.29

表 5.2 中原始图像的清晰度发生了变化，这是由在不同深度位置时，图像 200 像素×200 像素范围对应的物方区域大小不一致造成的。

从表 5.2 和图 5.17 中结果来看，相机在对焦距离下拍摄到的图像清晰度接近最高位置，在对焦位置两侧，拍摄到的图像的清晰度都开始下降，且距离相机近的这一侧相机拍摄图像随着深度变化清晰度下降较快，这也说明了，相机的 PSF 并不是关于到对焦物面距离的偶函数。

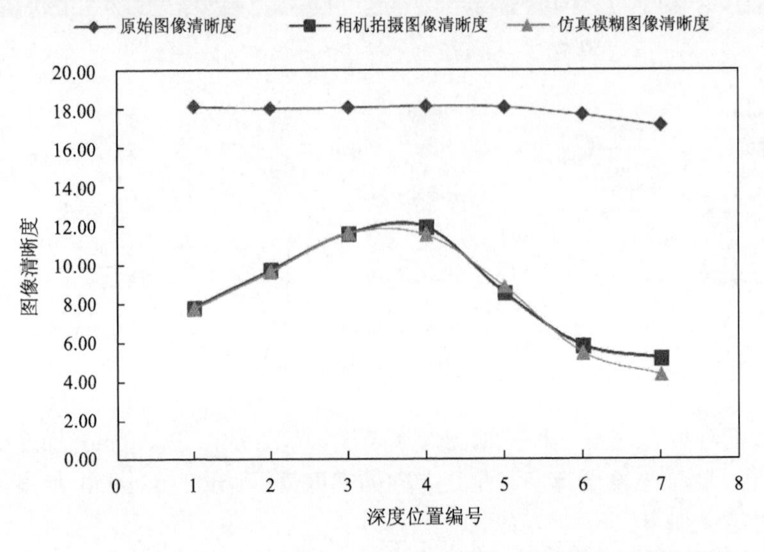

图 5.17　不同深度下的原始图像、相机拍摄图像、仿真模糊图像的清晰度

从表 5.2 和图 5.17 中图像清晰度还可以看出，用 LTC 与 PSF 对原始图像做模糊处理之后，实验得到的仿真模糊图像的清晰度，与实拍图像的清晰度非常接近，即实验所测量的 LTC 与 PSF 结果能够较好地反映相机成像效果。不过，从清晰度数据来看，模糊处理图像的清晰度相对于实际拍摄图像的清晰度有微弱的下降，这是因为 PSF 测量过程时间较长，引入了额外的噪声，会在仿真模糊图像时降低图像清晰度。

在完成相机 PSF 测量实验后，进行相机全场全景深 PSF 建模实验。为了确定对焦最清楚的距离，让相机沿着导轨以更精细的移动步长进行移动，首先需要在对焦位置附近以 50.00mm 为移动步长进行移动，并在每个位置计算图像中一定范围的清晰度，绘制如下清晰度-距离曲线(图 5.18)；然后在清晰度最高的位置附近，以 25.00mm 为移动步长进行移动，来逐渐逼近最佳对焦距离。通过该曲线选取最佳对焦距离为 3650mm，即测量位置中的 z_4。在实际实验过程中，完成这一步清晰对焦后，再进行 PSF 测量实验。

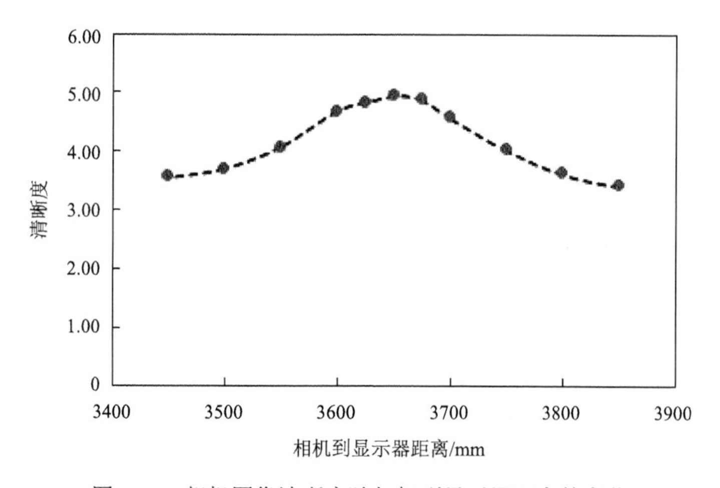

图 5.18　相机图像清晰度随相机到显示器距离的变化

实验获得了连续 7 个不同深度的 LTC 与 PSF，现在基于这个 7 个不同深度下的 LTC 数据，进行了有关插值的数据处理，在对焦位置两侧，分别选取了 $z_1 = 4400\text{mm}$ 位置的 LTC，运用本节提出的插值方法，获取 $z_2 = 4150\text{mm}$ 位置的插值 LTC 与 PSF；选取 $z_7 = 3900\text{mm}$ 位置的 LTC，插值获取 $z_6 = 4150\text{mm}$ 位置的 LTC 与 PSF。

图 5.19 中分别是 z_2 位置处实测 PSF、基于本节 PSF 建模方法的插值 PSF 和两者之间的误差。图 5.20 中分别是 z_6 位置处实测 PSF、基于本节 PSF 建模方法的插值 PSF 和两者之间的误差。

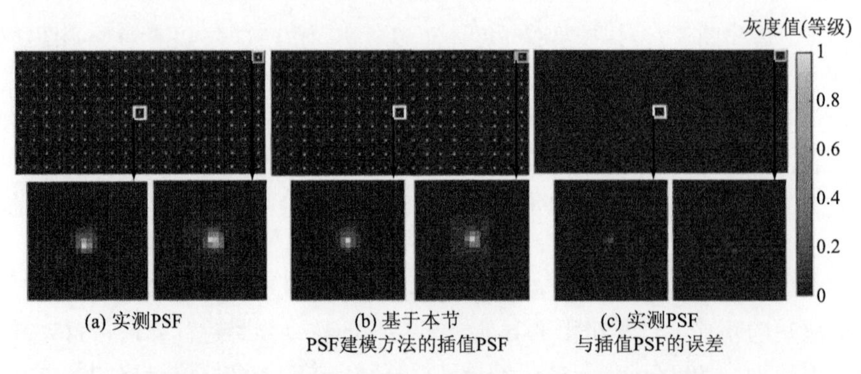

图 5.19　z_2 位置处本节 PSF 建模方法中 PSF 插值误差

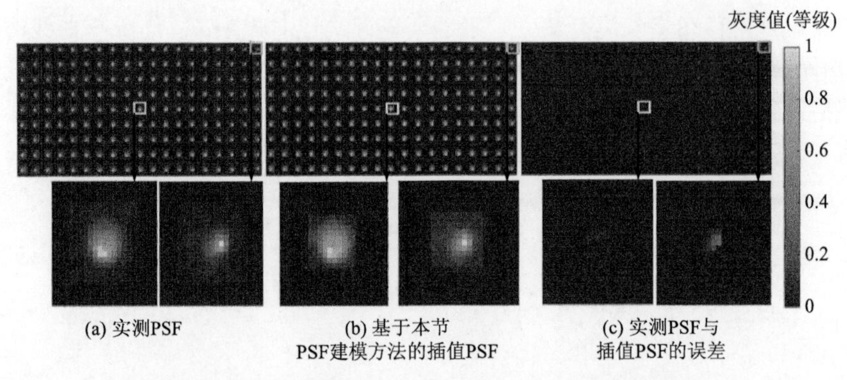

图 5.20　z_6 位置处本节 PSF 建模方法 PSF 插值误差

由图 5.19 和图 5.20 可以观察到本节提出的 PSF 插值方法可以插值出未直接测量位置的 PSF。按照本节提出的相机全场全景深 PSF 建模方法，要插值获取某一深度下的 PSF，只需要得到其附近某一深度下的 LTC 及对焦距离，而使用传统的线性组合插值法则需要该位置两侧至少两个深度的 PSF，才能插值获取该位置的 PSF。

在图 5.20 中显示，基于本节的 PSF 建模方法获取的插值 PSF 与实测 PSF 的全场误差并不一致，尤其是在边缘位置误差更为明显，这主要是因为相机视场边缘的成像质量相比于中心视场的成像质量要低，像差更为复杂，导致了实测 PSF 与插值 PSF 之间的误差偏大。

本节提出的 PSF 插值方法的误差来源主要有两个方面，一方面，本节提出的全场全景深点扩散函数建模方法基于两个基本假设：第一，被图像传感器像素接收到的光会通过物方对焦面同一点；第二，在物方，只从几何光学考虑 PSF。而在实际光学系统中，由于像差和衍射等因素的存在，这一假设只能近似满足，从而导致本节 PSF 模型中插值方法的误差。另一方面，确定对焦距离时也会引入误差。由于本节提出的插值方法中，r 是一个非常重要的参数，由式(5.18)确定，该式需要用到对焦距离 z_f，而精准的对焦往往是非常困难的。本节通过使用清晰度评价函数来辅助确定这一距离，尽量避免了人眼确定对焦时的主观影响。

综上所述，本节提出的点扩散插值与建模方法相比传统线性插值方法有如下优点。

(1) 本节提出的 PSF 建模与插值方法，有实际的光学模型支撑，插值结果能在光学模型上给出解释，减小了现有 PSF 插值方法存在的一些原理性误差。

(2) 本节提出的 PSF 建模方法，在获取一个深度位置的实测点扩散函数数据与对焦距离之后，就能在深度方向上进行 PSF 插值，并且插值精度高于传统方法中使用两个深度的实测 PSF 数据进行插值结果的精度。

5.2　基于点扩散函数/光传输系数的三维测量仿真与分析技术

5.2.1　基于光线跟踪的三维测量仿真模型

光栅相位法三维测量系统中相机成像过程可以表述为以被测物体三维形貌、表面反射特性及投射器投射条纹图像为输入，相机对接收到的物体表面反射的光强度信息进行空间和强度上的采样并产生二维灰度图像。相机成像模拟技术旨在模拟光栅相位三维测量传感器条纹投影和图像采集过程，其与真实的光栅相位法三维测量系统具有相同的输入和输出，但被测对象以几何模型的形式给出，而非物理形式，且输出图像为计算生成，而不是经过复杂光学系统的物理成像过程。由于光学成像系统和被测物体型面的复杂性，采用纯解析手段难以对像平面上光强分布进行精确地建模，因此，采用光线跟踪算法对相机成像过程进行建模仿真。

光栅相位法三维测量系统硬件由相机和投射器组成，摄像机模型定义了摄像机镜头与成像传感器的光学和几何特征参数，由此可以确定三维场景中世界坐标系与二维图像坐标系之间的对应关系。用 $\boldsymbol{o}_\mathrm{L}$ 与 $\boldsymbol{o}_\mathrm{R}$ 分别表示左右摄像机透视中心，$\boldsymbol{p}_\mathrm{L}(u_\mathrm{L},v_\mathrm{L})$ 和 $\boldsymbol{p}_\mathrm{R}(u_\mathrm{R},v_\mathrm{R})$ 分别为被测物表面点 $\boldsymbol{P}_\mathrm{W}(x_\mathrm{W},y_\mathrm{W},z_\mathrm{W})$ 投影至左右像平面的像点，以左相机为例，$\boldsymbol{p}_\mathrm{L}$ 的齐次坐标为

$$s\begin{bmatrix}u_\mathrm{L}\\v_\mathrm{L}\\1\end{bmatrix}=\boldsymbol{A}_\mathrm{L}\left[\boldsymbol{R}_\mathrm{L}\middle|\boldsymbol{T}_\mathrm{L}\right]\begin{bmatrix}x_\mathrm{W}\\y_\mathrm{W}\\z_\mathrm{W}\\1\end{bmatrix} \tag{5.26}$$

式中，s 为缩放因子；$\boldsymbol{R}_\mathrm{L}$ 为左相机旋转矩阵；$\boldsymbol{T}_\mathrm{L}$ 为左相机平移矩阵；$\boldsymbol{A}_\mathrm{L}$ 为左摄像机内参数矩阵：

$$A_L = \begin{bmatrix} \alpha_{xL} & 0 & u_{0L} \\ 0 & \alpha_{yL} & v_{0L} \\ 0 & 0 & 1 \end{bmatrix} \tag{5.27}$$

其中，α_{xL} 为左相机 x 方向像素等效焦距；α_{yL} 为左相机 y 方向像素等效焦距；u_{0L} 为左相机主点 x 方向坐标；v_{0L} 为左相机主点 y 方向坐标。

光线跟踪方法本质上是通过采样的方法，根据成像模型建立投射器投射光线、相机接收光线的方程并进行追迹，以估计相机像素接收到的光强度。该方法可以分为场景构建、光线生成和灰度值计算三个部分。

场景构建环节包括对相机、光源和观测对象的定义。相机可以采用针孔模型和镜头畸变模型进行定义，对场景中观测对象的构建使用程序建模技术，其中，标准几何体可以通过有限的参数进行定义，而对于复杂型面物体，则通常采用三角面片集合的形式进行定义。

光线生成环节生成从视点出发经过像素进入观测场景的光线，并计算光线与场景中物体的交点。成像传感器具有积分效应(在摄像机像面上，像素具有有限尺寸，每个像素接收由物体表面的有限区域而不是单个尖锐点反射的光)，采用蒙特卡罗积分原理，光线跟踪方法从像素发射光束(多根光线)。

在灰度值计算中，根据物体与光源的相对位置关系检测交点能否被光源照亮，若能被照亮，则可以依据光源、物体表面的散射特性来计算光线对应的辐照度信息，通过对光束与被测物表面相交的有限区域反射的光强值进行积分得到像素的辐照度，进一步通过量化得到灰度值。在辐照度计算中，光线与物体表面相互作用的示意图如图 5.21 所示。

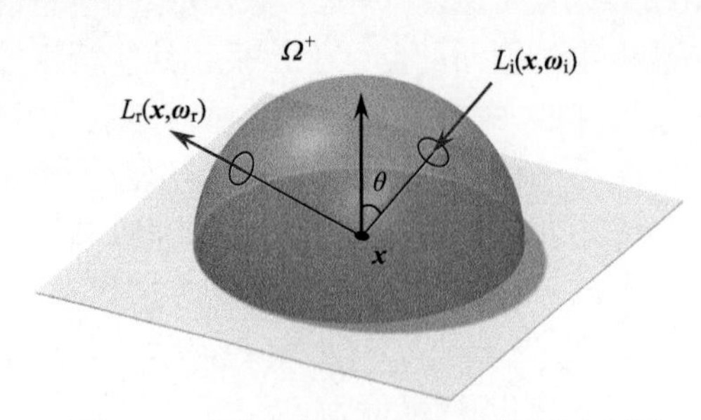

图 5.21 光线与物体表面相互作用示意图

针对每次表面相互作用，求解物体表面 $\boldsymbol{x}$ 处方向 $\boldsymbol{\omega}_r$ 上单位立体角内发射或反射的辐射通量 $L_r(\boldsymbol{x},\boldsymbol{\omega}_r)$，可以通过求解渲染方程得出光线在场景中传输过程及最终的光强分布，渲染方程如式(5.28)所示：

$$L_r(\boldsymbol{x},\boldsymbol{\omega}_r) = \int_{\Omega^+} f_r(\boldsymbol{\omega}_i,\boldsymbol{x},\boldsymbol{\omega}_r) L_i(\boldsymbol{x},\boldsymbol{\omega}_i) \cos\theta_i \mathrm{d}\boldsymbol{\omega}_i \tag{5.28}$$

式中，Ω^+ 为正半球立体角；$\boldsymbol{\omega}_{\mathrm{i}}$ 为入射方向；$f_{\mathrm{r}}(\boldsymbol{\omega}_{\mathrm{i}},\boldsymbol{x},\boldsymbol{\omega}_{\mathrm{r}})$ 为物体表面 $\boldsymbol{x}$ 处双向反射分布函数(BRDF)。

基于光线跟踪的光栅相位法三维测量仿真主要实现对投射器条纹投射、物体表面反射和相机图像采集三个主要物理过程的精确模拟。仿真过程的输出为经过被测物表面高度调制的光栅图像。如图 5.22 所示，首先，通过对相机、投射器和被测物特性的建模来构建测量场景；然后，给出光线生成及与被测物求交的具体方案；再研究求解像素灰度值的方法。在此基础上，考虑光学系统散焦的影响，进一步提高仿真系统的准确性。

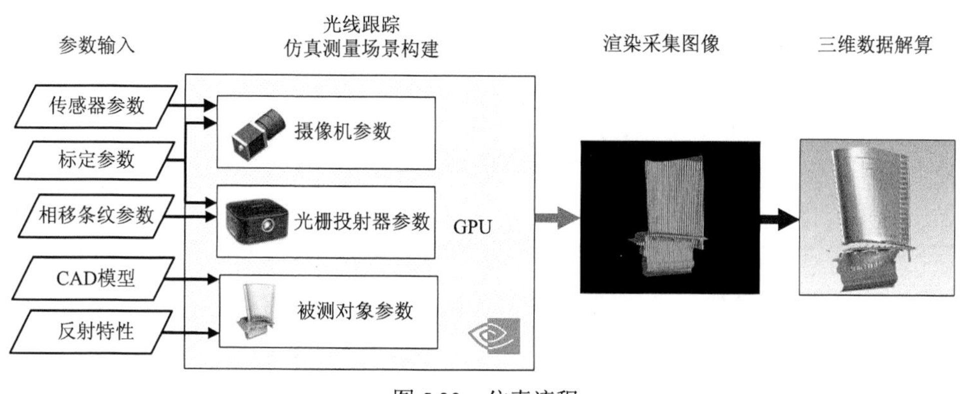

图 5.22　仿真流程

在基于光线跟踪算法的光栅相位法三维测量仿真过程中，各像素灰度值的计算可独立完成，不依赖于其他像素的计算结果，因此利用 GPU 高度线程化的并行任务处理能力，加速仿真条纹图像的获取。使用应用程序接口 OpenGL 并结合 GLSL 着色器语言。在 OpenGL 渲染管线中，片元着色器在图元被光栅化后开始工作，为图元覆盖的每个像素样本赋予颜色值，因此可以在片元着色器中实现光线跟踪方法。采用离屏渲染技术，将光线跟踪方法输出保存至帧缓冲对象中，为帧缓冲对象绑定与摄像机分辨率相同的纹理图像，该纹理图像即为模拟摄像机的成像结果。同时对左右摄像机采集图像的渲染也是分开进行的。

光栅相位法三维测量场景主要包括摄像机、光栅投射器和被测物三维模型，如图 5.23 所示。将投射器作为仿真测量场景中的光源，给定传感器光学和几何参数、光栅条纹及相移参数和被测物体的 CAD(computer aided design)模型，通过修改投射器投射正弦条纹的周期和相位偏移，得到仿真环境下被测物体的相移条纹图像。

摄像机和光栅投射器建模采用针孔模型和镜头畸变模型。摄像机与光栅投射器的分辨率、内外标定参数可依据真实光栅相位法三维测量传感器的参数进行设定。将世界坐标系定义为左相机坐标系，输入内外标定参数来确定两个摄像机与光栅投射器的相对位置关系。

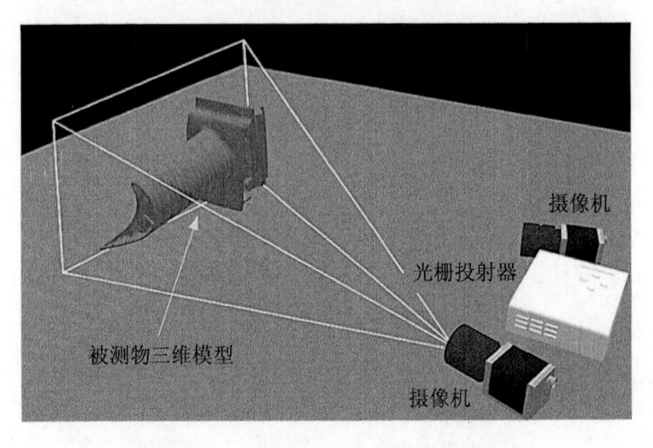

图 5.23　光栅相位法三维测量场景

被测物体建模采用理想几何体(如标准平面、球、圆柱等)或三角面片集合两种形式。对复杂曲面建模采用三角面片模型，并构建三角面片集合 BVH-tree，用来加速光线求交运算。将三维模型数据(包括顶点坐标、顶点法矢及面片的顶点索引等)及 BVH-tree 数据通过着色器存储缓冲区对象(shader storage buffer object，SSBO)传入 GPU 显存。

被测物体表面反射模型采用 Phong 模型，Phong 模型是一种广泛地应用于场景渲染的计算机图形学算法，该模型可以保证投影光强度与反射光强度之间的线性关系，符合光栅相位法的基本假设。当假设被测物表面为理想漫反射表面时，不存在光的折射与镜面反射现象，可以忽略 Phong 模型中对镜面反射光部分的建模。本章建立的仿真系统中仅考虑直接反射光和环境光对像素灰度值的贡献，不考虑被测物表面粗糙度模型和多次反射光的影响。

采用分布式光线跟踪算法，对图像上每个像素发射多根光线。多根光线通过采样得到，对整像素点±0.5 像素区域进行多重抖动采样，以采样点数 16 为例多重抖动采样像素点的一组分布如图 5.24 所示。

光线生成过程是以相机标定的内外参数和像点坐标为输入的，给出像素点对应光线在世界坐标系下的表示，分别用空间点与单位矢量表征光线的起点与方向。首先将摄像机像平面上含畸变的归一化像点坐标 (x_d, y_d) 作为初值，采用不动点迭代法或牛顿迭代法求解不含畸变的归一化像点坐标 (x_n, y_n)。由归一化像点 (x_n, y_n) 及标定数据导出世界坐标系下经过该像素点和镜头孔径的光线 $\boldsymbol{r}$，对应射线的起点 $\boldsymbol{r}_o$ 和方向 $\boldsymbol{r}_d$ 可以由式(5.29)计算

$$\begin{cases} \boldsymbol{r}_o = \boldsymbol{R}^{\mathrm{T}}\left(\boldsymbol{p}_{\mathrm{Len}}(x_1, y_1, 0) - \boldsymbol{t}\right) \\ \boldsymbol{r}_d = \boldsymbol{R}^{\mathrm{T}} \dfrac{\boldsymbol{T}_d}{\left\|\boldsymbol{T}_d\right\|}, \quad \boldsymbol{T}_d = \left[\dfrac{f_d}{f_1}x_n - x_1 \quad \dfrac{f_d}{f_1}y_n - y_1 \quad f_d\right]^{\mathrm{T}} \end{cases} \tag{5.29}$$

式中，$\boldsymbol{R}$、$\boldsymbol{t}$ 为相机的外参数；$\boldsymbol{p}_{\text{Len}}(x_1, y_1, 0)$ 为镜头孔径圆盘上点坐标；f_d 和 f_1 分别为相机对焦距离与镜头焦距。

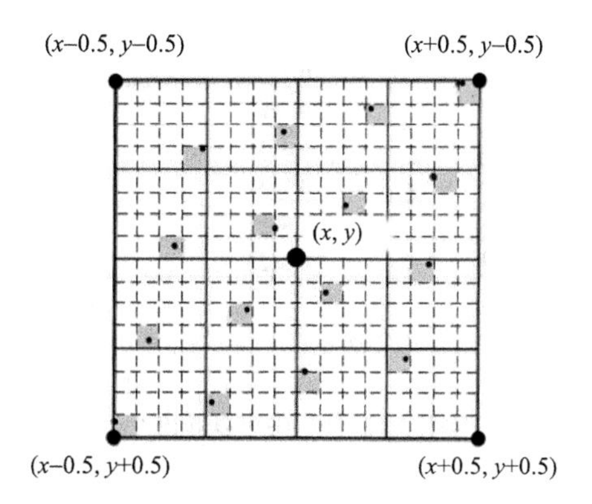

图 5.24　多重抖动采样像素点分布图(以采样点数 16 为例)

为了便于计算，进行对象实例化的操作，即通过坐标变换将观测对象坐标系与相机坐标系进行统一。观测对象进行了实例化后，与光线求交的操作如图 5.25 所示。

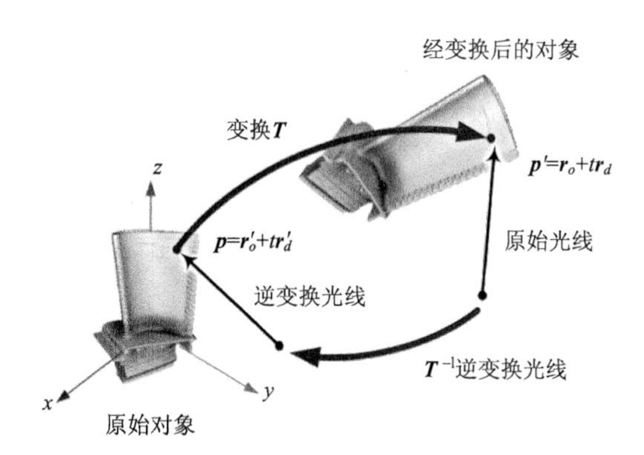

图 5.25　实例化对象后的光线求交

具体步骤如下所示。

(1) 由变换矩阵生成逆变换光线。原始光线由原点 $\boldsymbol{r}_o$ 和方向 $\boldsymbol{r}_d$ 构成，逆变换光线的原点和方向如下：

$$\begin{cases} \boldsymbol{r}_o' = \boldsymbol{T}^{-1}\boldsymbol{r}_o \\ \boldsymbol{r}_d' = \boldsymbol{T}^{-1}\boldsymbol{r}_d \end{cases} \tag{5.30}$$

式中，$\boldsymbol{T}$ 为 4×4 的变换矩阵。逆变换后的光线方程为

$$\boldsymbol{p} = \boldsymbol{r}_o' + t\boldsymbol{r}_d' \tag{5.31}$$

其中，t为比例因子。

(2) 对逆变换光线和原始对象求交，得到原始对象的最近碰撞点 $\boldsymbol{p}$ 。

(3) 在碰撞点处计算原始对象的法线。

(4) 利用原始对象上的碰撞点计算原光线与经变换后的对象间的碰撞点 $\boldsymbol{p}'$ 。

(5) 利用原始对象上的法线计算经变换后的对象的法线。

光线跟踪通过采样估计相机像素接收到的光强度。采用蒙特卡罗积分原理，对多根光线与被测物表面相交的有限区域反射的光强值进行积分，并将其作为像素接收的光强度。在光栅相位法三维测量中，光强度值与光线和物体表面交点在光栅投射器像面上的投影点位置、光栅条纹周期及相移参数有关。

由于被测物自身的遮挡，从摄像机光心发出的光线与被测物表面的交点可能无法被投射器观测到，因此需要进行阴影检测。阴影检测具体步骤为从光线与被测物表面交点出发连接光栅投射器光心，构建阴影光线，对阴影光线和场景物体进行求交运算，若无交点，则说明该点可以被投射器照亮，后续需要计算这根光线对像素接收光强度的贡献；否则不计入这根光线的光强或仅考虑环境光分量的影响。

单根光线跟踪示意图如图 5.26 所示。

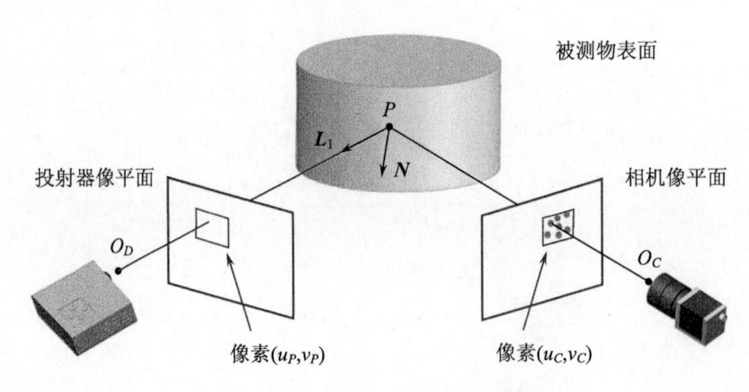

图 5.26　单根光线跟踪示意图

若光线与被测物表面相交于点 P，则可以基于 P 处的表面法向和空间位置等信息，结合相机-投射器相对位置参数，求出该光线对像素接收的光强度的贡献值 $I_k(i,j)$为

$$I_k(i,j)=\frac{\rho_d}{\pi}\cdot l_p\cdot(I_a+I_b\cos\Phi_k)\cdot(\boldsymbol{N}\cdot\boldsymbol{L}_i)\cdot V(P) \tag{5.32}$$

式中，l_p 为投射器发出的光强度；P 为光线与被测物表面的交点，$V(P)$ 表示投射器视角下 P 点的可见性，若 P 点与投射器光心的连线未被物体遮挡，则 $V(P)$ 值为 1，否则为 0；ρ_d 和 $\boldsymbol{N}$ 分别为 P 点处物体反射率和表面法向量；$\boldsymbol{L}_i$ 为 P 点处

入射光的方向向量；I_a、I_b、Φ_k 分别为该光线对应的投射器正弦条纹的直流分量、调制度和相位偏移。

像素 (i,j) 接收的总光强度 $I(i,j)$ 可以由式(5.33)求得

$$I(i,j)=\sum_{k=1}^{K} w_k I_k(i,j) \tag{5.33}$$

式中，$w_k(k=1,\cdots,K)$ 为对应光线的权重。

5.2.2　基于光传输系数测量的相机成像仿真方法

相机对焦后其物方对焦面只有一个，因此在对三维物体进行成像时，物体各部分处于不同程度的散焦。当相机发生散焦时，空间中的一个点光源，会在 CCD 靶面上形成一个半径为 $R_c(u)$ 的圆斑，如图 5.27 所示。

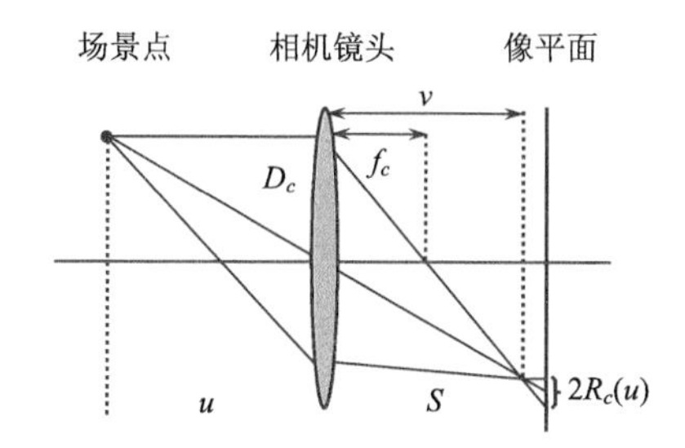

图 5.27　相机散焦模型

相机离焦的模糊核尺寸 $\sigma_c(u)$ 与圆斑的半径成正比，有

$$\sigma_c(u)\propto R_c(u)=D_c s\left(\frac{1}{f_c}-\frac{1}{s}-\frac{1}{u}\right)\cong a_c\left(b_c-\frac{1}{u}\right) \tag{5.34}$$

式中，f_c 为相机的焦距；D_c 为相机镜头的半径；u 为观测点与相机光心的距离；s 为 CCD 靶面到相机光心的距离；a_c 和 b_c 分别为关于 u 的函数 $R_c(u)$ 的相关参数。

对相机散焦的模拟采用薄透镜理论，用圆盘近似光学系统中的透镜孔径的入瞳，对像素和圆盘点分别进行采样。我们定义中心光线和主光线，以透镜中心点为起点并穿越像素上采样点的光线定义为中心光线；以透镜上的某一采样点为起点并穿越像素采样点的光线定义为主光线。首先计算中心光线与焦平面的交点 P；利用透镜上的采样点与 P 点得出主光线方向，使主光线也穿越点 P，如图 5.28 所示；利用蒙特卡罗积分原理，对所有主光线进行光线跟踪计算，求得像素点灰度。

圆盘上的采样点坐标及权重通过对相机在不同深度下的 LTC 进行实测，并结合插值计算得出。LTC 测量基于单像素成像原理，具体的测量及应用流程如图 5.29 所示。相机像素在光心处的 LTC 测量步骤如下所示。

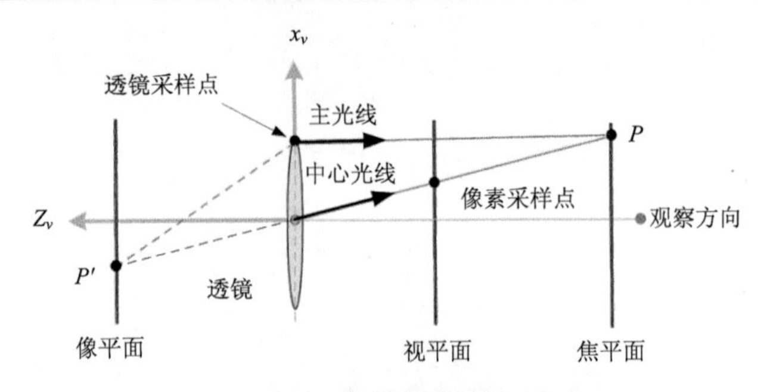

图 5.28　薄透镜模型理论示意图

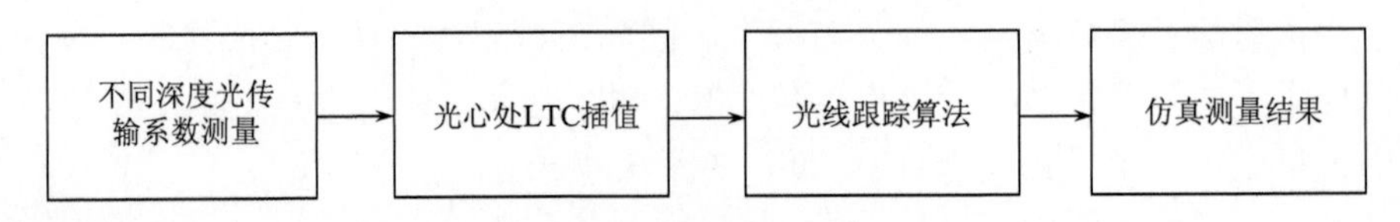

图 5.29　测量系统仿真流程

(1)测量相机的对焦距离 z_f。

(2)以液晶显示器为拍摄目标，在相机的景深范围内前后移动相机，选取多个深度。在这些深度下，拍摄显示器显示的单像素成像所用的正弦条纹，根据单像素成像原理解算相机相对于显示器的 LTC $h(x, y, z_i; u, v)$，同时记录这些深度值 $z_i, i=1,\cdots,n, n \geqslant 1$。

(3)计算 LTC 的灰度质心并将其作为中心光线在 LTC 图像上的像点，将不同深度 LTC 的灰度质心进行直线拟合，所得结果为该相机像素中心光线的方程。计算每个相机像素的中心光线的交点即为光心坐标，从而可得光心的深度值 z。

(4)求出实测的 LTC 的各点坐标在光心深度 z 下坐标的映射关系，得到光心处各点的亚像素 LTC 值，将其进行重采样，得到以显示器像素坐标为单位的光心处的 LTC 插值结果。

根据光路的可逆性，被一个图像传感器像素采集的光，都通过对焦面上的一个物点。因此一个图像传感器像素对于特定方向的光线的响应系数是相等的，据此可以进行基于深度的 LTC 插值。由于该插值关于深度是线性的，为了表示方便只考虑 LTC 在一个方向上的分布，这一过程可以用式(5.35)表示：

$$h(y_1, z_1; u_0) = h(y_2, z_2; u_0) \tag{5.35}$$

成像光路示意图如图 5.30 所示。

按照上述步骤对一个光栅相位三维测量系统的两个相机在光心处的 LTC 进行了测量实验，图 5.31 为其中一个像素在光心处的光传输系数的测量结果。

相机像素在光心处的 LTC 描述了像素接收的光线在透镜的入瞳面上的交点坐标及该光线的成像权重系数，如图 5.32 所示，z_f为相机的对焦距离。将 LTC 和

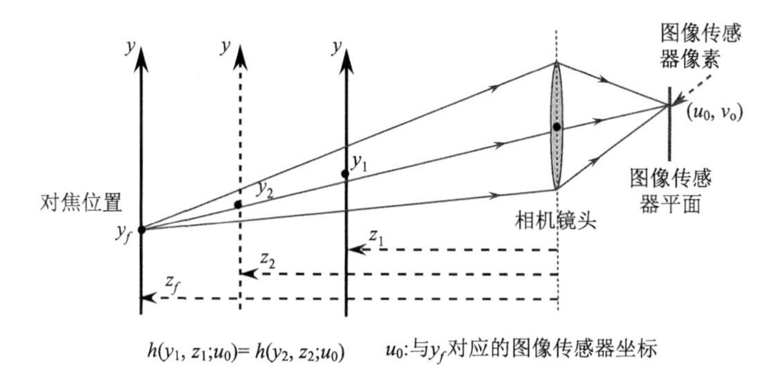

图 5.30　成像光路示意图

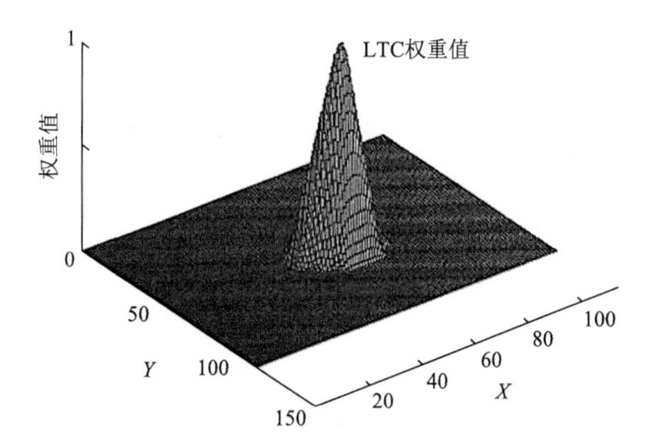

图 5.31　像素在光心处的光传输系数的测量结果

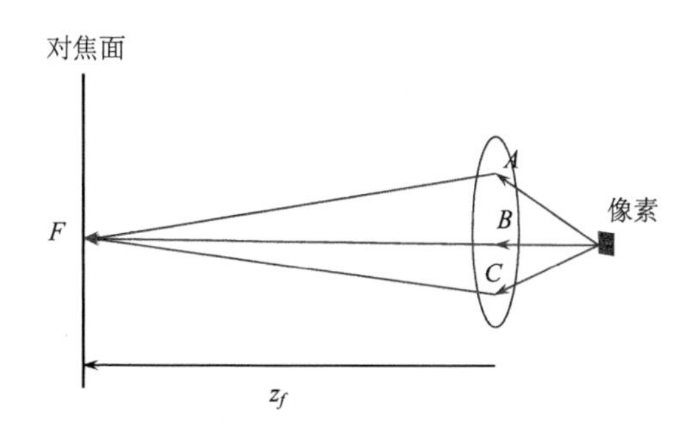

图 5.32　像素成像光路示意图

对焦距离输入到光线跟踪方法中，根据前面的光线追迹原理，对相机像素能够接收的光线进行反向追迹，得到与物体的交点。根据物体交点处的亮度得到交于此点光线的亮度，结合光传输系数中每条光线的权重，可得相机像素的灰度值为这些光线亮度的加权和。通过这种方式，可以实现仿真成像。以一个标准球为目标，左、右相机仿真生成的条纹图像如图 5.33 所示。

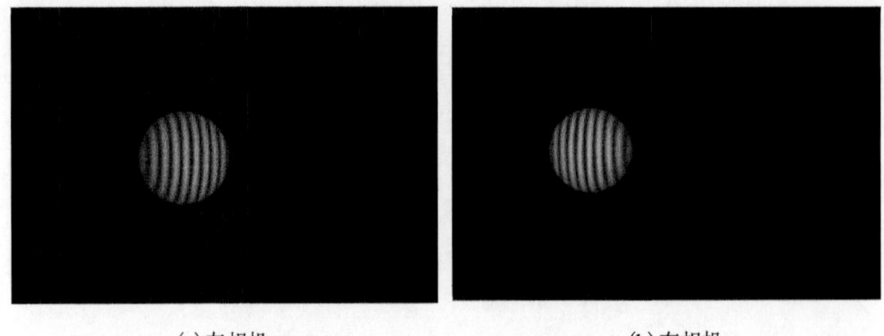

(a) 左相机 (b) 右相机

图 5.33 仿真生成的条纹图像

5.3 离焦相机成像校正模型与标定方法

5.3.1 离焦相机成像模型

在建立相机成像模型的过程中，需要求解相机在透视投影模型下的相机内参数和畸变系数。在透视投影模型中，物点与像点是一一对应的。然而在实际的相机中，在相机离焦时，图像传感器一个像素接收到的光是来自多个物点的，所以需要求解多个物点中与图像传感器像素相对应的最佳物方匹配点。对于准确地计算最佳物方匹配点的方法来说，其计算结果应该满足：图像传感器像素计算出的不同深度下最佳物方匹配点应该较好地拟合一条直线，且不同图像传感器像素对应的直线应该尽可能地在空间中相交于一点。

在相机离焦时，需要确定与一个图像传感器像素相对应物点的最佳匹配点来逼近透视投影模型，以建立大视场相机的成像模型。

在使用相机进行三维测量时，使用的成像模型是考虑透镜畸变的透视投影模型(针孔模型)。在成像过程中，一个空间点从世界坐标变换到图像坐标中要经过一系列线性和非线性变换。在线性变换过程中，世界坐标系下的点首先经过刚体变换转换到相机坐标系中，然后经过透视投影模型转换到图像坐标系；在非线性变换过程中，将非畸变的图像坐标变换为畸变的图像坐标。线性变换过程如图 5.34 所示。

考虑齐次坐标，将世界坐标系 $O_w\text{-}X_wY_wZ_w$ 下的点 $M(x_w, y_w, z_w, 1)$ 转换到相机坐标系 $O_c\text{-}X_cY_cZ_c$ 下的点 $\tilde{M}(x_c, y_c, z_c, 1)$ 的变换过程由相机外参数描述，包括旋转矩阵 $\boldsymbol{R}$ 和平移向量 $\boldsymbol{t}$，其中，$\boldsymbol{R}$ 和 $\boldsymbol{t}$ 各包含 3 个自由度，所以相机外参数一共 6 个自由度，这一转换过程可以表示为

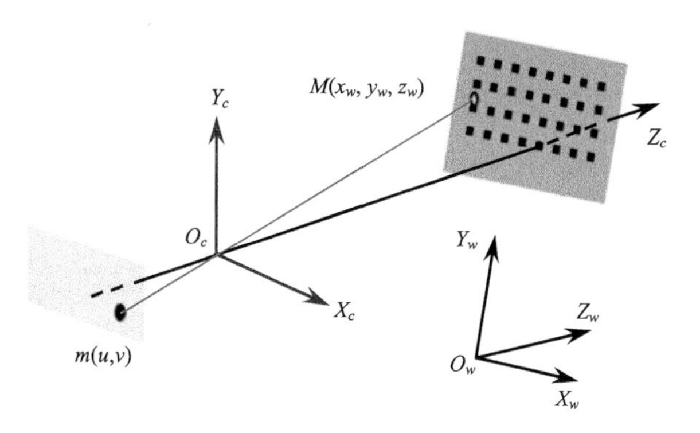

图 5.34　线性变换过程

$$\begin{bmatrix} x_c \\ y_c \\ z_c \\ 1 \end{bmatrix} = \begin{bmatrix} \boldsymbol{R} & \boldsymbol{t} \\ \boldsymbol{0}^{\mathrm{T}} & 1 \end{bmatrix} \begin{bmatrix} x_w \\ y_w \\ z_w \\ 1 \end{bmatrix} \tag{5.36}$$

将相机坐标系中的点 $\tilde{M}$ 按照中心透视投影模型投影到图像平面，并转换为图像像素坐标的过程为

$$s\begin{bmatrix} u \\ v \\ 1 \end{bmatrix} = [\boldsymbol{A}|\,0] \begin{bmatrix} x_c \\ y_c \\ z_c \\ 1 \end{bmatrix} \tag{5.37}$$

式中，s 为归一化参数；(u, v) 为得到的图像坐标；$\boldsymbol{A}$ 为内参数矩阵：

$$\boldsymbol{A} = \begin{bmatrix} \alpha & c & u_0 \\ 0 & \beta & v_0 \\ 0 & 0 & 1 \end{bmatrix} \tag{5.38}$$

其中，α 与 β 分别为 x 轴和 y 轴上的归一化焦距；(u_0, v_0) 为主点的像素坐标；c 为描述坐标轴倾斜的参数，对于目前大多数的工业相机，由于制造工艺较高，c 可以直接近似为 0。由此，从一个世界坐标系中的点转换为一个图像像素坐标的过程中的线性变换可以整体表示为

$$s\begin{bmatrix} u \\ v \\ 1 \end{bmatrix} = \boldsymbol{A}[\boldsymbol{R} \;\; \boldsymbol{t}] \begin{bmatrix} x_w \\ y_w \\ z_w \\ 1 \end{bmatrix} \tag{5.39}$$

非线性变换过程主要考虑由透镜组加工不完善、镜头组合不正确及装配不完善造成的畸变，这种畸变会导致实际成像点偏离针孔模型下计算出的投影点。根

据发生畸变的原因，透镜畸变可以分为径向畸变、切向畸变、薄透镜畸变和离心畸变几种。在工业测量领域，主要考虑切向畸变和径向畸变两种，如图 5.35 所示。通常来说，畸变模型只需要考虑低阶畸变参数，因为高阶畸变参数相对的影响非常小，可以忽略不计。在要求不严格时，也可以只考虑径向畸变参数 k_1 、 k_2 。对于精度要求较高的三维测量系统而言，也只需要考虑一二阶径向畸变系数 k_1 、 k_2 和一二阶切向畸变系数 p_1 、 p_2 。实际上对于高质量的工业相机来说，相机镜头的畸变系数都较小。

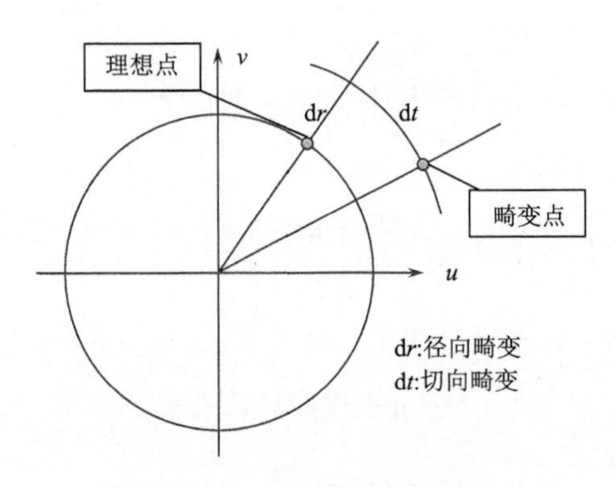

图 5.35　图像畸变示意图

设 (u, v) 表示无畸变的图像像素坐标，$(\breve{u},\breve{v})$ 表示实际成像的坐标，即有畸变的图像坐标。对应地，(x,y) 与 $(\breve{x},\breve{y})$ 分别表示以主点为中心的无畸变和有畸变的归一化图像坐标，径向畸变对于成像的影响过程为

$$\breve{x} = x(1 + k_1(x^2 + y^2) + k_2(x^2 + y^2)^2) \tag{5.40}$$

$$\breve{y} = y(1 + k_1(x^2 + y^2) + k_2(x^2 + y^2)^2) \tag{5.41}$$

切向畸变对相机成像的影响过程为

$$\breve{x} = x+(2p_1xy + p_2((x^2 + y^2) + 2x^2)) \tag{5.42}$$

$$\breve{y} = y+(2p_2xy + p_1((x^2 + y^2) + 2y^2)) \tag{5.43}$$

式中，(u_0, v_0) 为主点的图像坐标；$(\breve{x},\breve{y})$ 和图像坐标 $(\breve{u},\breve{v})$ 的关系为

$$\breve{u} = u_0 + \alpha\breve{x} + c\breve{y} \tag{5.44}$$

$$\breve{v} = v_0 + \beta\breve{y} \tag{5.45}$$

其中，α 为相机横向等效像素焦距；β 为相机纵向等效像素焦距；u_0 为相机横向主点坐标；v_0 为相机纵向主点坐标。

因此，建立相机成像模型的任务为通过建立物点和像点的对应关系，计算出相机的内参数 $(\alpha, \beta, u_0, v_0)$ 和径向畸变系数与切向畸变系数 (k_1, k_2, p_1, p_2) 。

离焦时，物点与像点不再是一一对应的，传统的离焦一般通过研究物点的 PSF

$h(x_0, y_0, z_0; u, v)$，本节将转换其为图像传感器像素所对应的光传输系数以方便研究。

在使用显示器测量相机的 PSF 时，根据给定的点 (u, v) 和变换 $F\{\ \}$，求出与 (u, v) 相对应的最佳物点，该过程被称为确定最佳物方匹配点。其计算方法如下：

$$[\overline{x}, \overline{y}]^{\mathrm{T}} = F\left\{[x, y]^{\mathrm{T}}, h(x, y, z; u, v)\right\} \tag{5.46}$$

前面已经证明，可以测量与一个图像传感器像素对应的 LTC $h(x, y, z; u, v)$。若采用灰度质心法，则可以计算出光传输系数的质心坐标 $(\overline{x}_g, \overline{y}_g)$。

$$\overline{x}_g = \frac{\sum\limits_{(x,y)\in\Omega} x \cdot h(x, y, z; u, v)}{\sum\limits_{(x,y)\in\Omega} h(x, y, z; u, v)}, \quad \overline{y}_g = \frac{\sum\limits_{(x,y)\in\Omega} y \cdot h(x, y, z; u, v)}{\sum\limits_{(x,y)\in\Omega} h(x, y, z; u, v)} \tag{5.47}$$

式中，Ω 表示与一个相机像素相对应的显示器上的小区域。现在做如下推导：设分别获取了 z_1 和 z_2 两个深度下的 LTC $h(x, y, z_1; u, v)$ 和 $h(x, y, z_2; u, v)$，那么可以求得两个不同深度下的 LTC 的质心 $(\overline{x}_{1g}, \overline{y}_{1g})$，$(\overline{x}_{2g}, \overline{y}_{2g})$。在一定的假设条件下，结合本节建立的模型，所有的计算都是线性计算过程，所以可以得到

$$\frac{\overline{x}_{1g} - \overline{x}_{2g}}{\overline{x}_{2g} - x_f} = \frac{\overline{y}_{1g} - \overline{y}_{2g}}{\overline{y}_{2g} - y_f} = \frac{z_2 - z_1}{z_f - z_2} = r \tag{5.48}$$

上述方程的含义是通过同一图像传感器像素对应的 LTC 质心的光线也必然通过物方对焦点。同理可以得到，对于 LTC 的另外几种特征点：形心点 $(\overline{x}_s, \overline{y}_s)$、灰度最大值点 $(x_{\max}, y_{\max})$ 和灰度平方质心点 $(\overline{x}_{g^2}, \overline{y}_{g^2})$，都有上述结论。

在计算形心坐标时，首先对光传输系数进行阈值分割，即

$$h_s(x, y, z; u, v) = \begin{cases} 1, & h(x, y, z; u, v) > \varepsilon \\ 0, & h(x, y, z; u, v) \leqslant \varepsilon \end{cases} \tag{5.49}$$

那么，计算形心点的公式为

$$\overline{x}_s = \frac{\sum\limits_{(x,y)\in\Omega} x \cdot h_s(x, y, z; u, v)}{\sum\limits_{(x,y)\in\Omega} h_s(x, y, z; u, v)}, \quad \overline{y}_s = \frac{\sum\limits_{(x,y)\in\Omega} y \cdot h_s(x, y, z; u, v)}{\sum\limits_{(x,y)\in\Omega} h_s(x, y, z; u, v)} \tag{5.50}$$

灰度最大值点的坐标表示为

$$(x_{\max}, y_{\max}) = \underset{(x,y)\in\Omega}{\arg\max}\ h(x, y, z; u, v) \tag{5.51}$$

灰度平方质心点的计算公式为

$$\overline{x}_{g^2} = \frac{\sum\limits_{(x,y)\in\Omega} x \cdot h^2(x, y, z; u, v)}{\sum\limits_{(x,y)\in\Omega} h^2(x, y, z; u, v)}, \quad \overline{y}_{g^2} = \frac{\sum\limits_{(x,y)\in\Omega} y \cdot h^2(x, y, z; u, v)}{\sum\limits_{(x,y)\in\Omega} h^2(x, y, z; u, v)} \tag{5.52}$$

同一个图像传感器像素在不同深度下对应的LTC、形心点、灰度最大值点、灰度平方质心点各自的连线虽然都经过该图像传感器像素的对焦物点，但是，对于同一种特征点，不同图像传感器像素对应的连线的汇聚程度不同。其中，汇聚程度最好的直线能够逼近透视投影模型，其对应的特征点就是与图像传感器像素相对应的最佳物方匹配点。

5.3.2 离焦模糊图像复原与校正

对于存在局部散焦模糊，导致图像特征点位置提取不准的问题，本节基于相机像素的点扩散函数，根据图像特征点坐标在物空间的坐标位置，计算出散焦模糊导致的特征点提取偏差，从而实现对散焦模糊特征点位置提取不准的校正。如图 5.36 所示，具体校正方法如下。

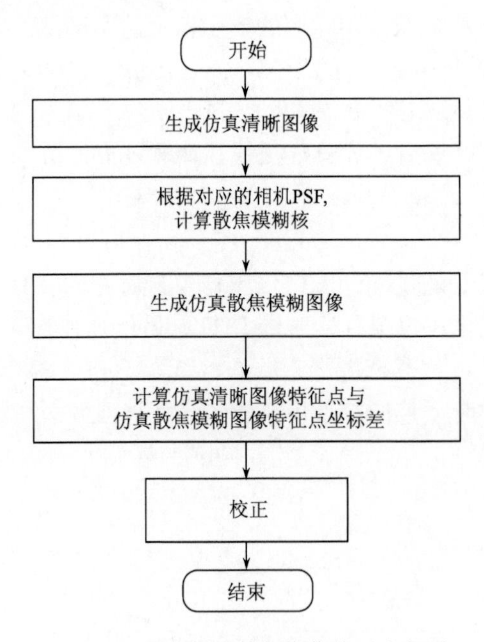

图 5.36 散焦模糊特征图像校正流程图

首先安装 LCD 屏，并将其移动到距离相机焦平面一定距离的位置处，用 LCD 屏显示具有圆形特征的图案并通过相机获取存在部分散焦模糊情况的图像。利用图像处理方法初步提取标定图像的特征点坐标。根据图像特征点的坐标和 LCD 屏相对相机的深度，通过相机三维 PSF 模型计算特征点对应的 PSF。如图 5.37 所示，根据相机像素对应的 PSF，选择该 PSF 的峰值所在的像素作为散焦模糊核的中心像素，并根据相机 PSF 的大小来计算模糊核的大小。根据图像退化模型将散焦模糊核与仿真清晰特征图像做像素级别的散焦模糊退化仿真，如式(5.55)所示，生成模糊的特征。

$$g(x,y)=h(x,y,z_o)*f(x,y,z_o)+\eta(x,y,z_o) \tag{5.53}$$

式中，$f(x,y,z_o)$为标定图像特征相对相机深度为z_o时的输入图像；$g(x,y)$为相机拍摄到的退化图像；*表示空间卷积；$\eta(x,y,z_o)$为z_o处成像时的噪声；$h(x,y,z_o)$为z_o深度下的随(x,y)变化的 PSF。采用相同的方法提取仿真散焦模糊图像的特征点坐标，并计算仿真散焦特征图像与仿真清晰特征图像中的特征点图像坐标差。

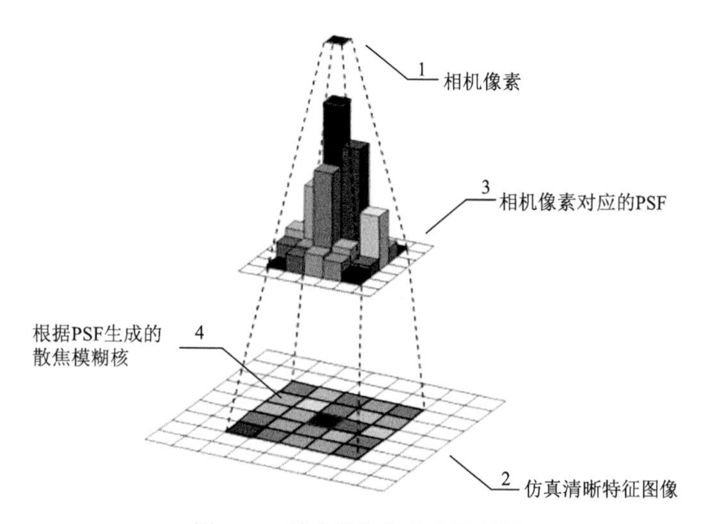

图 5.37　散焦模糊核生成原理图

由于相机散焦模糊引起的特征点定位偏差通常不大于 1 个像素，可以认为仿真散焦图像与仿真清晰图像中提取的特征点图像坐标差近似等于由相机散焦模糊引起的标定图像特征点图像坐标的偏值，从而利用仿真图像得到的坐标差对相机标定过程中由散焦模糊引起的图像坐标定位误差进行补偿，具体图像特征点的图像坐标校正值由式(5.54)和式(5.55)计算得到。

$$(x_c,y_c)=\left(x_{\mathrm{cam}},\,y_{\mathrm{cam}}\right)+\varDelta \tag{5.54}$$

$$\varDelta=(x,y)-(x',y') \tag{5.55}$$

式中，(x_c,y_c)为标定图像中特征点校正后的图像坐标；$(x_{\mathrm{cam}},\,y_{\mathrm{cam}})$为相机实际拍摄得到的图像特征坐标；$\varDelta$为由相机散焦模糊引起的定位偏差；$(x,y)$为完全对焦情况下(仿真清晰特征图像)特征点的图像坐标；(x',y')为散焦模糊后(仿真散焦特征图像)特征点的图像坐标。

5.3.3 离焦相机标定方法

在获取对应物像点进行标定计算之前，需要对传统的张正友标定方法做两个方面的改进，才能应用本节方法计算出可靠的标定结果。一是改变输入数据格式，二是进行迭代优化。

首先，在传统的张正友标定方法的输入中，物方点是固定于靶标上的，而像点坐标是随相机的姿态变化而变换的，然而在本书中，物点和像点都是可以变化的，其中，物点是一定会变化的(为了方便解算，我们一般选取固定的图像传感器像素来进行计算)，所以需要对传统的张正友标定方法进行适当的修改，才能适用于本书所获取的数据。传统的张正友标定方法包含线性求解和非线性优化两部分，其中非线性优化方法会考虑物方坐标点由靶标制作精度不高存在的误差，所以对其进行了优化。而本书所获取的数据，在每一个视场下，物方点会随着视角的变化而变化，即每一次物方坐标点的误差都不一样，故不能对物方点坐标进行优化。

其次，在传统的标定方法中，一般考虑将线性求解得到的内参数和畸变系数及每个视场的外参数作为初值；然后进行一次非线性优化求解获取最后的全局最优标定结果。在本书中，我们无法优化物方点坐标。但是显示器的不平整性及环境光及周围强反光等因素会造成局部噪声过大，所以在进行第一次非线性优化求解出每个像素点的重投影误差之后，基于 3σ 准则，剔除重投影误差为粗大误差的像点与物点的数据，进行迭代优化求解直到再无粗大误差。由于本书的方法所选取的图像传感器像素点数量较多，即使基于 3σ 准则剔除部分点，也能够保证计算出较好的标定结果。

对传统的张正友标定方法完成上述两个方面的改进后，即可开始获取对应物像点并进行标定计算。前面证明了可以使用 LTC 的灰度质心点作为与图像传感器像素点相对应的最佳物方匹配点来实现大视场相机离焦标定，在实际标定的数据采集过程中，只需要计算出物方点的坐标，就可以将 LCD 作为标定靶标，显示横纵方向的切片条纹，通过解算 LTC 在两个方向上投影的质心来实现相机的离焦标定。

在离焦时，为了获取透视投影模型下的相机的内参数 $(\alpha, \beta, u_0, v_0)$ 和径向畸变系数与切向畸变系数 (k_1, k_2, p_1, p_2)，需要首先确定与像点相对应的最佳物方匹配点，然后通过线性解算、非线性优化、迭代优化进行求解。

光传输系数的灰度质心点可以用来作为与图像传感器像素相对应的最佳物方匹配点。由于只需要计算物方匹配点在显示器坐标系下的二维坐标 $(\overline{x}_g, \overline{y}_g)$ 即可进行标定，所以无须直接测量 LTC 的二维分布，只需要测量 LTC 在 x 方向和 y 方向的投影积分，通过计算 LTC 投影积分的质心，计算出 $(\overline{x}_g, \overline{y}_g)$。根据傅里叶切片原理，空域的积分等于傅里叶频域的切片，因此可以直接用傅里叶切片条纹计算 LTC 的投影积分来计算其重心。

图 5.38 为光传输系数二维分布与其在横纵方向的投影积分。

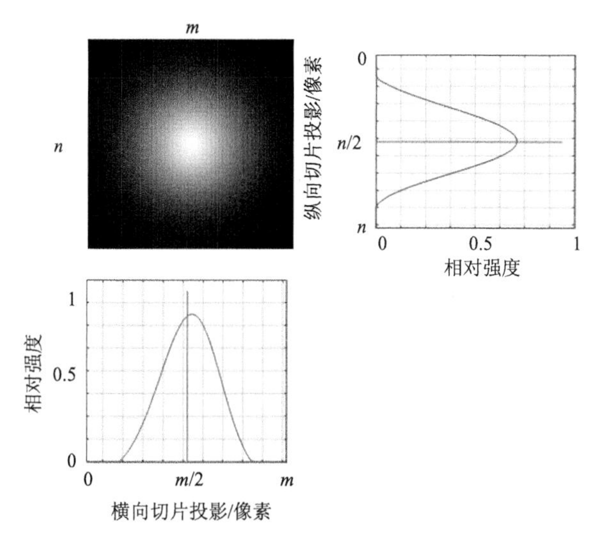

图 5.38　光传输系数二维分布与其在横纵方向的投影积分

类似于全场 SV-PSF 测量方法，在应用傅里叶局部切片法时，对于图像传感器像素 (u, v)，首先使用多频结构光外差式相位展开法，通过相位匹配来初步定位与图像传感器像素 (u, v) 对应的显示器坐标点 (x_u, y_v)。假设一个图像传感器像素接收的光线对应的显示器区域 Ω 的范围不超过 $m\times n$（一般情况下，可以取 $m=n$），这时 (u, v) 对应的局部切片条纹的起始点坐标可以表示为

$$\begin{bmatrix} x_{u\text{-init}} \\ y_{v\text{-init}} \end{bmatrix} = \text{round}\left(\begin{bmatrix} x_u \\ y_v \end{bmatrix} - \frac{1}{2}\begin{bmatrix} m \\ n \end{bmatrix}\right) \tag{5.56}$$

式中，round( ) 为四舍五入进行取整的函数。式(5.56)可以隔离相位匹配带来的定位误差，使用相位匹配来进行初始定位，然后计算局部切片条纹的起始点坐标并不会引入误差，这里粗定位出显示器亚像素坐标点 (x_u, y_v) 之后，通过 round 进行取整之后的局部切片条纹起始坐标点 $(x_{u\text{-init}}, y_{v\text{-init}})$ 是相对于显示器的精确坐标。

接着，以 $(x_{u\text{-init}}, y_{v\text{-init}})$ 为局部切片条纹的起始点，分别显示长宽为 $m\times n$ 的横向和纵向的局部切片条纹，局部横向和纵向的傅里叶切片条纹的表达式分别为

$$P_\varphi\left(x, y; f_x, 0\right) = a + b\cdot\cos\left(2\pi f_x\left(x - x_{u\text{-init}}\right) + \varphi\right) \tag{5.57}$$

$$P_\varphi\left(x, y; 0, f_y\right) = a + b\cdot\cos\left(2\pi f_y\left(y - y_{v\text{-init}}\right) + \varphi\right) \tag{5.58}$$

式中，(x, y) 为屏幕坐标点；(f_x, f_y) 为正弦基底图案的横向和纵向空间频率，其

中，横条纹满足 $f_x = i/m(i=0,1,2,\cdots,m-1), f_y = 0$，纵条纹满足 $f_y = j/n(j=0,1,2,\cdots,n-1), f_x = 0$，$m$、$n$ 为小区域 $\Omega_{m\times n}$ 的横向和纵向分辨率；φ 为图案的起始相位值；a 为切片条纹的平均亮度；b 为切片条纹的幅值。对于每一个空间频率 (f_x, f_y)，利用屏幕分别显示相位为 $\varphi=0,\pi/2,\pi,3\pi/2$ 的四步相移条纹，x 的取值为 $\left[x_{u-\text{init}}, x_{u-\text{init}}+m-1\right]$，$y$ 的取值为 $[y_{v-\text{init}}, y_{v-\text{init}}+n-1]$，其余位置的图案的亮度值置为 0。

利用相机拍摄对应的横向和纵向切片条纹，则相机像素 (u, v) 对横向和纵向的切片条纹的响应分别为

$$R_\varphi\left(u,v;f_x,0\right) = \iint_{\Omega_{m\times n}} P_\varphi(x,y;f_x,0)\cdot h(x,y;u,v)\mathrm{d}x\mathrm{d}y + R_n \tag{5.59}$$

$$R_\varphi\left(u,v;0,f_y\right) = \iint_{\Omega_{m\times n}} P_\varphi(x,y;0,f_y)\cdot h(x,y;u,v)\mathrm{d}x\mathrm{d}y + R_n \tag{5.60}$$

式中，$h(x,y;u,v)$ 为屏幕各点对应于相机像素 (u,v) 的光传输系数；R_n 为相机对环境光的响应。

相机像素 (u,v) 对应屏幕区域的 LTC $h(x,y;u,v)$ 分别在横向和纵向投影的一维傅里叶系数，可以分别表示为

$$\begin{aligned} H\left(u,v;f_x,0\right) = \frac{1}{2b}\cdot&\left\{\left[R_0\left(u,v;f_x,0\right) - R_\pi\left(u,v;f_x,0\right)\right]\right. \\ &\left.+\mathrm{j}\cdot\left[R_{\pi/2}\left(u,v;f_x,0\right) - R_{3\pi/2}\left(u,v;f_x,0\right)\right]\right\} \end{aligned} \tag{5.61}$$

$$\begin{aligned} H\left(u,v;0,f_y\right) = \frac{1}{2b}\cdot&\left\{\left[R_0\left(u,v;0,f_y\right) - R_\pi\left(u,v;0,f_y\right)\right]\right. \\ &\left.+\mathrm{j}\cdot\left[R_{\pi/2}\left(u,v;0,f_y\right) - R_{3\pi/2}\left(u,v;0,f_y\right)\right]\right\} \end{aligned} \tag{5.62}$$

根据傅里叶切片定理，当获取了光传输系数分别在横向和纵向投影的一维傅里叶系数后，对其进行一维傅里叶逆变换，可以得到

$$\int h(x,y;u,v)\mathrm{d}y = \mathrm{IFT}\left[H\left(u,v;f_x,0\right)\right] \tag{5.63}$$

$$\int h(x,y;u,v)\mathrm{d}x = \mathrm{IFT}\left[H\left(u,v;0,f_y\right)\right] \tag{5.64}$$

式中，$\int h(x,y;u,v)\mathrm{d}y$ 为像素 (u,v) 的 LTC 在 x 轴上的投影积分；$\int h(x,y;u,v)\mathrm{d}x$ 为像素 (u,v) 的 LTC 在 y 轴上的投影积分。这种计算光传输系数的投影积分而非计算出 LTC 二维分布的方法将极大地缩短测量时间。如果要测量小区域 $\Omega_{m\times n}$ 的 LTC 的二维分布，需要显示的条纹图像数量为 $m\times n\times 4/2+24$，而计算 LTC 在 x 方向和 y 方向的投影需要显示的条纹图像数量为 $(m+n)\times 4/2+24$，这提高了本节提出的标定方法的实用性。

通过上述方法，可以较为快速地测量与一个相机像素点对应的 LTC 在 x 方向和 y 方向的投影 $\int h(x,y;u,v)\mathrm{d}y$ 和 $\int h(x,y;u,v)\mathrm{d}x$，根据切片投影计算与相机像素对应物点的公式为

$$\overline{x}_g = \frac{\sum_{(x,y)\in\Omega} x\cdot\int h(x,y,z;u,v)\mathrm{d}y}{\sum_{(x,y)\in\Omega}\int h(x,y,z;u,v)\mathrm{d}y} \tag{5.65}$$

$$\overline{y}_g = \frac{\sum_{(x,y)\in\Omega} y\cdot\int h(x,y,z;u,v)\mathrm{d}x}{\sum_{(x,y)\in\Omega}\int h(x,y,z;u,v)\mathrm{d}x} \tag{5.66}$$

考虑到局部切片条纹在显示器不能出现混叠，在实际计算中，不能也无必要对所有的图像传感器像素都运用上述方法计算对应的显示器坐标点。依据标定原理，在一个视角下，最少需要 4 对物像点用于计算该视角下靶标平面坐标系到图像的单应矩阵。在传统的二维平面靶标标定法中，二维靶标上一般有均匀分布的几十个到上百个特征点，用于标定参数的计算。在本节提出的方法中，可以在图像传感器平面上，每隔一定间距取一个像素（所取的像素对应的局部切片条纹之间不会重叠即可）进行切片投影与物点坐标计算。使用这种方法获取有效物像点数量已经远远超出了传统棋盘格靶标标定法的物点与像点的点对数，有利于获取可靠的相机标定结果。

在相机标定中，单应矩阵 $\boldsymbol{H}$ 是描述物体在世界坐标系和像素坐标系之间的位置映射关系的矩阵，对应的变换是单应变换。考虑显示器是一个平面，将世界坐标系建立在显示器的左上角，Z 轴垂直于显示器平面，可以令 $z_w=0$，故式(5.37)中的成像过程可以写为

$$s\begin{bmatrix}u\\v\\1\end{bmatrix}=\boldsymbol{A}\begin{bmatrix}\boldsymbol{R}\ \boldsymbol{t}\end{bmatrix}=\boldsymbol{A}\begin{bmatrix}\boldsymbol{r}_1\ \boldsymbol{r}_2\ \boldsymbol{t}\end{bmatrix}\begin{bmatrix}\overline{x}\\\overline{y}\\1\end{bmatrix} \tag{5.67}$$

式中，$\boldsymbol{r}_1$ 和 $\boldsymbol{r}_2$ 为旋转矩阵 $\boldsymbol{R}$ 的前两列，此时，所要计算的单应矩阵 $\boldsymbol{H}$ 为

$$\boldsymbol{H}=\begin{bmatrix}\boldsymbol{h}_1\ \boldsymbol{h}_2\ \boldsymbol{h}_3\end{bmatrix}=\boldsymbol{A}\begin{bmatrix}\boldsymbol{r}_1\ \boldsymbol{r}_2\ \boldsymbol{t}\end{bmatrix} \tag{5.68}$$

其中，$\boldsymbol{H}$ 是一个 3×3 的单应矩阵，令 $\boldsymbol{x}=\left[\boldsymbol{h}_1^{-\mathrm{T}},\boldsymbol{h}_2^{-\mathrm{T}},\boldsymbol{h}_3^{-\mathrm{T}}\right]^{\mathrm{T}}$，$\tilde{\boldsymbol{M}}=\left[\overline{x},\overline{y},1\right]$，则式(5.67)可以写成

$$\begin{bmatrix}\tilde{\boldsymbol{M}}^{\mathrm{T}} & \boldsymbol{0}^{\mathrm{T}} & -u\tilde{\boldsymbol{M}}^{\mathrm{T}}\\ \boldsymbol{0}^{\mathrm{T}} & \tilde{\boldsymbol{M}}^{\mathrm{T}} & -v\tilde{\boldsymbol{M}}^{\mathrm{T}}\end{bmatrix}\boldsymbol{x}=\boldsymbol{0} \tag{5.69}$$

设选取的相机像素点数量为 q，且相机视场被显示器覆盖，那么式(5.69)是一个包含 $2q$ 个方程的方程组。求解方程组(5.69)的问题是一个最小二乘问题，一组像物点可以提供 2 个方程，由于 $\boldsymbol{H}$ 有 8 个自由度(除去尺度因子 s)，所以至少提供 4 个物点像点对后，可以通过奇异值分解的方法得到 $\boldsymbol{x}$，也就得到了 $\boldsymbol{H}$ 的初值。相比于传统的基于靶标的方法，本节的方法一般可以获取更多数量的特征点，更有利于求解出全局最优单应矩阵。之后通过优化下面的方程得到单应矩阵。其中，$\hat{m}_i$ 为利用单应矩阵计算出的重投影像素坐标点，m_i 为真实的像素点坐标。

$$\sum_i (m_i - \hat{m}_i)^{\mathrm{T}} (m_i - \hat{m}_i) \tag{5.70}$$

当分解相机内外参数时，需要用到两个基本约束方程：

$$\boldsymbol{h}_1^{\mathrm{T}} \boldsymbol{A}^{-\mathrm{T}} \boldsymbol{A}^{-1} \boldsymbol{h}_2 = \boldsymbol{0} \tag{5.71}$$

$$\boldsymbol{h}_1^{\mathrm{T}} \boldsymbol{A}^{-\mathrm{T}} \boldsymbol{A}^{-1} \boldsymbol{h}_1 = \boldsymbol{h}_2^{\mathrm{T}} \boldsymbol{A}^{-\mathrm{T}} \boldsymbol{A}^{-1} \boldsymbol{h}_2 \tag{5.72}$$

上述两个约束方程是通过 $\boldsymbol{r}_1^{\mathrm{T}} \cdot \boldsymbol{r}_2 = 0$ 和 $\|\boldsymbol{r}_1\| = \|\boldsymbol{r}_2\|$ 变换得到的，设

$$\boldsymbol{B} = \boldsymbol{A}^{-\mathrm{T}} \boldsymbol{A}^{-1} = \begin{bmatrix} B_{11} & B_{12} & B_{13} \\ B_{12} & B_{22} & B_{23} \\ B_{13} & B_{23} & B_{33} \end{bmatrix} \tag{5.73}$$

$\boldsymbol{B}$ 是一个反对称矩阵，记

$$\boldsymbol{B} = \left[B_{11} \ B_{12} \ B_{13} \ B_{22} \ B_{23} \ B_{33} \right]^{\mathrm{T}} \tag{5.74}$$

$$\boldsymbol{v}_{ij}^{\mathrm{T}} = \left[h_{i1}h_{j1}, h_{i1}h_{j2} + h_{i2}h_{j1}, h_{i2}h_{j2}, h_{i3}h_{j1} + h_{i1}h_{j3}, h_{i3}h_{j2} + h_{i2}h_{j3}, h_{i3}h_{j3} \right]^{\mathrm{T}} \tag{5.75}$$

式中，变量 h 表示单应变换矩阵 $\boldsymbol{H}$ 中的元素，其下标代表元素的行列位置。可以将两个内参数约束方程写成如下形式：

$$\boldsymbol{V}\boldsymbol{b} = \begin{bmatrix} \boldsymbol{v}_{12}^{\mathrm{T}} \\ (\boldsymbol{v}_{11} - \boldsymbol{v}_{22})^{\mathrm{T}} \end{bmatrix} \boldsymbol{b} = \boldsymbol{0} \tag{5.76}$$

通过楚列斯基(Cholesky)分解法，可以通过方程(5.76)分解出内参矩阵 $\boldsymbol{A}$。同时得到每个视角的外参数 $\boldsymbol{R}$ 和 $\boldsymbol{t}$ 。

得到相机内外参数后，将内外参数作为初值，与畸变参数一起进行非线性优化，求出相机参数和畸变系数，得到像点的重投影误差并进行优化。

$$\min \sum_{i=1}^{n} \left\| m_i - \hat{m}_i(\boldsymbol{A}, k_1, k_2, p_1, p_2, \boldsymbol{R}, \boldsymbol{t}) \right\| \tag{5.77}$$

式中，$\hat{m}_i$ 为利用单应矩阵计算出的重投影像素坐标点；m_i 为真实的像素点坐标。考虑到显示器局部不平整等因素会使局部重投影误差较大，在运用传统张正友方法之后，通过剔除粗大重投影误差，进行迭代优化求解，得到最终的标定结果。由于本节获取的物像点数据较多，所以即使剔除部分数据，也能获取较好的标定

结果，同时会降低重投影误差。在一次迭代中，依据 3σ 准则，考虑到带方向的重投影误差均值近似为 0，所以保留的图像传感器像素点集合可以表示为

$$\left\{m_i \middle| \left\| m_i - \hat{m}_i \right\| \leqslant 3 \cdot \mathrm{RMSE}, i \in [1, n]\right\} \tag{5.78}$$

综上，本节解算相机参数和畸变系数的过程主要包括以下几个步骤。

(1) 解算各图像像素的切片投影。

(2) 求解切片投影质心，计算与图像像素对应的物方点坐标。

(3) 计算各视角下的单应矩阵 $\boldsymbol{H}$。

(4) 分解内外参数。

(5) 非线性优化求解畸变系数。

(6) 依据 3σ 准则，剔除重投影误差为粗大误差的点，重复(3)～(5)，进行迭代优化求解直到再无粗大误差。

通过上述几个步骤，即可完成离焦相机的高精度标定。

5.4　本 章 小 结

本章分析了基于并行单像素成像的 PSF 建模技术、基于 PSF 的三维测量精度仿真技术和离焦相机成像校正模型与标定方法。首先，从数学原理层面分析了并行单像素成像对 PSF 测量的基本方法；其次，通过构建基于光线追踪方法的仿真模型模拟了 PSF 对三维测量精度的影响规律；最后，基于 PSF 模型建立了离焦相机成像模型，实现了离焦相机的高精度标定。

参 考 文 献

[1] Zhang Z, Ma X, Zhong J. Single-pixel imaging by means of Fourier spectrum acquisition. Nature Communications, 2015, 6: 6225.

[2] Jiang H, Liu Y, Li X, et al. Point spread function measurement based on single-pixel imaging. IEEE Photonics Journal, 2018, 10(6): 1-15.

[3] Jiang H, Wang Y, Li X, et al. Space-variant point spread function measurement and interpolation at any depth based on single-pixel imaging. Optics Express, 2020, 28(7): 9244-9258.

第6章　应用案例一：复杂高光金属结构件高效自动化测量

6.1　复杂高光金属结构件测量需求

复杂高光金属结构件具有半透明/多次反光、尺寸大、纹理弱、面型复杂等特点，且部分局部工艺有较高的精度需求，其免喷涂高速高精度三维测量是制约精密制造的共性短板问题。

摄影测量和三维测头相结合是国内外商用测量系统中最常用的大型金属结构件测量方法之一。该方法需要在被测目标和夹具上粘贴编码标识并将其作为拼接参考点，利用摄影测量系统建立全局基准坐标系，计算参考标识点坐标并将其作为全局拼接基准；再由三维测头对被测表面进行多次三维扫描，利用公共参考点解算全局坐标系和局部坐标系的关系，从而实现大尺寸拼接。摄影测量法的最大优势在于可以直接定位单个视场点云数据，能够实现较高的全局拼接测量精度。然而，该方法需要在被测物表面喷粉以克服材质影响，并且需要粘贴标识点，操作复杂，测量时间长，难以满足现场快速测量的需求。

在复杂高光金属结构件测量时，半透明物体表面引起的次表面散射和由槽、腔等复杂型面引起的多次反光均会导致现有光学三维测头失效或数据精度严重降低。目前相关技术仍处在实验室研究阶段，亟待理论突破，实现应用创新。

因此，复杂半透明/多次反光型面高精度三维测量技术、大尺寸高精度点云拼接技术、测量与工艺集成是未来大型复杂高光金属结构件三维测量技术应用的关键瓶颈问题。

对复杂高光金属结构件的测量需求主要包括：高完整率三维点云数据测量、高精度半透明表面/多次反光表面/阶跃表面三维测量、大测量范围、测量过程耗时短、测量数据处理时间短、高测量效率等。

6.2　复杂高光金属结构件自动化测量系统软硬件

针对制造现场对测量精度的要求，突破高速数字光处理（digital light processing，DLP）技术、驱动技术、现场标定与量值溯源技术、测量系统工程化设计技术，研制复杂高光金属结构件自动化测量系统的相关硬件和软件，开发面向多场景应用的大型复杂结构件高扩展性三维视觉系统平台，实现三维测量系统的工程化开发。

6.2.1　自动化测量系统硬件

自动化测量系统硬件包括单视场三维视觉测量系统、大视场全局视觉定位网络、高速 DLP 驱动技术及高速光栅投射器等硬件设备。

1. 单视场三维视觉测量系统

单视场三维视觉测量系统采用双目立体视觉和投影光栅相结合的测量原理，由左右两个相机和中间的投射器(条纹投射器)组成。在测量过程中，选择不同的投射模式，由投射器投射正弦条纹图像到待测物表面，同步触发左右相机进行图像实时采集，传输到上位机并根据不同模式采用对应三维重建算法进行解算。单视场三维视觉测量系统设计图如图 6.1 所示，后续根据测试结果及可靠性试验结果进行迭代优化设计。

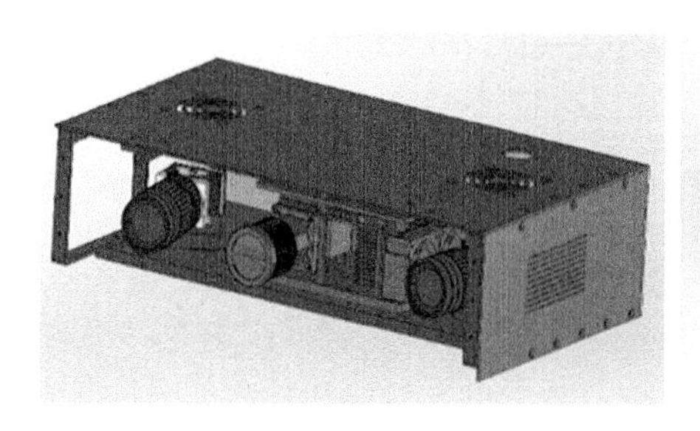

(a)低速

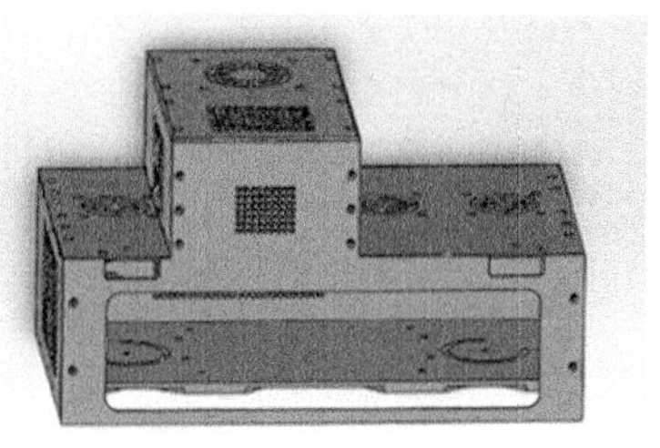

(b)高速

图 6.1　单视场三维视觉测量系统设计图

2. 大视场全局视觉定位网络

根据测量对象的大小，大视场全局视觉定位网络由 2 个或多个定位柱组成。每个定位柱可对单视场三维视觉测量系统进行跟踪拍摄、全局定位，同时也可以根据需求对场景进行(低精度)全局三维测量。定位柱采用双目相机和投射器结合的结构，结构参数设计与单视场三维视觉测量系统相同。考虑到不同应用中待测结构件的尺寸不同，本节设计了垂直和水平两类定位柱，如图 6.2 与图 6.3 所示。

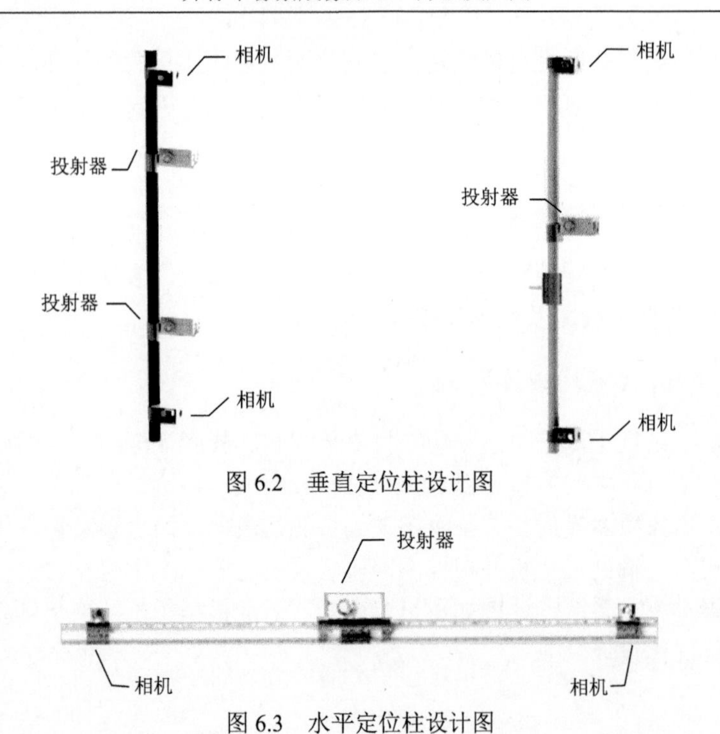

图 6.2　垂直定位柱设计图

图 6.3　水平定位柱设计图

3. 高速 DLP 驱动技术及高速光栅投射器

DLP 因其投射图像具有高亮度、全数字化、高对比度等优点，已经成为投射器模块的主流选择。基于 DLP 技术核心器件数字微镜器件(DMD)，我们提出了 DMD 控制电路板并实现面向不同三维测量需求的高速条纹投射方法。高速 DLP 投射系统方案框图如图 6.4 所示。

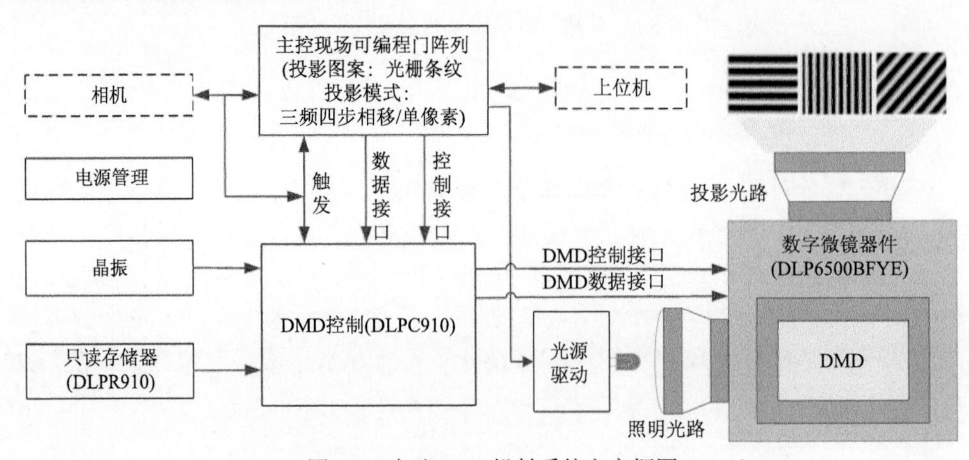

图 6.4　高速 DLP 投射系统方案框图

高速 DLP 控制板硬件实物图如图 6.5 所示。DMD 子板连接 DMD 及其周围电路、高速 DLP 驱动板，实现 DMD 控制和条纹生成，并提供外设控制接口，包括 LED 控制信号和相机触发信号输出。

图 6.5　高速 DLP 控制板硬件实物图

将 DMD 通过定制的机械接口与光源、照明光路和投影光路连接即组成高速光栅投射器。高速光栅投射器系统实物图如图 6.6 所示。

图 6.6　高速光栅投射器系统实物图

6.2.2　自动化测量系统软件

自动化测量系统软件主要包括三维测量软件及三维点云处理软件，其框架如图 6.7 所示。三维测量和数据分析功能可以集成在一起，一体化自动完成测量和分析，也可以独立运行，实现在线测量及人工离线处理，满足多样化的应用需求。

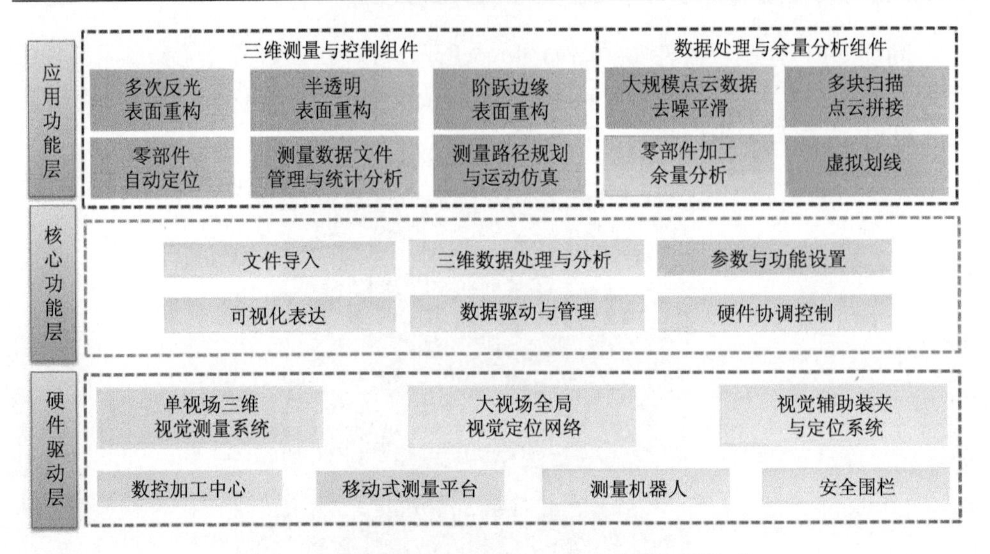

图 6.7　三维测量软件和三维点云处理软件系统架构

1. 三维测量软件模块

根据需求分析，三维测量软件采用面向对象的编程思想，将基本功能封装成类，便于系统开发和后期维护。测量软件面向大型复杂高光结构件的实际测量需求，实现测量系统标定、转台旋转、机器人系统自动化测量、条纹投射及图像获取、路径规划、表面重构等功能。

三维测量软件界面如图 6.8 所示。测量控制菜单栏中可以选择不同测量单元组合成系统，控制当前系统进行二维图像实时预览、拍摄、扫描和自动检测等操

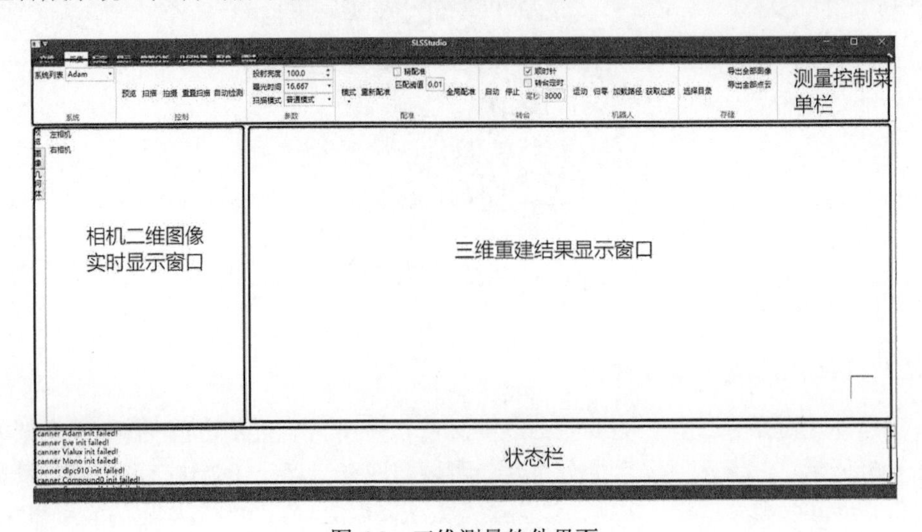

图 6.8　三维测量软件界面

作。用户可以选择不同的扫描模式，如单像素、高动态、拼接等模式，同时可以直接控制转台和机器人等精密执行机构的运动轨迹并进行路径规划。在状态栏中显示系统的状态信息和正在执行的处理任务。扫描完成后，软件会自动地进行三维解算，将结果以点云的形式显示在点云显示窗口中。

2. 大规模三维测量点云高效高精度分析软件模块

三维点云处理软件可以满足：独立运行，显示处理结果，以便于调试；能够响应服务器端的控制指令和数据收发请求，与前端三维测量建立全双工通信；实现点云数据管理、通用点云数据处理及分析功能，如去噪、滤波、法线计算、特征提取等；实现精度分析及加工余量分析等特定应用需求功能。

大规模三维测量点云高效高精度分析软件模块界面如图 6.9 所示。

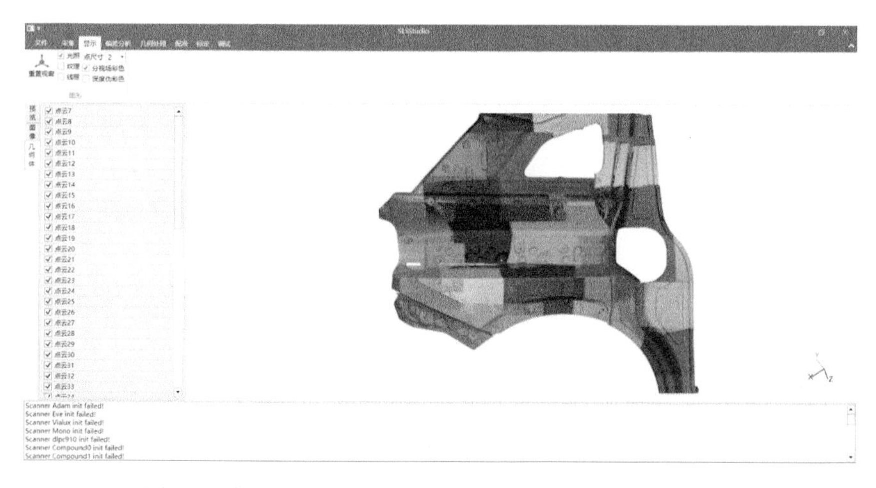

图 6.9　大规模三维测量点云高效高精度分析软件模块界面

3. 软件工作流程

专用于大型复杂高光金属结构件测量系统的三维测量和三维点云处理软件可以实现针对不同需求的测量策略。其中，三维测量的任务主要是获取待测件的完整三维点云数据，而三维点云处理的任务主要是完成偏差分析。为了完成测量任务，需要三个硬件子系统(包括单视场三维测量系统、大视场全局定位网络和精密执行机构)协同工作。通过三维测量软件下达测量指令，采集到全局坐标系下的多个单视场三维点云。针对加工余量分析应用，将点云处理软件模块集成到测量软件中，实现自动化测量和分析。首先对重建的点云直接进行预处理、拼接，再进行 CAD 模型比对、加工余量分析的特定处理任务，从而实现测量和分析一体化。

三维测量和数据处理一体化流程图如图 6.10 所示。

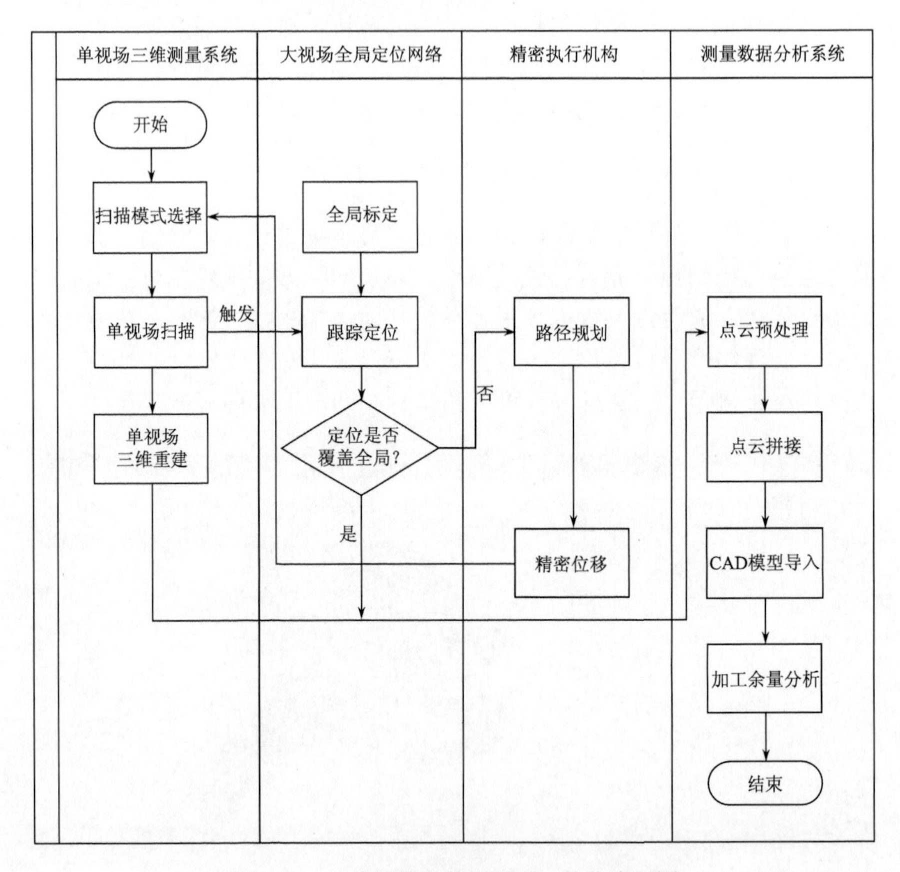

图 6.10　三维测量和数据处理一体化流程图

6.3　大尺寸拼接技术

针对大型复杂高光金属结构件三维测量拼接问题，本节构建全局定位系统，采用基于条纹投射的单视场数据定位技术[1]，实现大尺寸拼接。

6.3.1　全局定位系统

如图 6.11 所示，大尺寸光学三维测量系统由局部系统和全局定位网络组成，其中，全局定位网络由多个全局定位子系统组成。实际测量时，局部系统投射器投射条纹图，局部系统相机和全局定位网络中的所有相机同步拍摄。

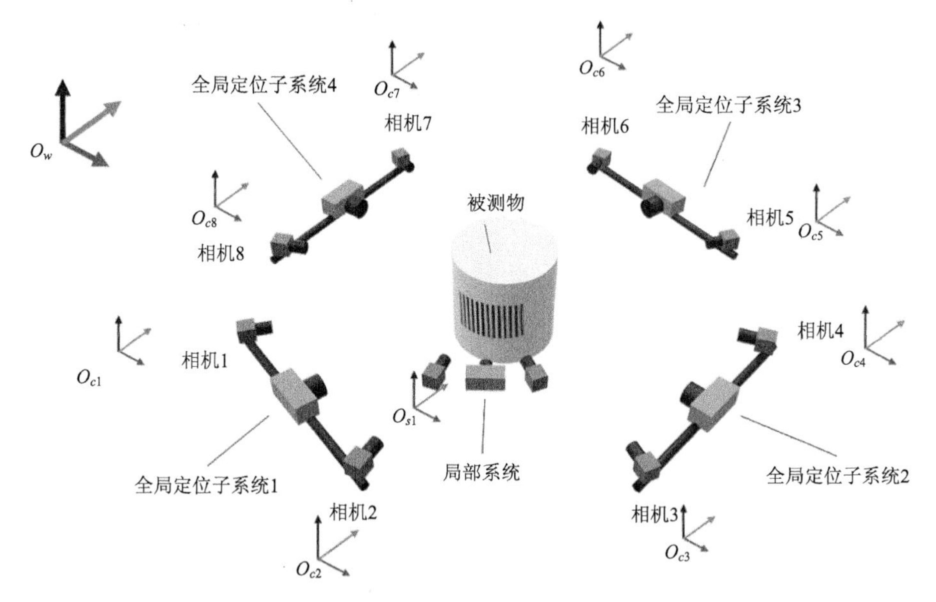

图 6.11　基于条纹投射的大尺寸弱纹理拼接测量系统示意图

6.3.2　单视场数据定位原理

若全局定位系统中的每个相机至世界坐标系的变换矩阵已知，则全局定位系统中任意观测到投射条纹的两相机均可以构成一个双目系统，并以局部系统投射的条纹相位重建三维点云。如果有多个相机观测到条纹投射区域，那么选用观测区域最大(相位掩模最大)的两个相机作为定位相机。确定定位相机之后，即可将局部系统的点云拼接至世界坐标系，具体原理参见文献[1]。

假设局部系统投射的条纹主要被全局定位网络的相机 m 和相机 n 观测到，且 m 为左相机，n 为右相机，则世界坐标系三维点可以根据式(6.1)重建。

$$\begin{cases} s_m \begin{bmatrix} p_m \\ 1 \end{bmatrix} = A_m \begin{bmatrix} R_w^m | \ T_w^m \end{bmatrix} \begin{bmatrix} \boldsymbol{X}_w \\ 1 \end{bmatrix} \\ s_n \begin{bmatrix} p_n \\ 1 \end{bmatrix} = A_n \begin{bmatrix} R_w^n | \ T_w^n \end{bmatrix} \begin{bmatrix} \boldsymbol{X}_w \\ 1 \end{bmatrix} \end{cases} \tag{6.1}$$

式中，s_m 和 s_n 为缩放因子；$\boldsymbol{X}_w = [X, Y, Z]^{\mathrm{T}}$ 为世界坐标系坐标；p_m 和 p_n 是经过相位匹配确定的图像同名点坐标；A_m 和 A_n 分别为相机内参；$\left[R_w^m | T_w^m\right]$ 和 $\left[R_w^n | R_w^n\right]$ 分别为世界坐标系到相机 m 和相机 n 的变换矩阵。

6.4　典型零件测量结果与测量精度分析

6.4.1　典型零件测量结果

构建复杂高光金属结构件高效自动化测量原理样机，分别使用汽车门板和汽车侧围板作为典型零件，进行相关测量实验，如图 6.12～图 6.14 所示。将被测物分布布置在 4m×2m×0.5m 的立体空间内，采用研制的复杂高光金属结构件测量样机进行测量。

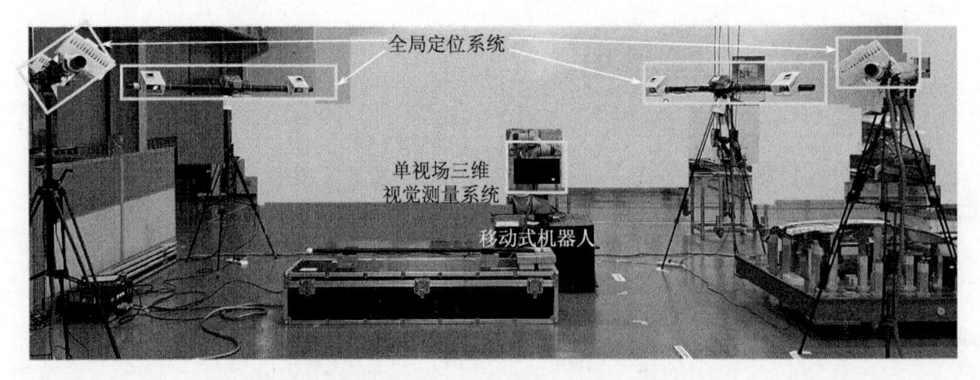

图 6.12　大型复杂高光结构件高速高精度三维测量及跨尺度视觉拼接原理样机

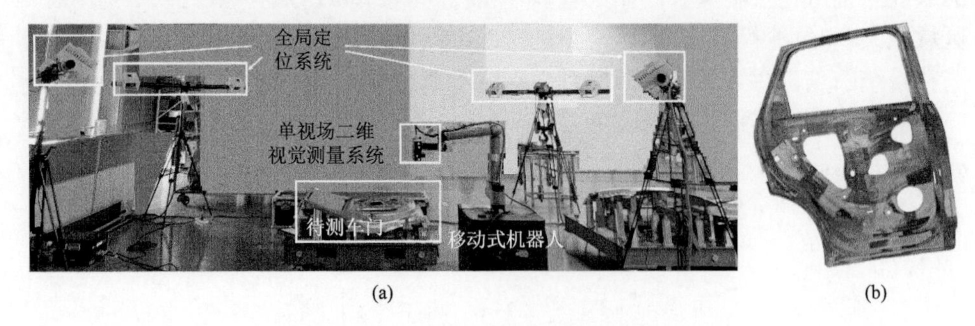

图 6.13　汽车门板测量场景和测量结果点云

汽车门板(尺寸为 1.4m×1.2m×0.3m)，测量时间为 72min，测量结果数据量为 2.18 亿点。

汽车侧围板(尺寸为 3.2m×1.4m×0.4m)，测量时间为 113min，测量结果数据量为 3.12 亿点。

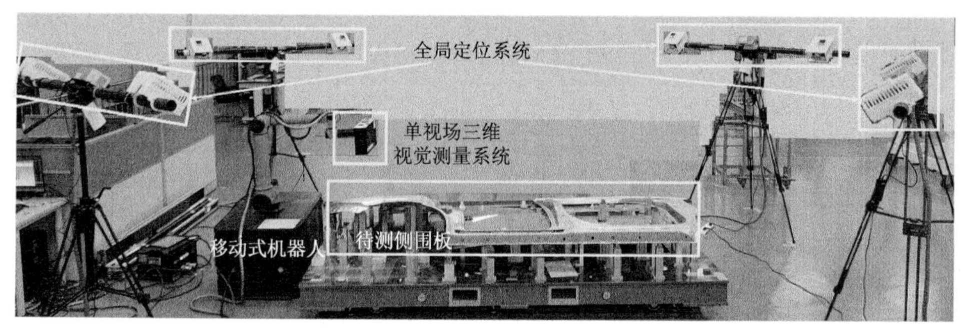

(a)

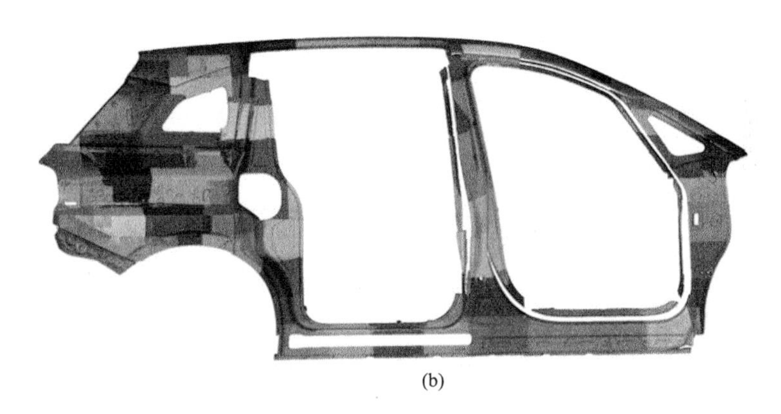

(b)

图 6.14　侧围板测量场景和测量结果点云

6.4.2　测量精度分析

针对复杂高光金属结构件的测量偏差估计需求，对复杂半透明/多次反光型面三维点云数据完整率、半透明表面三维测量偏差、多次反光表面三维测量偏差、阶跃边缘三维测量偏差、大尺寸拼接测量偏差、单视场测量范围、单视场测量时间、单视场数据点数等指标进行分析。

1. 复杂半透明/多次反光型面三维点云数据完整率

将石蜡块(图 6.15(a))和两个标准量块组成的 V 形槽(图 6.15(c))作为测量对象用于评价复杂半透明/多次反光型面三维点云数据完整率。测量得到的三维点云见图 6.15(b)与(d)。计算石蜡块与 V 形槽所占据的像素数，并将其与三维点云中对应区域的点云数量比值作为三维点云数据完整率。

对于半透明的石蜡块测量得到的点云数为 64997 点，点云完整率为 99.6%。对于多次反光下的 V 形槽测量得到点云数为 110293 点，点云完整率为 99.6%。

(a) 石蜡块测量对象

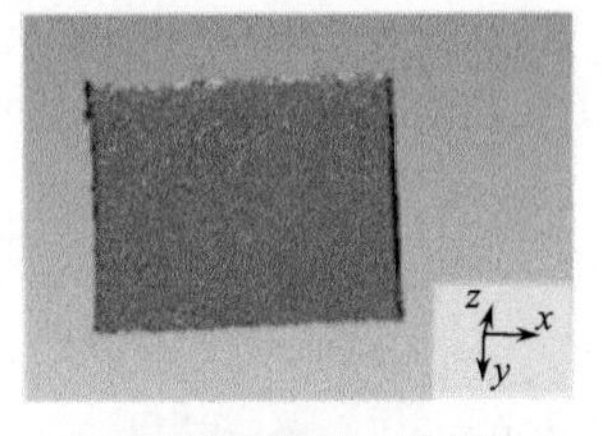

(b) 石蜡块测量三维点云

(c) V形槽多次反光测量对象

(d) V形槽多次反光测量三维点云

图 6.15　点云完整率结果图

2. 半透明表面三维测量

对半透明材质的尼龙球进行测量与精度评价。球直径为 25.470mm。对三维测量结果进行球面拟合，如图 6.16 所示。尼龙球拟合直径和测量偏差如表 6.1 所示，平均测量直径为 25.475mm，直径偏差标准差为 0.013mm。

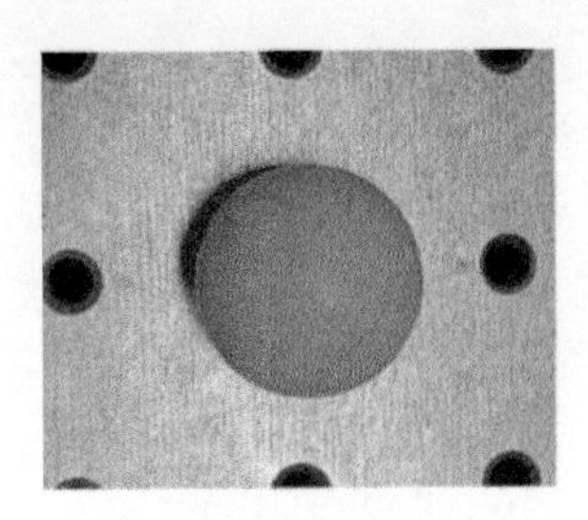

(a) 半透明尼龙球

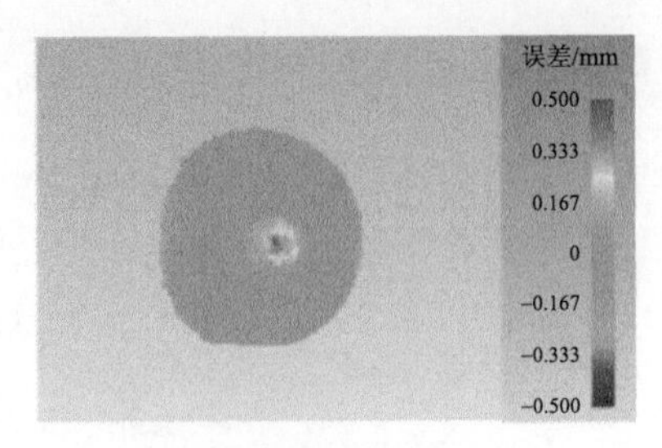

(b) 半透明尼龙球精度评价

图 6.16　半透明表面三维测量不确定度分析结果(见彩图)

表 6.1　尼龙球面拟合直径和测量偏差

测量序号	拟合直径/mm	测量偏差/mm
1	25.494	0.024
2	25.490	0.020
3	25.455	−0.015

续表

测量序号	拟合直径/mm	测量偏差/mm
4	25.458	–0.012
5	25.478	0.008
6	25.481	0.011
7	25.479	0.009
8	25.470	0.000
9	25.473	0.003
10	25.469	0.001
平均值	25.475	0.005

3. 多次反光表面三维测量偏差

用两个表面光亮的标准量块按 V 形槽放置，如图 6.17(a)所示。两个标准量块之间会互相反射，本节对此多次反光 V 形槽进行测量与精度评价。测量得到三维点测量结果如图 6.17(b)所示。对两个标准量块的测量结果进行平面拟合，计算均方根误差，分别如图 6.17(c)和(d)所示。平面拟合误差的标准偏差分别为 0.018mm(左平面)和 0.014mm(右平面)。

(a) V形多次反光标准器

(b) V形多次反光标准器三维测量结果

(c) V形多次反光标准器精度评价(左平面)

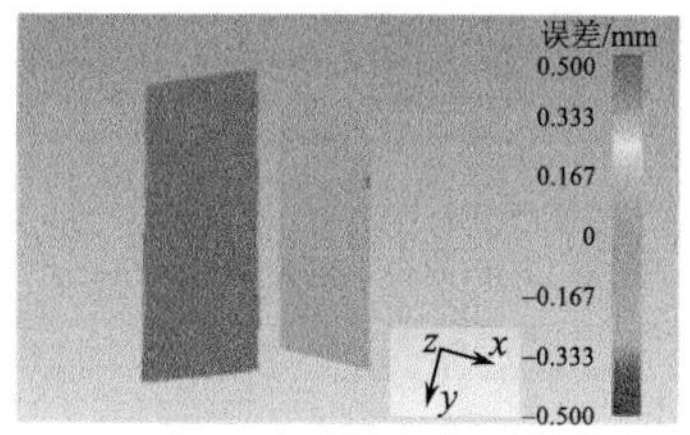

(d) V形多次反光标准器精度评价(右平面)

图 6.17　多次反光表面三维测量不确定度分析结果(见彩图)

4. 阶跃边缘三维测量偏差

使用直径为 18.000mm 的标准陶瓷圆柱形针规测试阶跃边缘的精度。图 6.18 为陶瓷针规三维测量不确定度分析结果。圆柱形陶瓷针规测量直径与测量偏差如表 6.2 所示，测量直径均值为 18.041mm，直径偏差标准差为 0.054mm。

(a) 陶瓷针规

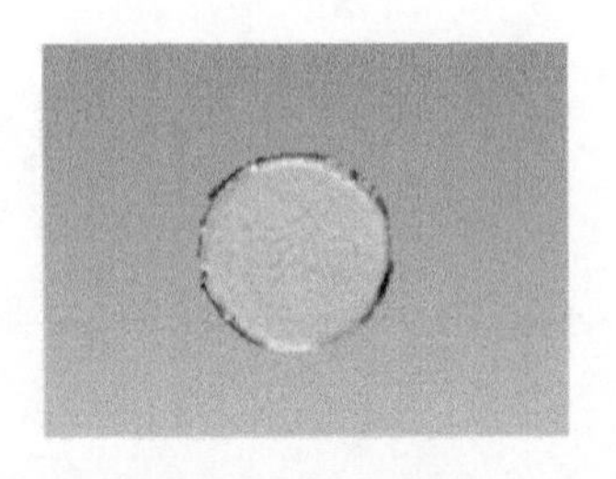

(b) 陶瓷针规三维重构图

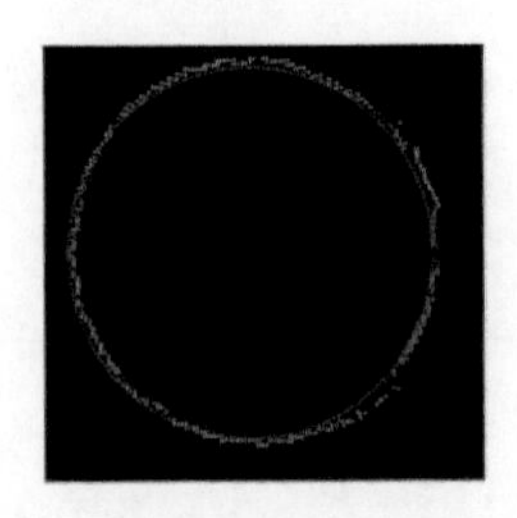

(c) 陶瓷针规直径拟合图

图 6.18 陶瓷针规三维测量不确定度分析结果(见彩图)

表 6.2 圆柱形陶瓷针规测量直径与测量偏差

测量序号	拟合直径/mm	测量偏差/mm
1	17.941	–0.059
2	18.038	0.038
3	18.069	0.069
4	18.037	0.037
5	18.053	0.053
6	18.052	0.052
7	18.035	0.035
8	18.055	0.055
9	18.062	0.062
10	18.069	0.069
平均值	18.041	0.041

5. 大尺寸拼接测量偏差

将球心距为 1870.885mm 的球杆在 4m×2m×0.5m 的测量空间中摆放在不同位置(图 6.19)并进行球心距计算，实验数据如表 6.3 所示。球心距测量最大偏差为 0.138mm，平均偏差为 0.018mm，标准偏差为 0.098mm。

(a)　　(b)

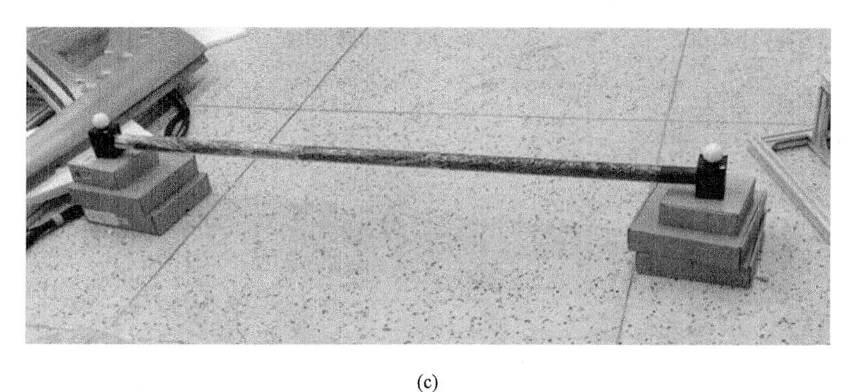

(c)

图 6.19　球杆在测量空间的摆放位置(部分)

表 6.3　大尺寸拼接测量偏差实验数据

测量序号	测量值/mm	测量偏差/mm
1	1870.778	–0.107
2	1870.967	0.082
3	1870.972	0.087
4	1871.015	0.130
5	1870.789	–0.096
6	1870.948	0.063
7	1870.800	–0.085
8	1871.023	0.138
9	1870.925	0.040
10	1870.812	–0.073
平均值	1870.903	0.018

6. 单视场测量范围

将大型复杂高光零部件三维测量系统样机的投射器光轴垂直于墙面放置，见

图 6.20(a)，并进行三维测量，得到的单视场三维测量结果如图 6.20(b)所示。取三维测量点云数据的水平方向两端数据与垂直方向两端数据的三维坐标来计算空间距离，得到水平视场范围约为 404mm，见图 6.20(c)，垂直视场范围约为 240mm，见图 6.20(d)。

(a) 单视场测量范围验证实验

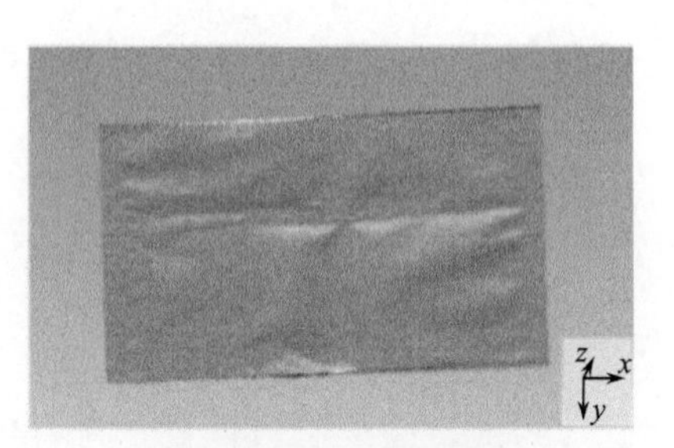

(b) 单视场三维测量结果

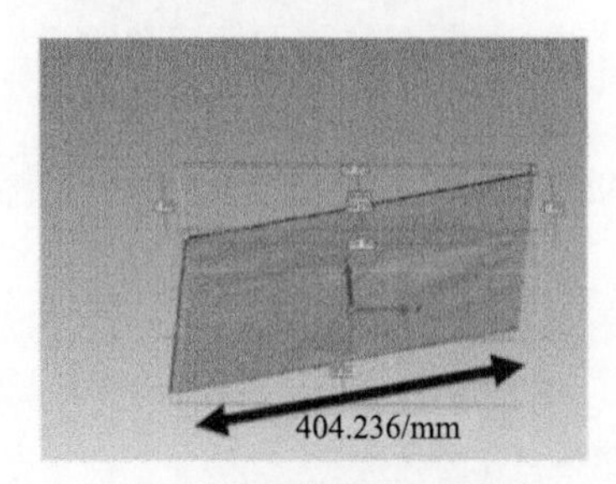

(c) 单视场横向视场范围

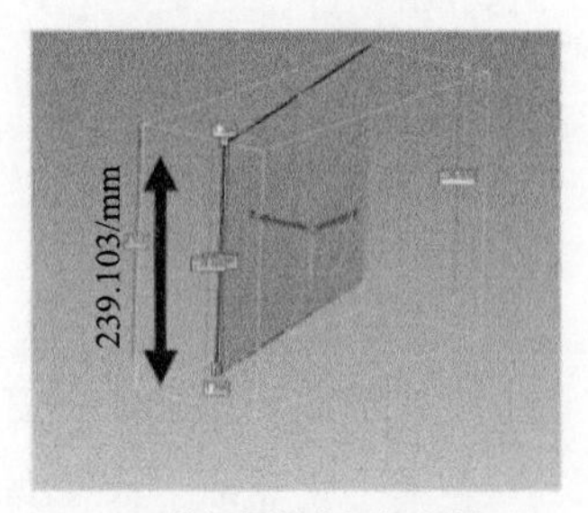

(d) 单视场纵向视场范围

图 6.20 视场范围验证实验

7. 单视场测量时间

采用研制的单视场测量样机系统，分别对半透明/多次反光/阶跃边缘型面进行测量，共测量 10 次，平均测量时间为 2.9s。

8. 单视场数据点数

采用研制的单视场测量样机系统，对覆盖公共视场的漫反射白板进行三维测量和三维重构，得到的点云数据如图 6.21 所示，其中，包含的点云点数为 2035432 点。

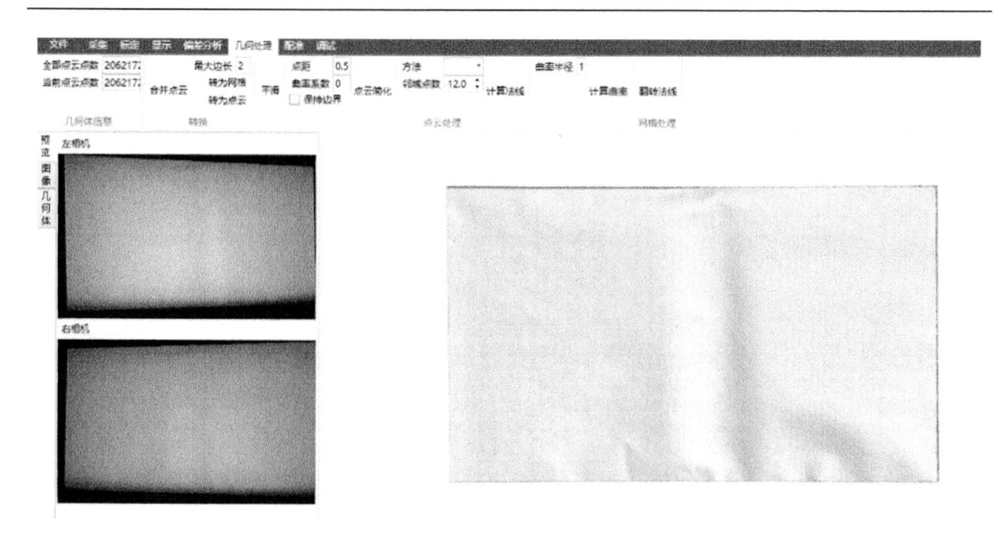

图 6.21　单视场点云数目测量

6.5　本 章 小 结

本章分析了复杂高光金属结构件在实际三维测量中的难题，从多角度为复杂高光金属结构件测量提出测量需求，并结合测量需求设计了复杂高光金属结构件自动化测量系统软硬件系统，硬件包括单视场三维视觉测量系统、大视场全局视觉定位网络、高速 DLP 驱动技术及高速光栅投射器等，软件包括三维测量软件及点云数据分析软件，可以满足多样化的应用需求。针对复杂高光金属结构件测量中存在的大尺度拼接问题，提出了基于条纹投射的大尺寸弱纹理表面、高效高精度柔性三维测量拼接方法，构建了全局定位系统模型。最后基于典型零件的测量和数据精度分析工作，验证了本章提出的复杂高光金属结构件测量系统可以实现高效、自动化的测量。

参 考 文 献

[1] Zhao H, Liu C, Jiang H, et al. Multisensor registration using phase matching for large-scale fringe projection profilometry. Measurement, 2021, 182(1): 109675.

第 7 章　应用案例二：发动机叶片自动化测量

7.1　发动机叶片测量需求

航空发动机叶片是航空飞行器能量转换的核心零部件，叶片的型线、表面质量和制造精度直接影响飞行器的性能、效率和使用寿命，且叶片长时间工作在高温、高压等恶劣环境中，故障率较高，因此叶片的精确检测至关重要。但是叶片的形状和空间角度通常比较复杂，如图 7.1 所示，这使得精确测量具有一定的难度和特殊性。

图 7.1　形状复杂的航空发动机叶片

航空发动机叶片三维测量的需求和挑战在于以下几个方面。

(1)测量精度要求高，对叶片型面公差范围、前后缘公差范围、测量精度都有严格的要求，需要从三维空间密集采样。

(2)测量效率要求高，对单视场测量和整体拼接时间都有严格的要求。

(3)叶片型面复杂，重点区域采样点稀疏或难以测量。

(4)表面光学特性复杂，强反光及多次反光区域众多。对测量结束后叶片表面的质量要求高。

目前常用的三坐标测量机测量关键点位的方法存在效率低、测量点少、需要接触叶片等问题，难以获取叶片全面的质量信息，无法满足检测分析的需要。此外，航空发动机叶片前后缘曲率半径小，难以进行有效的测量。线结构光方法测量数据密度有限，只能获取叶片有限个截面的数据，特别是在前后缘等重要特征表面存在数据点不足或缺失等问题，不利于叶片型面的全面评价。

基于条纹投影的三维视觉测量技术不用接触叶片既可实现全场测量，也可以避免划伤叶片表面。但针对叶身和叶边的不同测量要求，同时兼顾测量精度和效率，采用基于条纹投影原理的复合式三维视觉测量系统可以获取全面的叶片高精度三维数据。

但叶片结构的复杂性及表面光学特性的复杂性会导致传统的条纹投影测量方法精度下降或失效。因此针对叶片强反光表面，本节采用多亮度投射的方法抑制强反光；针对多次反光的问题，本节采用并行单像素成像技术分离多次反光点，消除误匹配点并实现精准配准。同时叶片型面复杂，需要对 V 板、叶盆、叶背、劈缝、叶边进行精准测量，因此需要进行多视角测量及拼接。由于叶片边缘过薄，叶身叶背基本无公共部分数据，因此可以采用外增数据的方式进行拼接，最后使用迭代最近点(iterative closest point，ICP)进行全局优化与误差校正。

针对发动机叶片表面及边缘测量精度要求不同的特点，本章提出一种复合式三维测量技术。测量系统由全局测量子传感器和局部测量子传感器组成，两子系统分别对叶片的叶盆、叶背及叶片前后缘进行测量。实验证明本章提出的系统能够完成高精度标定和高效率测量，并实现叶片的完整数据拼接和重建。

7.2　复合式叶片自动化测量系统软硬件

7.2.1　复合式叶片自动化测量系统硬件

发动机复合式叶片测量系统示意图和航空发动机叶片测量装置如图 7.2 与图 7.3 所示，该平台由复合式测量系统、协作机器人 AUBO i5、铝型材支架、光学平台及一台计算机组成。复合式叶片自动化测量系统由叶片全局测量子传感器和叶片前后缘测量子传感器组成，两个子系统结构设计参数如下所示。

(1) 叶片全局测量子传感器主要参数如下所示。

测量范围：220mm×120mm。

工作距离：400mm。

采样点间隔：0.1mm。

(2) 叶片前后缘测量子传感器主要参数如下所示。

视场范围：45mm×30mm。

工作距离：400mm。

单视场测量精度：0.006mm。

采样点间隔：0.02mm。

根据上述系统结构参数设计，搭建复合式叶片自动化测量系统硬件实物，如

图 7.2 所示。

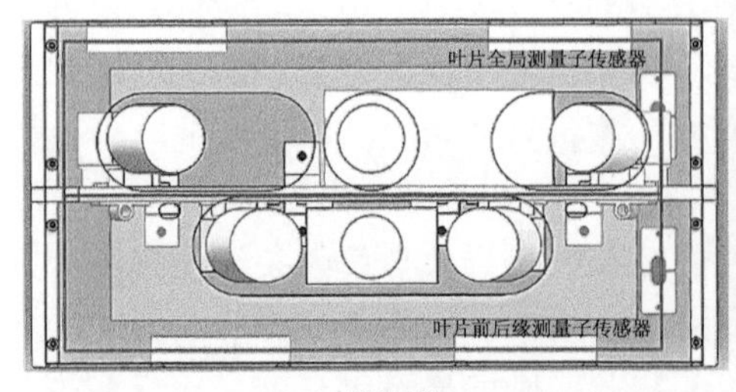

(a) 设计图

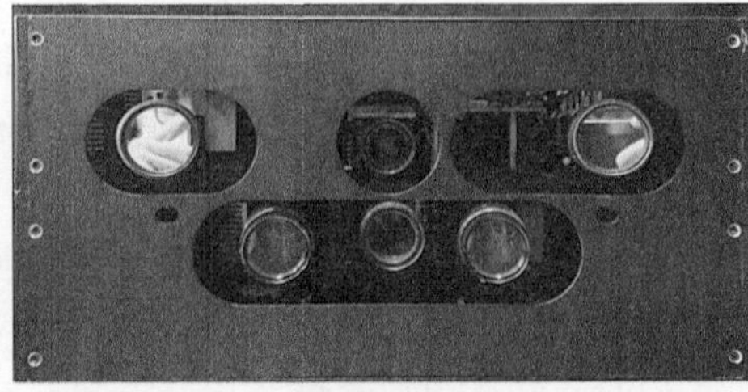

(b) 实物搭建图

图 7.2　发动机叶片复合式测量系统示意图

复合式测量系统放置在光学平台上的铝型材支架上。协作机器人 AUBO i5 有六个旋转轴，通过末轴固定发动机叶片，通过协作机器人 AUBO i5 末端在系统工作范围内变换不同位姿，如图 7.3 所示。

图 7.3　航空发动机叶片测量装置

7.2.2　复合式叶片自动化测量系统软件

复合式叶片自动化测量软件使用 C++语言进行开发，包括图像采集模块、系统标定模块、三维重建模块、系统拼接模块。

(1) 图像采集模块，主要包含对采用的 HIKROBOT 相机及高速投射器进行二次开发。HIKROBOT 相机的开发包括参数的设置(曝光时间、触发模式)、保存及显示设置。同时该模块采用高速投射器，使用的是 DLPC3470 双控制器控制 DMD 的模式，需要对投射器驱动进行二次开发(包括图片的烧写、曝光时间及投射亮度控制等）。图像采集模块主要包括图像的实时显示、投射器的控制及图像的采集。

(2) 系统标定模块，分为子系统标定及复合式系统标定。子系统标定主要是对采集图像的处理，对采集到的靶标图像进行椭圆拟合、圆心定位、标定参数计算、光束平差等操作，最终得到标定结果；复合式系统标定包括对子系统公共图像的处理及重建，然后利用相位关系寻找匹配点，从而求取坐标系间的转换关系。

(3) 三维重建模块，包含利用外差三频四步相移的重建和基于三目约束的快速匹配重建。外差三频四步相移重建模块分为包裹相位的求解、相位的展开、匹配点的选取、三维点云重建。

(4) 系统拼接模块，主要包括点云拼接 ICP 算法模块、靶球拼接模块和复合式系统拼接模块。

7.3　自动化测量与标定技术

7.3.1　拼接原理

在获取了叶片单视场高精度测量数据后，开展叶片多视角数据高精度拼接技术的研究。对于叶身、叶背等具有公共测量区域的视场拼接，采用基于 ICP 的三维点云数据配准方法。多组点云数据可以通过旋转或者平移变换至同一坐标系下，这一变换可以用映射关系 $\boldsymbol{H}$ 进行表示：

$$\boldsymbol{H}=\begin{bmatrix} \boldsymbol{R} & \boldsymbol{T} \\ \boldsymbol{V} & \boldsymbol{S} \end{bmatrix} \tag{7.1}$$

式中，$\boldsymbol{R}$ 为旋转矩阵；$\boldsymbol{T}=\left[t_x,t_y,t_z\right]^{\mathrm{T}}$ 为平移向量；$\boldsymbol{V}$ 为透视变换向量，将在点云配准中的变换视作刚体变换，即 $\boldsymbol{V}$ 为零向量；$\boldsymbol{S}$ 为比例因子，此处 $\boldsymbol{S}=\mathbf{1}$。

假设获取到两组拥有公共区域的叶片点云数据，令第一个视角下的点云数据为 $\boldsymbol{M}$，第二视角下的点云数据为 $\boldsymbol{M}'$，对这两片点云进行坐标系变换，变换关系为

$$\boldsymbol{M}'=\boldsymbol{R}_{3\times3}\boldsymbol{M}+\boldsymbol{T}_{3\times1} \tag{7.2}$$

按照约束条件找寻最近对应点 (m_i,m_i')，旋转矩阵中涉及 6 个未知数，因此至少需要在待匹配点云区域中找到三组非共线对应点。为了保证精度，将公共区域内的所有点进行迭代优化，并排除误差点。计算最优的旋转矩阵与平移矩阵，使得误差函数最小。误差函数为

$$f(\boldsymbol{R},\boldsymbol{T})=\arg\min_{\boldsymbol{M}}\sum_i\left(\left(\boldsymbol{R}_{3\times3}\cdot m_i+\boldsymbol{T}_{3\times1}-m_i'\right)\cdot n_i\right) \tag{7.3}$$

式中，n_i 表示待匹配目标点的法线。采用点和法线来定义切平面，通过判断点到其对应切平面的最小距离来进行拟合。点到面 ICP 示意图如图 7.4 所示。

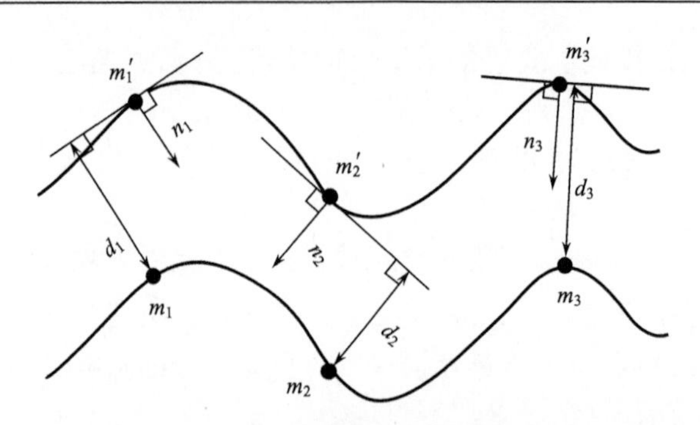

图 7.4　点到面 ICP 示意图

需要特别注意的是，当在位姿变换较小且叶身重叠较多的区域进行 ICP 配准时，需要先进行明显特征点的粗拼接，从而提高点云拼接精度。

对于叶盆及叶背之间无公共测量区域处的点云拼接，采用基于标准靶球的数据配准。将标准靶球安装在叶片夹持工具上，用叶片全局测量子传感器多视角测量叶片，需保证待拼接的两个视场之间至少能看到三个靶球。采用 RANSAC (random sample consensus，随机抽样一致) 算法进行点云球面拟合及球心提取，计算两个视场下球心间坐标转换关系，从而实现数据的拼接。

RANSAC 算法将观测数据集分为符合模型特征的局内点和无用的局外点，通过迭代方式估计数学模型的参数。随机假设一组局内点为初始值，拟合出一个初始模型，用该模型去测试其他数据。如果某个点适用于该模型，那么认为该点是局内点，将局内点扩充。最后，通过估计局内点与模型的错误率来评估模型。

通过 RANSAC 算法获取球面的点云数据后，进行球心和球体半径的解算。球面方程为

$$(x-x_0)^2+(y-y_0)^2+(z-z_0)^2=R^2 \tag{7.4}$$

式中，$(x_0,y_0,z_0)^{\mathrm{T}}$ 为球心坐标；R 为球半径。构造函数为

$$H\left(x_0,y_0,z_0,R\right)=\sum_{i=1}^{N}\left(\left(x_i-x_0\right)^2+\left(y_i-y_0\right)^2+\left(z_i-z_0\right)^2-R^2\right)^2 \tag{7.5}$$

式中，拟合的球面点云数据为 $B(x_i,y_i,z_i)$，求取使得构造函数 H 达到最小值的圆心参数 (x_0,y_0,z_0)，拟合球面半径为

$$R=\sqrt{\frac{\sum_{i=1}^{N}\left(\left(x_i-x_0\right)^2+\left(y_i-y_0\right)^2+\left(z_i-z_0\right)^2\right)}{N}} \tag{7.6}$$

由此可以得到不同视场下的靶球球心坐标。计算不同视角下球心坐标间的转换关系，实现无公共区域处的点云数据拼接。

7.3.2　系统标定

针对发动机叶片测量的复合式系统标定的目标是获得全局测量子传感器和局部测量子传感器之间坐标系的转换关系。复合式系统标定原理图如图 7.5 所示，利用局部测量子传感器沿投射器图像的水平轴和垂直轴投射双方向三频四步正弦条纹，四目相机同时拍摄经物体调制后的条纹图案信息，寻找两个子传感器在公共视场区域的对应匹配点，解算子传感器间的坐标转换关系。

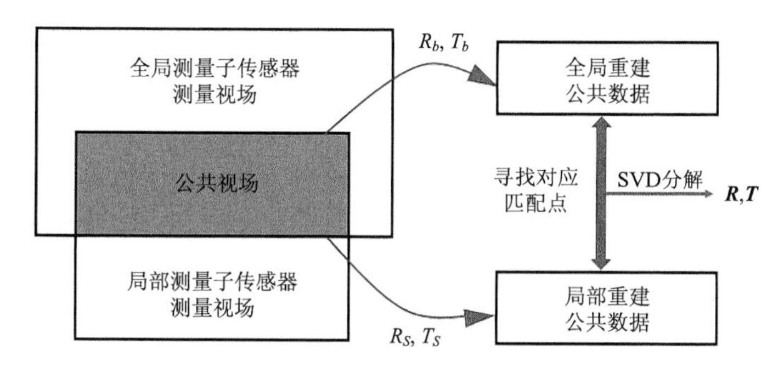

图 7.5　复合式系统标定原理图

选取投射器投射的图像上某一点 $\boldsymbol{p}_p(x_p, y_p)^{\mathrm{T}}$，所对应的全局测量子传感器与局部测量子传感器的相机图像点分别为 $\boldsymbol{p}_b(x_b, y_b)^{\mathrm{T}}$ 和 $\boldsymbol{p}_s(x_s, y_s)^{\mathrm{T}}$。由三频四步相移原理可知，通过相机某一图像点的灰度值可以计算出该图像点的相位，相机图像点的相位与投射器图像点的关系为

$$\begin{bmatrix} x_p \\ y_p \end{bmatrix} = \frac{1}{3}\frac{1}{2\pi}\begin{bmatrix} \varphi_{x1} & \varphi_{x2} & \varphi_{x3} \\ \varphi_{y1} & \varphi_{y2} & \varphi_{y3} \end{bmatrix}\begin{bmatrix} \lambda_1 \\ \lambda_2 \\ \lambda_3 \end{bmatrix} \tag{7.7}$$

式中，$(\varphi_{x1}, \varphi_{x2}, \varphi_{x3})$ 为点 (x, y) 处沿 x 轴的三种不同频率条纹的相位值；$(\varphi_{y1}, \varphi_{y2}, \varphi_{y3})$ 为沿 y 轴的三种不同频率条纹的相位；三种正弦条纹的周期为 $(\lambda_1, \lambda_2, \lambda_3)^{\mathrm{T}}$。如果两个子传感器的相机都能够找到与投射器图像点 $\boldsymbol{p}_p(x_p, y_p)^{\mathrm{T}}$ 对应的像点，那么这两个相机图像点为同源点，可以直接进行数据匹配。

然而，在大多数情况下，在两个子传感器相机图像中无法同时找到与投射器图像点 $\boldsymbol{p}_p(x_p, y_p)^{\mathrm{T}}$ 相对应的点，则需要使用最近邻点进行双线性插值。如图 7.6 所示，在全局测量子传感器图像平面中取一点 $\boldsymbol{p}_b(x_b, y_b)^{\mathrm{T}}$，利用式(7.7)找到投射器图像中的对应点 $\boldsymbol{p}_p(x_p, y_p)^{\mathrm{T}}$。取 $\boldsymbol{p}_p$ 周围四个最近邻整像素点 $(\boldsymbol{p}_p^1, \boldsymbol{p}_p^2, \boldsymbol{p}_p^3, \boldsymbol{p}_p^4)$，计算出以 $\boldsymbol{p}_p$ 为双线性插值结果的权重系数 W。利用式(7.7)计算出 $(\boldsymbol{p}_p^1, \boldsymbol{p}_p^2, \boldsymbol{p}_p^3, \boldsymbol{p}_p^4)$ 四个投射器像素点对应的局部测量子传感器图像上的像素点

$(\boldsymbol{p}_s^1, \boldsymbol{p}_s^2, \boldsymbol{p}_s^3, \boldsymbol{p}_s^4)$，对它们进行权重系数为$W$的双线性插值计算，从而得到局部测量子传感器图像上的对应点$\boldsymbol{p}_s(x_s, y_s)^{\mathrm{T}}$。插值得到的局部测量子传感器上的亚像素点$\boldsymbol{p}_s$便是全局测量子传感器上$\boldsymbol{p}_p$的对应点，实现了在公共测量视场下全局测量子传感器及局部测量子传感器对应像素点的匹配。

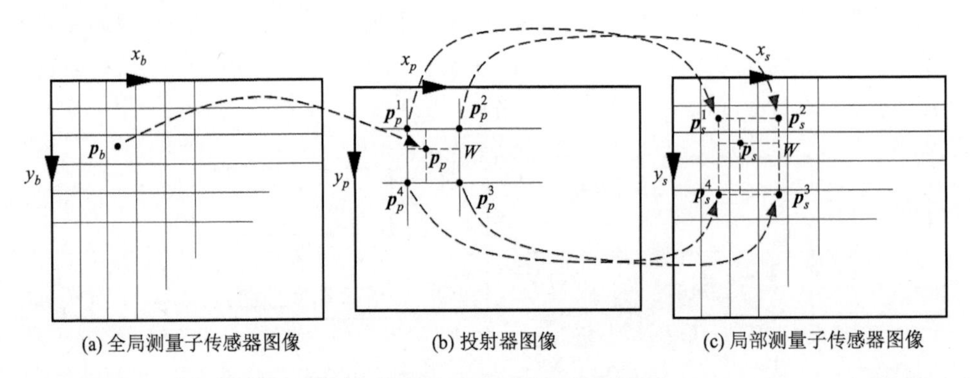

图 7.6　子系统间对应点匹配示意图

通过两子系统对公共视场下的所有像素点进行重建，利用对应像素点之间的关系，通过 SVD 求解两片点云之间的矩阵$\boldsymbol{R}$和$\boldsymbol{T}$。设公共视场内重建的点云集合为$P=\{\boldsymbol{p}_1, \boldsymbol{p}_2, \cdots, \boldsymbol{p}_n\}$和$Q=\{\boldsymbol{q}_1, \boldsymbol{q}_2, \cdots, \boldsymbol{q}_n\}$，定义通过最小化点对的距离获得相应的转换关系：

$$(\boldsymbol{R}, \boldsymbol{T}) = \underset{\boldsymbol{R}\in \mathrm{SO}(d), \boldsymbol{T}\in \mathbb{R}^d}{\arg\min} \sum_{i=1}^{n} w_i \left\| (\boldsymbol{R}\boldsymbol{p}_i + \boldsymbol{T}) - \boldsymbol{q}_i \right\|^2 \tag{7.8}$$

式中，$\mathrm{SO}(d)$为特殊正交群，d为 2；w_i为每个点的权重；$\boldsymbol{R}$与$\boldsymbol{T}$为两片点云之间的旋转矩阵和平移向量。这样就完成了全局测量子传感器和局部测量子传感器坐标系的转换，实现了复合式系统的标定。

7.4　测量结果与数据分析

7.4.1　复合式测量系统标定

本节根据前面所述针对叶片全局及前后缘测量子传感器、高速投射器、复合式测量系统的标定方法，分别进行了标定试验。首先，利用根据视场大小定制的靶标对四个相机进行标定。其次，利用事先标定的相机参数与投射器投射的双方向三频四步相移条纹去标定高速投射器的内外参数。最后，使用基于相位的复合式测量系统标定方法进行复合式测量系统整体标定。

叶片前后缘测量子传感器标定用的平面靶标尺寸为 35mm×30mm，相邻圆心和水平的竖直间距均为 3mm；叶片全局测量子传感器标定用的平面靶标尺寸为 120mm×90mm，相邻圆心和水平的竖直间距均为 10mm，圆心均按 9 行 11 列等间距排列。平面靶标的平面度为 0.01mm。圆心间的误差不大于 0.01mm。

通过自动标定装置及协作机器人控制器控制靶标移动不同位姿，利用图像采集模块控制全局测量子传感器及前后缘测量子传感器对不同位姿的靶标进行图像采集。子传感器标定过程中，左右相机共拍摄 10 组不同位姿靶标图像，左右相机各单拍 7 张。将拍摄的 17 张图放入相机标定程序中并进行图像处理，得到如表 7.1 所示叶片全局测量子传感器和叶片前后缘测量子传感器内参数。

表 7.1　叶片全局测量子传感器和叶片前后缘测量子传感器内参数

叶片全局测量子传感器内参数				叶片前后缘测量子传感器内参数			
左相机		右相机		左相机		右相机	
α_x	7411.30	α_x	7391.93	α_x	45066.19	α_x	39689.64
α_y	7411.25	α_y	7391.56	α_y	45094.18	α_y	39623.83
u_0	2018.90	u_0	2059.07	u_0	2315.18	u_0	2883.90
v_0	1078.29	v_0	1078.52	v_0	1165.88	v_0	726.87
k_1	−0.11	k_1	−0.11	k_1	0.19	k_1	0.15
k_2	0.19	k_2	0.28	k_2	54.74	k_2	1.79
p_1	0.00025	p_1	0.00068	p_1	0.00042	p_1	−0.00089
p_2	−0.00042	p_2	0.00026	p_2	0.00067	p_2	0.0039

标定得到的叶片全局测量子传感器的外参数为

$$\boldsymbol{R}_{3\times 3}=\begin{bmatrix} 0.861 & 0.00584 & 0.509 \\ -0.00314 & 0.100 & -0.00617 \\ -0.509 & 0.00372 & 0.861 \end{bmatrix},\quad \boldsymbol{T}=\begin{bmatrix} -246.436 \\ -0.306 \\ 65.879 \end{bmatrix}$$

全局测量子传感器左右相机重投影误差为

$$\boldsymbol{L}_{\mathrm{RMSE}}=\begin{bmatrix} 0.0226 & 0.0183 \end{bmatrix},\quad \boldsymbol{R}_{\mathrm{RMSE}}=\begin{bmatrix} 0.0299 & 0.0267 \end{bmatrix}$$

标定得到的叶片前后缘测量子传感器的外参数为

$$\boldsymbol{R}_{3\times 3}=\begin{bmatrix} 0.962246 & -0.003030 & 0.272165 \\ -0.000712 & 0.999907 & 0.013647 \\ -0.272181 & -0.013325 & 0.962154 \end{bmatrix},\quad \boldsymbol{T}=\begin{bmatrix} -140.3346366 \\ -0.582141158 \\ -41.09115363 \end{bmatrix}$$

前后缘测量子传感器左右相机重投影误差为

$$\boldsymbol{L}_{\mathrm{RMSE}}=\begin{bmatrix} 0.0357 & 0.0286 \end{bmatrix},\quad \boldsymbol{R}_{\mathrm{RMSE}}=\begin{bmatrix} 0.0314 & 0.0293 \end{bmatrix}$$

由上述标定结果可知，叶片全局测量子传感器的重投影误差为 0.02 像素，叶片前后缘测量子传感器的重投影误差为 0.03 像素。但是重投影误差并不能真实地反映测量精度，因此对陶瓷平板进行平面拟合测量。

首先将陶瓷平板分别放置在测量子系统的工作距离处，叶片全局测量子传感器投射周期为 15～17 像素的横纵正弦条纹，叶片前后缘测量子传感器投射周期为 13～15 像素的横纵正弦条纹。通过计算陶瓷平板三维点云的平面拟合均方根误差以及哑光陶瓷标准球三维点云的直径测量偏差和球面拟合的均方根误差评价测量精度。标准器采用的是两种不同大小哑光陶瓷标准球，标称直径分别为 50.80mm 和 38.10mm。经计量院检测，其校准直径数值分别为 50.797mm 和 38.104mm。

由图 7.7 及图 7.8 可知，叶片全局测量子传感器重建陶瓷平板平面拟合均方根误差为 0.006mm，对直径为 38.104mm 的哑光陶瓷标准球重建拟合球面的直径为 38.109mm，直径测量偏差为 0.005mm，球面拟合的均方根误差为 0.006mm。

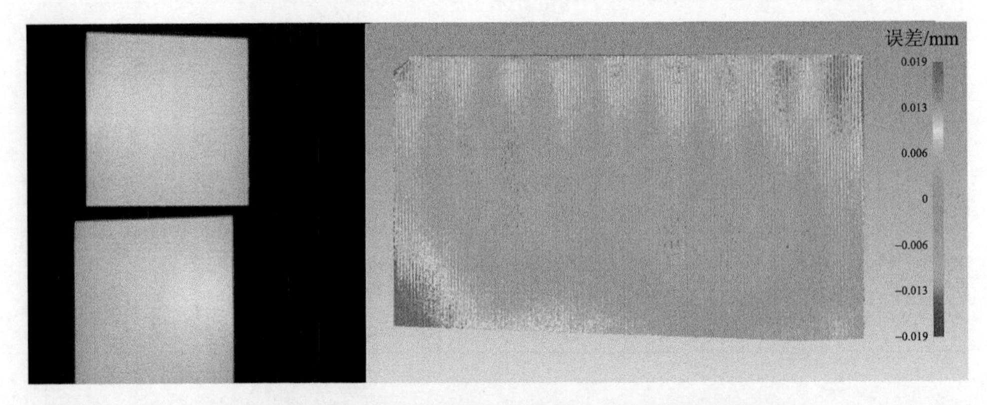

图 7.7　叶片全局测量子传感器测量平面拟合偏差(见彩图)

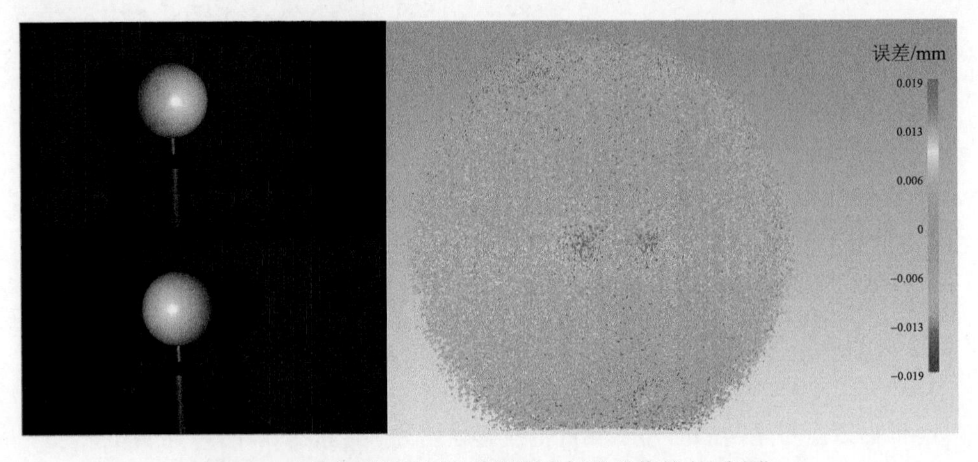

图 7.8　叶片全局测量子传感器测量标准球偏差(见彩图)

由图 7.9 所示，叶片前后缘测量子传感器重建陶瓷平板平面拟合均方根误差为0.003mm，对直径为50.797mm的哑光陶瓷标准球的直径测量结果为50.803mm，直径测量偏差为 0.006mm，球面拟合的均方根误差为 0.006mm。测量精度均满足航空发动机叶片对叶身及边缘的测量需求。

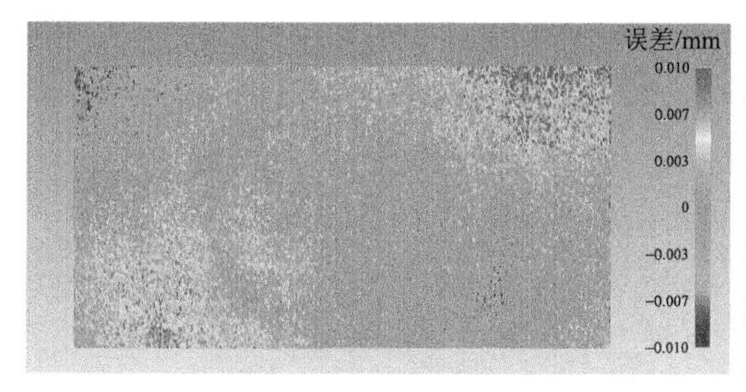

(a) 拟合平面均方根误差

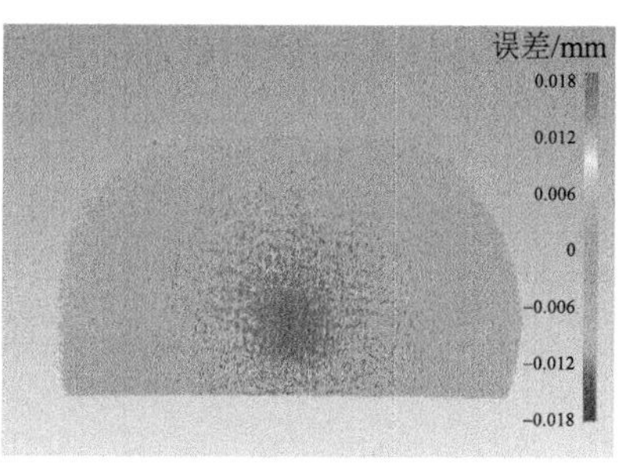

(b) 拟合标准球均方根误差

图 7.9　叶片前后缘测量子传感器测量标准球及陶瓷平板偏差(见彩图)

接下来，利用上述标定得到的叶片全局测量子传感器及叶片前后缘测量子传感器的相机参数，根据前面所述投射器标定原理，分别对子系统对应的投射器进行标定。分别向固定好的靶标投射横纵三频四步相移正弦条纹图像，触发相机拍摄带有条纹信息的靶标图像，通过变换靶标姿态，共拍摄 10 组不同位姿下靶标条纹图像，并采用投射器标定模块进行标定，标定结果如表 7.2 所示。

表 7.2　叶片全局及前后缘测量子传感器投射器内参数

叶片全局测量子传感器投射器内参数		叶片前后缘测量子传感器投射器内参数	
α_x	3515.0058	α_x	1898.54
α_y	3515.53	α_y	1898.55
u_0	874.87	u_0	800.36
v_0	467.75	v_0	600.57
k_1	−0.15	k_1	−0.11
k_2	0.28	k_2	0.24
p_1	0.00092	p_1	−0.00090
p_2	−0.00071	p_2	0.00023

标定得到的叶片全局测量子传感器投射器与左相机的外参数为

$$\boldsymbol{R}_{3\times3}=\begin{bmatrix}0.960 & 0.00906 & 0.279\\ -0.00718 & 0.100 & -0.00777\\ -0.279 & 0.00546 & 0.960\end{bmatrix},\quad \boldsymbol{T}=\begin{bmatrix}-127.571\\ -4.323\\ 15.697\end{bmatrix}$$

全局测量子传感器投射器重投影误差为

$$\boldsymbol{P}_{\text{RMSE}}=[0.0418\quad 0.0387]$$

标定得到的叶片前后缘测量子传感器投射器与左相机的外参数为

$$\boldsymbol{R}_{3\times3}=\begin{bmatrix}0.807 & -0.00546 & 0.591\\ 0.00382 & 0.100 & 0.00402\\ -0.591 & -0.000984 & 0.807\end{bmatrix},\quad \boldsymbol{T}=\begin{bmatrix}-135.781\\ -1.215\\ 44.366\end{bmatrix}$$

前后缘测量子传感器投射器重投影误差为

$$\boldsymbol{P}_{\text{RMSE}}=[0.0453\quad 0.0408]$$

由上述投射器标定结果可知，叶片全局测量子传感器投射器重投影误差为 0.04 像素，叶片前后缘测量子传感器重投影误差为 0.04 像素，具有很高的标定精度。

根据全局及前后缘测量子传感器相机及投射器标定试验，获取两个子系统相机及投射器的标定参数；再利用基于相位的复合式系统标定原理，标定两个子传感器坐标系之间的转换关系。

如图 7.10 所示，将陶瓷平板放置在复合式测量系统的工作距离处，利用叶片前后缘测量子传感器投射器投射横纵四步相移条纹于陶瓷平板上，同时触发四目相机进行拍摄，得到公共测量区域内的条纹图像。

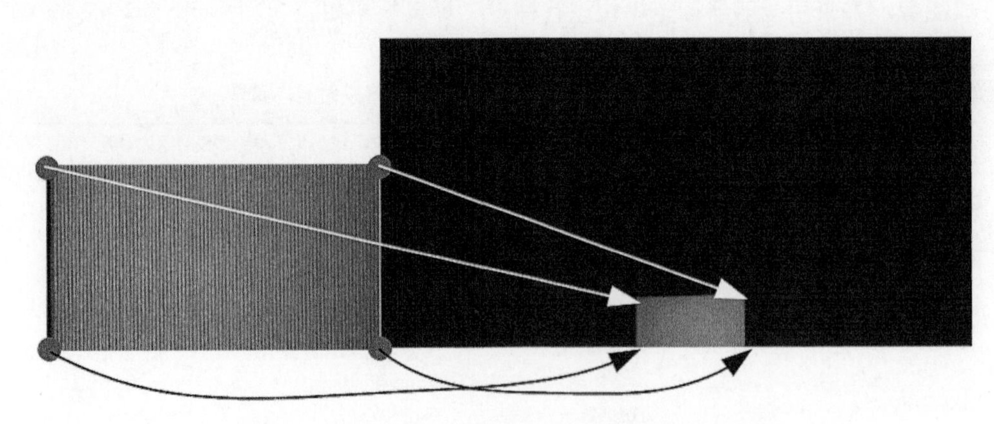

图 7.10　全局及前后缘测量子传感器相机拍摄条纹图

将获取到的图像利用外差三频四步相移技术进行重建，寻找叶片全局测量子传感器图像与叶片前后缘测量子传感器图像之间的等相位点，表 7.3 是部分叶片全局测量子传感器和叶片前后缘测量子传感器在世界坐标系下的对应匹配点坐标。

表 7.3　叶片全局及前后缘重建对应点

序号	叶片全局测量子传感器投射器内参数	叶片前后缘测量子传感器内参数
1	(152.888,66.314,431.953)	(143.689,–6.761,456.555)
2	(146.268,66.301,432.250)	(150.573,–6.734,455.490)
3	(146.502,66.301,432.250)	(150.336,–6.732,455.537)
4	(151.310,66.256,431.953)	(145.312,–6.676,456.304)
5	(151.836,66.139,431.953)	(144.778,–6.562,456.397)
6	(141.479,66.098,432.448)	(155.549,–60504,454.739)
7	(148.164,66.111,432.151)	(148.575,–6.058,455.805)
8	(142.649,65.981,432.448)	(154.335,–6.392,454.910)

由表 7.3 中重建后得到匹配对应点，通过 SVD 得到叶片全局测量子传感器和叶片前后缘测量子传感器间的坐标系转换关系。

$$\boldsymbol{R}_{3\times3}=\begin{bmatrix}-0.980 & -0.004 & 0.200\\ 0.004 & -0.100 & -0.001\\ 0.200 & -0.0005 & 0.980\end{bmatrix},\quad \boldsymbol{T}=\begin{bmatrix}202.763\\ 60.026\\ -42.702\end{bmatrix}$$

对得到的数据进行精度分析验证，通过复合式测量系统重建陶瓷平板，将叶片全局测量子传感器测量的数据与叶片前后缘测量子传感器测量的数据通过 $\boldsymbol{R}$、$\boldsymbol{T}$ 进行拼接，并进行拼接精度分析，拼接结果如图 7.11 所示。

(a) 子系统重构出的平板点云数据

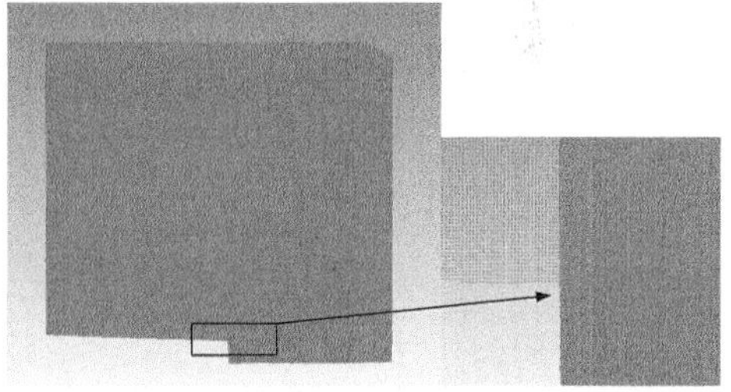

(b) 利用标定参数进行拼接后的平板点云数据

图 7.11　利用复合式测量系统进行数据的拼接(见彩图)

由图 7.11 可知，拼接后点云数据明显地比仅使用叶片全局测量子传感器测量数据稠密。且由子系统标定试验可知，叶片全局测量子传感器测量陶瓷平板平面拟合均方根误差为 0.007mm。叶片前后缘测量子传感器测量陶瓷平板平面拟合均方根误差为 0.003mm，由图 7.12 可知，采用复合式测量系统对公共视场下陶瓷平板点云数据进行数据拼接，拼接后的平面拟合均方根误差为 0.003mm。结果表明采用复合式系统进行叶片边缘数据与叶身数据拼接，没有损失边缘子系统的测量精度。

图 7.12　拼接后精度分析(见彩图)

为了更好地衡量基于条纹相位的复合式系统高精度标定在深度范围方向上的拼接精度，通过采用复合式系统对标称直径为 50.797mm 的标准球进行测量及拼接。测量及拼接球面拟合均方根误差为 0.006mm，测量直径为 50.802mm，直径偏差仅为 0.005mm。拼接标准球精度分析如图 7.13 所示。

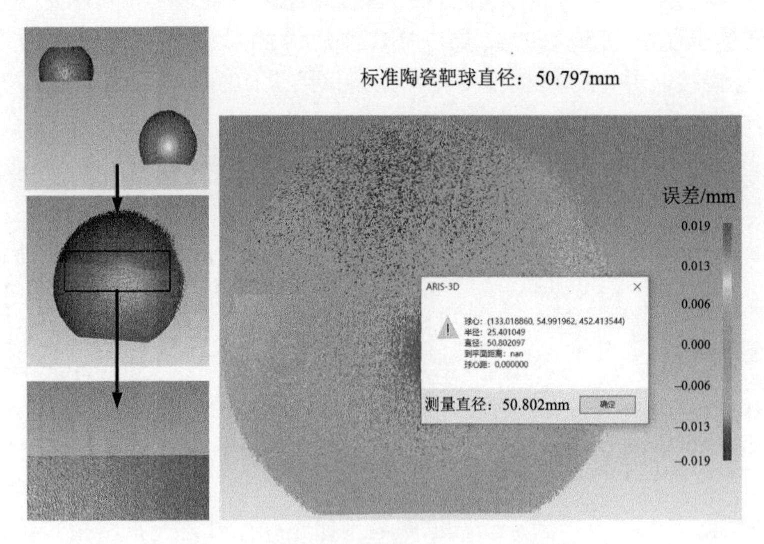

图 7.13　拼接标准球精度分析(见彩图)

对叶片后缘部位进行测量并拼接。如图 7.14 所示，橙色点云表示叶片前后缘测量子传感器测量叶片后缘数据，蓝色点云表示叶片全局测量子传感器测量叶片后缘数据。将两片点云通过复合式系统进行拼接，如图 7.14 所示，将拼接区域放大，前后缘测量子传感器测量数据明显地比全局测量子传感器测量数据稠密，且拼接效果极好。

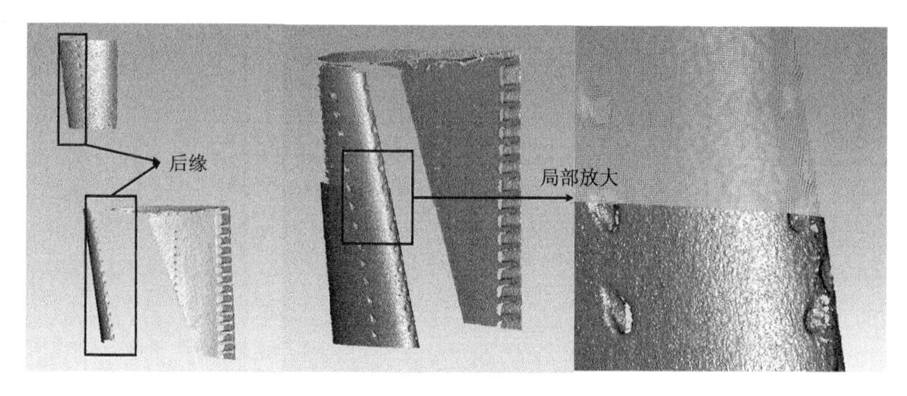

图 7.14　复合式系统对叶片后缘拼接(见彩图)

因此采用复合式测量系统进行发动机叶片三维数据的获取，拼接后球面拟合均方根误差均在 0.010mm 内，具备子系统重建精度高、复合式系统拼接精度高、点云稠密的特点，满足预期的测量及设计需求。

7.4.2　典型叶片测量

首先将实验设备搭建完毕，如图 7.15 所示，在航空发动机叶片夹持装置周围固定五个小球，以保证在多视角测量时，在叶片底部安装孔与叶盆、叶背视角下，至少能看到三个公共的靶球。

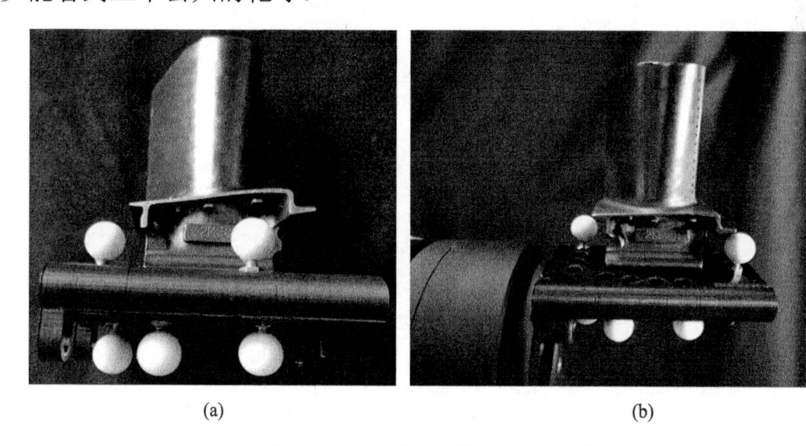

(a)　(b)

图 7.15　在叶片四周放置标准靶球

在测量前进行粗略的路径规划，按照叶片不同区域使用拼接方法进行分类测量。由于叶盆、叶背测量数据较多，而叶边及底部安装孔测量数据较少，同时需要在相邻配准视角下看到三个靶球，因此首先对叶盆、叶背区域进行测量，最后对边缘及底部孔位进行测量。

首先，操纵机械臂环绕叶身四周来获取多个视角下的数据。同时为获取叶身与 V 板连接处数据，令发动机叶片倾斜一定的角度，使叶根部位暴露在测量视场下。以此获取完整的叶身数据并进行 ICP 拼接。

其次，对于需要采用基于靶球拼接的部位，如前后缘及底部安装孔，通过对这些区域进行分割选取，保证全局测量子传感器测量相邻两个待拼接视场至少能看到三个靶球。通过基于标准靶球的拼接方法将前后缘、叶冠、底部安装孔与叶身数据进行拼接。

对于全局测量子传感器测量点云不够稠密且测量精度无法满足前后缘部位的测量精度需求，在全局测量子传感器对发动机叶片进行粗测后，使用前后缘测量子传感器对前后缘部位进行数据补充，利用复合式系统标定参数进行子系统间的数据配准。

如图 7.16 所示，通过上述测量流程及拼接方法，最终将全部测量视场下的点云数据转换到同一坐标系下，去除干扰数据后，获得最终拼接的完整叶片三维点云数据。

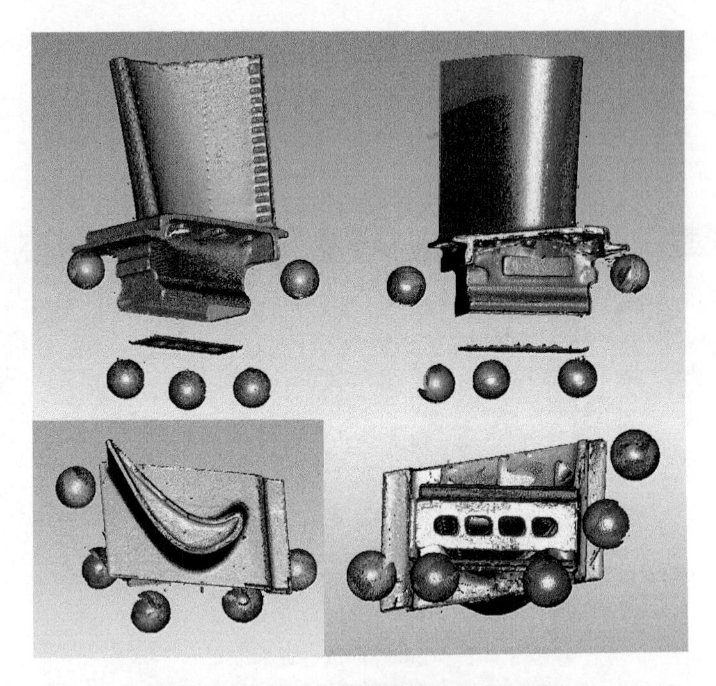

图 7.16　完整叶片数据拼接结果(见彩图)

将如图 7.16 所示的拼接后的完整叶片三维点云数据进行全局优化，优化后的完整叶片点云图如图 7.17 所示。

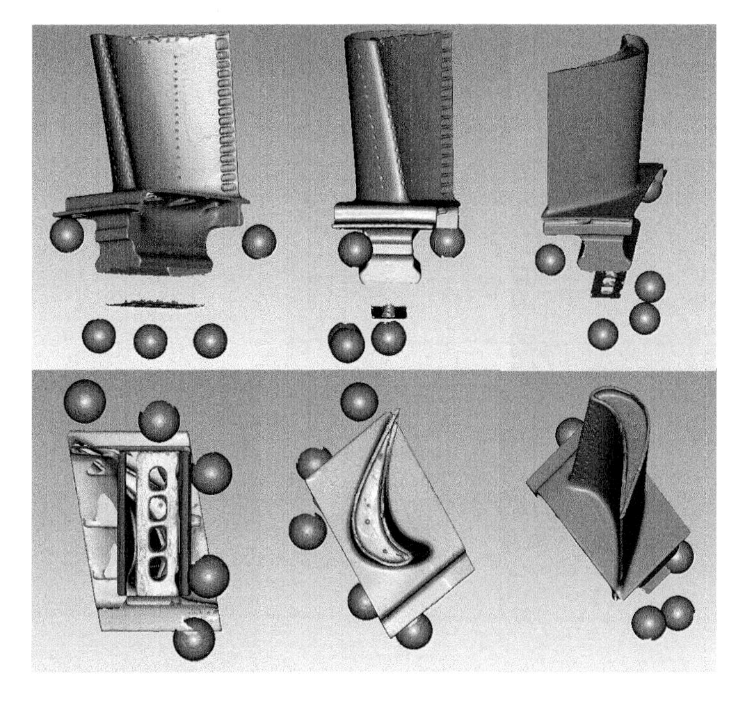

图 7.17　优化后的完整叶片点云图(见彩图)

7.4.3　数据分析

在获得了完整叶片三维点云数据后，由于没有航空发动机叶片的 CAD 模型，无法通过与 CAD 模型比对来评估最终测量拼接的精度。但进行多视角测量与拼接时，用于配准的五个陶瓷标准靶球同样完成了多视角数据配准，因此通过衡量点云数据中标准靶球的拼接精度可以间接地反映完整叶片三维点云数据的测量拼接精度。

如图 7.18 所示，在优化后的点云图中获得五个拼接后的标准陶瓷靶球点云数据。此靶球是直径为 9.525mm 且最大误差不超过 0.0021mm 的标准靶球。

对图 7.18 所示靶球进行球面拟合，得到拼接后球心坐标及靶球直径，如表 7.4 所示。

对于叶片全局拼接精度，由图 7.18 及表 7.4 可知，球面拟合均方根误差及靶球直径测量误差均小于 0.020mm。因此本章提出的针对发动机叶片的复合式测量技术具备很高的测量精度。

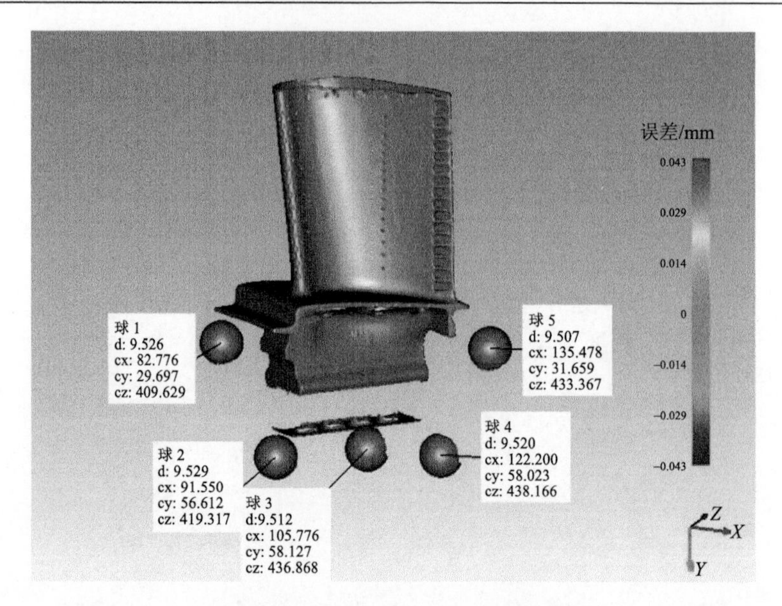

图 7.18 叶片精度分析(见彩图)

表 7.4 拼接后球心坐标及靶球直径

编号	球心坐标	靶球直径/mm
1	(82.776,29.697,409.629)	9.526
2	(91.550,56.612,419.317)	9.529
3	(105.776,58.127,436.868)	9.512
4	(122.200,58.023,438.166)	9.520
5	(135.478,31.659,433.376)	9.507

7.5 本 章 小 结

本章针对航空发动机叶片提出了一种基于条纹投影的复合式高精度三维测量系统，根据叶片型面和边缘的测量精度不同，设计了全局测量子传感器和局部测量子传感器两套具有公共视场的子系统，它们可以满足不同的测量精度需求。采用基于相位的复合式系统高精度标定技术，将叶身和叶边的单视场数据进行精准拼接，采用 ICP 和辅助标准靶球等技术完成多个视场数据配准，经过点云优化获得完整的叶片三维点云模型。

彩　图

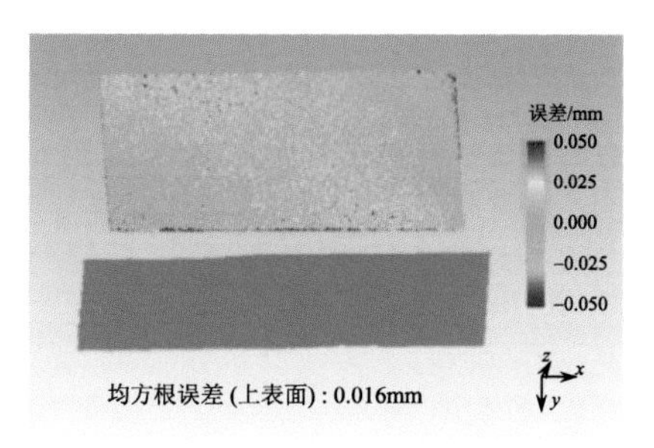

(a) 单方向投影策略V形槽上表面平面拟合误差

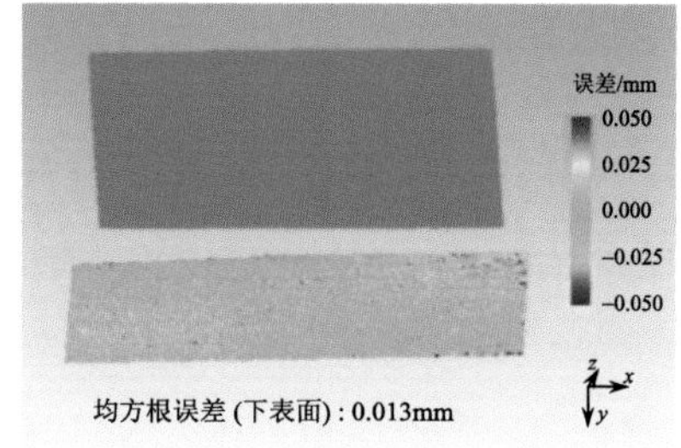

(b) 单方向投影策略V形槽下表面平面拟合误差

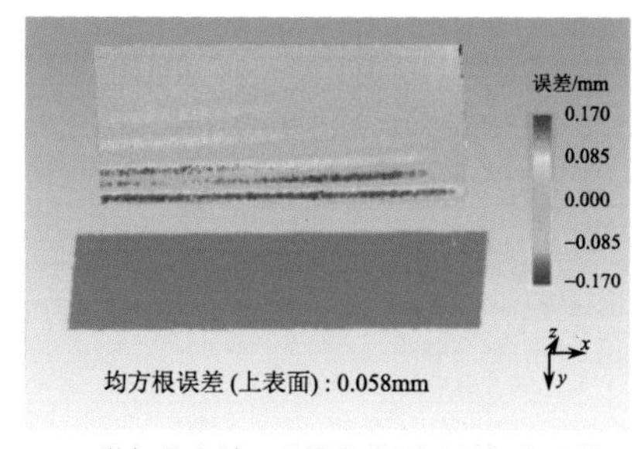

(c) 微相移方法V形槽上表面平面拟合误差

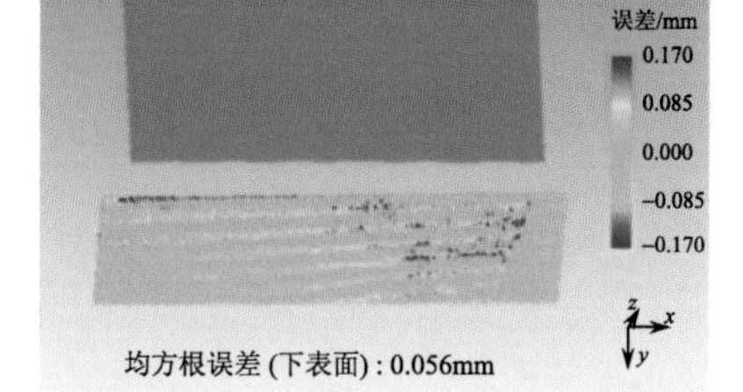

(d) 微相移方法V形槽下表面平面拟合误差

图 4.10　多次反光型面单方向投影策略与微相移方法的精度评价

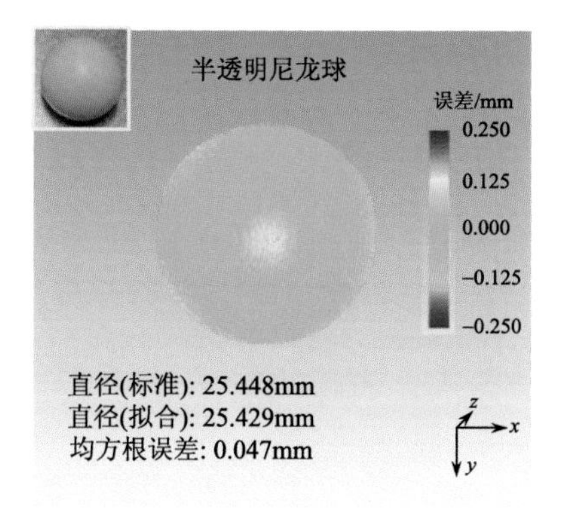

图 4.34　双方向投影策略的精度评价

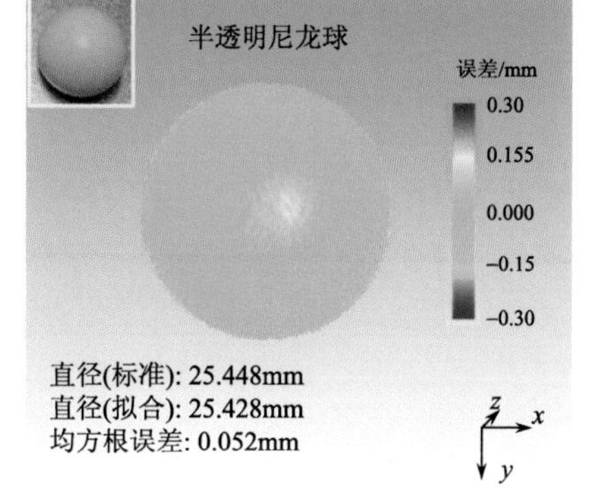

图 4.36　半透明型面单方向投影策略的精度评价

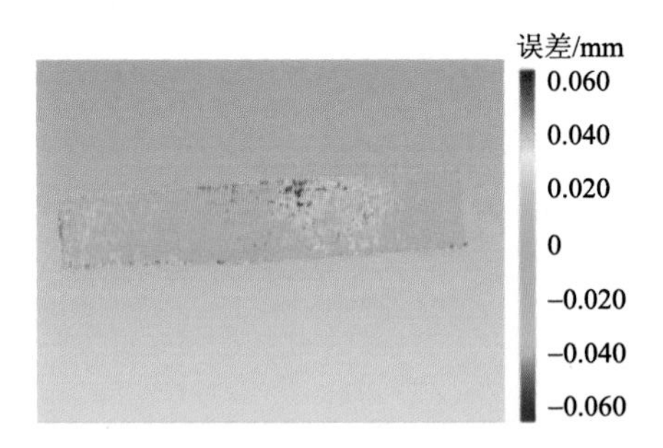

图 4.69　标准量块测量点云的平面拟合结果

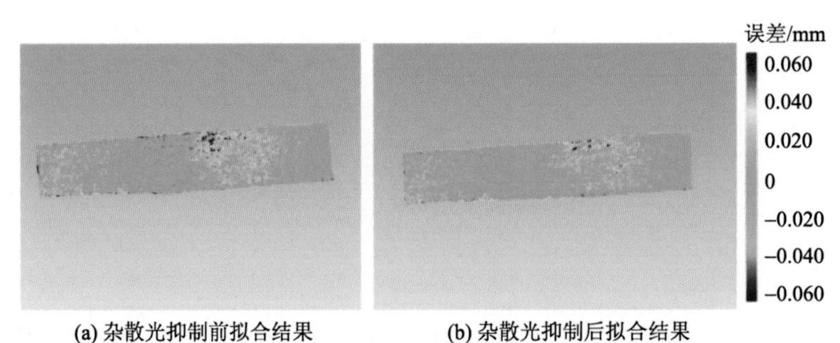

(a) 杂散光抑制前拟合结果　(b) 杂散光抑制后拟合结果

图 4.72　标准量块测量点云平面拟合结果

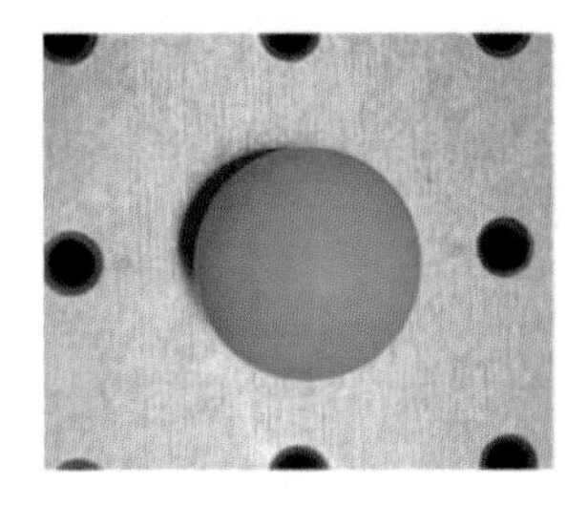

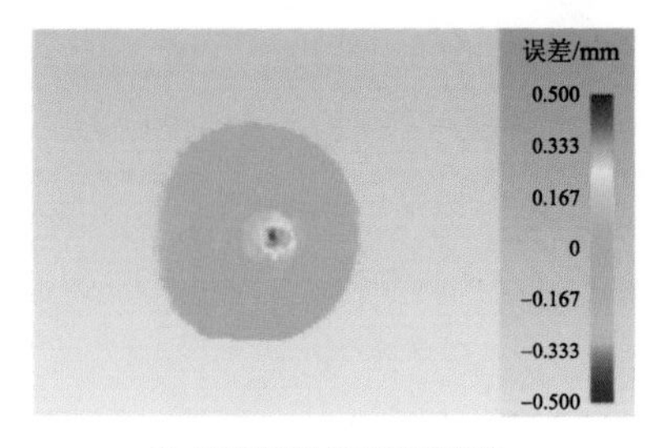

(a) 半透明尼龙球　(b) 半透明尼龙球精度评价

图 6.16　半透明表面三维测量不确定度分析结果

(a) V形多次反光标准器

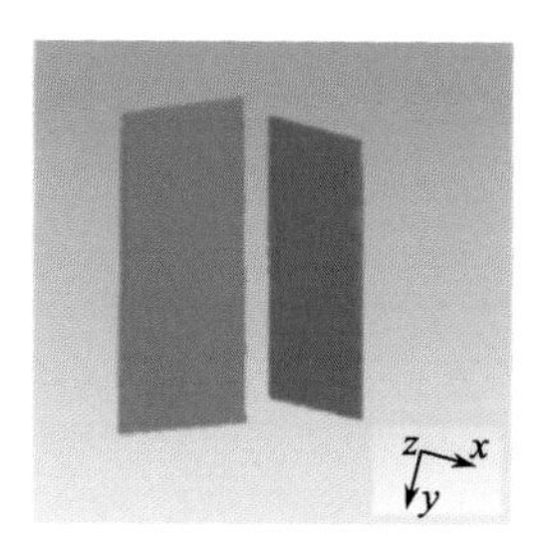

(b) V形多次反光标准器
三维测量结果

(c) V形多次反光标准器
精度评价(左平面)

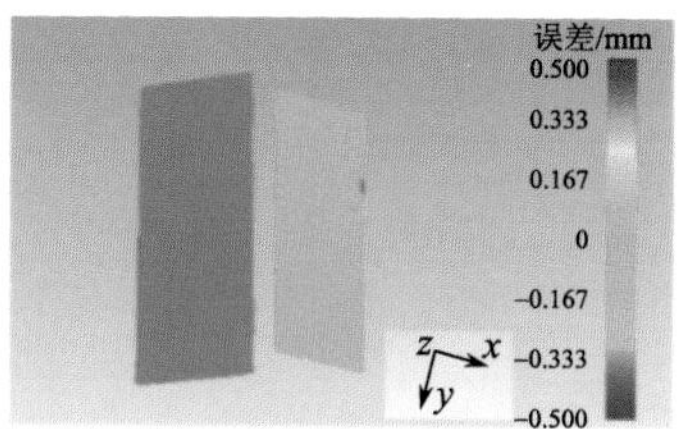

(d) V形多次反光标准器
精度评价(右平面)

图 6.17　多次反光表面三维测量不确定度分析结果

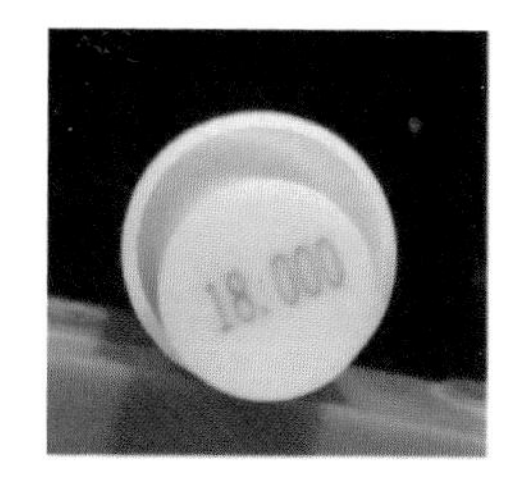

(a) 陶瓷针规

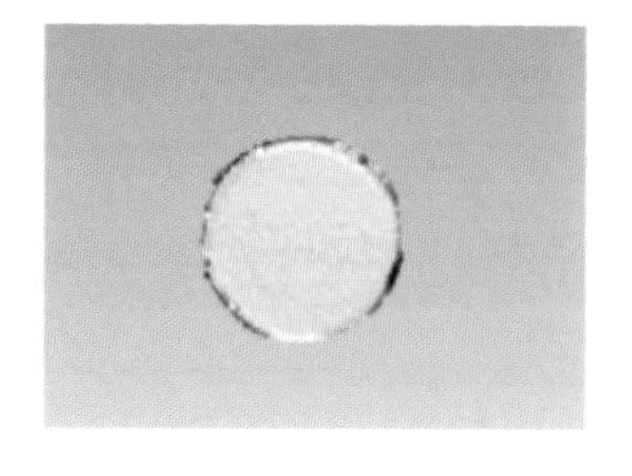

(b) 陶瓷针规三维重构图

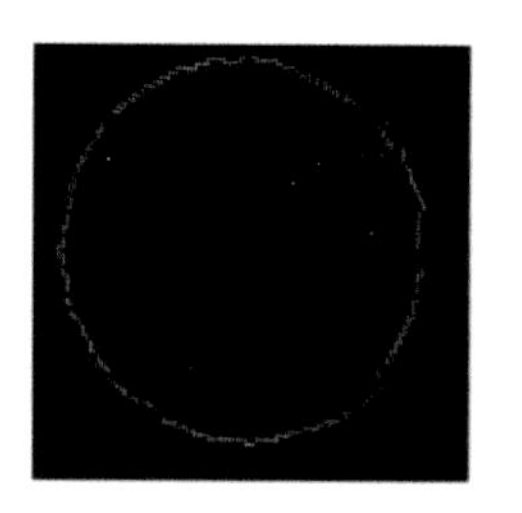

(c) 陶瓷针规直径拟合图

图 6.18　陶瓷针规三维测量不确定度分析结果

图 7.7　叶片全局测量子传感器测量平面拟合偏差

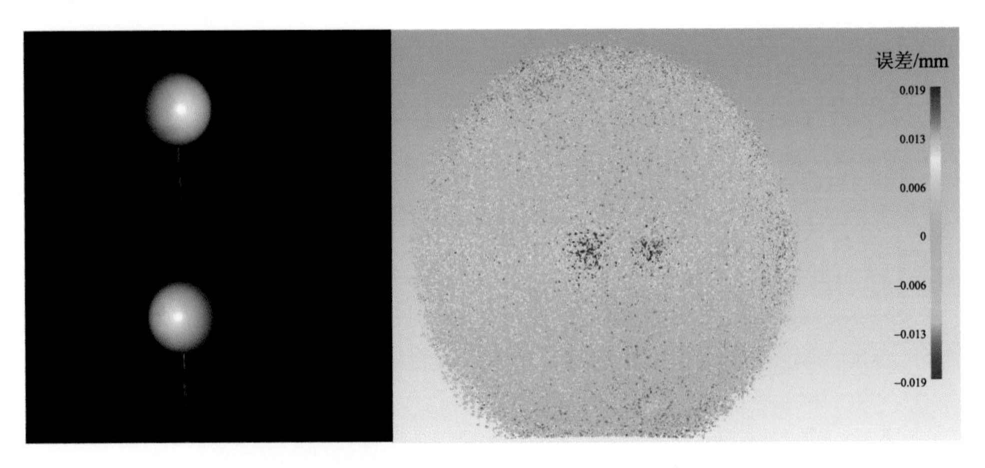

图 7.8　叶片全局测量子传感器测量标准球偏差

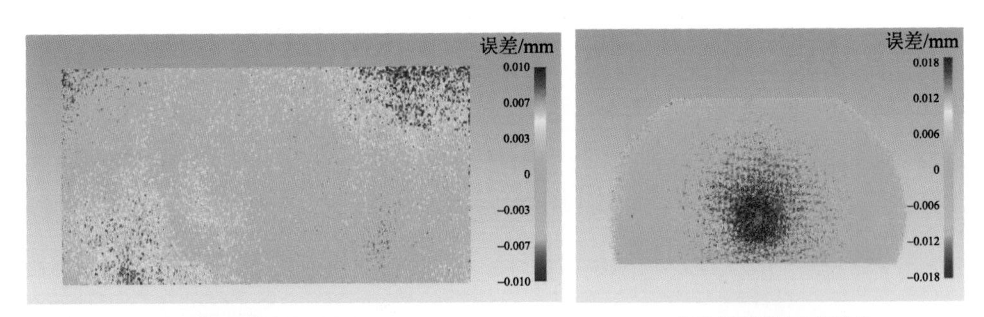

(a) 拟合平面均方根误差　　(b) 拟合标准球均方根误差

图 7.9　叶片前后缘测量子传感器测量标准球及陶瓷平板偏差

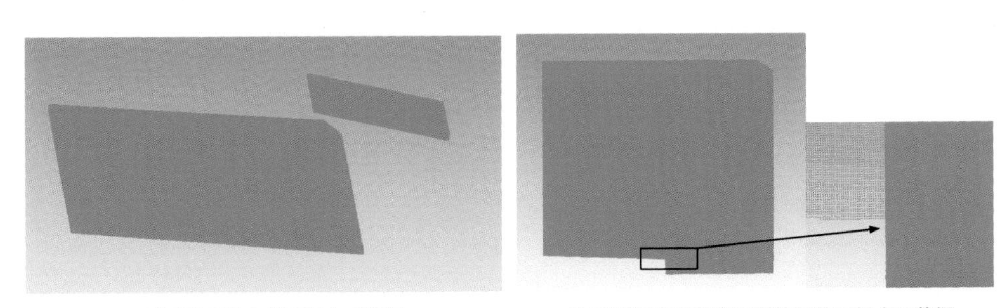

(a) 子系统重构出的平板点云数据　　(b) 利用标定参数进行拼接后的平板点云数据

图 7.11　利用复合式测量系统进行数据的拼接

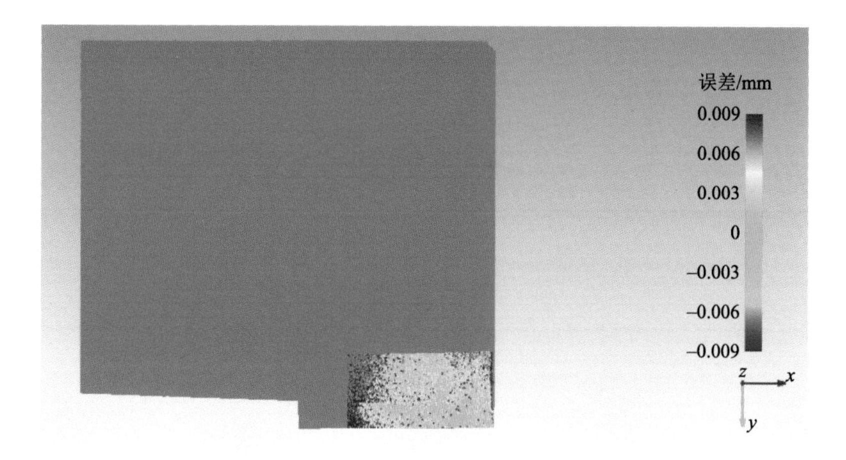

图 7.12　拼接后精度分析

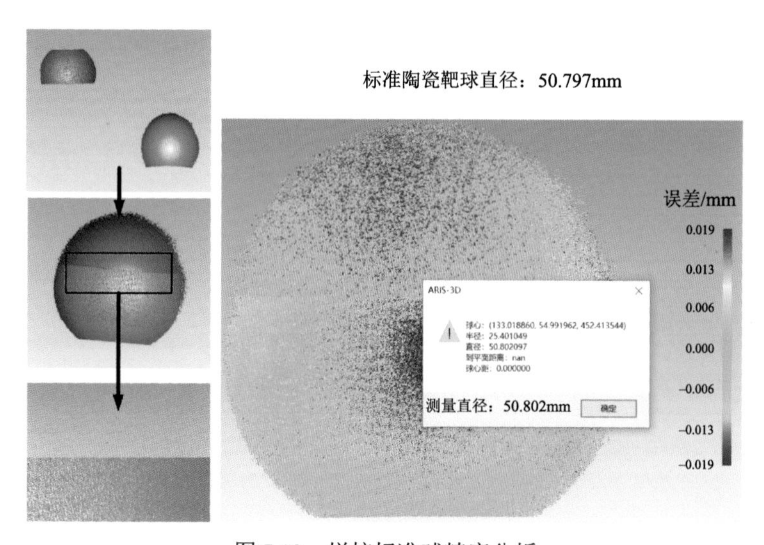

图 7.13　拼接标准球精度分析

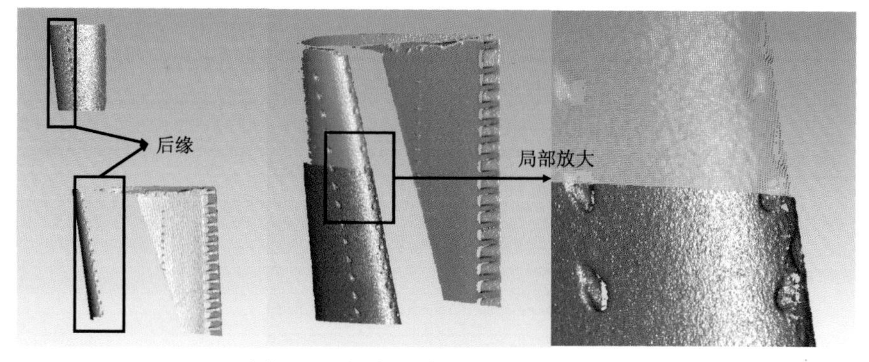

图 7.14　复合式系统对叶片后缘拼接

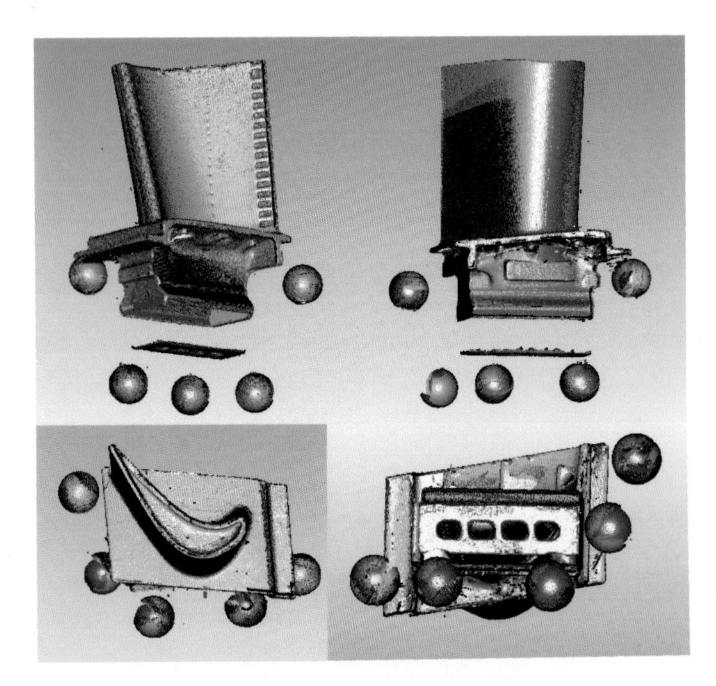

图 7.16　完整叶片数据拼接结果

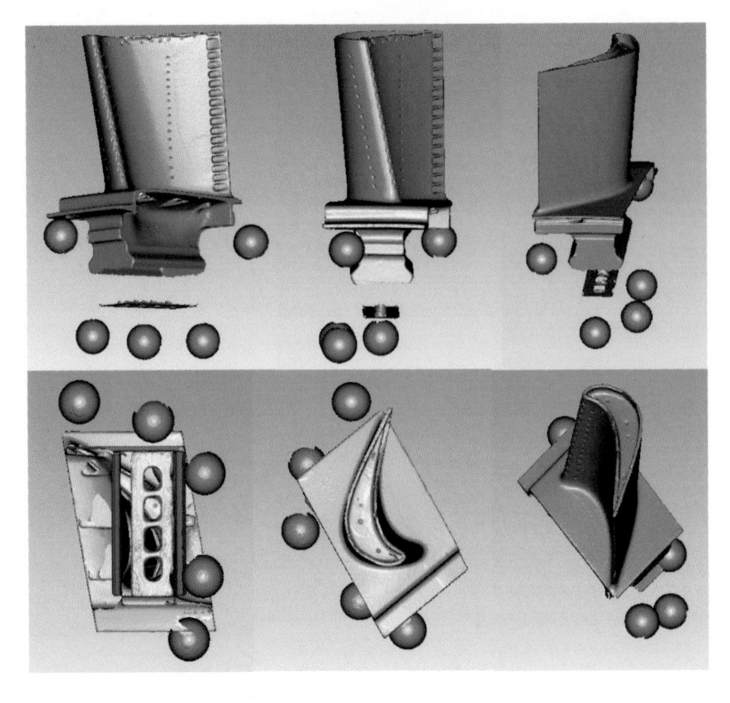

图 7.17　优化后的完整叶片点云图

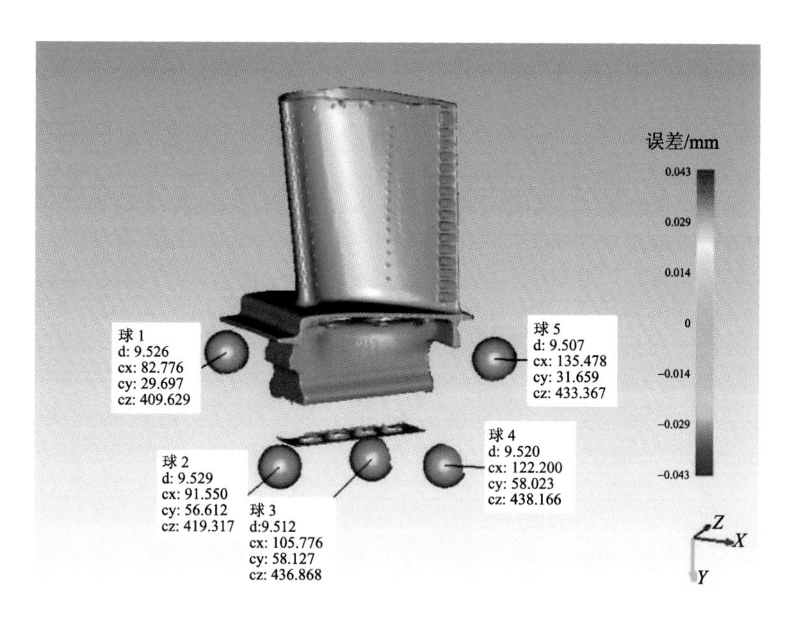
误差/mm
0.043
0.029
0.014
0
−0.014
−0.029
−0.043
球 1
d: 9.526
cx: 82.776
cy: 29.697
cz: 409.629
球 5
d: 9.507
cx: 135.478
cy: 31.659
cz: 433.367
球 4
d: 9.520
cx: 122.200
cy: 58.023
cz: 438.166
球 2
d: 9.529
cx: 91.550
cy: 56.612
cz: 419.317
球 3
d:9.512
cx: 105.776
cy: 58.127
cz: 436.868
Z
X
Y

图 7.18　叶片精度分析